Peter Walde

Digital Intelligence

Peter Walde

Digital Intelligence

Möglichkeiten und Umsetzung einer informatikgestützten Frühaufklärung

Südwestdeutscher Verlag für Hochschulschriften

Impressum/Imprint (nur für Deutschland/only for Germany)
Bibliografische Information der Deutschen Nationalbibliothek: Die Deutsche Nationalbibliothek verzeichnet diese Publikation in der Deutschen Nationalbibliografie; detaillierte bibliografische Daten sind im Internet über http://dnb.d-nb.de abrufbar.
Alle in diesem Buch genannten Marken und Produktnamen unterliegen warenzeichen-, marken- oder patentrechtlichem Schutz bzw. sind Warenzeichen oder eingetragene Warenzeichen der jeweiligen Inhaber. Die Wiedergabe von Marken, Produktnamen, Gebrauchsnamen, Handelsnamen, Warenbezeichnungen u.s.w. in diesem Werk berechtigt auch ohne besondere Kennzeichnung nicht zu der Annahme, dass solche Namen im Sinne der Warenzeichen- und Markenschutzgesetzgebung als frei zu betrachten wären und daher von jedermann benutzt werden dürften.

Coverbild: www.ingimage.com

Verlag: Südwestdeutscher Verlag für Hochschulschriften GmbH & Co. KG
Dudweiler Landstr. 99, 66123 Saarbrücken, Deutschland
Telefon +49 681 37 20 271-1, Telefax +49 681 37 20 271-0
Email: info@svh-verlag.de

Zugl.: Leipzig, Universität Leipzig, Diss., 2010

Herstellung in Deutschland:
Schaltungsdienst Lange o.H.G., Berlin
Books on Demand GmbH, Norderstedt
Reha GmbH, Saarbrücken
Amazon Distribution GmbH, Leipzig
ISBN: 978-3-8381-2721-7

Imprint (only for USA, GB)
Bibliographic information published by the Deutsche Nationalbibliothek: The Deutsche Nationalbibliothek lists this publication in the Deutsche Nationalbibliografie; detailed bibliographic data are available in the Internet at http://dnb.d-nb.de.
Any brand names and product names mentioned in this book are subject to trademark, brand or patent protection and are trademarks or registered trademarks of their respective holders. The use of brand names, product names, common names, trade names, product descriptions etc. even without a particular marking in this works is in no way to be construed to mean that such names may be regarded as unrestricted in respect of trademark and brand protection legislation and could thus be used by anyone.

Cover image: www.ingimage.com

Publisher: Südwestdeutscher Verlag für Hochschulschriften GmbH & Co. KG
Dudweiler Landstr. 99, 66123 Saarbrücken, Germany
Phone +49 681 37 20 271-1, Fax +49 681 37 20 271-0
Email: info@svh-verlag.de

Printed in the U.S.A.
Printed in the U.K. by (see last page)
ISBN: 978-3-8381-2721-7

Kurzzusammenfassung

Das Ziel der Digital Intelligence bzw. datengetriebenen Strategischen Frühaufklärung ist, die Zukunftsgestaltung auf Basis valider und fundierter digitaler Information mit vergleichsweise geringem Aufwand und enormer Zeit- und Kostenersparnis zu unterstützen. Hilfe bieten innovative Technologien der (halb)automatischen Sprach- und Datenverarbeitung wie z. B. das Information Retrieval, das (Temporal) Data, Text und Web Mining, die Informationsvisualisierung, konzeptuelle Strukturen sowie die Informetrie. Sie ermöglichen, Schlüsselthemen und latente Zusammenhänge aus einer nicht überschaubaren, verteilten und inhomogenen Datenmenge wie z. B. Patenten, wissenschaftlichen Publikationen, Pressedokumenten oder Webinhalten rechtzeitig zu erkennen und schnell und zielgerichtet bereitzustellen. Die Digital Intelligence macht somit intuitiv erahnte Muster und Entwicklungen explizit und messbar.

Die vorliegende Forschungsarbeit soll zum einen die Möglichkeiten der Informatik zur datengetriebenen Frühaufklärung aufzeigen und zum zweiten diese im pragmatischen Kontext umsetzen.

Ihren Ausgangspunkt findet sie in der Einführung in die Disziplin der Strategischen Frühaufklärung und ihren datengetriebenen Zweig – die Digital Intelligence.

Diskutiert und klassifiziert werden die theoretischen informatikbezogenen Grundlagen der Frühaufklärung – vor allem die Möglichkeiten der zeitorientierten Datenexploration.

Konzipiert und entwickelt werden verschiedene Methoden und Software-Werkzeuge, die die zeitorientierte Exploration insbesondere unstrukturierter Textdaten (Temporal Text Mining) unterstützen. Dabei werden nur Verfahren in Betracht gezogen, die sich im Kontext einer großen Institution und den spezifischen Anforderungen der Strategischen Frühaufklärung pragmatisch nutzen lassen. Hervorzuheben sind eine Plattform zur kollektiven Suche sowie ein innovatives Verfahren zur Identifikation schwacher Signale.

Vorgestellt und diskutiert wird eine Dienstleistung der Digital Intelligence, die auf dieser Basis in einem globalen technologieorientierten Konzern erfolgreich umgesetzt wurde und eine systematische Wettbewerbs-, Markt- und Technologie-Analyse auf Basis digitaler Spuren des Menschen ermöglicht.

Danksagung

„Es ist nicht genug zu wissen – man muss auch anwenden. Es ist nicht genug zu wollen – man muss auch tun." Diese Worte von Goethe haben mich meinen langen Promotionsweg begleitet. Das Studium war mir nicht genug, doch reine Theorie war mir zu fern. So war es Glück, dass ich eine Anstellung als Doktorand bei der Volkswagen AG fand – umso spannender, weil ich die Zukunftsforschung im Konzern von Anfang an mit aufbauen durfte. So war es auch Glück, mit der Universität Leipzig und der Hochschule für Technik, Wirtschaft und Kultur zwei wissenschaftliche Institutionen gefunden zu haben, die mein Forschungsvorhaben unterstützten. Am Ende meines langen Weges blicke ich gerne auf die bisher zurückgelegte Wegstrecke zurück, wissend, dass ich diese nicht allein bewältigt habe. Vielmehr gibt es zahlreiche interessierte und hilfsbereite Personen, welche diesen Weg in irgendeiner Form mitbestritten haben und immer mit Rat und Tat zur Seite standen. Diesen Personen sei an dieser Stelle mein besonderer Dank ausgesprochen.

Mein Dank gilt an erster Stelle meinem wissenschaftlichen Betreuer Herrn Professor Dr. Heyer. Auf Ihre feine und doch bestimmte Art unterstützten Sie mich auf meinem Weg und halfen mir, das Beste meiner Ideen zum Vorschein zu bringen. Prof. Dr. Heß danke ich ganz herzlich, dass er von Anfang an an mich glaubte und meine wissenschaftliche Karriere unterstützte.

Ein besonderes Wort des Dankes richte ich an Herrn Müller-Pietralla. Sie gaben mir den notwendigen Freiraum und besonders das Vertrauen, die Arbeit nach meinen Vorstellungen durchzuführen, und den Beistand in einem komplexen Unternehmensgebilde wie der Volkswagen AG.

Außerdem drücke ich meinen Dank gegenüber der Volkswagen AG aus, die mir anfangs als Doktorand und später als fester Mitarbeiter die Möglichkeit gab, mich beruflich zu entfalten und zu lernen, sowie meinen Forschungen nachzugehen.

An dieser Stelle sei auch der Firma FIZ-Technik gedankt, die mir mit großem Interesse an meiner Arbeit und den Ergebnissen Daten zu Forschungszwecken zur Verfügung stellte.

Besonders bedanken möchte ich mich bei all meinen Kollegen sowie bisherigen und aktuellen Mitarbeitern, dem Team von Praktikanten, Diplomanden, Doktoranden und Werkstudenten, die mich in den letzten fünf Jahren begleiteten. Von jedem von Euch habe ich viel gelernt, mit jedem bin ich gereift!

Nicht zuletzt gilt mein besonderer Dank Dir, Tom! Auf Deine individuelle, intellektuelle und kreative Art hast Du viele Gedanken und auch Umsetzungen inspiriert. Die unzähligen Diskussionen über Gott und die Welt sowie mein Promotionsthema bei Rauch und Wein bis in die Morgenstunden werde ich nie vergessen! Und Miriam, Dich umarme ich für Dein Verständnis über Tom's langen Verbleib.

Lubej staršej, luba mama, luby nano: Nanajwutrobnišo dźakuju so Wamaj za wšo, štož staj mi dotal zmóžniłoj! Bjez Waju njebył tón, štóž sym. Lubosćiwje a sćerpnje staj mje pěstowałoj a kubłałoj. Běštaj mi při boku – wšojedne hač dušinje abo fyzisce. Hačrunjež njejsym husto doma we Łužicy – we wutrobje sym doma a wěm, hdźe słušam. Z tutej wěstotu a dowěru móžu so w dźensnišim tola kompleksnym a nic přeco jednorym swěće samostatnje a swobodnje hibać. Zapłać Bóh!

4

Inhaltsverzeichnis

Tabellenverzeichnis

Abbildungsverzeichnis

A – EINLEITUNG

„Five years from now, managers will make
twice as many decisions, in half the time,
based on twenty times more information than today."

www.astragy.com, 16.11.2008

1 Hintergrund und Motivation

Für jedes Unternehmen ist es überlebensnotwendig, über die richtige Information am richtigen Ort zur richtigen Zeit zu verfügen. Grundlage für Innovation und Erfolg ist, die komplexen Entwicklungen in Gesellschaft, Technologie, Politik, Umwelt oder Wirtschaft rechtzeitig nachzuvollziehen und mitzugestalten.

Die Aufgabe der Strategischen Frühaufklärung ist aus wissenschaftlicher Sicht, über den Tellerrand zu schauen und kontinuierlich nach gesellschaftlichen und technologischen Trends und Neuem in der Außenwelt zu suchen und in Strategien umzusetzen[1]. Im Vielmarkenkonzern Volkswagen übernimmt diese Aufgabe organisatorisch die Abteilung „Zukunftsforschung und Trendtransfer", wo der Verfasser dieser Schrift seit ihrem Bestehen (Jahr 2003) Mitarbeiter ist.

Vor dem Hintergrund exponentiell wachsender Daten[2] und globaler dynamischer Märkte kann sich die Zukunftsforschung nicht mehr primär und unmittelbar auf Menschen stützen und deren bewusstes und unbewusstes Wissen im Sinne einer Human Intelligence. In Wissenschaft und Praxis gewinnt die strategische Analyse von Spuren an Bedeutung, wie sie von Menschen oder Maschinen in digitalen Medien hinterlassen werden. Die Mittel dieser Analyse entstammen der Audio, Visual, Audio-Visual oder Text Digital Intelligence. Menschen können Informatinen nicht mehr mit derselben Geschwindigkeit betrachten und zu Wissen verarbeiten wie sie erschaffen und verteilt werden. Eine Wochentagsausgabe der aktuellen New York Times enthält zum Beispiel mehr Informationen als ein Mensch während seines gesamten Lebens im England des 17. Jahrhunderts verarbeiten musste (vgl. Wurman 1989).[3] Die geschilderten Entwicklungen werden maßgeblich durch den Einzug von Informations- und Kommunikationstechnologien ermöglicht und in der Literatur auch als Informationsflut bezeichnet. Shenk beschreibt dieses Phänomen bereits 1997 wie folgt: „Information overload is not a function of the volume of information out there. It's a gap between the volume of information and the tools we have to assimilate the information into useful knowledge." (Shenk 1997) Sind in der täglich erlebten Informationsflut begründete Entscheidungen zu treffen, so werden Werkzeuge und Methoden aus der Informatik gebraucht, die den Menschen helfen, durch das Datendickicht zu navigieren und dabei unterstützen, Informationen zu verstehen und zu bewerten. Alle textdatenexplorationsbasierten Ansätze der Frühaufklärung werden der Einfachheit halber nachfolgend unter dem allgemeinen Begriff Digital Intelligence zusammengefasst. Dabei wird davon ausgegangen, dass von dem Lebenszyklus von Text-

---

[1] Die Strategische Frühaufklärung kann sowohl zentral als auch dezentral organisiert sein (optimalerweise ein hybrid beider). Sie sollte sich sowohl auf menschliche Quellen (Human Intelligence) als auch digitale Daten (Digital Intelligence) beziehen und optimalerweise sowohl organisationsexterne als auch -interne Quellen einbeziehen.

[2] Im Jahr 2006 schätzte die Firma IDC in einer Studie die Gesamtmenge der digital erzeugten, gespeicherten und kopierten Informationen auf 1.288×10^{18} Bits, was 161 Exabytes bzw. 161 Milliarden Gigabytes und damit 3 Millionen mal so viel Information entspricht, wie in allen jemals geschriebenen Büchern zusammen. Darüber hinaus soll die Datenmenge bis 2010 um das sechsfache auf 988 Exabytes anwachsen. Der größte Teil der Daten repräsentiert auditive, visuelle oder audio-visuelle und insbesondere nutzergenerierte Informationen. Doch auch die in Text erzeugte, gespeicherte, kopierte und verteilte Information wächst exponentiell an. (IDC 2007)

[3] Weitere anschauliche Beispiele für das Phänomen „Informationsflut" bietet (Rosenstein 2005, S. 3).

13

mengen bzw. der allgemeinen Informationslandschaft auf die Entwicklung realer Sachverhalte geschlossen werden kann.

Überzeugende und in der Praxis einsetzbare publizierte Lösungen der Digital Intelligence gibt es jedoch noch nicht. So haben in der betrieblichen Praxis umfassende, erfolgspotenzialorientierte oder strategische Systeme der Digital Intelligence bisher keine weite Verbreitung gefunden (vgl. Müller-Stewens 2007). Müller-Stewens begründet diese „feststellbare Implementierungslücke" bzw. das „Dilemma der strategischen Frühinformation" mit einem hohen Ressourcenaufwand und einer „Kosten-Nutzen-Disparität", das heißt, dass Kosten sofort anfallen und der Nutzen erst langfristig erkennbar oder messbar wird. Technologische Fortschritte, homogene und umfangreichere Datenzugänge sowie ein wachsendes menschliches Methoden- und Technologieverständnis tragen dazu bei, diese Implementierungslücke zu schließen.

In den letzten fünf Jahren hat die Volkswagen AG unter Leitung des Autors eine Dienstleistung der Digital Intelligence auf Basis digitaler textueller Informationsquellen und Methoden der Datenexploration entwickelt und erfolgreich umgesetzt. Unter dem Namen Di.Ana werden der 600 Technologie- und (Auto)mobilitätsexperten umfassenden Konzernforschung von Volkswagen Frühaufklärungsexpertisen angeboten bzw. Informationen aus einer Vielzahl großer sowohl strukturierter als auch unstruktierter zeitorientierter Datenmengen frühaufklärungsbezogen veredelt.

Die Hauptintention vorliegender Forschungsarbeit ist der Entwurf und die Entwicklung neuer Verfahren der Digital Intelligence sowie die Beschreibung ihrer Umsetzung in einem der größten und innovativsten weltweiten Technologieunternehmen. Das Dissertationsvorhaben ist der anwendungsorientierten Wissenschaft zuzuordnen. Problemlösungen sollen mithilfe von Erkenntnissen der theoretischen Wissenschaft einerseits und der Erfahrungen der Praxis andererseits gefunden werden, wobei zunächst der Gegenstandsbereich der Untersuchung zu beschreiben und zu erklären ist.[4] Die Operationalisierung der informatikgestützten Frühaufklärung auf Basis zeitorientierter Textdaten umfasst somit

1. die Erarbeitung ihrer wirtschaftswissenschaftlichen und informatikbasierten Grundlagen, insbesondere die Klassifikation und Beschreibung bekannter Ansätze der zeitorientierten Datenexploration,

2. die Entwicklung und Beschreibung neuer innovativer zeitorientierter Textdatenexplorationsverfahren, die sich im Kontext einer großen Institution und den spezifischen Anforderungen der Strategischen Frühaufklärung pragmatisch nutzen lassen, und

3. die Integration und Umsetzung aller gewonnenen Erkenntnisse in eine breit genutzte Dienstleistungslösung.

Die Herausforderung der Forschungsarbeit liegt demnach im Spagat zwischen Forschung und Praxis. Dem Verfasser ist bewusst, dass dieses Ziel im vorliegenden Rahmen nicht in Gänze gelingen kann. So wäre es aus wissenschaftlichen Gründen sicherlich interessant, einige Aspekte – wie z. B. die im Rahmen der Forschungsarbeit neu entwickelten Methoden der zeitorientierten Datenexploration – detaillierter zu diskutieren. Im Laufe des Forschungsvorhabens wurde jedoch deutlich, dass die erfolgreiche Operationalisierung der datengetriebenen bzw. informatikgestützten Strategischen Frühaufklärung (Digital Intelligence) nicht auf die Entwicklung und Umsetzung einiger weniger Methoden z. B. aus dem Kontext des (Temporal) Text Mining zurückzuführen ist oder von erfolgreichen Experimenten auf Basis kleiner Testkorpora auf Anwendungsgebiete in der Digital Intelligence zu schließen ist. Der Erfolg stellt sich durch ein komplexes Zusammenspiel unterschiedlicher Wissenschaftsdisziplinen ein und wird maßgeblich bestimmt durch die kulturellen Eigenar-

---

[4] Vgl. zu Funktionen der qualitativen Forschung (Rosenstiel 2007, S. 224ff.).

ten der Personen und Institutionen ihrer Anwendung! Dies ist auch der Grund dafür, dass der anfängliche Fokus des Promotionsvorhabens – die Erforschung und Entwicklung von Verfahren des (Temporal) Text Mining für die Strategische Frühaufklärung – erweitert wurde um die Erforschung, Entwicklung und Umsetzung von pragmatischen Methoden der zeitorientierten Datenexploration sowie der komplexen Informationslogistik für die Digital Intelligence.

Bestätigt durch eine in der Praxis erfolgreich umgesetzte Digital Intelligence hofft der Verfasser, dass es ihm in diesem engen wissenschaftlichen Rahmen gelingt, die komplexen Möglichkeiten der Informatik zur Unterstützung der datengetriebenen Strategischen Frühaufklärung aufzuzeigen und zu strukturieren sowie darauf aufbauend die neu entwickelten Verfahren für die Praxis der Digital Intelligence klar und deutlich zu beschreiben.

2 Beitrag und Aufbau der Arbeit

Die Hauptaufgabe der Digital Intelligence als Disziplin der Wirtschaftsinformatik in einem Wort ist die Informationsveredelung. Sie unterstützt den aktiv suchenden Frühaufklärer dabei, mit vergleichsweise geringem Aufwand und enormer Zeit- und Kostenersparnis in der Datenflut komplexe Zusammenhänge und schwache Signale besser wahrzunehmen, zu verstehen und zu beschreiben.

Die vorliegende Monografie gibt den ersten systematischen und breiten Überblick in der wissenschaftlichen Literatur über entsprechende durch die Informatik gestützte Möglichkeiten aus Perspektive der Wirtschaftsinformatik in Theorie und Praxis. Ihre drei wichtigsten Beiträge sind:

1. *Zusammenführung unterschiedlicher Perspektiven mit Fokus auf die Informatik:* Die Mehrzahl wissenschaftlicher Arbeiten konzentriert sich bisher auf die wirtschafts- und sozialwissenschaftliche Perspektive der Frühaufklärung und entwickelt entweder ihren theoretischen Rahmen oder beschreibt Erfahrungen ihrer organisatorischen Umsetzung. Vereinzelte jüngere Arbeiten beschreiben auch Datenexplorationsmethoden aus der Informatik zur Unterstützung der Frühaufklärung (vgl. Zeller 2003, Porter und Cunningham 2005). Sie beschreiben jedoch zum einen nur singuläre Bausteine wie z. B. das Data Mining und zum anderen nimmt die Perspektive der Informatik einen kleinen Raum ein. Dies ist verständlich, da die informationstechnischen Grundlagen und Lösungen lediglich als Mittel zum Zweck angesehen werden. Doch die Bedeutung der Informatik für die Frühaufklärung wächst und die Perspektiven der Gesellschaftswissenschaften und der Informatik in Form der zeitorientierten Datenexploration sollten sich annähern. Die vorliegende Arbeit stellt einen Versuch dieser Zusammenführung unter der Bezeichnung Digital Intelligence dar. Sie soll dem interessierten Leser einen strukturierten Einblick in die Möglichkeiten der zeitorientierten Datenexploration im Kontext der Frühaufklärung geben.

2. *Darlegung der Umsetzbarkeit:* Die wissenschaftlichen Arbeiten im Kontext der Frühaufklärung sowie der Datenexploration nehmen gezwungenermaßen nur die theoretische und konzeptionelle Perspektive ein. Die vorliegende Arbeit ist auch als Bericht einer erfolgreich umgesetzten und sich in Weiterentwicklung befindenden Dienstleistung der Digital Intelligence in einem globalen Vielmarkenkonzern zu verstehen.

3. *Vorstellung eines neuen zeitorientierten Datenexplorationsverfahrens:* Die bisher vorgestellten Konzepte der Digital Intelligence mit dem Ziel der Identifikation schwacher Signale sind eher Ansätze des Monitoring und haben eine der Frühaufklärung widerstrebende Prämisse: die Vorkenntnis des

Themas bzw. des schwachen Signals. Vorgestellt wird ein neues zeitorientiertes Datenexplorations-verfahren, das die Identifikation oder Bewertung schwacher Signale zwar nicht automatisiert und dem Frühaufklärer abnimmt, jedoch eine bisher vorab notwendige Themeneingrenzung oder -definition obsolet macht und die Identifikation auffallender und kongruenter Themenentwicklungen sowie neu aufkommender Schnittmengen von Themen auf einen Blick ermöglicht. Die Identifikation schwacher Signale in Daten wird weiter operationalisiert und enorm vereinfacht und beschleunigt.

Abbildung 1. Aufbau der Monografie mit ihren Schwerpunkten B2 und C.

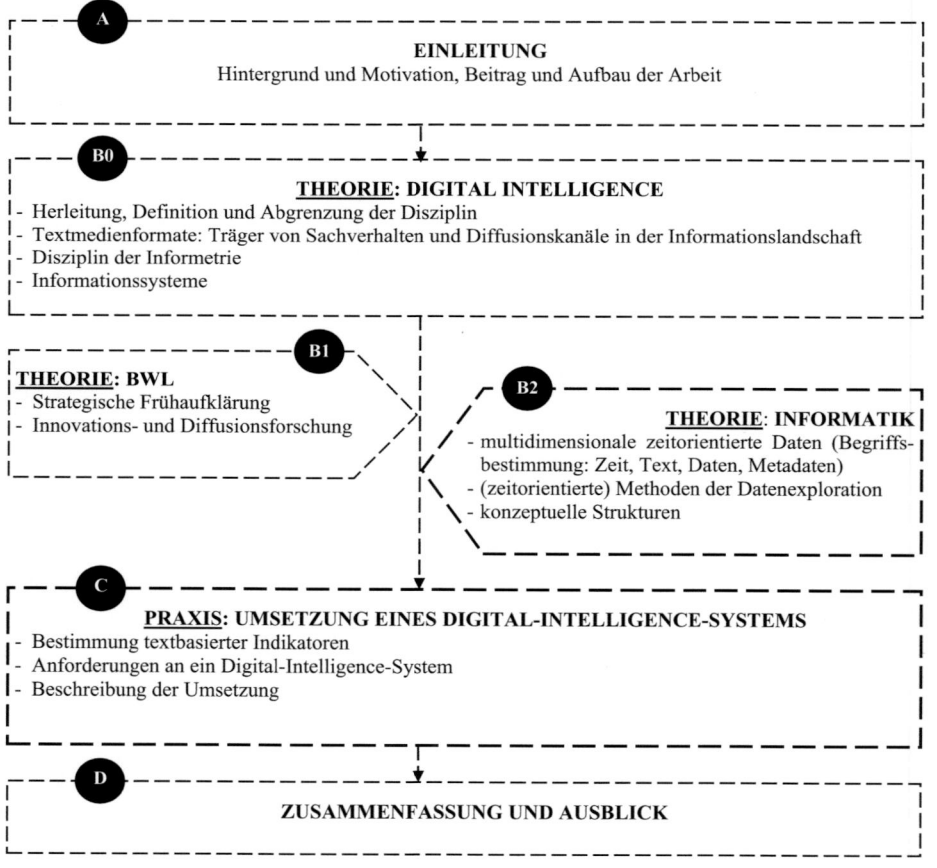

Die konkreten Beiträge dieses Buches sind nach Kapiteln geordnet Abbildung 1 zu entnehmen und wie folgt:

Kapitel B erläutert die theoretischen Grundlagen der Materie. Es ist in drei Abschnitte gegliedert, mit dem Fokus auf die Digital Intelligence als Disziplin der Wirtschaftsinformatik (*B0*), ihre Grundlagen in der Be-triebswirtschaftslehre (*B1*) und der Informatik (*B2*).

Kapitel B0 leitet die Digital Intelligence her, definitiert sie und grenzt sie von der Business Intelligence ab. Besprochen werden weiterhin Textmedienformate als Träger von Sachverhalten und als Diffusionskanäle in der Informationslandschaft. Des Weiteren wird auch die mit der Digital Intelligence verwandte Disziplin der Informetrie beschrieben. Eine Schnittstelle der Digital Intelligence zum Menschen ist das Informationssystem. Seine möglichen Anwendungen und verschiedenen Entwicklungsstufen werden diskutiert.

Kapitel B1 führt in die Disziplin der Strategischen Frühaufklärung aus betriebswirtschaftswissenschaftlicher Sicht ein. Neben den allgemeinen Grundlagen und Definitionen wie z. B. die der „schwachen Signale" wird besonderes Augenmerk auf die Diffusionsforschung aus Markt-, Technologie- und Informationsquellenperspektive gelegt.

Kapitel B2 stellt den eigentlichen Kern der vorliegenden Arbeit dar. Es verfolgt das Ziel, den ersten disziplinorientierten Rahmen aller Möglichkeiten der Informatik zur Unterstützung der zeitorientierten Datenexploration zu erarbeiten. Einleitend werden die Konzepte Zeit, Daten, Text und Metadaten bestimmt sowie darauf aufbauend das Konzept der zeitorientierten Daten und deren Speicherung in sogenannten Data Warehouses. Dem folgt die Beschreibung des aktuellen wissenschaftlichen Diskurses zu den bekannten und für die Digital Intelligence relevanten Methoden der zeitorientierten Datenexploration. Einen ersten disziplinorientierten Überblick bietet Tabelle 1. Zu nennen sind die analytischen, die visuellen und interaktionsbezogenen Methoden sowie konzeptuelle Strukturen zur Unterstützung der Datenexploration.

Tabelle 1. Ausgewählte Bereiche der (zeitorientierten) Datenexploration zur Suche nach informationstechnischen Umsetzungsmöglichkeiten im Kontext der Informatik; Quelle: eigene Darstellung:

Analytische Methoden	Visuelle und interaktionsbezogene Methoden	Konzeptuelle Strukturen
Datenbanken und Abfragesprachen, OLAP; Information Retrieval; (Temporal) Data, Text und Web Mining	(zeitorientierte) Informationsvisualisierung: statisch, dynamisch, ereignisbasiert sowie unterschiedliche Arten der Darstellung und Interaktion	z. B. Begriffe und Listen dieser, Terminologien, Glossare, Taxonomien, Thesauren oder Ontologien

Kapitel C stellt eine Dienstleistung und ein System der Digital Intelligence vor, das auf Basis der in Kapitel B besprochenen Erkenntnisse entwickelt wurde und erfolgreich angewendet wird. Zuvor müssen jedoch für Untersuchungen der Digital Intelligence sinnvolle textbasierte Indikatoren sowie Anforderungen an ein entsprechendes System hergeleitet werden. Dies hat den Vorteil, dass die besprochene Entwicklung und Umsetzung besser bewertet werden kann. Hervorzuheben sind die

1. Entwicklung eines innovativen Portals zur Frühaufklärung für den allgemeinen Anwender mit dem Ziel des sog. Crowd-Sourcing[5] und der Collective Intelligence[6] sowie

2. die Umsetzung eines radikal neuen Konzeptes zur Identifikation schwacher Signale, d. h. die Unterstützung der Identifikation auffälliger evolutionärer und tendentiell auch revolutionärer Entwicklungen in digitalen Textarchiven, die z. B. technologische oder gesellschaftliche Sachverhalte repräsentieren.

---

[5] Crowd-Sourcing bezeichnet im vorliegenden Zusammenhang die informationstechnisch unterstützte Einbindung und Nutzung einer breiten unternehmensinternen Nutzer- bzw. Konsumentenbasis zur Generierung von Filtern und Veredelung von Information.

[6] Collective Intelligence bezeichnet im vorliegenden Zusammenhang den informationstechnisch unterstützten soziologischen Prozess der kollektiven Wissenserweiterung innerhalb einer Organisation.

Herkömmliche zeitorientierte Explorationsverfahren verfolgen eher einen Monitoringansatz, d. h. sie wählen ein oder einige Sachverhalt(e) im ersten Schritt aus und explorieren diese im zweiten Schritt seriell oder parallel nach zeitlichen Auffälligkeiten. Das Ziel des vorgestellten und umgesetzten Verfahrens ist, alle zeitlich auffälligen Sachverhalte aus einer Menge von Sachverhalten in einem Datentopf (z. B. Zeitreihen von hunderttausenden von Wörtern oder Konzepten) auf einen Blick (folglich statisch) zu identifizieren. Die Art der zeitlichen Auffälligkeiten soll und kann dabei vorab frei bestimmt werden. Der vielversprechend erscheinende neue Ansatz basiert auf einem unüberwachten, selbstorganisierenden, neuronalen Verfahren, konkret RC-SOM[7], das um eine statische attraktor-basierte Initialisierung erweitert wird. Die Attraktoren stellen in diesem Fall vier vorab bestimmbare Zeitreihenmuster (wie z. B. niederfrequente oder hochfrequente / exponentiell oder logarithmisch ansteigende oder absteigende Zeitreihen), die die Zeitreihen repräsentierenden Datensätze gewissermaßen anziehen.

Dies ist nach bestem Wissen des Verfassers der erste Versuch in der operativen Frühaufklärungpraxis, neben der rein menschlichen Wahrnehmung schwache Signale in Form von textuell beschriebenen Sachverhalten auch maschinell zu operationalisieren. Empirische Ergebnisse sollten in kommenden wissenschaftlichen Publikationen die Nutzbarkeit des neuen zeitorientierten Datenexplorationsverfahrens allgemein und insbesondere für die Frühaufklärung bzw. die Digital Intelligence untermauern.

Die Zusammenfassung der Forschungsarbeit und eine kritische Würdigung des umgesetzten Systems sowie der Dienstleistung der Digital Intelligence schließt die wissenschaftliche Arbeit mit dem *Kapitel D* ab.

---

[7] RC-SOM steht für „rank correlation based self organizing map" bzw. selbstorganisierende Karte, deren Distanzfunktion auf verschiedenen Rangkorrelationskoeffizienten basiert (z. B. Kendalls Tau).

B – THEORIE

Kapitel B erläutert die theoretischen Grundlagen der Materie. Es ist in drei Abschnitte gegliedert, mit dem Fokus auf die Digital Intelligence als Disziplin der Wirtschaftsinformatik *(B0)*, ihre Grundlagen in der Betriebswirtschaftslehre *(B1)* und der Informatik *(B2)*.

B0 – Digital Intelligence

> Die Digital Intelligence kann nur einen kleinen Teil des durch den Menschen erfahrbaren Wissens erforschen –
> nämlich die in Text hinterlassenen Spuren. Keine Wissenschaft kann für sich Allgemeingültigkeit beanspruchen. Doch im Bewusstsein ihrer Grenzen und durch Vernetzung mit auf andere Weise erworbenen Erkenntnissen gewinnt sie an Aussagekraft.

Das Kapitel B0 leitet die wirtschaftsinformatische Disziplin der Digital Intelligence her, definiert sie und grenzt sie von der Business Intelligence ab. Besprochen werden weiterhin unterschiedliche Textsorten als Träger von Sachverhalten und als Diffusionskanäle in der Informationslandschaft. Des Weiteren wird auch die mit der Digital Intelligence verwandte Disziplin der Informetrie beschrieben. Das Vehikel der Digital Intelligence und damit das Bindeglied zwischen allen in dieser Arbeit besprochenen Konzepten und Disziplinen mit dem Menschen ist das Informationssystem. Seine möglichen Anwendungen und verschiedenen Entwicklungsstufen werden diskutiert.

3 Herleitung und Definition der Digital Intelligence

Besonders vor dem Hintergrund exponentiell wachsender Daten kann sich die Strategische Frühaufklärung nicht nur mehr primär und unmittelbar auf Menschen und deren sowohl bewusstes, unbewusstes als auch zwischenmenschliches Wissen im Sinne einer Human Intelligence stützen. Vielmehr muss sie auf neue Strategien, Prozessen, Architekturen und Technologien aus der Informations- und Kommunikationsbranche zurückgreifen. Die explizite Nutzung des Begriffes „intelligence" im Kontext der operativen Aufklärung ist auf Geheimdienste zurückzuführen. Das entsprechende Konzept existiert natürlich schon in verschiedensten Ausprägungen seit dem es Hochkulturen gibt. Die Geheimdienste nutzen unterschiedliche Quellen zur Informationsgewinnung und unterscheiden laut (NATO 2008) zum Beispiel zwischen *Human Intelligence* (HUMINT: Aufklärung mittels menschlicher Quellen), *Signal Intelligence* (SIGINT: Aufklärung feindlichen Fernmeldeverkehrs durch elektronische Mittel), welche die Communications Intelligence (COMINT) und die Electronic Intelligence (ELINT) umfasst, *Geospatial Intelligence* (GEOINT) mit der dazugehörenden Imagery Intelligence (IMINT), *Measurement and Signature Intelligence* (MASINT: Messung von Radar-, Radiofrequenz-, elektro-optischer, nuklearer, oder geophysischer Signale), *Financial Intelligence* (FININT) oder *Open Source Intelligence* (OSINT: Aufklärung allgemein zugänglicher Quellen (Zeitungen, Rundfunk, Fernsehen, Internet usw.).

Die Übertragung oder der Einsatz der entsprechenden, die Human Intelligence ergänzenden Geheimdienstdisziplinfacetten für den Unternehmenskontext ist aus rechtlichen sowie Kosten-Nutzen-Erwägungen nicht angebracht. Sinnvoll ist es daher, alle datengetriebenen Ansätze der (Früh)Aufklärung unter den Begriff *Digital Intelligence* zusammenzufassen als konzeptionelles Gegenstück, eigentlich jedoch Ergänzung zur Human Intelligence. Digital Intelligence ist keine neue Wortschöpfung. Das Wortpaar erscheint bisher in drei Kontexten. Zum einen steht Digital Intelligence für (1) bedeutungsvolle Daten in digitalen Netzwerken, zum anderen für (2) Informationen, die durch digitale, operative oder strategische Aufklärungsmethoden ermittelt werden sowie entsprechende Disziplinen an sich und zum dritten für (3) die emergente Form menschlicher Intelligenz, die digitale Informationen effektiv(er) verarbeiten kann (vgl. Gardner 1983, Adams 2004).

Auf den zweiten Kontext beruft sich die vorliegende wissenschaftliche Arbeit:

Definition   *Die Digital Intelligence versteht sich als Strategische Frühaufklärung auf Basis digitaler Informationsquellen und entsprechender Methoden.*

Die Digital Intelligence umfasst damit die Audio, Visual, Audio-Visual und die textdatenbasierte Digital Intelligence. Im Rahmen der vorliegenden wissenschaftlichen Arbeit mit dem Fokus auf textuelle Informationsquellen wird der Einfachheit halber die allgemeine Bezeichnung Digital Intelligence genutzt.

Abbildung 2. Die Strategische Frühaufklärung und ihre Aspekte: Human Intelligence (A und B) und Digital Intelligence (C und D); Quelle: eigene Darstellung.

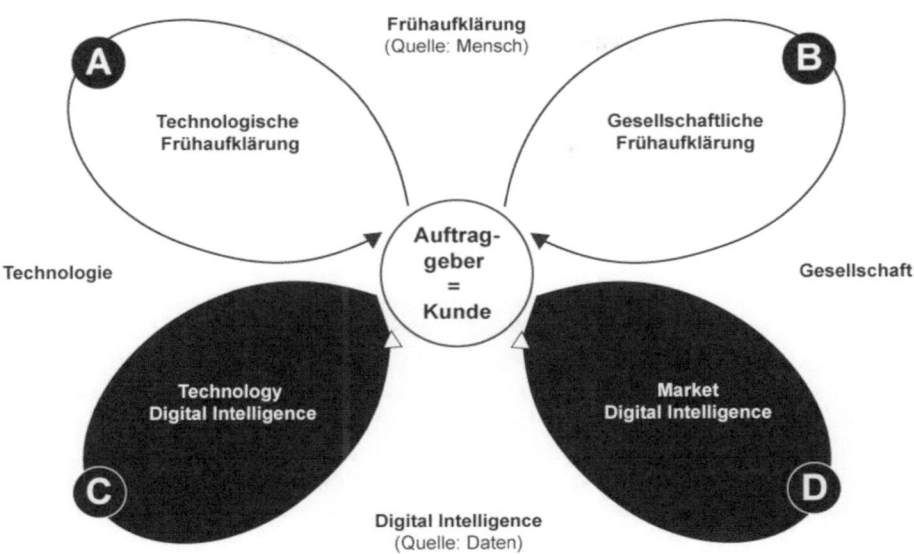

Abbildung 2 fasst das Besprochene noch einmal grafisch zusammen, wobei das Gewicht auf die unmittelbare Quelle (Mensch / Daten) und den thematischen Aspekt (Technologie oder Gesellschaft) der Strategischen Frühaufklärung zu legen ist. Entscheidend ist weiterhin, dass die traditionelle Strategische Frühaufklärung vor dem Hintergrund neuer digitaler Quellen, Technologien und Methoden an Facetten gewinnt und die Technologische Frühaufklärung (A) um die Technology Digital Intelligence (C) und die Gesellschaftliche Frühaufklärung (B) um die Market Digital Intelligence (D) ergänzt wird. Die wahre Stärke der Strategischen Frühaufklärung entpuppt sich erst durch eine alle vier Ansätze A, B, C und D integrierende Strategische Frühaufklärung. Mit dem Menschen im bzw. als Zentrum allen menschlichen und auch unternehmerischen Handelns ist und bleibt der Aspekt der Human Intelligence dennoch der wichtigste Pfeiler aller entsprechenden institutionalisierten Aktivitäten.[8]

---

[8] Die wichtigsten Voraussetzungen dabei sind ihre regelmäßige Durchführung und das ständige Bemühen um die Identifikation von schwachen Signalen, die meist unternehmensexterner Natur sind. Entscheidend ist, dass sowohl alle formellen als auch alle informellen Netze mit externen Personen über alle Unternehmensebenen und Fachbereiche hinweg intensiv gepflegt werden. Der regelmäßige Kontakt mit wichtigen Marktpartnern, Wissensträgern aus Forschung, Wettbewerb und Zuliefererkreisen sowie die Beobachtung relevanter Messen, Tagungen oder Kongresse sind Beispiele hierfür.

4 Abgrenzung zur Business Intelligence

Trotz seiner sprachlichen und inhaltlichen Nähe zur Digital Intelligence, erscheint die Nutzung des Konzeptes der *Business Intelligence* vor dem Hintergrund der Frühaufklärung und insbesondere der vorliegenden Arbeit nicht zielgerecht. Um dies zu verdeutlichen und beide Konzepte voneinander abzugrenzen, wird auf ein prozessorientiertes Verständnis von Business Intelligence nach Gentsch und Grothe zurückgegriffen:

Definition	*„BI bezeichnet den Prozess, der aus fragmentierten, inhomogenen Unternehmens-, Markt- und Wettbewerberdaten Wissen über die eigenen und über fremde Positionen, Potenziale und Perspektiven generiert. [...] BI beschreibt die analytische Fähigkeit, in vorhandener oder zu beschaffender Information relevante Zusammenhänge und strategische Vorteilspotentiale zu entdecken sowie diese zielgerichtet im Unternehmen verfügbar zu machen.“ (Gentsch und Grothe 2000, S. 17)*

Das Ziel der Business Intelligence ist, der bisherigen und auch weiterhin stetigen Spezialisierung von Informationssystemen eine Homogenisierung und Vernetzung über alle Funktions-, Fachkraft- und Managementbereiche entgegenzusetzen. Die bereits vorhandenen unternehmensinternen Daten müssen zugänglich gemacht und durch intelligente Analysemethoden noch besser ausgeschöpft werden (vgl. Mertens 2002; Kemper, Mehanna et al. 2004). Business Intelligence ist ein oft populär geführter Begriff, bei dem es sich – um Gluchowski zu zitieren – „um eine begriffliche Klammer handelt, die eine Vielzahl unterschiedlicher Ansätze zur Analyse geschäftsrelevanter Daten zu bündeln versucht" (Gluchowski 2001, S. 8) und kein grundlegend neues Konzept, Produkt und erst recht Technologie repräsentiert. Die Definitionen der Business Intelligence sind undifferenziert und unterscheiden zum Beispiel keinesfalls zwischen operativen[9], dispositiven[10] und strategischen[11] Aufgaben (vgl. Gudehus 2005) bzw. zwischen operativen, strategischen oder normativen Wissenszielen (vgl. Probst und Romhardt 2008) und deren Zusammenhängen, geschweige denn, welche Daten und Anwendungen auf welche Weise zum wirtschaftlichen Erfolg beitragen. Der oben eingeführte Begriff der Digital Intelligence hingegen hat einen konkreten Fokus auf digitale, insbesondere Textdaten und entsprechende Analysemethoden sowie auf die strategischen Aufgaben und Wissensziele einer Unternehmung.

5 Übersicht über unterschiedliche Textsorten

Die Nutzung von Methoden und Werkzeugen der Datenexploration ohne Kenntnis der spezifischen Eigenschaften der zu untersuchenden Daten, Inhalte bzw. Quellen, wird keinen Mehrwert erzielen. Die Auswahl für die Frage- bzw. Aufgabenstellung geeigneter Textsorten und Informationsquellen ist eine der Hauptaufgaben der Digital Intelligence. Sie sind Träger von Sachverhalten und Diffusionskanäle in der Informationslandschaft. Dieses Kapitel kann keine umfassende Analyse für die Digital Intelligence relevanter Medien-

---

[9] Die operative Ebene umfasst die Betriebs- und Prozesssteuerung für den operativen Betrieb der Unternehmenssysteme. Die operativen Aufgaben sind kurzfristig (Sekunden bis Minuten) orientiert, und die benötigten Informationen sind klar und deutlich. Eine Transaktion im Bankgeschäft ist ein Beispiel.

[10] Zu den dispositiven oder taktischen Aufgaben zählt das Verwalten, Disponieren und Kontrollieren aller Aufträge, Bestände und Betriebsressourcen. Sie sind mittelfristig (Minuten bis Tage) orientiert, und die benötigten Informationen sind relativ gesichert.

[11] Zu den strategischen oder administrativen Aufgaben gehören die Unternehmensplanung, die Strategieentwicklung oder die Programm- und Ressourcenplanung, die auf zukünftige Leistungsanforderungen ausgerichtet sind. Sie sind langfristig (bis zu mehreren Monaten) orientiert, und die benötigten Informationen sind unsicher.

formate, Quellen und Inhalte geben. Es soll dem Leser jedoch deren Relevanz im Kontext der Digital Intelligence insbesondere aus Sicht der Diffusionsforschung verdeutlichen.

Die für die Digital Intelligence bedeutenden und relevanten schwachen Signale sind in allen Lebensbereichen des Menschen zu suchen und im Kontext dieser hinterlässt er auch Spuren in Form unterschiedlichster Textsorten. Dabei kann bzw. sollte sowohl auf informelle *(tacit knowledge)* als auch auf formelle Quellen zurückgegriffen werden (vgl. Ahton, Kinzey et al. 1991, S. 90-110):

- informelle Quellen: Feldforschung, Expertenkontakt (primär, sekundär), Organisationskontakte, unveröffentlichte Dokumente, Webseiten, Portale, Blogs usw.

- formelle Quellen: technologische, gesellschaftliche und wirtschaftliche Literatur (Journale, Unternehmenspublikationen, Handelspublikationen, Newsletter, Zeitschriften, Zeitungen, Patente, Übersetzungen, Abstrakte, Konferenzschriften usw.).

Aus formellen Quellen sind Informationen einfacher zu gewinnen. Sie folgen bezeichnenderweise in Form und Prozess bestimmten Regeln und haben daher z. B. homogenere Datenumfänge, Schnittstellen, Syntax oder sind öffentlich und damit einfacher zugreifbar und auswertbar. Eine hervorgehobene Rolle für die Digital Intelligence als langfristige Frühaufklärung spielen hierbei fortschrittsorientierte formelle Textquellen aller Wissenschaftsbereiche, die den Erwerb neuen Wissens durch Forschung repräsentieren. Zwei allgemein bekannte Gründe dafür:

- Die Lebenszyklen im Diffusionsprozess beliebiger Sachverhalte in der Patent- sowie wissenschaftlichen Literatur dauern länger an als z. B. in der eher kunden- oder konsumentenorientierten Presselandschaft.

- Das wissenschaftlich aktive soziale Milieu besteht eher aus Innovatoren und frühen Anwendern.

Beide Argumente vergrößern die Wahrscheinlichkeit, dass potentielle schwache Signale für Umbrüche früher besprochen werden als von der Masse der Gesellschaft. Als ein Spiegel menschlicher Lebenswelten seismografisch bedeutsam sind insbesondere Beiträge in den Real- bzw. Erfahrungswissenschaften, wobei die Grenzen zu den Formalwissenschaften (z. B. Logik oder Mathematik) nicht einheitlich gezogen werden können bzw. sogar fließend sind, wie z. B. bei den Wirtschaftswissenschaften oder der Informatik selber.[12] Diese Klassifikation von Wissenschaftsbereichen nutzend, können die Realwissenschaften in die Geisteswissenschaften und die Erfahrungswissenschaften unterteilt werden, zu denen die Naturwissenschaften (Chemie, Physik oder Biologie) sowie die Sozialwissenschaften gezählt werden können. Für die Digital Intelligence ist es rein inhaltlich zweitrangig, welchem wissenschaftlichen Bereich eine Untersuchung entstammt. Jede wissenschaftliche Erfahrung wird üblicherweise sprachlich textuell festgehalten und ist der Digital Intelligence damit zugänglich. Letztlich sind jedoch erfahrungsgemäß die Textdaten in den Naturwissenschaften besser klassifiziert und informationstechnisch strukturiert z. B. durch Terminologien oder Thesauren als in den Geistes- oder Sozialwissenschaften und damit für eine Datenexploration besser geeignet.

Neben den formellen wissenschaftlichen Veröffentlichungen erfolgt der Austausch mit der Forschungsgemeinschaft auch durch Fachkonferenzen, bei Kongressen, Seminaren oder Arbeitsgruppen. Diese Ereignisse sind noch vor der ersten einschlägigen Veröffentlichungen anzusiedeln und damit besonders wertvoll für die Digital Intelligence. Nachteilig ist jedoch, dass deren Ergebnis eher informelle, wegen ihrer geringeren Regelkonformität weniger strukturierte Textsorten sind.

---

[12] Vgl. Überlegungen von Carnap (Carnap 1991).

Abbildung 3. Diffusion eines Sachverhaltes über verschiedene Textsorten; Quelle: eigene Darstellung in Anlehnung an Keller (Keller 1997, S. 9) und Brenner (Brenner 2005, S. 8).

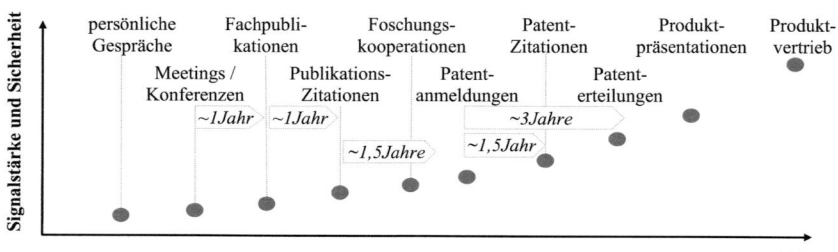

Eine generalisierte und idealtypische Betrachtung der Zeitlichkeit bzw. Diffusion eines Sachverhaltes durch informelle und formelle Quellen vom wissenschaftlichen zum Produkt- und massentauglichen Kontext bietet Abbildung 3. In persönlichen Gesprächen, informellen und später formellen Treffen sowie in Konferenzen werden neue Gedanken, Ideen oder Erkenntnisse unterschiedlicher Art von Experten, Insidern beziehungsweise von einem kleinen Kreis von Eingeweihten ausgetauscht und damit sprachlich oder textuell „in Form" gebracht. Die entstehenden Texte können unter den bibliothekswissenschaftlichen Begriff der „grauen Literatur"[13] subsumiert werden. Indem solche Informationen weiterentwickelt, vertieft, strukturiert, sinnvoll in Beziehung gebracht und gegebenenfalls in Fachzeitschriften publiziert werden, können sie sich über lokale Grenzen hinweg einem Schneeballsystem gemäß exponentiell verbreiten, von anderen Interessenten (meist desselben Fachgebiets) aufgenommen werden und nun über weitere Medien neben Experten auch Laien und ein breites Publikum erreichen. Auch Unternehmen können zu den aktiven oder passiven Empfängern neuer Informationen gehören und sie beispielsweise im wissenschaftlichen Kontext in Forschungskooperationen aufgreifen. Üblicherweise versuchen sie, inventive Gedanken der noch wissenschaftlichen und konzeptionellen Vorschläge zu Innovationen weiterzuentwickeln. Bei potenziell wirtschaftlich interessantem Gedankengut wird durch Patentanmeldungen versucht, sich den Wettbewerbsvorsprung rechtlich zu sichern. Parallel dazu werden Prozesse entwickelt, das Gedankengut effizient in Produkte umzusetzen, so dass Innovationen geschaffen werden. Diese werden durch anziehende Produktpräsentationen vertrieben und von Kunden gekauft.

Die allgemeine Diffusionsregel der Entwicklung von der Invention oder Konzeption hin zur Massentauglichkeit gilt damit auch für den Kontext von Textdaten, weil sie letztlich die Spuren realer Ereignisse repräsentieren. Die entscheidende Frage ist nun, in welcher Lebenswelt oder in welchem Diffusionszyklus welches Medienformat oder Informationsquelle vornehmlich genutzt wird. Die Antwort wird je nach Kontext und Anwendung unterschiedlich ausfallen und bedarf viel Empirie, um Regelhaftes zu identifizieren.[14]

Selbstverständlich gilt die Diffusionsregel auch für Teilaspekte des in Abbildung 3 idealtypischen Diffusionsverlaufes sowie innerhalb einzelner Medienformate wie z. B. Produktmeldungen in Form von Pressemitteilungen oder neuen Formaten wie Webseiten oder Blogankündigungen. Überall gibt es die Innovatoren, die frühen Anwender, die frühen und späten Mehrheiten sowie die Nachzügler.

---

[13] Programmhefte, Tagungsberichte, Institutsschriften, Preprints, Kataloge, Berichte und Pläne, Flugblätter, Gelegenheitsschriften, Webpräsenzen, (noch) nicht veröffentlichte Dissertationen, Seminararbeiten, Diplomarbeiten.

[14] Beispielsweise beträgt die zeitliche Verzögerung zwischen einer Erfindung und ihrem erstmaligen Niederschlag in einer wissenschaftlichen Publikation, abhängig vom Medium, in der Regel ein halbes bis anderthalb Jahre (vgl. Pfeiffer 1992, S. 142).

Den Diffusionszyklen entsprechend, ändert und entwickelt sich auch die Art und Weise, wie Texte geschrieben werden. Tabelle 2 abstrahiert beispielhaft unterschiedliche Fachtexttypologien. Fortschrittsorientierte, aktualisierende Texte sind für die Digital Intelligence von besonderer Bedeutung.

Tabelle 2. Schema der Fachtexttypologie; Quelle: eigene Darstellung in Anlehnung an Baumann und Kalverkämper (Baumann und Kalverkämper 1992).

Schriftliche Textsorten						
juristisch-normative Texte	fortschrittsorientierte, aktualisierende Texte		didaktisch-instruktive Texte			Wissen zusammenfassende Texte
			theoretisches Wissen vermittelnde Texte		Mensch-/Technik-interaktions-orientiert	
	faktenorientiert	publizistisch aufbereitet	mnemo-technisch organisiert	Interesse weckend		
Patentschriften, Spezifikationen, Normen	„graue" Literatur, Forschungs- oder Konferenzberichte, Artikel in Fachzeitschriften, Sammelwerke, Monografien	Aufsätze, Kurzbeiträge, Artikel in Fach-zeitschriften, Sammelwerke, Monografien	Lehrbücher	Sachbücher, populärwissenschaftliche Zeitschriften	Anleitungen, Handbücher	Lexika, Formelsammlungen

Neben den Fachtexten und speziell vor dem Hintergrund einer ganzheitlichen medialen Betrachtung eines Sachverhaltes als Vision der Digital Intelligence wächst auch die Bedeutung anderer Textsorten wie Pressemitteilungen oder internetspezifische Medienformate an und damit auch die Herausforderungen an die Umsetzung der Digital Intelligence, denn letztere Formate zählen zu den informellen und damit weniger strukturierten Textquellen. Je nach Ziel, Fragestellung und Herkunft der Auftraggeber der Digital Intelligence muss ein Quellen-Mix in Betracht gezogen werden. Als machbarkeits- sowie anforderungsbedingte Grundlage einer Digital Intelligence in einem global agierenden Automobilkonzern mit einem kontinuierlichen Scanning zählen erfahrungsgemäß möglichst umfassende Zugänge zur globalen wissenschaftlichen Literatur-, Patent sowie Presselandschaft und optimalerweise die Möglichkeiten der Exploration nutzergenerierter Textinhalte in Webformaten wie Blogs oder Foren. Eine Versuch einer ersten eher globalen Wertung entsprechender Medienformate nach potenziell frühaufklärungsinteressierten Fachbereichen bietet Tabelle 3. Zum besseren Verständnis werden auch die idealtypischen Ziele gelisteter Fachbereiche genannt.

Tabelle 3. Bewertung der für die Digital Intelligence im automobilen Kontext relevantesten Textsorten nach Fachbereichen; Quelle: eigene Darstellung.

Unternehmensbereich	Ziel	Textsorten und deren Bedeutung			
		wissenschaftliche Literatur	Patentschriften	Pressemeldungen	internetspezifische Formate wie Web-seiten, Foren, Blogs, ...
Forschung	Identifikation neuer, langfristig potentieller automobil-relevanter technologischer Trends, Sachverhalte und ihrer Key-Player, um Trendsetter oder mindestens Fast Follower zu sein im automobiltechnologischen Umfeld	groß	groß	mittel	kontext-spezifisch
Entwicklung	Identifikation seriennaher automobiltechnischer Sachverhalte, Trends und ihrer Key-Player, um automobile Produkte und Dienstleistungen – für die der Kunde bereit ist zu zahlen – möglichst günstig in Serie zu bringen	mittel	groß	mittel	kontext-spezifisch
(Externe) Unternehmenskommunikation	Analyse der Unternehmensdarstellung im Medienumfeld, um die Einstellung der Öffentlichkeit gegenüber der Organisa-tion zu beeinflussen oder zu verändern	keine	keine	groß	kontext-spezifisch
Marktforschung	Beschaffen/Vermitteln marktrelevanter kurz-/ mittel-fristiger Informationen, um den Erfolg des Unternehmens zu wahren und dessen Expansion zu ermögli-chen	keine	keine	mittel	kontext-spezifisch

Sobald ein Sachverhalt – zum Beispiel die Nutzung einer Technologie im automobilen Kontext oder speziell in einem Automodell – in der Presse erscheint, ist er der Allgemeinheit zugänglich und nicht mehr für die Forschung, sondern für die Unternehmenskommunikation eines Automobilherstellers mit innovativem bzw. sogar inventivem Selbstverständnis als Issue von primärem Interesse. Dennoch sollte die Analyse von Pressedokumenten in der Digital Intelligence mit dem Ziel eines ganzheitlichen medialen Scannings nicht an Relevanz verlieren. Denn nur so kann sie Auskunft über den ganzheitlichen medialen Lebenszyklus und Reifegrad von Sachverhalten geben. Die Bedeutung der internetspezifischen Medienformate im Kontext von Unternehmensbereichen oder der Digital Intelligence ist nicht systematisch erforscht und von Fall zu Fall unterschiedlich zu bewerten. So wird z. B. ein Blogbeitrag zu einem Issue für die Digital Intelligence umso relevanter, je wahrscheinlicher es ist, dass der Autor aus einem Milieu von Innovatoren oder frühen Anwendern kommt. Sicher ist dennoch, dass die Bedeutung internetspezifischer Medienformate für die Digital Intelligence in Form des ganzheitlichen medialen Scannings und Identifikation schwacher Signale enorm anwächst.

6 Informetrie: Bibliometrie, Szientometrie, Webometrie

Die Disziplin der *Informetrie (informetrics)* wurde 1979 von Nacke (Nacke 1979) als Anwendung mathematisch-statistischer Methoden auf Sachverhalte des Informationswesens erstmals als Teilbereich der Informationswissenschaft bestimmt. Sie misst und interpretiert (quantifiziert) die geschriebene Kommunikation und ihre Struktur nach Themen, Medienformaten, Informationsquellen oder Regionen aus Makroperspektive mit mathematisch-statistischen Methoden: die publizistische Leistung, die Kommunikationskanäle, den Wirkungsgrad sowie das Wirkungsgefüge (personelles, institutionelles, regionales oder thematisches) von Informationsprodukten und ihrer Autoren (vgl. Jokic und Ball 2006, S. 10). Die Informetrie soll als übergreifende Disziplin für die *Bibliometrie (bibliometrics)*, die *Szientometrie (scientometrics)* und die *Webometrie (webometrics)* verstanden werden, obwohl sie selber der Informationswissenschaft, die Bibliometrie der Bibliothekswissenschaft, die Szientometrie der Wissenschaftswissenschaft und die Webometrie der Untersuchung von Webstrukturen zugeordnet wird. Sie grenzen sich durch die Objekte ihrer Forschung ab, während sich die angewendeten Methoden in allen vier Bereichen überschneiden.

Der Begriff Bibliometrie wurde maßgeblich von Pritchard (Pritchard 1969) im Jahr 1969 geprägt. Sie untersucht quantitativ wissenschaftliche Dokumentation, Informations- und Kommunikationsprozesse anhand unterschiedlicher wissenschaftlicher Informationsquellen. Ihre bekanntesten Methoden sind die Publikations- und Zitationsanalyse.

Während die Bibliometrie eher einen inhaltlichen Fokus auf die Untersuchung wissenschaftlicher Veröffentlichungen hat, legt die Szientometrie ihren Schwerpunkt auf die quantitativen organisationellen Aspekte der Entstehung, Verbreitung und Benutzung wissenschaftlicher Informationen mit dem Ziel, Mechanismen wissenschaftlicher Forschung als soziale Aktivität bzw. Informationsprozess besser zu verstehen (vgl. Jokic und Ball 2006, S. 16).

Die Anwendung informetrischer, hauptsächlich der Bibliometrie und Szientometrie entstammender, Methoden auf das World Wide Web ist der Schwerpunkt der Webometrie, die Almind und Ingwersen 1997 als Erste bestimmten (vgl. Almind und Ingwersen 1997).

Die Informetrie ist eine Disziplin, die alle oben genannten Datenexplorationsmethoden, die die anwendungsorientierte Analyse von Daten, Metadaten und wenn möglich auch Textdaten und somit auch unstrukturierter, semistrukturierter sowie explizit strukturierter multidimensionaler zeitorientierter Daten zum Ziel haben, umfasst. Sie sucht nach empirischen Regelmäßigkeiten, nach denen sich die unterschiedlichen digitalen Informationsquellen unterschiedlichster Fachbereiche erfahrungsgemäß verhalten.

Um dies zu ermöglichen, hat sie auch zum Ziel, entsprechende Indikatoren aufzustellen. Einen großen empirischen Aufwand auf Basis von Metadaten betreiben in diesem Rahmen z. B. Porter und Cunningham. Sie stellen einen Indikatorenkatalog für die fortschrittsorientierte technologische wissenschaftliche Literatur auf Basis entsprechender Metadaten auf (vgl. Porter und Cunningham 2005). Dabei stellt seine Arbeit nur einen kleinen Teil der potentiell für die Informetrie (im Kontext der Digital Intelligence) relevanten Indikatoren dar. Neben Indikatoren aus Publikationsanalysen (z. B. Quantität und Qualität von Veröffentlichungen, Zitierungen, Kozitationen, Kookkurrenzen) und Patentanalysen (Quantität und Qualität von Patenten)[15] werden in

---

15 Vgl. z. B. Price 1963; Kostoff 1993; Kostoff 1994; Narin, Loivastro et al. 1994; Porter und Detampel 1995; Ernst 1996; Watts und Porter 1997; Zhu und Porter 2002; Ernst 2003; Trippe 2003; Kostoff, Boylan et al. 2004; Courseault 2004; Kongthon 2004; Brenner 2005; Porter 2005; Porter und Cunningham 2005; Ensthaler und Strübbe 2006, S. 63-

der wissenschaftlichen Literatur auch Indikatoren über den Umfang und die Änderungen des Ressourceneinsatzes (z. B. Personal oder sachliche Investitionen) für die Forschung und Entwicklung einzelner Institutionen sowie ganzer Branchen und Länder, Indikatoren für Unternehmenskommunikation und Kundenwahrnehmung auf Basis von Presse-, Blog-, Foren- oder Beschwerdemanagementanalysen bis hin zu Kennzahlen für ein Volkswirtschaftswachtsum besprochen.

Entsprechende Erkenntnisse würden durch eine informationstechnische Perspektive allein nie erkannt bzw. nach ihnen würde nicht gefragt werden. Während die informationstechnsche Forschung in der Datenexploration durch Datenabfragen, OLAP-Systeme, Data Mining, Text Mining oder Web Mining die methodische und technische Herausforderung anspricht – was die folgenden Kapitel genügend belegen, untersucht die Informetrie Daten und Informationsquellen inhaltsbezogen – dies natürlich unter Rückgriff auf Methoden der Informatik. Im Zusammenspiel beider liegt folglich die Wurzel für den Erfolg anwendungsorientierter Digital Intelligence[16] und damit für ihre potentiellen Kunden; für Bibliothekare und Informationsspezialisten zur Auswertung von Beständen und Entscheidungsunterstützung bei Erwerb von Publikationen, für Wissenschaftler und Forscher zur Auswertung eigener und fremder Publikationsleistungen und für Geldgeber oder Unternehmen zur strategischen Entscheidungsunterstützung.

112, 123-167; Kostoff, Rigsby et al. 2006; Tiefel und Schuster 2006; Gemünden und Birke 2007, S. 116ff.; Haupt, Kloyer et al. 2007, S. 55ff.; Lichtenthaler 2008, S. 64, 69, 75f.

[16] Canongia identifiziert Synergien zwischen Competitive Intelligence, Wissensmanagement und Technologischer Frühaufklärung (Canongia 2007).

7 Informationssysteme im Kontext der Digital Intelligence

Porter, einer der renommiertesten betriebswirtschaftlichen Wissenschafter im Bereich des Strategischen Managements, erkannte bereits im Jahre 1980, dass Systeme, konkret Systeme der Competitive Intelligence zur organisierten Sammlung, Aufbereitung und Analyse der Masse an relevanten Daten nützlich sind (vgl. Porter 1980, S. 71-74). Dies gilt heute umso mehr. Die Digital Intelligence sowie entsprechende Systeme und deren Notwendigkeit für die Praxis sind weitestgehend anerkannt. Allerdings stellen nicht unbedeutende Autoren (Krystek und Müller 1999; Buchner und Weigand 2002; Loew 2003) eine starke Diskrepanz zwischen ihrer Bedeutung und ihrer praktischen Umsetzung fest. Operative und dispositive Controlling-, Indikatoren- oder Geschäftskennzahlsystemen kommen in der Praxis häufig zum Einsatz. Umfassende Frühaufklärungsinformationssysteme im Sinne einer Perspektive von der externen auf die interne Welt bzw. einer Identifikation schwacher Signale haben bisher keine weite Verbreitung gefunden. Noch immer stellt sich die Frage, was schwache Signale überhaupt sind und wie sie zu erkennen sind (Loew 2003). Als Hauptgründe für die festgestellte Implementierungslücke werden

- der weiterhin hohe Ressourcenaufwand speziell für kleinere und mittlere Unternehmen jedoch auch für Großunternehmen genannt sowie

- eine „Kosten-Nutzen-Disparität", das heißt, dass einem hohen Kostenblock am Anfang ein nur langfristig realisierbarer und nur schwer erkennbarer Nutzen gegenübersteht.

So bedeutend das Thema der informationstechnologischen Unterstützung im Kontext von Systemen zur Information bzw. zum Informieren ist, so vielfältig ist auch das genutzte Vokabular. Englische und deutsche Begriffe wie *Management Information System, Executive Information System, Chefinformationssystem, Führungsinformationssystem, Management-Unterstützungssystem; Decision Support System, Entscheidungsunterstützungssystem; operatives, analytisches, betriebliches Informationssystem, Enterprise Information System; Wettbewerbsinformationssystem, Competitive Intelligence System* oder *Expertensystem* im Kontext der für die Digital Intelligence relevanten Informationssysteme beweisen dies. Sie entstammen unterschiedlichen Anwendungen bzw. sind auf verschiedene Entwicklungsstufen oder anvisierte Personengruppen zurückzuführen.[17] Unter Informationssystem ist nach Winkler allgemein eine

Definition: *„aus menschlichen und technischen Komponenten [bestehende Gesamtheit, die] der funktionsorientierten Sammlung, Speicherung, Verarbeitung und Distribution von sowie der Recherche in Informationen [dient], um mit Hilfe eines definierten Informationsangebotes eine organisationsinterne oder organisationsübergreifende Informationsnachfrage zu befriedigen bzw. zu generieren." (Winkler 2003, S. 6)*

Folglich sollte ein Informationssystem nicht nur auf technische bzw. technologische Komponenten wie Hardware, Datenbanken oder Software reduziert werden, sondern als ein System miteinander kommunizierender Menschen und Maschinen verstanden werden, die Informationen sowohl erzeugen als auch benutzen. Ein technisches System allein kann kaum informieren. Es kann nur Mittler von Informationen zwischen Informationsanbietern und -abnehmern sein. Entsprechend sind auch der

---

[17] Gluchowski, Gabriel et al. unterscheiden zwischen (1) Basissystemen (z. B. Textverarbeitung, Tabellenkalkulation, Grafikverarbeitung oder Terminplanung) , so genannten (2) Führungsinformationssystemen (vgl. Executive Information System, Chefinformationssystem, Management-Unterstützungssystem, Management-Informationssystem: z. B. kommunikations- und datenunterstützende Systeme wie E-Mail, Standard- oder Ad-hoc-Berichte) und (3) Entscheidungsunterstützungssystemen (vgl. Decision Support System: z. B. Simulationen, Prognosen oder Modellierungen) (vgl. Gluchowski, Gabriel et al. 1997, S. 239, 244).

- Mensch und sein Verhalten auf Grundlage seiner Ziele, Wünsche und Werte,

- die Organisation als soziales und soziotechnisches System,

- die Schnittstelle zwischen Mensch und Maschine sowie

- die Daten und all deren Anwendungen

von großer Bedeutung in der Forschung an und Erforschung von Informationssystemen.

Werden in Literatur und Praxis Informationssysteme besprochen, sind operative und dispositive sowie nur eingeschränkt strategische Fragestellungen Thema. Diese Ungleichheit ist leicht zu erklären. Strategische Aufgaben beruhen auf vageren oder unsicheren Informationen (auch weniger strukturierten und impliziten Daten) und sind daher schwer zu operationalisieren und Informationstechnologien weniger zugänglich. Obwohl alle oben genannten Aufgabenebenen (operativ, dispositiv, strategisch bis normativ) grundsätzlich auch in allen Organisationsbereichen einer Unternehmung (wie zum Beispiel der Produktion, Entwicklung oder Forschung) anzutreffen sind, nimmt im Allgemeinen die Klarheit und Sicherheit des den Organisationsbereichen zugrundeliegenden Informationsgehalts in Bezug auf Inventionen und Innovationen im fortgesetzten Produktentstehungsprozess zu und deren strategische Relevanz bzw. Einfluss ab. So werden strategische Produktentscheidungen und auf jeden Fall Eigenschafts- sowie Funktionsentscheidungen eher in der Forschung oder Entwicklung getroffen als in der Produktion.

Personengruppen- (Analyst oder Entscheidungsträger) oder rein entwicklungsstufenbedingte Unterteilungen von Informationssystemen (Basis-, Führungsinformations- oder Entscheidungsunterstützungssysteme) sind nicht zeitgemäß. Als sinnvoller erweisen sich dagegen aufgaben- bzw. tätigkeitsorientierte Unterteilungen sowie Unterscheidungen nach dem Reifegrad der Informationssysteme. Letzteres unternimmt unter anderem Mummert Consulting mit der Vorstellung eines speziell auf die Business Intelligence zugeschnittenen Reifegradmodells (Abbildung 4).

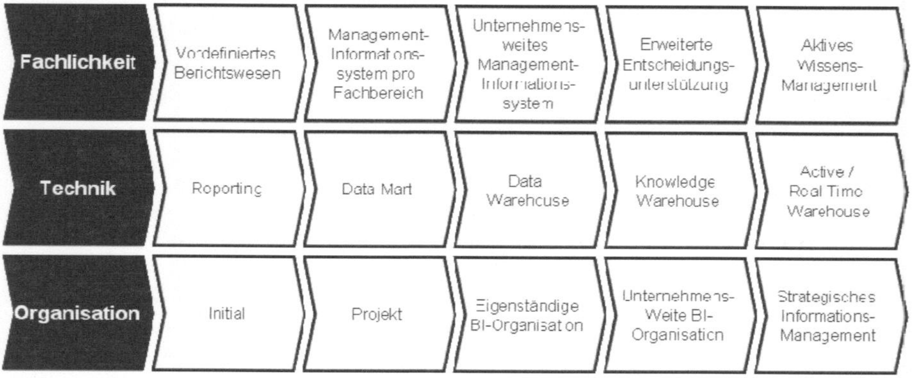

Fachlichkeit	Vordefiniertes Berichtswesen	Management-Informations-system pro Fachbereich	Unternehmens-weites Management-Informations-system	Erweiterte Entscheidungs-unterstützung	Aktives Wissens-Management
Technik	Reporting	Data Mart	Data Warehouse	Knowledge Warehouse	Active / Real Time Warehouse
Organisation	Initial	Projekt	Eigenständige BI-Organisation	Unternehmens-Weite BI-Organisation	Strategisches Informations-Management

Abbildung 4. Zunahme des Reifegrades von Informationssystemen; Quelle: eigene Darstellung in Anlehnung an Mummert Consulting (Mummert Consulting AG 2004).

In den sechziger Jahren kamen pauschal erste informationstechnologisch unterstützte Führungsinformationssysteme zur Anwendung, die auf Basis operativer Systeme in periodischen Abständen Standardberichte im Sinne umfangreicher Computerausdrucke ohne zweckgerichtete Vorverdichtung automatisch generierten und wegen fehlender Interaktionsmöglichkeiten das mühsame Heraussuchen relevanter Informationen dem Nutzer überließen (vgl. „Vordefiniertes Berichtswesen"). Seit den siebziger Jahren wurden interaktive Systeme im Sinne von problembezogenen Methodenbaukästen entwickelt, die den Planungs- und Entscheidungsprozess punktuell unterstützten und verbesserten. Dabei handelte es sich anfangs um fachbereichsspezifische Kennzahlensysteme, die schrittweise auf die ganze Unternehmung mit einer einheitlichen Semantik, einer Integration sowohl verschiedener Fachbereiche als auch externer Daten erweitert wurden. Laut Chamoni und Gluchowski ermöglichen Führungsinformationssysteme seit Mitte der achtziger Jahre über die reine Informationsversorgung hinaus auch „eine Kommunikationsunterstützung auf der Basis intuitiv benutzbarer und individuell anpassbarer Benutzeroberflächen" oder intelligente Analysemethoden (z. B. Data Mining) (Chamoni und Gluchowski 2006). In Verbindung mit einer Datenversorgung in Echtzeit und teilweise mit einer automatisierten Prozesssteuerung anhand von Regeln bzw. Indikatoren sprechen Mummert Consulting von einem „aktiven Wissens-Management" als höchstem Reifegrad (Mummert Consulting AG 2004). Für eine breitere Bewertung von Informationssystemen empfehlen sie die Ergänzung der fachlichen und organisatorischen Perspektive (die Entwicklung von partiellen hin zu ganzheitlichen sowie von operativen über dispositive hin zu strategischen Systemen) um eine technische Dimension. Sie sprechen von einer technischen Reifegrad-Entwicklung von *Reportings*[18] über *Data Marts*[19], *Data Warehouse* und *Knowledge Warehouse*[20] bis hin zu einem *Active* bzw. *Real Time Warehouse*. Damit sollen auch unstrukturierte neben strukturierten Daten, konzeptuelle Strukturen und Metadaten zum intelligenten Umgang mit den gespeicherten Daten, dezentrale (oder sogar agentenbasierte) Informationsverteilungen sowie maßgeschneiderte Zugänge zu verschiedensten Medienelementen (Datenbanken, Präsentationen, auditive oder audiovisuelle Daten) zeitorientiert in Echtzeit unterstützt werden. Unter *Data Warehouse*, als dessen Vater Inmon gilt, ist eine Art zentrales oder dezentrales Datenlager zu verstehen, das heterogene Inhalte aus Daten unterschiedlicher Quellen, Größen, Typen, Wertebereiche, Strukturen, Dimensionen, Zeitangaben samt Metadaten integriert. Um ein optimal funktionierendes Informationssystem zu gewährleisten, müssen die heterogenen Daten themenorientiert[21], integriert[22], chronologisiert[23] und persistent[24] gesammelt und gehalten werden (vgl. Inmon und Hackathorn 1994, S. 25f.). Entscheidend dabei ist, dass ein Data Warehouse nicht streng zentral vorliegen braucht. Vor dem Hintergrund der enormen weltweiten Datenflut können sie auch an unterschiedlichen Orten und in verschiedensten Formaten vorliegen, solange durch ein Datenverwaltungsmanagement ein schneller und sicherer integrierter Zugriff auf alle für eine Aufgabe relevanten Daten von jedem gewünschten Ort zu jeder Zeit ermöglicht wird. Dies kann mit einer dezentralen Datenverwaltung mitunter sogar besser gewährleistet werden.

Im Kontext von Informationssystemen ist kritisch zu bemerken, dass die wesentlichen wirtschaftswissenschaftlichen und wirtschaftsinformatischen Arbeiten zu diesem Thema mit genannten oberflächlichen Be-

---

[18] Mit folgenden Eigenschaften: statistische Berichte; einfache Darstellungen (z. B. Listendruck); nur lokale Standards; parametergesteuerte Abfragen; eingebettet in operative Systeme; keine Datenintegration.

[19] Entspricht einem langfristig gehaltenen Datenbestand innerhalb eines Data Warehouse (Datenbestand), der nur einen einzelnen Unternehmensteil mit Informationen versorgt („Insellösung") und damit keine unternehmensweite Datenbasis in Form eines Data Warehouse repräsentiert. Eine Historisierung der Daten für z. B. Zeitreihenanalysen und erweiterte Ad hoc-Analysen werden bereits ermöglicht.

[20] Der noch nicht standardisierte Begriff *Knowledge Warehouse* soll das *Data Warehouse* um die Integration semistrukturierter Daten und entsprechender Analysewerkzeuge (z. B. Text Mining) erweitern und unterstützt komplexe Prozesse durch Workflow- und Content-Management oder Portaltechnologien.

[21] Die Strukturierung der Daten im Data Warehouse orientiert sich an der Analyseproblematik.

[22] Die heterogenen Daten unterschiedlicher Quellen werden in vereinheitlichter Form gehalten.

[23] Die Daten werden chronologisch gesammelt und mit Zeitstempeln versehen, um Analysen über zeitliche Veränderungen oder Entwicklungen der Daten zu ermöglichen.

[24] Die Daten werden dauerhaft gespeichert.

schreibungen bestechen, jedoch auf die einzelnen technologischen Details, Datenarten und -eigenschaften nicht näher eingehen. Dabei ist entscheidend, welche Daten in einem Datenlager wie und unter welchen Fragestellungen aggregiert werden, um eine vorteilhafte Situation längerfristig, zielbewusst und planvoll – mit anderen Worten: mit einer Strategie – anzustreben. Es ist nicht entscheidend, alle möglichen internen und externen Daten zugänglich zu machen, sondern die richtigen Daten am richtigen Ort zur richtigen Zeit zur Verfügung zu stellen und mit den richtigen Methoden und Fragestellungen zu verarbeiten. Die große Vision, auf alle durch Menschen oder Maschinen bzw. Daten repräsentierte Informationen einer Organisation zugreifen zu können gemäß der Wissensmanagementdevise „Wenn Ihr Unternehmen wüßte, was es alles weiß" (Davenport und Prusak 1999), ist sinnvoll jedoch nutzlos, wenn nicht beantwortet werden kann, wofür dieser Zugang genutzt werden soll bzw. welche Fragen gestellt werden und wie sie beantwortet werden sollen. Informationen alleine stellen noch längst kein handlungsorientiertes Wissen dar. Es ist sogar ineffizient, sich um den Zugang zu „allen" Daten zu bemühen, wenn nur eine Detailfrage beantwortet werden soll.

B1 – Betriebswirtschaftliche Grundlagen der Digital Intelligence

Eine der größten Herausforderungen für Unternehmen ist der Umgang mit Unsicherheiten über die Zukunft. Allaire und Firsirotu schlagen drei pragmatische Strategien vor, um damit umzugehen (vgl. Allaire und Firsirotu 1989):

1. die Erstellung möglichst treffsicherer Prognosen,

2. die Beeinflussung der Umwelt durch Ausspielung der eigenen Macht oder

3. flexibel sein und sich möglichst rasch an sich ändernde Umweltbedingungen anpassen.

Unabhängig davon, welche Strategie ein Unternehmen primär verfolgt, ist es immer von Vorteil, sich systematisch mit Zukunftsfragen zu beschäftigen und damit die eigene Sensibilität gegenüber Veränderungen im Umfeld zu erhöhen sowie Möglichkeitsräume der aktiven Mitgestaltung der eigenen Zukunft zu erweitern. Über den Tellerrand zu schauen und kontinuierlich nach gesellschaftlichen und technologischen Trends und Neuem in der Außenwelt zu suchen und in Strategien umzusetzen, ist im Vielmarkenkonzern Volkswagen organisatorisch die Aufgabe der Abteilung Zukunftsforschung. Aus wissenschaftlicher Sicht insbesondere im deutschen Sprachraum ist es die Aufgabe der Strategischen Frühaufklärung. Es wäre nicht zielführend, alle diskutierten Ansätze der Strategischen Frühaufklärung sowie der Innovations- und Diffusionsforschung herzuleiten und einander zuzuordnen. Folgendes Kapitel hat daher nur zum Ziel, dem Leser die Vielfalt der unterschiedlichen Aspekte der Strategischen Frühaufklärung als Rahmen der Digital Intelligence zu verdeutlichen und erste betriebswirtschaftswissenschaftliche Grundlagen zu schaffen. Besonderes Interesse wird auf die Diffusionsforschung sowohl aus Markt-, Technologie- als auch Informationsquellenperspektive gelegt.

8 Strategische Frühaufklärung

Vor dem Hintergrund der nachfolgend genauer beschriebenen Literaturquellen (Pfeiffer 1992; Liebl 1996; Keller 1997; Kunze 2000; Liebl 2005; Rohrbeck und Gemuenden 2006) wird die Strategische Frühaufklärung wie folgt definiert:

Definition: *Die Strategische Frühaufklärung versteht sich als wissensorientierte Dienstleistung zur Vorbereitung und Unterstützung strategischen Zukunftshandelns mit dem konkreten Ziel der Sicherung zukünftiger Erfolgspotenziale und des Aufbaus quantitativer und qualitativer Nutzenpotenziale einer Organisation bzw. Institution. Sie umfasst die systematische, professionelle, entscheidungsorientierte und wettbewerbsorientierte bzw. strategische Suche, Sammlung, Analyse und Verteilung von relevantem, rechtzeitigem, zukunftsgerichtetem und handlungsorientiertem Wissen (Intelligenz) über latent vorhandene Chancen und Bedrohungen aus dem wirtschaftlichen, technologischen und gesellschaftlichen Umfeld. Unter Intelligenz ist demnach das rechtzeitige Erkennen, Verstehen und Bewerten der Muster hinter den sowohl explizit als auch implizit (latent) vorhandenen Informationen (Trends, schwache Signale und Diskontinuitäten) zu verstehen – wenn folglich begriffen wird, wie etwas funktioniert, was zusammenhält und warum jemand handelt, um daraus Strategien zu entwickeln.*

8.1 Facetten und historische Entwicklung

Wissenschaftlich maßgebend geprägt durch Ansoff (vgl. Ansoff 1975), Bright (vgl. Bright 1970; Bright 1973) und Mintzberg (vgl. Mintzberg 1987) gibt es für die prospektiven Disziplinen keine allgemein gültige Definition. Sie umfassen ein „sich dynamisch weiterentwickelndes Mosaik von Tätigkeitsfeldern" (Ruff 2003, S. 40). Die anschließend eigen erstellte Begriffsliste vermittelt zwar keinen umfassenden, dennoch die Breite und Vielfalt prospektiver Disziplinen aufzeigenden Eindruck samt einschlägiger Literatur:

- *Zukunftsforschung* oder *-gestaltung* (vgl. Kreibich 1995; Steinmüller 1997; Kreibich 2000; Burmeister, Neef et al. 2002; Z-Punkt 2002; Ruff 2003; Dürr und Kreibich 2004),

- *Future(s) Research* (vgl. Porter, Ashton et al. 2004; Gordon, Glenn et al. 2005), *Future Studies* oder *Future Management (Zukunftsmanagement)* (vgl. Micic 2006),

- *Trendforschung*[25] (vgl. www.horx.com; www.sdi-research.at; www.trendbuero.de; GDI 2006),

- *Corporate* oder *Strategic Foresight* bzw. *Forecast* und, thematisch konkreter, *Technology*, *Society* und *Consumer Foresight* (vgl. Martin 1995; Anderson 1997; Henard und Szymanski 2001; Peterson 2002; Salo, Gustafsson et al. 2003; Carlson 2004; Canongia 2007) oder *Forecast* (vgl. Martino 1983; Porter, Roper et al. 1991; Martino 1992; Gerybadze 1994; Vanston 1995; Watts und Porter 1997; Armstrong 2001; Holtmannspötter und Zweck 2001; Martino 2003),

- die deutschen Entsprechungen *Strategische, Technologische* oder *Gesellschaftliche Frühaufklärung*, *-erkennung* oder *-warnung* (vgl. Pfeiffer 1992; Liebl 1996; Keller 1997; Kunze 2000; Liebl 2005; Rohrbeck und Gemuenden 2006),

- allgemein *Vorausschau* oder *Prognose*;

- *(Strategisches) Issues Management*[26] (vgl. Liebl 1994; Liebl 2003; Ruff 2003),

---

[25] In der Trendforschung sollen drei Anwendungskontexte hervorgehoben werden: (1) die noch relativ junge (gesellschaftliche) Trendforschung, der häufig Unwissenschaftlichkeit und Unseriosität vorgeworfen wird (vgl. Pfadenhauer 2004, S. 2), (2) der auch kritisch gemusterte Kontext der technischen Analyse von Börsentrends im Finanzgeschäft sowie (3) die Trendforschung in der Klimaforschung (vgl. Rapp 1999).

- *Competitive* oder *Competitor Intelligence* (vgl. Mockler 1992; Götte und von Pfeil 1997; Vedder, Vanecek et al. 1999; West 1999; Kunze 2000; Westner 2003; Porter 2005; Michaeli 2006; Romppel 2006; Canongia 2007),

- *Business Intelligence* (vgl. Herring 1988; Gentsch und Grothe 2000; Gluchowski 2001; Mertens 2002; Kemper, Mehanna et al. 2004; Mummert Consulting AG 2004; Chamoni und Gluchowski 2006),

- *Market* oder *Technology Intelligence* (vgl. Brockhoff 1991; Brenner 2005; Porter 2005).

Die genannten Termini bezeichnen junge wissenschaftliche Disziplinen oder wissensorientierte Dienstleistungen, die sich in relativ kurzem Zeitraum als beachtliches Segment der Beratungsbranche etabliert haben (vgl. Pfadenhauer 2004, S. 2) und vorwiegend ein gemeinsames Ziel haben: strategische Unsicherheiten zu reduzieren, indem sie potentiell alle Quellen von Unsicherheiten erfassen, die für den Unternehmenserfolg relevant sind.

Dabei gibt es vor dem Hintergrund einer komplexen dynamischen Welt verschiedene Grade an Unsicherheiten wie z. B. nach Courtney: eine klare Zukunft, alternative Zukünfte bzw. eindeutig definierbare Szenarien, ein Bereich möglicher Zukünfte, völlige Ambiguität (Courtney, Kirkland et al. 1997) sowie eine enorme Bandbreite an Quellen von Unsicherheiten. Diese sind z. B. in folgenden Umfeldern zu suchen: Technologie, Wettbewerb, Makroökonomie, Politik und Gesetzgebung, Ökologie, Verhalten von Konsumenten und anderen Stakeholdern. Eine bedeutende Rolle bei der Strategiefindung spielt auch die Brille mit der die Zukunft gesehen wird oder werden möchte. Entsprechende Perspektiven können die wahrscheinliche Zukunft, die Zukunft als Chance oder Vision, die gewünschte oder überraschende Zukunft (Wildcards), geplante oder geschaffene Zukunft sein.[27] Um das Verwischen und die Überschneidungen zwischen allen genannten Disziplinen besser zu fassen, können aus abstrakter Sicht folgende sieben W-Fragen helfen:

- **WER?**: der Hintergrund, die Perspektive und Motivation der die Disziplin Betreibenden,

- **WOZU?**: ihr Zweck (explorativ oder normativ),

- **WOHER?**: ihre wissenschaftliche (gesellschafts-, wirtschafts- oder naturwissenschaftliche) oder regionale Herkunft (Amerika oder Europa),

- **WO / FÜR WEN?**: der Kontext ihrer Nutzung (wirtschaftlich-unternehmerisch oder gesellschaftlich-politisch),

- **WAS?**: ihre inhaltlichen Aspekte (z. B. Technologie, Gesellschaft, Wirtschaft oder Individuum),

- **WANN?**: ihr zeitlicher Fokus (Analyse der Gegenwart / Vergangenheit oder zukunftsbezogene Prognosen / Entscheidungsfindungen / Umsetzungen) und Horizont (lang-, mittel- oder kurzfristig) oder

- **WIE?**: die angewendeten Methoden (quantitativ oder qualitativ).

---

[26] Das Issues Management unterscheidet inhalts- und methodenbezogen zwischen mehreren Forschungstraditionen (vgl. Liebl 1994, S. 362-364; Liebl 1996, S. 99; Liebl 2005). Den Rahmen bilden zum einen kommunikationsorientierte und zum anderen strategieorientierte Ansätze in Form von Öffentlichkeitsarbeit, Public Relations, Public Affairs, Unternehmenskommunikation oder Regierungsbeziehungen als gezielte und auf die Entwicklung geeigneter Maßnahmen gerichtete Beobachtung und Analyse des soziopolitischen und soziokulturellen Umfelds eines Unternehmens mit dem Ziel, Missverhältnisse zwischen Unternehmensaktionen und Erwartungen der Betroffenen zu erkennen und durch einen Dialog oder entsprechende Maßnahmen auszugleichen.

[27] Vgl. (Micic 2006; Vanston 1995; Bell 1996, S. 3).

Sie fließen auch in Abbildung 5 mit ein, die ein Versuch ist zur Einordnung und Verortung der unterschiedlichen prospektiven Disziplinen.

Abbildung 5. Einordnung unterschiedlicher prospektiver Disziplinen; Quelle: eigene Darstellung in Anlehnung an Rohrbeck, Arnold et al. 2007, S. 4).

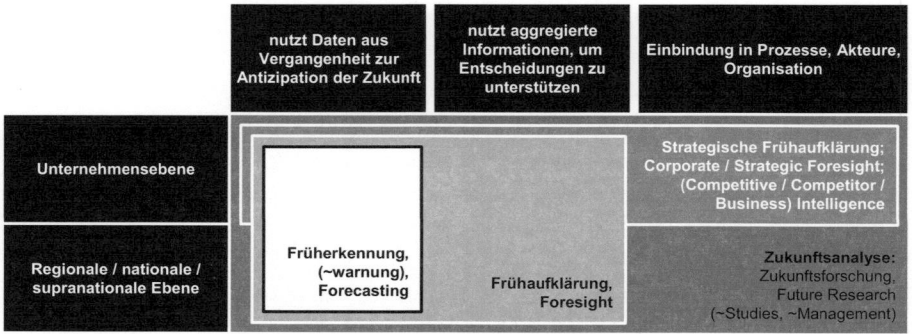

Abbildung 5 illustriert indirekt auch die idealtypische Entwicklung der wissenschaftlich fundierten prospektiven Disziplinen von tendenziell passiven Warn- hin zu aktiven Aufklärungssystemen, die zunehmend durch Informationstechnologien unterstützt werden und in eine Organisation mit ihren Prozessen und Akteuren integriert werden. Liebl und Müller-Stewens beschreiben diesbezüglich drei Generationen, (1) die Frühwarnung, (2) die Früherkennung und (3) die Frühaufklärung (vgl. Liebl 1994, S. 365; Müller-Stewens 2007, S. 559-562):

1. Die *Frühwarnung*, die sich im Umfeld eines Krisenmanagements und vom Paradigma einer stetigen Entwicklung geleitet kommunikationstheoretisch auf das (syntaktische) Aufgreifen eines relevanten Signals bezieht mit dem Ziel der frühzeitigen Ortung von Risiken. Sie kennzeichnet eine eher unternehmensinterne und kurzfristige Orientierung mit quantitativen Informationen wie Kennzahlen und Hochrechnungen aus.

2. Die *Früherkennung*, die sich im Umfeld eines Chancenmanagements und vom Paradigma intensiver Beziehungen zwischen externen und internen Entwicklungen geleitet auf die (semantische) Deutung eines aufgegriffenen Signals bezieht mit dem Ziel der frühzeitigen Ortung von Risiken und Chancen. Sie kennzeichnet eine sowohl organisationsinterne als auch -externe Perspektive mit engem thematischen Fokus, kurzem bis mittelfristigem Zeithorizont, quantitativen und semi-qualitativen Indikatoren aus.

3. Die *Frühaufklärung*, die sich als erfolgspotenzialorientiertes, strategisches Radar versteht und vom Paradigma diskontinuierlicher, durch schwache Signale angekündigter Entwicklungen geleitet sich auf die umfassende (pragmatische) Analyse der Wirkung des aufgegriffenen und gedeuteten Signals bezieht mit dem Ziel der rechtzeitigen Ortung von Risiken und Chancen und Initiierung von Gegenmaßnahmen. Sie kennzeichnet eine überwiegend externe Perspektive mit breitem thematischen Fokus, langfristigem Zeithorizont und qualitativen, unsicheren schwachen Signalen aus.

Zudem beschreibt Abbildung 5 zwei unterschiedliche Anwendungen der wissenschaftlich fundierten prospektiven Disziplinen. Zum einen kennzeichnen Adjektive wie „strategisch", „strategic" oder „corporate" die betriebswirtschaftliche bzw. unternehmensbezogene Diskussion. Sie wird vorwiegend im Rahmen des Technologie- bzw. Innovationsmanagements, des strategischen Marketings oder der strategischen Unternehmensplanung verankert (vgl. Ruff 2003, S. 40). Die rein wettbewerbsorientierte Perspektive wird durch die Disziplinen Competitive bzw. Competitor Intelligence charakterisiert. Zum anderen sind entsprechende Aktivitäten auch auf regionaler, nationaler oder supranationaler Ebene zu finden. Sie stellen den auf eine ganze Gesellschaft oder Kultur bezogenen Kontext her und werden im angelsächsischen Sprachgebrauch oft mit Future(s) Studies, Future Research oder Foresight und im deutschsprachigen Raum mit Zukunftsforschung oder Trendforschung gleichgesetzt.

Die reine Frühwarnung, -erkennung oder -aufklärung ohne Kundenbezug bildet einen eher theoretischen Rahmen, wobei inhaltsbezogen zu unterscheiden ist zwischen dem (1) markt-, kunden- bzw. gesellschaftlichen und dem (2) technologischen Strang. Beide zumindest empirisch bislang getrennt voneinander verlaufenden Forschungsrichtungen werden sowohl im anwendungsbezogenen als auch im wissenschaftlichen Kontext zunehmend integriert (vgl. Rohrbeck und Gemuenden 2006). Diese Entwicklung ist notwendig, weil sich aussagekräftige Informationen zur Unterstützung von Entscheidungen in einer komplexen, sowohl von technologischer als auch gesellschaftlicher Dynamik geprägten, Welt nur in einem integrierten Wert- bzw. Wissensschöpfungsmodell ergeben.

8.2 Methoden

Die Befassung mit der Zukunft an sich sowie der Zukunft aus strategisch unternehmensrelevanter Sicht ist ein dem Menschen innewohnendes evolutionsbedingtes Bedürfnis und grundsätzlich in jeder Wissen schaffenden Disziplin zu finden. Es bedarf einer disziplinübergreifenden Methodologie, die auf Herangehensweisen der Formal- bzw. Idealwissenschaften und den Realwissenschaften wie Geistes- und Erfahrungswissenschaften (Natur- und Sozialwissenschaften) zurückgreift[28], sie in einen gemeinsamen Bezugsrahmen integriert und darüber hinaus eigenständige Methoden[29] entwickelt. Trotz einer Vielzahl von Synopsen zu prospektiven Ansätzen und Methoden sind laut Steinmüller im Jahre 1997 „bis heute […] alle Systematisierungsversuche mehr oder weniger gescheitert." (Steinmüller 1997, S. 30). Seine Arbeit stellt auch im Jahr 2008 noch die umfassendste Analyse prospektiver Ansätze und Methoden dar. Hervorzuheben sind drei Systematisierungsstränge:

- intuitive[30], explorative[31], projektive[32] und rekursive[33] Ansätze,

- explorative empirisch-analytische, normativ-intuitive, planend-projektierende und kommunikativ-partizipative Vorgehensweisen sowie

- die Gegensatzpaare quantitativer und qualitativer, normativer und explorativer Herangehensweise (Steinmüller 1997, S. 30ff.).

Freilich ist der Wert solcher Systematisierungen und Bewertungen in der Praxis begrenzt, weil viele Methoden abhängig vom jeweiligen Anwendungsgebiet und der spezifischen Fragestellung Elemente unterschiedlicher Ansätze pragmatisch kombinieren. Laut Steinmüller erscheint damit „eine durchgängige, konsistente

---

[28] Hierbei wir auf die Überlegungen von Carnap (Carnap 1991) und seine Einteilung der Wissenschaften nach ihrem logischen Status Bezug genommen. Hinzuweise ist darauf, dass auch andere Klassifikationen – z. B. nach den Inhalten, den Zielen oder Methoden – durchaus hilfreich und sinnvoll sein können.

[29] Z. B. Zukunftswerkstätten, Brainstorming, Delphi-Techniken, Szenario-Techniken usw.

[30] Brainstorming, Synektik, Delphi-Techniken usw.

[31] Zeitreihen- und Trendextrapolation, Szenario-Techniken, Input-Output-Analysen usw.

[32] Präferenzanalyse, Entscheidungsmodell, Netzplantechnik, Relevanzbaumanalyse usw.

[33] integrierte Managementinformationssysteme, Früherkennungssysteme usw.

Klassifikation [...] weder erreichbar noch unbedingt notwendig" (Steinmüller 1997, S. 36). Er befürwortet einen pragmatischen „Methoden-Mix" je nach Forschungsdesign.[34] Eines der Ziele der Strategischen Frühaufklärung ist, schwache Signale bzw. Muster hinter den sowohl explizit als auch implizit (latent) vorhandenen Informationen im technologischen, ökologischen, soziokulturellen und politischen sowie außen- und binnenwirtschaftlichen Umfeld zu identifizieren und nach einem Abgleich mit den unternehmensinternen Stärken und Schwächen konkrete strategische Maßnahmen abzuleiten.

Um dies zu gewährleisten, kann auf zwei Methoden zurückgegriffen werden, das systematische Scanning des Unternehmensumfeldes und das Monitoring relevanter Einzelphänomene. Während das *Scanning* – auch Radar bzw. 360-Grad-Radar genannt – in der Strategischen Frühaufklärung für die thematisch ungerichtete Suche nach und die Erfassung schwacher Signale als Anzeichen gravierender Veränderungen steht, ist das *Monitoring* eine, auf dem Scanning aufbauende, systematische Beobachtung eines eingeschränkten, klar definierten Sachverhaltes über einen längeren Zeitraum. „Ungerichtet" im Kontext des Scannings heißt, dass grundsätzlich jeder Sachverhalt von Bedeutung sein kann und damit nicht vorab ausgeschlossen wird.

8.3 Prozess

Liebl teilt den Prozess der Strategischen Frühaufklärung in drei idealtypische Phasen ein (vgl. Liebl 2005, S. 122):

1. die Informationsbeschaffung, die insbesondere aus dem ungerichteten Scanning und dem fokussierten Monitoring besteht,

2. die Diagnose bzw. Analyse, welche Ereignisse und Entwicklungen auf ihren Bedeutungsinhalt untersucht, ihre Weiterentwicklungen und Konsequenzen eruiert und sie unternehmensstrategisch bewertet und

3. die Strategie-Entwicklung.

Wird der Prozess der Strategischen Frühaufklärung um die in jeder systematischen Arbeit geforderte und unentbehrliche Analyse der Kunden- bzw. Nutzer-Bedürfnisse durch die Bedarfsdefinition sowie die Aufbereitung beschaffter Informationen oder Daten ergänzt, entsteht der in Abbildung 6 gezeigte idealtypische Ablauf der Frühaufklärung im weiten Sinne: von der (1) Bedarfsplanung zur (2) Informationsbeschaffung über die (3) Aufbereitung der Quellen und die erste Selektion bis hin zur (4) Analyse und (5) Strategie-Entwicklung sowie Archivierung und Kommunikation der Ergebnisse. Dieser Prozess läuft nicht linear, sondern rekursiv in mehreren Schleifen ab, bis das Ergebnis zufriedenstellend ist.

---

[34] Die Digital Intelligence findet sich in allen von Steinmüller genannten Strängen wieder. Sie versteht sich gemäß Szenario-Techniken, Zeitreihenanalysen, Trendextrapolationen oder Modellierungsansätzen als Kombination einer quantitativ-explorativen Herangehensweise. Als zeitorientierte Datenexploration ist sie explorativ und empirisch-analytisch, als Informationssystem samt Intranet-Plattform stellt sie einen rekursiven, kommunikativ-partizipativen Ansatz dar.

Abbildung 6. Idealtypischer Prozess der Strategischen Frühaufklärung / Digital Intelligence; Quelle: eigene Darstellung.

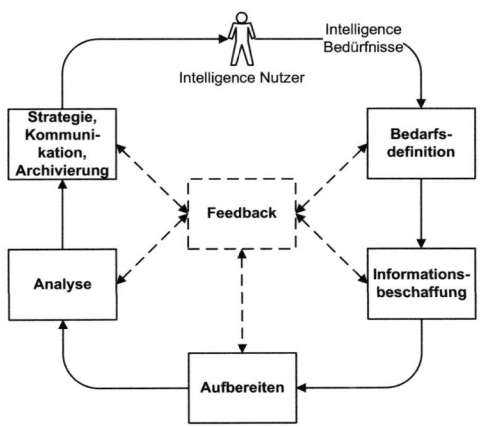

Entscheidend für den Erfolg der Strategischen Frühaufklärung ist eine zielgerichtete und gründliche Planung, in der im Vorfeld Fragestellung und Rahmen geklärt werden.[35] Auf die Bedarfsdefinition fallen laut Kunze und Michaeli zehn Prozent des gesamten Arbeitsaufwandes ab (vgl. Kunze 2000, S. 151; Michaeli 2006, S. 117).

Genauso bedeutend, jedoch noch mehr Effizienzsteigerungs- und Entwicklungspotential haben die nachfolgenden drei Schritte. Die Strategische Frühaufklärung ist wie kaum eine andere Aktivität des Strategischen Managements „geprägt durch eine gravierende Diskrepanz zwischen der großen Menge an relevanten Informationen einerseits und dem Ausmaß an Ressourcen andererseits, deren Verwendung zur Erfüllung dieser Aufgabe akzeptiert wird." (Specht und Möhrle 2002, S. 349). Sie führen weiterhin an, dass „aufgrund der Fülle an Information […] selbst die Auswertung oft" unterbleibt, „wenn sie nicht […] arbeitsteilig bewältigt wird." Die informationsbeschaffenden, aufbereitenden und -analysierenden Tätigkeiten beanspruchen eindeutig die meiste Arbeitszeit. An erster Stelle steht die Informationsbeschaffung (Primär- und Sekundärrecherche) mit etwa vierzig Prozent, darauf folgen die Aufbereitung und Analyse mit dreißig Prozent und die Kommunikation und Dokumentation mit zwanzig Prozent des durchschnittlichen Aufwands innerhalb des Gesamtprozesses (vgl. Kunze 2000, S. 151; Michaeli 2006, S. 117). Diese Aufgaben können durch informationstechnologische Werkzeuge und Verfahren beschleunigt und unterstützt werden.

In der Studie von Michaeli über Competitive Intelligence in Deutschland im Jahre 2006 gaben jedoch erstaunlich wenig (vierzehn Prozent) der befragten Experten an, bei ihrer Arbeit auf so genannte Wissensmanagement-Software zurückzugreifen, geschweige denn auf komplexere Tools zur Effizienzsteigerung der Informationsbeschaffung, -aufbereitung und -analyse in Form von Technologien und Anwendungen der Datenexploration wie Text Mining, Data Mining oder Web Mining. Sie bilden die Ausnahme (Michaeli 2006, S. 20). Selbstverständlich werden informationstechnologische Werkzeuge den Frühaufklärungsprozess nie völlig automatisieren können (vgl. Westner 2003, S. 19). Doch die Kosten- und Zeitersparnis sowie überhaupt neue Möglichkeiten der Strategischen Frühaufklärung durch innovative informationstechnologische Anwendungen sind enorm. An diesem Punkt setzt die vorliegende Arbeit an.

8.4 Bestimmung wiederkehrender Termini

Im Kontext der Frühaufklärung sowie Innovations- und Diffusionsforschung werden Termini wie *Sachverhalt*, *Invention*, *Issue*, *Innovation* und *Trend* oft verwendet. Eine einheitliche Definition aller zu finden, ist

---

[35] Mit den Zielnutzern und Kunden der Strategischen Frühaufklärung (bzw. später Digital Intelligence) muss direkt und ausführlich gesprochen werden. In Erfahrung ist zu bringen, wer der Kunde ist, welches Problem gelöst und welche Entscheidung herbeigeführt werden soll. Die Ergebnisse daraus sind ausschlaggebend für die weitere Vorgehensweise, wie zum Beispiel die Quellen- und Methodenauswahl oder die Wahl der Art und Weise, der Form (visuell, numerisch oder textuell) und des Detailgrads (von handlungsorientierten Schlüsselerkenntnissen bis zur detaillierten Untermauerung) der abschließenden Präsentation.

auch hier nicht einfach, weil sie zum einen in der allgemeinen Sprache jedoch auch in vielen Fachdisziplinen unterschiedlich genutzt werden. Das Ziel der folgenden Absätze ist eine eigene Bestimmung genannter Aspekte vorzunehmen zum besseren Verständnis der vorliegenden Arbeit.

Innovation

Innovation bedeutet „Neuerung" oder „Erneuerung" und leitet sich aus den lateinischen Begriffen novus (neu) und innovatio (etwas neu Geschaffenes) ab. Es steht im Deutschen für neue Ideen und Erfindungen (Inventionen) und deren wirtschaftliche Umsetzung und grenzt sich somit von der reinen Erfindung (Invention) ab, die vormarktlichen Charakter hat. Im wirtschaftswissenschaftlichen Sinne ist die Innovation die Summe aller Pfade von der Idee bis zum am Markt erfolgreichen Produkt, nicht allein ihre Erfindung bzw. Invention (vgl. Schumpeter 1997). Dabei wird die Innovation im engen und im weiten Sinne unterschieden. Innovationsforscher verstehen unter Innovation im engeren Sinn den neuen Sachverhalt und seine Entwicklung bis zur Markteinführung, unter Innovation im weiteren Sinn den neuen Sachverhalt, seine Marktdurchsetzung und Diffusion. Folglich wird eine Innovation erst dann ihrem Namen gerecht, wenn Technologie und Gesellschaft bzw. Angebot und Nachfrage im Wechselspiel wirken. Eine Invention wird im unternehmerischen Kontext ohne die Nachfrage keinen Gewinn erzielen und folglich auch nicht als Innovation verstanden werden.

Invention

Eine Invention wird vorwiegend mit einem künstlerischen (besonders musikalischen) Einfall gleichgesetzt. Im 18. Jahrhundert schufen Komponisten und Theoretiker sogar die Inventionslehre (Ars inveniendi), die wesentlich auf der Kombinatorik (Ars combinatoria), der Variationskunst und dem Nachahmungsprinzip beruht. Durch den Einzug des Industriezeitalters und später des Informationszeitalters wird dem Begriff Invention neben seinem kulturellen Aspekt vermehrt auch eine technisch-wirtschaftliche Facette zuerkannt. Die Invention ist somit ein Einfall oder eine Erfindung sowohl technischer, kultureller als auch wirtschaftlicher Art. Gemäß der Ars combinatoria entstehen Inventionen bei Transkontextualität bzw. durch (Re-)Kombination bekannter Sachverhalte.

Sachverhalt und Issue

Der Sachverhalt kann dabei eine Summe von untergeordneten Sachverhalten und Einzelmomenten (Ereignisse, Handlungen) sein, die eine Wirk- oder Bedeutungseinheit in Bezug auf ein Geschehen und sein Ergebnis bilden. Sie können durch konzeptuelle Strukturen beschrieben werden, die im Kapitel C behandelt werden. Ein Spezialfall des globalen Begriffes Sachverhalt ist das *Issue*, wie es im Kontext des Issues Management genutzt wird. Es bezeichnet ein öffentliches Anliegen bzw. eine politische oder soziale (Streit-)Frage und bezieht sich sowohl auf ein Ereignis oder eine Gruppe von Ereignissen bzw. die mit ihnen zusammenhängenden Vorgänge als auch auf mindestens ein Subsystem der Gesellschaft im Unterschied zum Problem eines Einzelnen (vgl. Liebl 1994, S. 360). Brown definiert ein Issue im strategischen Sinne als „a condition or pressure, either internal or external to an organization, that, if it continues, will have a significant effect on the functioning of the organization or its future interests." (Brown 1979, S. 1) Issues, die für die Strategische Frühaufklärung relevant sind, werden durch die Schnittmenge der öffentlich diskutierten und der organisationsrelevanten Themen repräsentiert. Konkreter bestimmt ist ein strategisches Issue ein Thema (1) mit Organisationsbezug und hoher öffentlicher Aufmerksamkeit, (2) mit starker Tonalität bzw. Polarität (negativer oder positiver Charakter) und (3) das Quellen mit hoher Akzeptanz bzw. Glaubwürdigkeit entstammt.

Trend

Ein Trend, im Englischen „Verlauf" oder „Richtung", wird als alltagssprachlicher Begriff im Zuge mit dem allgemeinen Geschmack zu einer bestimmten Zeit (Zeitgeist, Zeitgeschmack, Mode) genutzt. Im Kontext der Strategischen Frühaufklärung beschreibt er eine durchgehende Tendenz einer zeitlichen Entwicklung eines Sachverhaltes in einem bestimmten, jedoch längerfristigen Zeitfenster (kurz- bis langfristig) in Form einer Evolution. Dabei kann der Sachverhalt auch aus mehreren Untersachverhalten bestehen, die sowohl einzeln als auch gemeinsam eine generelle, sich nicht plötzlich ändernde Grundentwicklung haben. Trends beschreibende Begriffe wie Einzel-, Basis-, Mega- oder Metatrends, Konjunkturwellen oder Kondratieff-Zyklen sind insbesondere in der Praxis nicht unüblich. In der Statistik wird ein Trend normalerweise als Zeitreihe dargestellt. Er beschreibt die quantitative Verbreitungsfacette eines Sachverhaltes (z. B. Kauf oder Verkauf von Aktien), erklärt jedoch nicht die Hintergründe der Entwicklung (z. B. plötzliche Sprünge, Ursprung des Sachverhaltes usw.). Für ein Verständnis der Hintergründe ist es entscheidend, auch den qualitativen Aspekt – die semantische oder kontextuelle Verbreitungsfacette – zu analysieren.

(1) Trends als Prozesse, Verläufe oder Lebenszyklen von Sachverhalten durchschreiten mehrere Kontexte und können somit auch als „Trendlandschaften" bzw. Querschnittsentwicklungen beschrieben werden.

(2) Sie sind meist paradox, hybrid bzw. paradessent (vgl. Shakar 2002). Dies bedeutet, dass ein Trend keine Entwicklung entweder in die eine oder andere Richtung ist, sondern sowohl in die eine als auch in die andere Richtung verläuft bzw. dass zwei sich scheinbar ausschließende Phänomene miteinander verschmelzen, womit eine überraschend neue Qualität entsteht.

(3) Trends sind relativ und nicht absolut. Sie spiegeln nicht die ganze Gesellschaft, sondern nur einen Teil wider, auch wenn es bei einflussreichen Trends die Mehrheit betrifft. Hier spielen unterschiedliche Einstellungen und Werte von Menschen, ihre bio-psychologischen Grundlagen (mikrokulturelle Ebene) bzw. die unterschiedlichen Dispositionen der einzelnen Kundensegmente (mesokulturelle Ebene) als „entscheidende Vermittler" eine große Rolle (vgl. Mennicken 2000, S. 53ff.).

Diskontinuität

Diskontinuitäten sind nicht immanenter Untersuchungsgegenstand der Innovations- und Diffusionsforschung, sondern entstammen als Konzept unter anderem der Denkweise der Strategischen Frühaufklärung. Sie folgen hier der oberen Bestimmung des Trends als evolutionäres Phänomen bzw. Kontinuität, weil sie als Komplementär seiner einen revolutionären Sachverhalt beschreiben.

Diskontinuitäten, unter anderem auch unter Bifurkation, Breakpoint, Instabilität, Katastrophe, Wildcard, revolutionäre Veränderung, Strukturbruch oder Unstetigkeit geführt, zeichnen sich durch einen plötzlich radikalen, tiefgreifenden Wandel durch einen qualitativen Sprung (Niveauänderung) oder einen Trendbruch (Richtungsänderung) aus und grenzen sich somit von einem allmählichen radikalen Wandel in Form eines Trends als durchgehende, langfristige Tendenz einer zeitlichen Entwicklung ab. Sie charakterisieren vielmehr dessen Beendigung oder Umwandlung und treten unregelmäßig und häufig auch abrupt, plötzlich und unvorhergesehen auf. Als Einzelergebnisse mit nur seltenen historischen Parallelen beruhen sie auf qualitativen Daten, sind somit nur schwer oder gar nicht messbar und gewiss nicht prognostizierbar (vgl. Konrad 1991, S. 99f.; Zeller 2003, S. 36f.) und stellen daher auch nicht Untersuchungsgegenstand der vorliegenden Arbeit dar.

Schwache Signale

Antizipation und Planung sind zwei grundlegende menschliche Fähigkeit. Sie sichern seinen Fortbestand. Überraschungen als Risiken oder Chancen für den Menschen sind auf Diskontinuitäten oder signifikante Abweichungen bewusst oder unbewusst antizipierter Entwicklung externer Umfeldfaktoren zurückzuführen. Dies ist auch auf Unternehmen übertragbar. Strategische Überraschungen sind signifikante Abweichung der vom Unternehmen aus der Vergangenheit in die Zukunft extrapolierten erwarteten Entwicklung aller das Unternehmen beeinflussenden Faktoren. Im Rahmen der bereits genannten Erhöhung der Sensibilisierung gegenüber Umweltveränderungen möchte die Strategische Frühaufklärung entsprechende Überraschungen minimieren. Das Konzept hierfür ist die Identifikation „schwacher Signale" – im Englischen „weak signals", die ursprünglich auf Ansoff zurückzuführen sind (vgl. Ansoff 1975; Ansoff 1979) und in der deutschen Literatur unter anderem von Liebl aufgegriffen worden sind (vgl. Liebl 1994; Liebl 1996; Liebl 2003; Liebl 2004). Deren Theorie geht davon aus, dass auch nur schwer zugängliche extreme evolutionäre, kontinuierliche (Trends) oder revolutionäre, diskontinuierliche Entwicklungen (Diskontinuitäten) nicht zufällig sind, durch „schwache Signale" früh- bzw. sogar rechtzeitig erfasst werden können und die strategische Planung von Unternehmen somit entscheidend verbessern können. Vor dem Hintergrund der vielen unscharfen Definitionen zu schwachen Signalen nicht nur in oben genannten Literaturquellen erscheint eine eigene Begriffsbestimmung im Rahmen der vorliegenden Arbeit am sinnvollsten:

Definition: *Schwache Signale sind sich verdichtende Hinweise auf strukturelle Veränderungen bzw. Indizien für latent zunehmende (gerichtete) zeitliche Entwicklungen und Diskontinuitäten, die sich anfangs als intuitive Eindrücke bei Einzelpersonen niederschlagen und im Laufe der Zeit zu starken Signalen werden, in dem sie sich verdichten, konkreter, sichtbarer und messbarer werden. Sie werden als unsichere, inhaltlich unklare, schlecht strukturierte Informationsfragmente charakterisiert, die bisher keine allzu breite Diffusion erfahren haben und noch keine eindeutigen Wirkungszusammenhänge nachweisen können. Die Theorie besagt, dass sich die schwachen Signale aufgrund ihres ab einem bestimmten Zeitpunkt gehäuften Auftretens zu einem gemeinsamen Bild zusammensetzen lassen. Sie können sowohl technologischen als auch gesellschaftlichen Ursprungs sein und beispielsweise aus der Ontogenese von Technologie oder Gesellschaft abgeleitet werden.*

Diese Definition ist zugegebenermaßen unkonkret und fern jeder Operationalisierbarkeit. Der wissenschaftliche Diskurs in der Strategischen Frühaufklärung bzw. Zukunftsforschung zu schwachen Signalen ist uneinheitlich und fern jeder Einstimmigkeit. Das theoretische Konzept der schwachen Signale wurde in der Praxis noch nie empirisch überprüft. Es fehlt sowohl ein theoretisches Konzept oder Modell zur Identifikation der schwachen Signale als auch deren Umsetzung in der Praxis. Dabei sollte vor dem Hintergrund der gewaltigen Komplexität und Dynamik der Umfeldverwälzungen auf systemtheoretische Erkenntnisse und entsprechende Analysen komplexer dynamischer Systeme zurückgegriffen werden. Sind evolutionäre (Trend) oder revolutionäre Entwicklungen (Diskontinuität) in komplexen dynamischen Systemen zu identifizieren, sollten folgende Eigenschaften näher betrachtet werden:

- die *Bestandteile*, das heißt die Quantitäten des Systems oder entsprechenden Modells,

- die *Beziehungen* bzw. Qualitäten zwischen den Bestandteilen des Systems sowie

- deren *Wandel* bzw. *Dynamik*, das heißt die Bestandteile und Beziehungen des Systems im zeitlichen Verlauf.

Beispiel zur Verdeutlichung von Invention, Innovation, Issue und Trend

Trotz ihrer je nach Kontext unterschiedlichen Nutzung, gibt es eine Gemeinsamkeit der Begriffe Trend, Innovation, Invention und Issue. Sie beschreiben alle einen Sachverhalt und seine Entwicklung in einem bestimmten Zeitfenster. Der größte Unterschied besteht darin, dass die Qualität bzw. der Kontext des Sachverhaltes sowie das Zeitfenster ein(e) andere(r) ist. Anhand des konkreten Beispiels der Etablierung des Automobils in der Gesellschaft sollen die oben genannten Begriffe noch einmal verdeutlicht werden.[36] Die Automobilität ist ein Sachverhalt, der in viele untergeordnete Sachverhalte in unterschiedlichen Kontexten untergliedert werden kann.[37] Das Mobilitätsverhalten von Menschen vor 120 Jahren hatte andere Muster und Prinzipien, als wir sie heute kennen. Es gründete auf den damals zur Verfügung stehenden Fortbewegungsmitteln (z. B. Pferdekutsche) und entsprach bewährten kulturellen Routinen. Erfinder entwickelten Ende des 19. Jahrhunderts einen Benzinwagen, wobei das Zusammenfügen seiner Einzelteile das Neue verkörperte, nicht die Einzelteile wie der Motor selbst.[38] Anfangs (1890-1914) nutzten nur wohlhabende Erfinder und Technikenthusiasten den Benzinwagen als Rennmaschine und zum Prestigegewinn. Die Limousinen als „fahrbare Tempel des Geldes" stießen zunehmend auch auf politisches und industrielles Interesse. Erste Ansätze einer Massenmotorisierung und einer verbesserten Infrastruktur (1920-1936) ermöglichten es, dass dieses noch immer eher Genuss- denn Transportmittel zum repräsentativen Gebrauchsgut wurde und für Gesprächsstoff sorgte. Gestützt von einer geförderten Infrastrukturentwicklung und von der Verbilligung durch Massenproduktion, verhalf eine neu entstehende Konsumgesellschaft (in Deutschland nach dem Zweiten Weltkrieg) dem Automobil zum Aufstieg, wodurch es bald zum Inbegriff von Freiheit und Selbstbestimmung wurde und den Massenmarkt eroberte.

Der Sachverhalt eines aus Pferdekutsche und Motor zusammengesetzten „Benzinwagens" ist die Invention. Erst als diese Invention auch ökonomisch gesehen Umsatz oder sogar Gewinn erzielte, kann sie Innovation genannt werden.[39] Durch die Verbreitung des Automobils in der Gesellschaft kamen erste politische und soziale (Streit-)Fragen bezüglich des Benzinwagens bzw. Automobils auf. Automobilität wurde zum Issue.[40] Beispiele für Trends sind die Etablierung des Automobils bis in die Nachkriegszeit und das damit aufkommende und bis heute andauernde zunehmende individuelle Mobilität und seine Konsequenzen.[41]

8.5 Grundlagen der Innovations- und Diffusionsforschung

Warum und wie es zu Invention, Innovation, Trend oder Diffusion kommt, sind Fragestellungen der Invention-, Innovations-, Trend- sowie Diffusionsforschung. Nach Specht und Möhrle beschäftigt sich die *Innovationsforschung* im Rahmen der Wirtschaftswissenschaften „einerseits mit dem Erkennen, im Sinne von Beschreibung, Erklärung und Verständnis, von Innovationen und andererseits darauf aufbauend mit Gestaltung, im Sinne einer Gestaltung von Strukturen und Regelungen für Innovationsprozesse." (Specht und Möhrle 2002, S. 94)

---

[36] Etablierung einer neuen angepassten Routine, eines geübten Standards, eines Massenmarktes (vgl. Walde 2003, S. 2ff.).

[37] Automobil, Automobilität, Automobilindustrie, Automobilbestandteile, Automobilkunden, Automobilmarken und -typen, Mobilitätsverhalten, Entwicklung des Automobils von der Entstehung bis heute usw.

[38] Inventorisches Handeln: Zweckentfremdung, Entdeckung.

[39] Eine Innovation im engen Sinne war beispielsweise die erste unternehmerische Markteinführung des Benzinwagens oder das erste Serienautomobil mit elektrischer Benzineinspritzung – seine Marktdurchsetzung durch Kundenadoption und Verbreitung durch weitere Automobilhersteller die Jahre danach dagegen war eine Innovation im weiten Sinne.

[40] Beispielhafte Issues sind die durch ein wachsendes Automobilaufkommen zugespitzten medialen Diskussionen bezüglich einer öffentlichen Ordnung für den Verkehr Anfang des 20. Jahrhunderts oder das besonders durch die beiden Ölkrisen ins öffentliche Bewusstsein gerufene soziale und politische Streitthema der automobilen Umweltverschmutzung, dem Abgasreinigungs- und Kraftstoffsparwellen in den 70er und 80er Jahren folgten.

[41] Z. B. die erste automobile Sicherheitswelle von etwa 1959 bis etwa 1980, in der speziell die Verbesserung des passiven Insassenschutzes Priorität hatte oder der wachsende Elektrik- und Elektronikanteil am Automobil seit etwa 1960.

Es geht um die terminologische Auseinandersetzung und wissenschaftstheoretische Durchdringung des Innovationsphänomens sowie entsprechende empirische Fundierung. Dasselbe ist kontextabhängig auch auf die *Inventionsforschung* übertragbar. Die Innovations- und Inventionsforschung stellen wiederum die Grundlage der *Diffusionsforschung.* Sie verfolgt das Ziel, die zeitliche Diffusion von Sachverhalten, Inventionen oder Innovationen in einem sozialen System zu analysieren und frühzeitig und möglichst genau zu antizipieren. Sie stellt damit eine „zeitraumbezogene aggregierte Analyse von Adoptionsvorgängen dar, wobei interpersonale Ausbreitungsfaktoren [...] im Vordergrund der Analyse stehen." (Specht und Möhrle 2002, S. 27; vgl. Bierfelder 1989)

Vor dem Hintergrund komplexer, dynamischer globaler Märkte, in denen alles und jeder in Wechselbeziehung steht, wird die einseitige Suche nach dem Ursprung einer Invention, Innovation oder Trends in Form eines „technology push" oder „market pull" obsolet. Das Neue kann sowohl technischer als auch sozialer, institutioneller oder organisatorischer Art sein und bewussten (explizite Kognitionen, Verknüpfungen) oder auch unbewussten, schleichend verlaufenden Prozessen (zufallsbedingte Verknüpfungen) entstammen. Die so genannten Verknüpfungen vollziehen sich durch Kontextüberschreitung oder Umwertung (vgl. Groys 1992) des Sachverhaltes bzw. eine qualitative Änderung, die einer quantitativen Verbreitung folgt (z. B. durch Automobilität verändertes Mobilitätsverhalten). Zusätzlich kann durch Nachahmung, Imitation oder sogar Zweckentfremdung der ursprünglichen Invention oder Innovation wiederum eine Innovation entstehen. Der Kreislauf beginnt von vorn. Wegen der Kontextbedingtheit kann zusätzlich zwischen einer „absoluten"[42] Weltneuheit als auch einer relativen, subjektiven Neuheit im Sinne eines Unternehmens oder einer Branche unterschieden werden.[43]

Es wird immer wichtiger, Informationen von der Markt- und der Technologieseite zeitnah zusammen zu führen. Dieser Gedanke ist in der Wissenschaft gereift, hat sich jedoch in der Praxis noch nicht umgesetzt.[44] Die Idee des Lebenszyklus oder der Diffusion ist nicht neu. Die Forschung in der Strategischen Frühaufklärung und der Innovations- und Diffusionsforschung, ging – sicherlich auch aus pragmatischen Gründen – bislang entweder von der Markt- oder von der Technologieseite aus und war entsprechend auf deren Bedürfnisse ausgelegt (vgl. Rohrbeck und Gemuenden 2006). In der unternehmerischen Praxis sowie in der wissenschaftlichen Literatur existieren eine Vielzahl von Lebenszyklen, Phasenmodellen bzw. Ontogenesen von Innovationen. Sie sind branchenspezifisch und deshalb nicht allgemein verwendbar. Nichtsdestotrotz stellen sie die Grundlage für die Zusammensicht von Markt- und der Technologieseite.

Spuren der Diffusionsforschung sind z. B. bereits beim französischen Soziologen Gabriel Tarde zu finden, der 1903 eine auch aktuell noch gültige S-förmige Diffusions- bzw. Adoptionskurve beschrieb. Rogers versteht die Diffusion als Informationsfluss über Netzwerke und definiert sie als „process by which an innovation is communicated through certain channels over a period of time among the members of a social system" (Rogers 1995; vgl. auch Rogers 1976). Er unterscheidet weiterhin zwischen fünf menschlichen Adoptionskategorien[45]. Generell folgt die Diffusionsforschung der Überzeugung, dass ein Trend oder eine Diffusion einer Innovation nicht zufällig ist, sondern einer Reihe vorhersehbarer Phasen folgt. Sie konzentrieren sich auf die Untersuchung (1) der Eigenschaften einer Innovation, die eine Adoption beeinflussen, (2) des Entschei-

---

[42] Vor dem Hintergrund einer Kombination und Rekombination von Sachverhalten wäre es legitim zu behaupten, dass es keine absolute Neuheit geben kann.

[43] So kann ein Sachverhalt im herkömmlichen Kontext bekannt sein (z. B. Luxusmarkt), doch in einem anderen Kontext Innovation bedeuten (z. B. Massenmarkt).

[44] Dabei ist hervorzuheben, dass die Umsetzung eines (individuell oder auch gesellschaftlich) geistigen Gedankens keine Trivialität ist und Jahrzehnte, wenn nicht Jahrhunderte andauern kann.

[45] (1) innovators, (2) early adopters, (3) early majority, (4) late majority, (5) laggards.

dungsprozesses bei der Adoption einer Innovation, (3) der Persönlichkeitsmerkmale der Adaptierer einer Innovation, (4) der Konsequenzen einer Adoption sowohl für Individuen als auch Gesellschaft sowie (5) der während eines Adoptionsprozesses genutzten Kommunikationskanäle. Den Diffusionsforschern zufolge bewegen sich Sachverhalte mit Innovationspotential – mögen sie dem Kontext der Wissenschaft, der Kunst, der Technologie, den Medien oder der Religion entstammen – vom „Rand der Gesellschaft" (vgl. Mathews und Wacker 2003) in Richtung Massenmarkt bzw. von einem bestimmten Subjekt oder Einzelfall, welches der Träger oder Ursprung einer neuen Erkenntnis ist, auf eine immer größer werdende Anzahl von Subjekten. Andernfalls wären es keine Innovationen, sondern bekannte Kultur, Tradition oder Routine. Der Ökonom Machlup beschrieb ein solches Phänomen bereits 1962 als Wissensproduktion und Wissensdistribution: „the production of new knowledge […] is not really complete until it has been transmitted to some others, so that it is no longer one man's knowledge only." (Machlup 1962, S. 14). Wo Tabuzonen schmelzen, wachsen Märkte im Zuge der Normalisierungsbewegung. Egal ob technologische oder kulturelle Invention oder später Innovation, sie wird immer von einem Urheber (bzw. einer Urhebergruppe) geboren – von einem Wissenschaftler, einem Kreativen oder „im kranken Hirn des einsamen Abweichlers" (Mathews und Wacker 2003). Die ungewöhnlichen Ideen der abweichend Denkenden oder Handelnden, die mit Traditionen brechen, neue Märkte schaffen oder bestehende Märkte in Unruhe versetzen können, finden anfangs keine Anwendung bzw. werden gar nicht als neue Ideen oder Lösungsvorschläge für Probleme oder Bedürfnisbefriedigungen angesehen. Es ist das Bizarre von heute, das Unnormale, nicht Denkbare. Die neue Praktik verbreitet sich in der Gesellschaft und erfährt eine Umwertung – im extremsten Fall wird aus Perversion Präferenz. (vgl. Mathews, Wacker 2003, S. 44 und 74)

Diesem Modell der Diffusionsforschung aus eher soziologischer sowie informationsflusstheoretischer und damit gesellschaftswissenschaftlicher Perspektive steht in der wissenschaftlichen Literatur eine Menge technologischer Lebenszyklusperspektiven gegenüber, die beispielhaft durch das Modell von Tschirky und Koruna repräsentiert werden:

Tabelle 4. Merkmale und Lebenszyklus von Technologien; Quelle: nach Tschirky und Koruna (Tschirky und Koruna 1998, S. 232).

Lebenszyklusphasen von Technologien	Einführungs-phase	Penetrations-phase	Reifephase	Degenerati-ons-phase
Technologiestadium	Schrittmacher...	Schlüssel...	Basis...	bedrohte ...
Unsicherheit über Leistungsfähigkeit	hoch	mittel	niedrig	sehr niedrig
Investition in Entwicklung	niedrig	maximal	niedrig	vernachlässigbar
Breite potenzieller Einsatzgebiete	unbekannt	groß	etabliert	abnehmend
Entwicklungsanforderungen	wissenschaftlich	anwendungsorientiert		kostenorientiert
Produkt-Kosten- / Leistungsverhältnis	sekundär	maximal		marginal
Zahl der Patentanmeldungen	zunehmend	hoch	abnehmend	sehr niedrig
Patenttyp	konzeptionell	produktbezogen	verfahrensbezogen	/
Zugangsbarrieren	wissenschaftliche Fähigkeiten	Personal	Lizenzen	Know-how
Verfügbarkeit	sehr beschränkt	Restrukturierung	marktorientiert	hoch

Diese Systematisierung von Technologien nach dem jeweiligen Lebenszyklus kann weiter ergänzt werden durch Kriterien wie Einsatzgebiet (Produkt- vs. Prozesstechnologien), Interdependenzen (Komplementär- vs. Substitutionstechnologien; System- vs. Einzeltechnologien), branchenbezogene Anwendungsbreite (Querschnitts- vs. spezifische Technologien), unternehmensinterne Anwendungsbreite, Wettbewerbspotenzial (Kern- vs. Randkompetenztechnologien) oder Grad des Produktbezugs (Kern- vs. Unterstützungstechnologien) (vgl. Gerpott 1999, S. 25-27). Darüber hinaus sollte das Modell von Tschirky und Koruna um die sich noch ausdifferenzierenden *emergenten Technologien* (emerging technologies)[46] vor dem Technologiestadium der Schrittmachertechnologien ergänzt werden. Dies ist insbesondere in Rahmen der langfristig orientierten Strategischen Frühaufklärung von großer Bedeutung, denn das Konzept der emergenten Technologien kommt dem der schwachen Signale am nächsten.

---

[46] „An emerging technology is one in which research has progressed far enough to indicate a high probability of technical success for new products and applications that might have substantial markets within approximately ten years." (Zeller 2003, S. 28).

Die vorab bestimmten Aspekte der Innovations- und Diffusionsforschung sowie idealtypischen Modelle für die Markt- und Technologieperspektive werden in der nachfolgenden Skizze als idealtypische Abstraktion einer Ontogenese einer Innovation konzeptionell und disziplinübergreifend zusammengefasst.

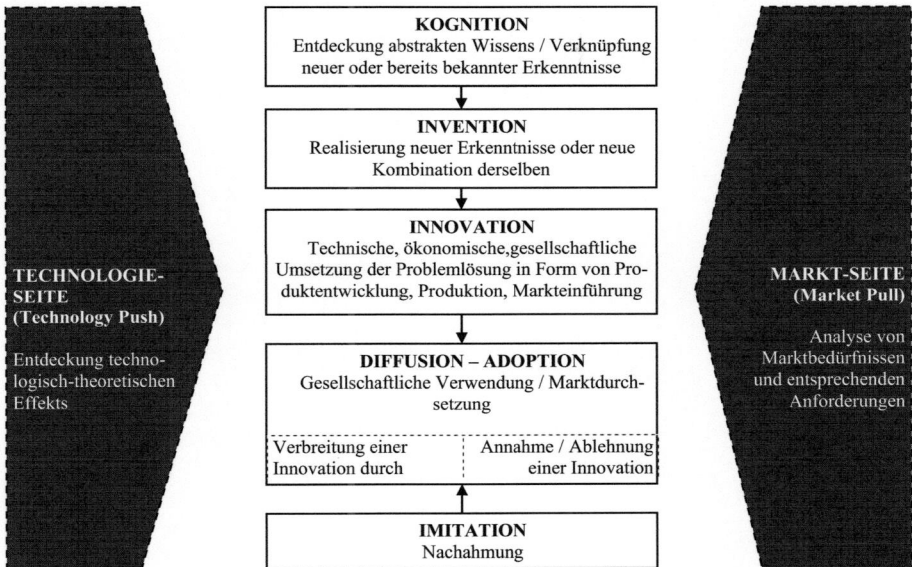

Abbildung 7. Idealtypische Innovations-Ontogenese unter technologie- und marktseitiger Beeinflussung; Quelle: eigene Darstellung.

Jede Disziplin hat selber eine „Unschärfe", das heißt ist nicht aperspektivisch (vgl. Gebser 1975-1980). Um diesen Aspekt im Kontext der Strategischen Frühaufklärung und konkret der Digital Intelligence besser zu verstehen und die Breite und Vielzahl möglicher Informationsverluste im Rahmen der Strategischen Früh-aufklärung bzw. der Digital Intelligence zu verdeutlichen, wird nachfolgend in Tabelle 5 die wahrscheinliche Diffusion bzw. der Informationsfluss vom „realen" Ereignis zum Frühaufklärungsnutzer skizziert. Verein-facht gesprochen geht von einem bestimmten Subjekt (Agenten, Patienten) als Träger einer neuen Erkenntnis oder Nachricht eines realen Geschehens eine Ansteckungswirkung aus. Die Erkenntnis greift auf Basis un-terschiedlicher Medien auf eine immer größer werdende Anzahl von Subjekten über, unter anderem auch – und optimalerweise früh- bzw. rechzeitig – auf den Frühaufklärer.

Tabelle 5. Vom realen Ereignis oder von der realen Entwicklung bis zur Frühaufklärung in Form der Digital Intelligence; Quelle: eigene Darstellung.

Kontext	Beschreibung
Reale Welt	Ein Sachverhalt ereignet oder entwickelt sich zu einer bestimmten Zeit an einem bestimmten Ort. Typischerweise sind Akteure (zum Beispiel menschliche Individuen, Gruppen oder Gesellschaften) des betreffenden (meist offenen) Systems involviert, deren Zuständen und Beziehungen sich verändern.
Wahrnehmung des Sachverhaltes	Die Akteure erleben nicht nur den Sachverhalt, sondern nehmen ihn bewusst wahr.
Symbolische Wahrnehmungs-repräsentation (Informationsspeicherung)	Die Akteure bringen ihre Wahrnehmung in Form (=Information), zum Beispiel im Sinne mündlicher oder schriftlicher Sprache. Diese symbolische Wahrnehmungsrepräsentation (zum Beispiel eine Nachricht oder ein Patent) ist ein durch den oder die Akteure verfärbtes Abbild des ursprünglichen realen Sachverhaltes, das akteurspezifisch enkodiert ist.
Medien (Kanal der Diffusion)	Das Abbild der realen Welt wird meist in stereotypischen Formaten des Mediums (Vermittlungskanal) übertragen.
Frühaufklärer (Identifikationsphase)	Der Frühaufklärer bewertet das – durch die Wahrnehmung und Informationsverarbeitung des Wahrnehmenden, die Informationsspeicherung sowie Diffusion durch Medien bereits verfälschte – Abbild der realen Welt je nach Aufgabe, Methode oder Kriterien unterschiedlich.
Frühaufklärer / Nutzer	Der Frühaufklärer kommuniziert seine Ergebnisse.

Sind die bisher besprochenen Diffusionsmodelle eher abstrakt und konzeptionell, so stellen die Gartner Hype Cycles anwendungsorientierte Diffusionskurven dar und sollten daher hervorgehoben werden. Geprägt von der Gartner-Beraterin Jackie Fenn (Fenn 1995) beschreiben sie, welche Phasen der öffentlichen Aufmerksamkeit neue Informationstechnologien durchlaufen und dienen so der Bewertung ihrer Einführung. Ein Hype Cycle für Web- und Nutzerinteraktionstechnologien wird in Abbildung 8 dargestellt.

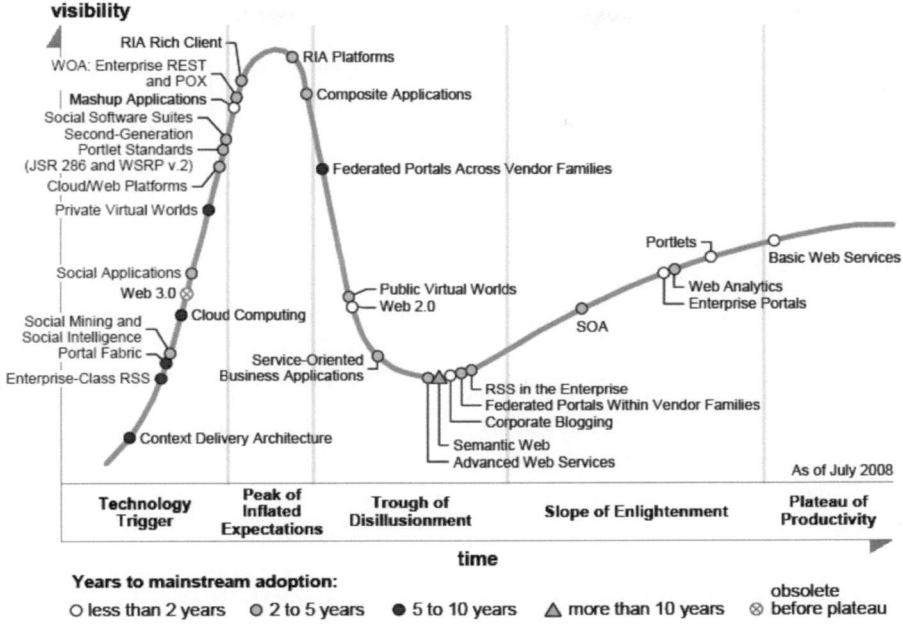

visibility

- RIA Rich Client
- WOA: Enterprise REST and POX
- Mashup Applications
- Social Software Suites
- Second-Generation Portlet Standards (JSR 286 and WSRP v.2)
- Cloud/Web Platforms
- Private Virtual Worlds
- Social Applications
- Web 3.0
- Social Mining and Social Intelligence
- Portal Fabric
- Enterprise-Class RSS
- Context Delivery Architecture
- Cloud Computing
- Service-Oriented Business Applications
- RIA Platforms
- Composite Applications
- Federated Portals Across Vendor Families
- Public Virtual Worlds
- Web 2.0
- RSS in the Enterprise
- Federated Portals Within Vendor Families
- Corporate Blogging
- Semantic Web
- Advanced Web Services
- SOA
- Portlets
- Basic Web Services
- Web Analytics
- Enterprise Portals

As of July 2008

| Technology Trigger | Peak of Inflated Expectations | Trough of Disillusionment | Slope of Enlightenment | Plateau of Productivity |

time

Years to mainstream adoption:
O less than 2 years   ◉ 2 to 5 years   ● 5 to 10 years   △ more than 10 years   obsolete ⊗ before plateau

Abbildung 8. Gartner Hype Cycle für Web- und Nutzerinteraktionstechnologien (Gartner 2008).

Die Y-Achse zeigt die Aufmerksamkeit für die neue Technologie, die X-Achse die Zeit seit Bekanntgabe. Erfahrungsgemäß steigt die Kurve anfangs explosionsartig, fällt nach einem Maximum ebenso stark bis zu einem Zwischenminimum, um dann erneut langsam und stetig bis zu einem Niveau der Beharrung zu steigen. Die Kurvenform erinnert an eine Sprunganregung, die stark exponentiell gedämpft ist und sich einem Gleichgewicht nähert, der höher als der Zustand am Anfang der Schwingung ist. In der Praxis von Gartner wird der Hype-Zyklus wie in Abbildung 8 gezeigt in fünf Abschnitte unterteilt: (1) den technologischen Auslöser, (2) den Gipfel der überzogenen Erwartungen, (3) das Tal der Enttäuschungen, (4) den Pfad der Erleuchtung und (5) das Plateau der Produktivität. Die Dauer der Diffusion jeder Informationstechnologie ist dabei unterschiedlich. Diesem Aspekt trägt die Farbgebung der unterschiedlichen Technologien repräsentierenden Knoten Rechnung. Kritisch ist, dass Aussagen zur Bekanntgabe und Aufmerksamkeit durch Experteneinschätzungen von Gartner getroffen werden und nicht weiter expliziert oder operationalisiert werden.

Einen für alle innovations-, diffusions- sowie frühaufklärungsrelevante Fragen einheitlichen Rahmen zu erarbeiten, ist nicht möglich. Zu vielfältig sind die Quellen, Inhalte und Perspektiven. Dennoch ist die Konkretisierung und empirische Validierung der abstrakten Modelle eine der wichtigsten zukünftigen Aufgaben genannter Disziplinen. Sie hilft dabei, die komplexen dynamischen technologischen und gesellschaftlichen Entwicklungen besser zu verstehen, um sie rechtzeitig zu antizipieren. Entsprechende konzeptionelle Skizzen helfen auch, die Gemeinsamkeiten der vielen Modelle unterschiedlicher Hintergründe besser zu erkennen. Allen idealtypischen Diffusionsmodellen liegt neben der Überzeugung, dass ein Trend oder eine Diffusion einer Innovation nicht zufällig ist, sondern einer Reihe vorhersehbarer Phasen folgt auch der gemeinsame Gedanke zu Grunde, dass das eine Branche, Technologie oder Kultur morgen Verändernde bereits heute vorhanden ist.

B2 – Informatik-Grundlagen der Digital Intelligence

Dem großen theoretischen und praktischen Interesse der Sozial- und Wirtschaftswissenschaften (insbesondere der Betriebswirtschaft) an der Strategischen Frühaufklärung stand bis vor wenigen Jahren seitens der Wirtschaftsinformatik als Schnittstellendisziplin und vor allem seitens der sich unmittelbar mit Informations- und Kommunikationstechnologien befassenden Informatik nur ein verhaltenes Forschungsinteresse gegenüber. Die Mehrzahl der einschlägigen Literaturnachweise beschreibt die fachliche, organisatorische und teilweise technische bzw. eher funktionelle Einbindung von Informationssystemen und geht weniger auf die technologischen Fundamente ein, auf denen sie beruhen. Winkler bestätigt dies, indem er 2003 auf einzelne empirische Arbeiten zur Verbreitung der Wettbewerbsanalyse verweist, die sich nur am Rande mit der Einbindung von Informationstechnologien beschäftigen[47] und sich vorwiegend auf die organisatorische Einbindung von Informationssystemen[48] oder die Informationsbeschaffung im Rahmen der Strategischen Frühaufklärung konzentrieren[49] (vgl. Winkler 2003). Ansätze der Unterstützung oben genannter prospektiver Disziplinen durch die Informatik bzw. die (zeitorientierte) Datenexploration in der Literatur – wie z. B. die Arbeiten von Westner (Westner 2003), Zeller (Zeller 2003), Porter und Cunningham (Porter und Cunningham 2005), Canongia (Canongia 2007) oder der bereits beschriebene Forschungsstrang der Informetrie – bilden eine Ausnahme.

Hier setzt die vorliegende Monografie mit ihrem Kern, dem folgenden Kapitel, an. Es ist ein Bericht über den aktuellen wissenschaftlichen Diskurs der Möglichkeiten der Informatik zur Unterstützung der Frühaufklärung, konkret die zeitorientierte Datenexploration im Rahmen der Digital Intelligence. Eingegangen wird auf

1. die Grundlagen der zu explorierenden multidimensionalen zeitorientierten (Text)Daten,

2. die vielfältigen Möglichkeiten der zeitorientierten Datenexploration durch sowohl analytische bzw. maschinenbasierte (induktive oder deduktive) als auch informationsvisuelle Verfahren sowie

3. die Möglichkeiten der Unterstützung jener durch konzeptuelle Strukturen.

Dabei bilden (halb)automatische sowohl analytische als auch visuelle und interaktionsbezogene Methoden der statischen und zeitorientierten Datenexploration den zentralen Bestandteil des Berichtes. Teils zum ersten Mal in Wissenschaft und Praxis definiert werden die Konzepte des Temporal Data Mining, Temporal Text Mining und Temporal Web Mining. Des Weiteren wird die Vielfalt der statischen und zeitorientierten Informationsvisualisierungsverfahren nach unterschiedlichen Gesichtspunkten klassifiziert und im Kontext der Digital Intelligence bewertet.

Sinnvolle und effiziente Anwendungen für die Informationsveredelung ergeben sich in der Praxis erst durch die Kombination aller genannten Ansätze und durch das zielorientierte Zusammenspiel mit Mensch und Daten. Dieser Integrationsgedanke wird in der Wissenschaft der Datenexploration bisher nicht angemessen behandelt (vgl. Fayyad, Grinstein et al. 2001, S. 299ff.). Des Weiteren wird die Zeit vorwiegend als quantitative Dimension wie jede andere behandelt (vgl. Aigner, Bertone et al. 2007). Das vorliegende Kapitel ist ein Versuch diese Lücke weiter zu schließen. Es endet mit einer alle beschriebenen Disziplinen umfassenden Synopsis für die zeitorientierte Datenexploration (vgl. Anhang B).

---

[47] Z. B. Brockhoff 1991; Götte und von Pfeil 1997; Subramanian und IsHak 1998; Vedder, Vanecek et al. 1999; West 1999.

[48] Z. B. Ghoshal und Kim 1986; Herring 1988; Ghoshal und Westney 1991.

[49] Z. B. Young 1989; Mockler 1992.

9 Von Zeit, Daten, Text, Metadaten zu multidimensionalen zeitorientierten (Text)Daten

Die Informatik unterscheidet grundsätzlich zwischen

- *statischen Daten*, d. h. Daten ohne zeitliche Dimension und

- *zeitorientierten Daten*, d. h. Daten mit zeitlicher Dimension.

Eine in der Wissenschaft und auch in der Informatik allgemein anerkannte formale Definition für zeitorientierte Daten gibt es nicht. Aigner beschreibt zeitorientierte Daten als „data, where changes over time or temporal aspects play a central role or are of interest" (Aigner 2006, S. 12). Chen und Petrounias werden etwas konkreter und beschreiben Inhalte zeitorientierter Daten in Form *zeitlicher Muster* (temporal patterns) als „tuple consisting of a static pattern and a temporal expression indicating when the pattern is valid" (Chen und Petrounias 1998). Eine gute formale Beschreibung und algorithmische Repräsentation, insbesondere für die Künstliche Intelligenz, bietet Hajnicz (vgl. Hajnicz 1996).

Dieses Kapitel bestimmt die für die Digital Intelligence relevanten zeitorientierten Daten. Um dies zu ermöglichen, werden nachfolgend – bezugnehmend auf die Arbeiten von Allen, Müller und Schumann, Mörchen sowie Aigner und Miksch (vgl. Allen 1983; Müller und Schumann 2003; Mörchen 2006; Aigner, Miksch et al. 2007; Aigner, Miksch et al. 2007) – zeitorientierte sowie datenbezogene Grundbegriffe und Eigenschaften näher beschrieben. Das abschließende Kapitel 9.5 zu multidimensionalen zeitorientierten (Text)Daten fasst die gewonnenen Erkenntnisse noch einmal zusammen.

9.1 Zeit – eine Begriffsbestimmung

Um das Phänomen Zeit im Hinblick auf zeitorientierte Daten zu operationalisieren, muss zunächst zwischen *Ereignissen* und *Entwicklungen* unterschieden werden. Während Ereignisse in zeitorientierten Daten durch *Zeitpunkte* oder *(Zeit-)Intervalle* beschrieben werden, werden Entwicklungen durch *Zeitreihen* oder *Reihenfolgen* repräsentiert. Diese bilden die zeitlichen Grundelemente, deren Beziehungen – wie nachfolgend beschrieben – durch zeitliche Operatoren bestimmt werden können. Außerdem werden die wichtigsten für die Informatik relevanten Eigenschaften der zeitlichen Grundelemente besprochen.

9.1.1 Zeitliche Grundelemente und Operatoren

Zeitpunkte und Intervalle

Zeitpunkte bilden die kleinste zeitliche Detailebene, den punktgleichen Moment oder Augenblick. *(Zeit-)Intervalle* hingegen haben eine Ausdehnung, nämlich die Distanz zwischen zwei Zeitpunkten. *Zeitpunktereignisse* sind folglich augenblickliche Veränderungen oder Geschehen (zum Beispiel der einzelne Klick beim Online-Kauf eines Artikels zur Zeit 15:43), wobei *Intervallereignisse* Geschehen in einem Zeitraum beschreiben (zum Beispiel die Verweildauer eines Kunden auf einer Webseite von 14:56 bis 15:43 vor dem Kauf eines Artikels). Letztlich wird jedoch auch beim erstgenannten Beispiel deutlich, wie relativ die Aussagen sind. Denn auch die als Zeitpunkt verstandene Aussage „15:43" kann ein Intervall bilden, nämlich das von 15:43:00 bis 15:43:59.

Um zeitliche Beziehungen, Entwicklungen und Eigenschaften der Zeitpunkte und Zeitintervalle zu präzisieren, gibt es *zeitliche Operatoren*. Die Beziehung zwischen zwei Zeitpunkten kann durch die folgenden drei wesentlichen Zeitpunkt-Operatoren beschrieben werden: *vorher*, *gleichzeitig* und *danach*.

Diese können mit Schwellenwerten detaillierter bestimmt werden. Um zeitliche Intervalle beschreiben zu können, muss auf Intervall-Operatoren zurückgegriffen werden, die auf den Zeitpunkt-Operatoren aufbauen. Dafür gibt es verschiedene Ansätze (vgl. Allen 1983; Mörchen 2006). Beispielsweise kann die Beziehung zwischen zwei Intervallen exakt durch einen der folgenden Operatoren bestimmt werden: *vorher, trifft zusammen, überdeckt, beginnt, während, endet*, deren Inverse bzw. Komplementäre sowie *gleichzeitig*.

Zeitlich-logische Operatoren wie *bis, nächste* oder *immer* komplettieren die Zeitpunkt- und Intervall-Operatoren und überprüfen den Wahrheitsgehalt von zeitlichen Angaben bei Zeitpunkten oder Intervallen.

Mörchen teilt die intuitiv vorhandenen zeitlichen Beziehungen zwischen Zeitpunkten und Intervallen, die durch die oben genannten zeitlichen Operatoren bestimmt werden können, in sechs Kategorien bzw. sogenannte *zeitorientierte Konzepte* ein und beschreibt und illustriert sie mithilfe von Wetterbeobachtungen (vgl. Mörchen 2006):

- *Dauer*: Die Dauer bezeichnet, dass eine Eigenschaft über mehrere Zeitpunkte hinweg anhält bzw. sich wiederholt.

- *Ablauf*: Der Ablauf oder die Folge beschreibt ein sequenzielles Auftreten von Zeitpunkten oder Intervallen. So folgt in der menschlichen Wahrnehmung der Donner dem Blitz.

- *Gleichzeitigkeit*: Treten zwei Ereignisse zeitlich nah und ohne bestimmte Ordnung auf, so sprechen wir von Gleichzeitigkeit. Regen und Blitze beispielsweise können gleichzeitig und nebeneinander in einem Intervall auftreten.

- *Zusammenfall*: Bei einem Zusammenfall überschneiden sich zwei oder mehrere Intervalle. Wenn Sonne zeitlich mit Regen zusammenfällt, kann ein Regenbogen gesichtet werden.

- *Synchronizität*: Ein Sonderfall des Zusammenfalls sind zwei oder mehrere synchron auftretende Ereignisse bzw. Intervalle, wobei im Unterschied zum Zusammenfall alle gleichzeitig beginnen und enden. Gleichzeitig mit dem Auftreten von Wolken sinkt in der Regel die Temperatur und nimmt die Lichtintensität ab.

- *Periodizität*: Eine Periode liegt vor, wenn sich Werte oder Eigenschaften in einer (fast) konstanten Frist wiederholen. Ein gutes Beispiel dafür sind die Jahreszeiten.

Zeitreihen oder Reihenfolgen

Über den zeitpunkt- oder intervallorientierten Aspekt hinaus kann die Zeit auch als eine *konstante* oder *unregelmäßige* Abfolge von Zeitpunkten oder Intervallen beschrieben werden. Entsprechende Zeitangaben liegen dann in Form von *Zeitreihen* oder *(Zeit)Intervallreihen* vor. Der Begriff Zeitreihe steht für eine Reihe eindeutiger Zeitpunkte im Definitionsbereich mit entsprechenden Werten oder Objekten im Wertebereich. Er wird oft als Folge oder Funktion einer Veränderlichen über die Zeit definiert. Die Werte oder die Objekte im Wertebereich können numerisch oder symbolisch sein. In diesem Fall liegen *numerische* oder *symbolische Zeitreihen* vor. Darüber hinaus braucht die Zeit im Definitionsbereich nicht explizit numerisch (zum Beispiel „1, 2, 3 ...") oder symbolisch (zum Beispiel „erste Messung, zweite Messung usw.") in Form *kardinaler zeitorientierter Daten* erwähnt sein. Denn aus der Reihenfolge von Daten kann auch implizit eine zeitliche Ordnung erschlossen werden. Diese Daten werden als *ordinale zeitorientierte Daten* bezeichnet.

Vor diesem Hintergrund und in Anlehnung an Roddick und Spiliopoulou sowie Müller und Schumann können zeitorientierte Daten in fünf unterschiedliche Kategorien mit zunehmendem Komplexitätsgrad klassifiziert werden (vgl. Roddick und Spiliopoulou 2002; Müller und Schumann 2003):

1. *Statische Daten*: Die Daten weisen keine zeitlichen Kriterien auf.

2. *Nominale zeitorientierte Daten*: Die Daten tragen selbst keine zeitlichen Informationen (sowohl implizit als auch explizit). Sie sind jedoch Klassen zugeordnet, die zeitliche Informationen repräsentieren. Ein Beispiel dafür sind Bilder mit zeitlichen Metainformationen.

3. *Ordinale zeitorientierte Daten*: Die Daten liegen als Reihenfolge, d. h. sequenziell und zeitlich geordnet (zum Beispiel *vorher, gleichzeitig, danach*) vor. Sie besitzen keine expliziten Zeitangaben. Typische Beispiele sind Texte und die Abfolge ihrer Worte, Transaktionsdatensätze oder Gen- und Proteinsequenzen.

4. *Kardinale* und *quantitative zeitorientierte Daten*: Daten mit Zeitmarken, d. h. zeitliche, mehr oder weniger regelmäßige Reihenfolgen. Sie haben einen zeitlichen Index. Beispiele dafür sind Angaben zu regelmäßigen Befragungen oder Wetterdaten von Satelliten sowie zeitmarkierte Transaktionsdatensätze.

5. *Komplexe* oder *zusammengesetzte zeitorientierte Daten*: Bei diesen Datensätzen handelt es sich um Daten mit mehreren zeitlichen Ebenen, Konzepten oder Detailgraden – demnach um geordnete Zusammenstellungen der vorher genannten Klassifikationen zeitorientierter Daten.

Die letzten beiden sind Grundlage im Rahmen der Digital Intelligence vorliegender Arbeit.

9.1.2 Lineare, zyklische und verzweigte Entwicklungen

Zeitorientierte Daten können *lineare, zyklische oder verzweigte Entwicklungen* repräsentieren (vgl. Aigner, Miksch et al. 2007, S. 5-6).

Die *lineare* bzw. geordnete Zeitstruktur bildet Entwicklungen ab, die nacheinander in einer Reihenfolge geschehen. Sie geht von einem Startpunkt aus und definiert eine lineare Zeitachse, an der sich die zeitlichen Grundelemente von der Vergangenheit in die Zukunft entwickeln.

Viele natürliche Gegebenheiten sind jedoch *zyklisch*, wie zum Beispiel die Jahreszeiten. Um dem informationstechnisch zu genügen, gibt es zyklische Zeitachsen, die aus einem endlichen Satz wiederkehrender zeitlicher Grundelemente bestehen. Bei zyklischen Entwicklungen ist die Reihenfolge der Daten nicht entscheidend. So kann, falls nicht konkreter durch Jahreszahlen bestimmt, der Sommer nach dem Winter kommen, diesem jedoch auch vorangehen.

Verzweigte zeitliche Entwicklungen werden als Graphen modelliert, wobei die zeitlichen Grundelemente durch Knoten repräsentiert werden. Gerichtete Kanten verbinden die Knoten und beschreiben damit deren zeitliche Reihenfolge. Mehrere aus einem Knoten hervorgehende Kanten repräsentieren unterschiedliche Szenarien, die sich in ihrem zeitlichen und inhaltlichen Ablauf unterscheiden können.

Obwohl die zu explorierenden Entwicklungen in der Strategischen Frühaufklärung sowohl linear, zyklisch als auch verzweigt sind, liegt der primäre Fokus der vorliegenden Arbeit auf der zeitorientierten Datenexploration linearer Zeitstrukturen.

9.1.3 Zeitliche (Un)Bestimmtheit

Inhaltliche Zeitangaben in Texten oder Daten können bestimmt oder unbestimmt sein. Im ersteren Fall sind die zeitlichen Attribute explizit bzw. detailliert bekannt, zum Beispiel „Der erste Anruf erfolgte um 09:35". Im zweiten Fall sind die zeitlichen Angaben implizit bzw. unvollständig, wie zum Beispiel:

- keine präzise Angabe: „Die Zeit, als die Erde entstand."

- Zukunftsplanung: „Wir werden etwa 1 bis 2 Wochen brauchen."

- ungenaue Ereignisangaben: „Es ist etwa 1 oder 2 Tage her, dass …"

- bezugnehmend: „Er kam nach mir ins Ziel."

Darüber hinaus gibt es die nachfolgend noch zu beschreibenden Metadaten, die zum Beispiel den Zeitpunkt, an dem ein Text geschrieben wurde, bestimmen können, während der Textinhalt selbst mit keinen zeitlichen Angaben versehen ist. Die, die Zeit bestimmenden, Metadaten können dabei einen impliziten oder sogar expliziten zeitlichen Bezug herstellen. Im Rahmen vorliegender Arbeit erfolgt die zeitliche Bestimmung explizit durch die Metadaten von Texten, heißt die Zeitmarken oder Zeitstempel dieser.

9.1.4 Zeitliche Granularität

Sind die Original- bzw. Initialdaten in Inhalt oder Zeit zu umfangreich, so können menschlich geschaffene inhaltliche oder zeitliche Aggregationen oder Hierarchien den Umgang mit dem Inhalt oder der Zeit erleichtern. Eine typische zeitliche Aggregation ist die hierarchische Einteilung in Sekunden, Minuten, Stunden, Tage, Wochen, Monate, Jahre und Jahrzehnte. Die Strategische Frühaufklärung hat das Ziel, langfristige Strategien zu entwickeln. Im automobilen Kontext mit einem Produktlebenszyklus von mehr als 20 Jahren liegt der Fokus daher eher auf Jahren oder sogar Jahrzehnten. Diese bestimmen auch die zeitliche Granularität der Digital Intelligence.

9.2 Text

Ein beachtlicher Teil symbolischer Wahrnehmungsrepräsentation ist in Text kodiert. Die nächsten beiden Kapitel bestimmen die Grundlagen für die nachfolgenden Kapitel des Text Mining sowie der Datenexploration, indem sie den Text und seine sprachlich-textuellen Ebenen beschreiben sowie unter anderem das Konzept der Daten, der Information und des Wissens bestimmen.

9.2.1 Der Text und seine sprachlich-textuellen Ebenen

Die Digital Intelligence greift mit Technologien der automatischen Sprachverarbeitung auf digitale Textdaten zu, in Anlehnung an Saussure (vgl. Saussure 2001) die „langue", das abstrakte und allgemeine Sprachsystem. Bekannt sind unterschiedliche hierarchische bzw. linguistische Ebenen der Sprache, wie beispielhaft in Tabelle 6 dargestellt.

Tabelle 6. Sprachlich-textuelle Ebenen, ihre Definitionen und Disziplinen; Quelle: in Anlehnung an (Heyer, Quasthoff et al. 2005).

Sprachlich-textuelle Ebene/ Zeichensystem	Definition	Disziplin
Laut	Definierte(s), mit Sprechwerkzeug geformte(s) Schallwelle / Signal als elementares sprachliches Zeichen	**Phonetik**
Äquivalenzklasse von Lauten		
Phonem	kleinste bedeutungsunterscheidende Einheit menschlicher Sprache	**Phonologie**
Graphem	Schriftzeichen eines Phonems; kleinste bedeutungsunterscheidende Einheit des Schriftsystems	
Konkatenationsgruppe von Graphemen		
Silbe	Zusammenfassung von Lauten oder Phonemen zur kleinsten aussprachebezogenen Einheit	
Morphem	kleinste bedeutungstragende Einheit einer Sprache	
Konkatenationsgruppe von Morphemen		**Morphologie**
Wortform	nach morphologischen Regeln aneinandergefügte Morpheme als Einheit des Schriftsystems; konkret realisierte Form eines Wortes im Kontext eines Satzes, abgewandelt nach grammatischen Kategorien	
Wort oder Lexem	Äquivalenzklasse von Wortformen (*Token: Wort an einer bestimmten Stelle im Text*)	
Konkatenationsgruppen von Wörtern		
Phrasen	nach syntaktischen Regeln aneinandergefügte Wörter	**Syntax**
Satz	nach syntaktischen Regeln aneinandergefügte Phrasen	
Äquivalenzklassen von Sätzen		
Aussage	wahrheitsfähige Sätze	**Semantik/ Pragmatik/ Rhetorik**
Sprechakt	zustandsverändernde Sätze und Phrasen	

weitere sprachlich-textuelle Ebenen		
Absatz	Textblock aus einem oder mehreren Sätzen, der in einem fortlaufenden Text eine logische Einheit bildet	
Abschnitt	Ein Absatz, der auf eine Leerzeile folgt	
Kapitel	inhaltlich trennende Unterteilung in Texten	**Text-gestaltung / Semantik**
Seite	eine der beiden Flächen eines Blattes Papier	
Dokument	Einheit von Texten und Bildern, die zusammengehören	
Dokumenten-menge	Einheit von Dokumenten	

Für die Datenexploration in der Digital Intelligence interessant sind die *Morphologie* als Wortbildung aus Wortstamm, Zusatz und Endung, die *Syntax* als Bildung grammatikalisch kohärenter Sequenzen von Phrasen und (Halb)Sätzen aus Worten, die *Semantik* als Nutzung der Bedeutung von Worten unter Nutzung ihrer Hierarchie und Vernetzung sowie der *Diskurs* (bzw. die *Pragmatik*) als Analyse textuell kohärenter Sequenzen von Äußerungen (gedanklich zusammengehörender abgrenzbarer Einheiten), wie sie typischerweise in Konversationen oder Dokumenten erscheinen.

9.2.2 Von Signalen und Daten zu Information und Wissen

Akteure (Sender und Empfänger) können Text einfach in Form von *Nachrichten* austauschen. Eine Nachricht ist eine endliche, nach festgelegten Regeln zusammengesetzte Folge von analogen oder digitalen *Signalen*. Die so ausgetauschten Nachrichten werden, falls digital, auch als *Daten* bezeichnet. Dabei können Sender und Empfänger sowohl Menschen als auch Maschinen sein. Erst wenn Daten interpretiert werden und somit für den Empfänger an Bedeutung gewinnen, ist die Rede von *Information*. Indem der Mensch diese bewertet bzw. sie mit anderen aktuellen oder in der Vergangenheit gespeicherten Informationen zweckdienlich kombiniert und handlungsorientiert in einem Anwendungskontext nutzt, entsteht *Wissen*[50]. Während das für die Digital Intelligence bedeutende Innovationswissen in Form fortschrittsorientierten, theoretischen, reflektierten, diskursiven oder wissenschaftlichen Wissens bzw. nach Polanyi (Polanyi 1966) explizites Wissen repräsentiert, so können nutzergenerierte, intuitive Texte z. B. im World Wide Web auch impliziter Form sein. Entscheidend für ein Digital-Intelligence-System ist, dass das Wissen oder die Information auf das es mit Datenexplorationsmitteln zugreift textuell und digital ist. Werden Informationsinhalte nicht durch Menschen ausgewertet, sondern „als sinnhaltige Datenobjekte behandelt, ist oft auch die Rede von *Content*. Dieser kann im wirtschaftlichen Sinne auch als Wirtschaftsgut *(asset)* oder im Rahmen der Digital Intelligence als *Intelligence* bezeichnet werden.

9.3 Daten

Daten repräsentieren Informationen mit beliebigen Inhalten – von Zahlen und Texten über Bilder bis hin zur gesprochenen Sprache – die maschinell verarbeitet werden können (speichern, sortieren, verknüpfen usw.). Es folgt eine für die nachfolgenden Kapitel grundlegende Beschreibung von Daten und ihren Eigenschaften nach Herkunft, Größe, Datentyp und Wertebereich, Datenstruktur und Dimensionalität. Die für die Digital Intelligence und die zeitorientierte Datenexploration relevanten multidimensionalen zeitorientierten Daten werden charakterisiert.

9.3.1 Herkunft

Daten können der realen, theoretischen oder künstlichen Welt entstammen (vgl. Krömker 2000/01):

- *reale Umwelt:* Daten von Messungen realer Phänomene (z. B. Medizin, Astronomie oder Geografie),

- *theoretische Welt:* Daten von Messungen theoretischer Phänomene (z. B. mathematische und technische Modelle der Quantenchemie, Physik, Mathematik oder des computerunterstützten Designs),

- *künstliche Welt:* künstlich erzeugte Daten wie Zeichnungen, Filme oder Texte.

Außerdem wird zwischen *räumlichen* und *abstrakten* Daten unterschieden (vgl. Aigner, Miksch et al. 2007, S. 7). Räumliche Daten werden bestimmt durch die natürliche Realität. Ihnen ist das räumliche Layout inhärent. Dieses kann direkt z. B. auf den Bildschirm übertragen werden. Räumliche Daten werden besonders in

---

[50] Vgl. Tschirky und Koruna 1998, Probst, Raub et al. 1999.

der wissenschaftlichen Visualisierung (Kapitel 10.6) genutzt. Die Repräsentation der Zeit hingegen muss – sofern gewünscht – zusätzlich integriert werden. Abstrakte Daten repräsentieren einen nicht räumlichen Kontext und bilden den Kern der Informationsvisualisierung (Kapitel 10.6). Da sie keine a priori gültigen räumlichen Informationen besitzen, bieten sie auch keine Ansätze für ein Layout. Diese müssen erst geschaffen werden, wobei menschliche Kreativität und Erfahrung gefragt ist. Die zeitliche Dimension kann somit ganz in den Mittelpunkt der Betrachtung rücken. Die im Rahmen dieser Forschungsarbeit relevanten Daten sind abstrakte Daten und entstammen der künstlichen Welt.

9.3.2 Datengröße

Die Datengröße (und damit der benötigte Speicherbedarf) wird maßgeblich beeinflusst durch die Anzahl der Mess- oder Beobachtungspunkte, die Anzahl der Parameter pro Beobachtungspunkt, die Anzahl der Werte pro Parameter sowie den Speicheraufwand pro Wert. Die Parameter sind im Rahmen der Digital Intelligence die Wörter und Instanzen der Konzepte und die Vielfalt der Metadaten.

9.3.3 Datentyp und Wertebereich

Der Wertebereich von Daten kann entweder *qualitativ* oder *quantitativ* ausgeprägt sein und weiter klassifiziert werden, wie in Tabelle 7 dargestellt:

Tabelle 7. Klassifikation des Wertebereichs von Daten; Quelle: eigene Darstellung.

Wertebereich	qualitativ		quantitativ
Skalentyp	nominal	ordinal	kardinal
Datenbezeichnung	symbolische Daten		numerische Daten
Beispiel	Warenkörbe		Aktienpreise

Ein qualitativer Wertebereich besitzt keine metrischen Skalen. Er ist *nominal* oder *ordinal*. Nominal bedeutet, dass keine Ordnungsrelation zwischen den Werten besteht. Die Nominalskala ist eine Zuordnung von Kategorien oder Typen, wie z. B. blau – grün – rot – gelb. Aus nominalen Werten geht folglich keine Reihenfolge hervor. Die Ordinalskala hingegen bildet Rangfolgen ohne Abstände, z. B. klein – mittel – groß – sehr groß.

Ein quantitativer Wertebereich dagegen besitzt metrische Skalen. Der Skalentyp ist *kardinal*, man spricht von der Kardinalskala. Das heißt, dass der Abstand zwischen den Werten definiert ist. Ein Beispiel sind die natürlichen Zahlen 1, 2, 3, […].

Der Wertebereich kann darüber hinaus *diskret* oder *kontinuierlich* skaliert sein. Bei zeitorientierten Daten wird von einem kontinuierlichen Wertebereich gesprochen, wenn die Zeit den Beobachtungsraum darstellt, dem jeweils Werte in Form von <Zeit, Wert> zugewiesen werden. Innerhalb des diskreten Wertebereiches werden jene Daten als Objekte behandelt, denen zeitliche Attribute in Form von <Objekt> hat <Eigenschaft: Zeit> zugeordnet werden.

Selbstverständlich können die Ergebnisse von Text Mining und Data Mining selbst wiederum Inhalte von Daten sein, sowohl numerischer als auch symbolischer Art. Darüber hinaus kommen in der Praxis nicht nur Daten mit einheitlichen, sondern auch mit gemischten Wertebereichen vor, also heterogene Datensätze.

9.3.4 Datenstruktur

Die Datenstruktur beschreibt in der Informatik ein mathematisches Objekt zur Speicherung von Daten. Sie repräsentiert die „inneren" Zusammenhänge bzw. die Beziehungen zwischen den Variablen der Daten. Im Rahmen von Textdaten können unterschiedliche Struktureigenschaften vorliegen (vgl. Feldman und Sanger 2007, S. 3):

- inhärent, verborgen, schwach, implizit oder unstrukturiert,
- semi- bzw. halbstrukturiert sowie
- offen bzw. explizit strukturiert.

Erstere sind Volltexte, die keine expliziten für Mensch oder Maschine sichtbaren Strukturen aufweisen. Inhärent bzw. verborgen strukturiert sind sie, weil sie auf den ersten Blick nicht erkennbare sprachlich-textuelle Ebenen aufweisen. Diese können durch das Text Mining erschlossen und zur Datenexploration herangezogen werden.

Semi- bzw. halbstrukturierte Daten sind Texte, die durch Absätze, Titel, Kapitel oder zum Beispiel eingeschlossene Tabellen bereits teilweise strukturiert sind. Zu dieser Datenart können Textarchive gezählt werden, die neben strukturierten Metadaten auch Volltexte in Form von Abstrakten bereitstellen.

Unter explizit strukturierten Daten werden allgemein sequenziell (Listen), relational (Tabellen), netzwerkartig (Graphen) oder hierarchisch (Bäume) geordnete (alpha)numerische Dateninhalte verstanden.

9.3.5 Dimensionalität

Große Datensätze bestehen aus einer großen Anzahl von Einzeleinträgen, die sich ihrerseits aus einer definierten Anzahl an Variablen (auch Merkmale, Parameter, Attribute, Faktoren) zusammensetzen. Die Anzahl der (unabhängigen oder abhängigen) Variablen, die einen Beobachtungspunkt aufspannen bzw. spezifizieren, wird auch als Dimension des entsprechenden Datensatzes bezeichnet. In der Literatur besprochen werden *ein-, zwei-, multi-, mehr-* bzw. *hyper-dimensionale* Daten (vgl. Wong und Bergeron 1994; Santos 2004; Kromesch und Juhász 2005). Alternativ werden sie auch als *uni-, bi-* oder *multivariat* (abgeleitet von „Variable") bezeichnet. Die einzige definitorisch explizite Trennung zwischen multidimensionalen und multivariaten Daten bzw. Verfahren in der Literatur ist auf die wissenschaftlichen Visualisierer Wong und Bergeron zurückzuführen. Sie weisen daraufhin, dass der Begriff *mehrdimensional* tendenziell eher zur Charakterisierung des Beobachtungsraumes bzw. der unabhängigen Variablen und der Begriff *multivariat* zur Charakterisierung des Merkmalsraumes bzw. der abhängigen Variablen genutzt wird (Wong und Bergeron 1994, S. 4). Anzumerken ist, dass die Wurzeln des letztgenannten Begriffes eher in räumlichen und die des erstgenannten Begriffes in abstrakten Daten und Anwendungen zu finden sind.[51] Interessant ist darüber hinaus, dass in der analysierten wissenschaftlichen Literatur die Disziplinen des Data Mining und Text Mining sowie der Informationsvisualisierung eher von multidimensionalen Daten sprechen, während die Statistik (Zeitreihenanalyse) und die in ihr wurzelnden vereinzelten Beiträge zum Temporal Data Mining multivariate Daten analysieren.

---

[51] Ein konkretes Beispiel zur Verdeutlichung: Für ein dreidimensionales räumliches Objekt (z. B. Luftballon), das sich bewegt, werden die Temperatur und der Druck im Luftballon über die Zeit als Daten erfasst. Die räumlichen und zeitlichen Bestimmungen des Luftballons entsprechen den unabhängigen Variablen, dem Beobachtungsraum (1. Dimension: Länge, 2. Dimension: Breite, 3. Dimension: Höhe, 4. Dimension: Zeit). Die abhängigen Merkmale Temperatur und Druck des Luftballons entsprechen dem Merkmalsraum. Die erfassten Daten ergeben folglich einen vierdimensionalen bivariaten Datensatz.

Die Zeit nimmt in dieser Arbeit eine herausragende Rolle als Dimension ein und bestimmt die unabhängige Variable, für die alle anderen Variablen gegeben sind. *Zeitorientierte Daten* können als Datenelemente mit einer Funktion über die Zeit charakterisiert werden:

$$d = f(t). \tag{1}$$

Für durch diskrete Zeitpunkte t_i definierte Daten gilt dann

$$d = (\ t_1, d_1), (\ t_2, d_2), \dots, (\ t_n, d_n) \quad \text{mit} \quad d_i = f(t_i). \tag{2}$$

d_i kann dabei durch die bereits beschriebenen Datentypen repräsentiert werden, wobei es im Falle von Multivariabilität die Werte von mindestens zwei Variablen umfasst.

Den Beobachtungsraum der Digital Intelligence bilden Dokumente sowie deren Texte und Metadaten zu bestimmten Zeiten bzw. über mehrere Zeitscheiben hinweg. Gemäß der soeben erbrachten Herleitung sind die in der Digital Intelligence behandelten zeitorientierten Daten als *multivariate unidimensionale Daten* bzw. *multivariate Daten über die Zeit* zu bezeichnen. Weil die Digital Intelligence in Form der Datenexploration eher auf dem Text und Data Mining fußt, als auf der klassischen Zeitreihenanalyse, wird im Sinne einer einheitlichen Terminologie im Rahmen der Digital Intelligence ab sofort von *multidimensionalen Daten mit Zeitbezug* bzw. *über die Zeit* oder einfach von *multidimensionalen zeitorientierten Daten* die Rede sein.

9.4 Metadaten

Metadaten, *Metainformationen* oder auch *Datenspezifikationen* sind Daten über Daten. Sie liefern Zusatzinformationen zu einem Dokument oder eine Quelle und erläutern dessen Kontext. Eine Definition findet sich in der ISO-Spezifikation:

Definition: „*The information und documentation which makes data sets understandable and shareable for users*" (ISO/IEC 11179).

Metadaten repräsentieren eine Art Vorschrift, wie Daten auszutauschen, zu lesen und zu verstehen sind. Sie ermöglichen die Nutzung von Daten durch Mensch und Maschine bzw. dass eine konkrete Nachricht einer abstrakten Information zugeordnet und wieder zurückgewonnen werden kann. Unterschieden wird – wie in Tabelle 8 vereinfacht dargestellt – zwischen inhaltsabhängigen (inhaltsbeschreibend oder inhaltsbezogen) und inhaltsunabhängigen Metadaten.

Tabelle 8. Klassifikation von Metadaten; Quelle: in Anlehnung an (Schmitt 2002, S. 32).

Metadaten			Beispiele
inhaltsbeschreibend (interpretierend, beschreiben und identifizieren Informationsressourcen)	Kontext	beschreibend	Vokabular, Ontologien, Thesaurus, Schlüsselwörter, Patentklassen usw.
		bezogen	Daten zu Autor, Institution, Raum und Zeit
	Zeichensystem beschreibend		Annotationen, Beschriftungen, Titel, Untertitel
inhaltsbezogen (nicht interpretierend, Informationen über interne Strukturen)	sprachlich-textuelle Ebenen beschreibend		Strukturierende Tags wie Titel, Seiten, Abschnitte oder Index
inhaltsunabhängig (unterstützen Administration)	präsentationsbezogen		Auflösung, Layout, Bit-Tiefe, Farbraum, Komprimierung
	aufnahmebezogen		Urheber, Lizenzen, Rechte
	speicherungsbezogen		Medientyp, Speicherformat, Speicherort

Bei den inhaltsabhängigen Metadaten befinden sich *inhaltsbeschreibende* oder auch semantische Metadaten auf einer hohen inhaltlichen Abstraktionsstufe. Sie sind deshalb häufig nur schwer automatisiert extrahierbar und müssen manuell erfasst werden. Im Rahmen der Digital Intelligence stellen sie den Hauptfokus der Analyse von Metadaten.

Inhaltsbezogene Metadaten liefern Informationen über den syntaktischen Aufbau bzw. die Struktur der Daten auf einer semantisch niedrigen Stufe, d. h., ohne dass es einer inhaltlichen Interpretation bedarf. Sie können automatisch aus den Daten extrahiert werden.

Im Gegensatz zu den inhaltsabhängigen Metadaten stellen inhaltsunabhängige Metadaten Informationen dar, die nichts mit dem Inhalt des Dokumentes, das sie beschreiben, zu tun haben. Sie sind für dessen Präsentation, Aufnahme und Speicherung notwendig.

9.5 Zusammenfassung und multidimensionale zeitorientierte Daten

Informationen werden zunehmend zeitlich systematisch digital archiviert. Der Umgang mit wachsenden Datenmengen wird somit um die Herausforderung erweitert, die Zeit als zusätzlichen Kontext zu betrachten. Die folgende Liste gibt nur einen kleinen Überblick über die unterschiedlichen Disziplinen und Anwendungen multidimensionaler zeitorientierter Daten:

- Ingenieurwissenschaften: z. B. Sicherheits- und Systemmanagement in verteilten Computer- oder Telekommunikationsnetzwerken[52], Analyse von Log-Dateien auf Webservern[53], Analyse von Programmiercode[54],

- Naturwissenschaften: z. B. Datenanalyse bei Raumfahrtmissionen[55], Analyse geografischer Daten[56], Gen- und Proteinsequenzanalysen in der Bioinformatik[57],

- Finanzwissenschaften: Analyse von Finanzdaten[58],

- Marketing / Vertrieb: Warenkorbanalysen[59],

- Gesundheitswesen / Medizin: Analyse klinischer Daten[60] oder

- die für die Digital Intelligence relevante Technologiefrüherkennung[61].

Die Methoden im Umgang mit zeitorientierten Daten werden unabhängig voneinander anwendungsbezogen entwickelt. Im Rahmen der Digital Intelligence bilden Texte bzw. Textmengen als künstlich erzeugte, abstrakte, sowohl unstrukturierte, semistrukturierte als auch strukturierte Daten die zu analysierende Datenbasis. Für deren Exploration sind folgende sowohl ihnen inhärente als auch sie beschreibende Informationen relevant:

---

[52] Vgl. Mannila und Toivonen 1996; Das, Gonopulos et al. 1997; Das, Mannila et al. 1998; Mannila und Meek 2000; Xu, Bodík et al. 2004.

[53] Vgl. Joshi, Joshi et al. 1999.

[54] Vgl. Renieris und Reiss 1999.

[55] Vgl. Keogh und Smyth 1997; Oates 1999.

[56] Vgl. Compieta, Martino et al. 2007.

[57] Vgl. Das, Mannila et al. 1998; Wang, Shapiro et al. 1999.

[58] Vgl. Fung, Yu et al. 2003.

[59] Vgl. Agrawal und Srikant 1995.

[60] Vgl. Plaisant, Mushlin et al. 1998; Shahar, Goren-Bar et al. 2006.

[61] Vgl. Porter und Cunningham 2005.

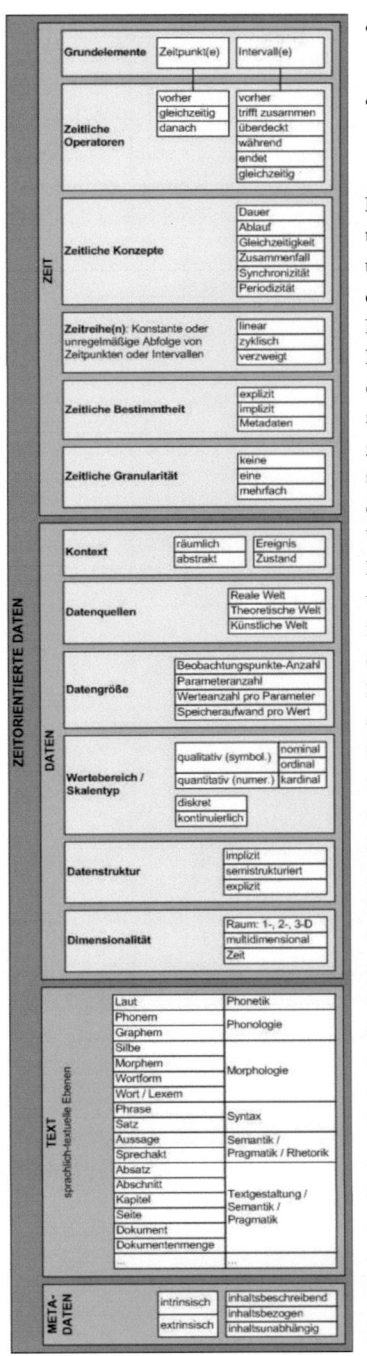

- die Texte selbst, die durch das Text Mining operationalisiert werden können und

- die diese Texte beschreibenden Metadaten, die durch unterschiedliche Ansätze des Data Mining und der Informetrie analysiert werden können.

Beiden stellen die Beobachtungsbereiche der Daten. Zu beobachten sind die Textmengen samt Metadaten und deren Dimensionen über die Zeit bzw. die Zeitscheiben als Hauptdimension in Form des kontinuierlichen zeitlichen Wertebereiches <Zeit, Wert>. Dennoch sollte die anvisierte Datenbank zur Speicherung aller Daten auch die Möglichkeit aufweisen, allen Dokumenten zeitliche Attribute in Form von <Objekt> hat <Eigenschaft: Zeit> zuzuordnen (diskreter zeitlicher Wertebereich). Die zeitlichen Eigenschaften von Texten stammen dabei nicht direkt vom Inhalt selbst ab, sondern werden aus inhaltsunabhängigen identifizierenden Metadaten gewonnen. Beispielsweise ist der Zeitpunkt der Veröffentlichung eine verlässliche zeitliche Angabe. Generell können alle Textdokumente und damit alle vom Text Mining und von der Informetrie abstammende Daten anhand konstanter Abfolgen von Zeitpunkten oder Intervallen in Form von Zeitreihen oder (Zeit)intervallreihen geordnet werden. Dabei spielt der konkrete Zeitpunkt in der langfristig orientierten Digital Intelligence eine untergeordnete Rolle. Eine Aggregation zu monatlichen bzw. sogar jährlichen Veröffentlichungen, und damit eine Repräsentation der Beobachtungsbereiche in Intervallreihen in Form zyklischer (monatlicher) bzw. linearer (jährlicher) Entwicklungen, hat sich in der Praxis als vollkommen ausreichend erwiesen (mit Ausnahme der Anwendung in der Unternehmenskommunikation). Grundsätzlich ergeben sich somit vom Text Mining, Data Mining und der Informetrie berechnete *multidimensionale zeitorientierte Daten* kardinaler bzw. quantitativer bis hin zu komplexer bzw. zusammengesetzter Art. Letzteres ist der Fall, wenn Daten unterschiedlicher Textsorten und Herkunft, und damit auch mit unterschiedlichen zeitlichen Angaben zur Entstehung, zur Veröffentlichung oder zum Ablauf, in einer Datenbank zusammengeführt werden.

Abbildung 9 ist ein zusammenfassender Überblick zum Kapitel 9 bzw. zu zeitorientierten Daten. Die Abbildung umfasst die Konzepte Zeit, Daten, Text und Metadaten und ihre unterschiedlichen Aspekte und bildet somit einen der drei Eckpfeiler der Informatik-Grundlagen der Digital Intelligence.

Abbildung 9. Synopsis zu zeitorientierten Daten; Quelle: eigene Darstellung..

10 Zeitorientierte Datenexplorationsmethoden

Dieses Kapitel beschreibt die bisherigen wissenschaftlichen Anstrengungen der visuellen und analytischen Exploration multidimensionaler zeitorientierter Daten (auch *zeitorientierte Datenexploration, Temporal Mining* oder *Temporal Knowledge Discovery*). Dazu zählen die zeitorientierte Datenbankabfrage, das zeitorientierte Information Retrieval, das Temporal Data, Text und Web Mining sowie die zeitorientierte Informationsvisualisierung.

Im Rahmen der Digital Intelligence hat die zeitorientierte Datenexploration im weiten Sinne das Ziel,

1. für strategische Entscheidungen relevante zeitorientierte Daten zu identifizieren,

2. sie zu beschaffen oder zumindest Zugang zu diesen – egal ob strukturiert oder unstrukturiert, institutionsextern oder -intern vorliegend – über ein Data Warehouse zu ermöglichen (optimalerweise zu halten),

3. sie zeitorientierten analytischen oder visuell-interaktionsbezogenen Explorationen zu unterziehen

4. mit dem Ziel, für strategische Entscheidungen relevante (zeitorientierte) Muster zu identifizieren, die schwache Signale für evolutionäre oder revolutionäre Entwicklungen des Beobachtungsbereiches repräsentieren.

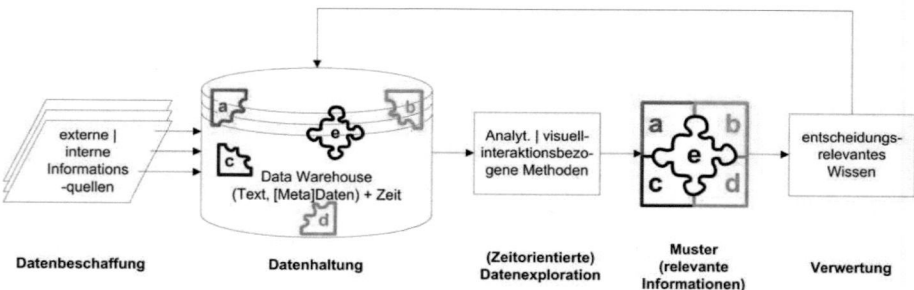

Abbildung 10. Abstrakter Prozess der zeitorientierten Datenexploration im Rahmen der Digital Intelligence im weiten Sinne.

Abbildung 10 zeigt diesen Prozess abstrakt, wobei er – wie die Digital Intelligence selber – als Kreislauf mit einem stetig wachsenden Informationsgehalt bzw. Reifegrad von Daten zu verstehen ist. Sobald auf Daten durch ein Data oder Knowledge Warehouse zugegriffen werden kann, können sie durch analytische sowie visuelle Auswertungs- und Analysemethoden aufbereitet und anschließend präsentiert bzw. verbreitet werden.

Mit dem Ziel der Informationsveredelung können je nach Datenbeschaffenheit und Bekanntheitsgrad des Zugriffsergebnisses unterschiedliche Strategien der Datenexploration zum Einsatz kommen. Bezugnehmend auf Hearst und seinen Versuch der terminologischen Abgrenzung von Text Mining und Data Mining (vgl. Hearst 1999) sowie auf eine darauf aufbauende Untersuchung von Kroeze, Matthee u. a. (vgl. Kroeze, Matthee et al. 2003) strukturiert Tabelle 9 die Datenexplorationslandschaft, wobei eckige Klammern Methoden oder Disziplinen beschreiben und Pfeile Aufgaben oder Fragestellungen:

Tabelle 9. Wissenssuch- und Wissensentdeckungsstrategien nach Datenstruktur und Bekanntheitsgrad; Quelle: eigene Darstellung.

		Bekanntheitsgrad des Zugriffsergebnisses bekannt ← → nicht bekannt		
		Daten / Information Retrieval: Wissenserschließung (explizites Wissen): Finden bzw. Abfragen bereits existierender bzw. bekannter Informationen	Wissensentdeckung / explorative Datenanalyse (implizites Wissen): Entdeckung dateninhärenter Muster und Trends. Deren Entdeckung ist neu, weil sie nicht unmittelbar wahrnehmbar sind.	Wissensgenerierung: Schaffung neuen bedeutenden bzw. relevanten Wissens über die Welt, das über die den Daten inhärenten Informationen (Struktur, Muster, Trends usw.) hinausgeht.
Grad der textuellen Datenstruktur unstrukturiert ← → strukturiert	offen strukturierte (alpha)numerische Daten	**Datenbankabfragen (1)** [Datenbankoperationen wie SQL-Abfragen] → Finden bestimmter, meist (apha)numerischer Daten	**Data Mining; Informationsvisualisierung (4)** [analytische und visuelle Methoden: Netzwerkanalysen, OLAP] → Entdecken statischer oder zeitorientierter Muster in numerischen Daten (**Temporal Data Mining**)	**Intelligentes Data Mining (7)** [Künstliche Intelligenz; Verbindung von Mensch und Maschine durch deren Interaktion mit dem Ziel, Handlungsimplikationen abzuleiten] → Wissensgenerierung auf Basis numerischer Daten (z. B. Interpretation …)
	offen strukturierte textuelle Metadaten	**Information Retrieval von Metadaten (2)** [exakte / unscharfe Abfragen] → Finden von Referenzen zu bestimmten Dokumenten	**Metadaten Mining; Informationsvisualisierung; Informetrie (5)** [siehe (4)] → Entdecken statischer oder zeitorientierter Muster in Metadaten (**Temporal Metadaten Mining**)	**Intelligentes Metadaten Mining (8)** [siehe (7)] → Wissensgenerierung auf Basis von Metadaten (z. B. Interpretation …)
	inhärent bzw. verborgen strukturierte textuelle Daten	**Information Retrieval von Volltexten (3)** [siehe (2)] → Finden von Volltexten	**Text Mining; Informationsvisualisierung (6)** [siehe (4) + konzeptuelle Strukturen] → Entdecken statischer oder zeitorientierter Muster (**Temporal Text Mining**) in Text(meng)en; Erzeugen thematischer Überblicke; Text-Clustering, -Klassifikation und -Zusammenfassung	**Intelligentes Text Mining (9)** [siehe (7) + konzeptuelle Strukturen] → Frage: Wie können die linguistischen Merkmale in Texten genutzt werden, um neues Wissen zu generieren? (z. B. Verknüpfung bestehender Patentinhalte zu einem neuen Patent) …

Die Tabelle verdeutlicht, wie viele unterschiedliche Strategien es gibt, Information auf Basis von digitalen Daten zu veredeln und ist nur eine von vielen Strukturierungsmöglichkeiten. Alle Suchstrategien sollten in einem effizient gestalteten Informationsgewinnungs- und -veredelungsprozess aufeinander aufbauen. Beispielsweise können im ersten Schritt der Informationsveredelung Verfahren des Text Mining eingesetzt werden, um unstrukturierte Textdaten zu strukturieren. Diese können im zweiten Schritt durch Data Mining vertieft untersucht bzw. durch Information Retrieval gefiltert werden. Es gilt allgemein, bereits standardisierte und bewährte Verfahren zur Lösung einer Fragestellung gegenüber neuen, vermeintlich weiterentwickelten Strategien und Technologien bevorzugen. Gemäß dem Pareto-Prinzip wird der größte Anteil am Informationsgehalt durch einfache und bereits bekannte bzw. bewährte Strategien erzielt. Für viele Fragestellungen der Digital Intelligence reichen beispielsweise gängige Datenabfragen auf Basis strukturierter Daten völlig aus. Ist eine softwarebasierte Anwendung bzw. Dienstleistung im Rahmen der Digital Intelligence anzugehen, so ist die Gesamtbreite an Strategien und Lösungswegen zu betrachten – angefangen vom einfachen Daten und Information Retrieval, über die Wissensentdeckung bzw. die explorative Datenanalyse bis hin zur Wissensgenerierung. Letztgenannte Erweiterung der Datenanalyseansätze trägt der zunehmenden aktiven Integration des Menschen und der künstlichen Intelligenz in die Analyse von Daten Rechnung. Kroeze und Matthee führen die Begriffe *Intelligent Data Mining* und *Intelligent Text Mining* ein (vgl. Kroeze, Matthee et al. 2003). Den Begriff „intelligent" nutzen sie als Indikator für die stark maschinell unterstützte Generierung neuen Wissens – eine Aufgabe, die bisher nur dem Menschen vorbehalten war und eine – sich (noch) in philosophischen Sphären bewegende – Problematik eröffnet.

Inwieweit und wann der Anwender in den Prozess der Analyse eingreift, ist von Anwendung zu Anwendung verschieden. Entsprechend kann die Datenexploration – ihrem Ursprung und der Aufgabe des Menschen entsprechend – in zwei Bereiche aufgeteilt werden:

- die Disziplin der Informationsvisualisierung, deren Kern die visuelle Exploration zeitorientierter Daten durch den Menschen ist sowie

- die Disziplin der maschinenbasierten Analyse zeitorientierter Daten.

Ersterer wird auch als visueller Ansatz, letzterer als analytischer Ansatz der Datenexploration bezeichnet. Letzterer kann wiederum unterteilt werden in deduktive und induktive Vorgehensweisen, die in Tabelle 10 verglichen werden.

Tabelle 10. Deduktive und induktive Sprachtechnologien; Quelle: eigene Darstellung.

	deduktive Sprachtechnologien (musterbasiert)	induktive Sprachtechnologien (statistisch)
	Transformationsprozess findet statt auf Basis eines vorab entwickelten muster- bzw. regelbasierten Modells für die Domäne der Transformation	Transformationsprozess findet statt auf Basis der Induktion eines statistischen Modells eines Beispiel- bzw. Lernkorpus der Transformationsdomäne (statistische Schlussfolgerung, Generalisierung)
Vorteile	• linguistisches Wissen und Intuition können genutzt werden • in Anwendungsdomäne sehr präzise	• schnelle Modellentwicklung • gute Abdeckung • robust • Domänenkenntnis und linguistisches Wissen nicht erforderlich • Skalierbar
Nachteile	• Ungleichmäßigkeiten und Ausnahmen nur schwer repräsentierbar • Modellentwicklung kosten- und zeitintensiv • schwer skalierbar	• spärliche Datenbasis • Schätzung der Relevanz statistischer Ereignisse

Die klassischen Ansätze des Data und Text Mining basieren aufgrund der Menge an Daten, die sie verarbeiten, vorwiegend auf Verfahren des induktiven maschinellen Lernens. Im Rahmen von Informationssystemen kann zur Unterstützung der Informationsveredelung mithilfe von konzeptuellen Strukturen ein für die Aufgabe ausreichend präzises und umfassendes Wissensmodell der zugrundeliegenden Domäne entwickelt werden (deduktive Sprachtechnologie).

Diese Einführung abschließend sollte erwähnt werden, dass sich die folgenden Kapitel sowie auch die Umsetzung der Digital Intelligence primär auf zeitorientierte *numerische* Daten (wie die Entwicklung von Aktienpreisen) konzentrieren und die theoretischen Möglichkeiten der Analyse *symbolischer* Daten (wie Sequenzen von Transaktionsereignissen im Onlinehandel) dennoch nicht außer Acht lassen. Die (zeitorientierten) Explorationsmethoden unterscheiden sich bei beiden Datenformen enorm. Numerische zeitorientierte Daten formen im übertragenen Sinne Kurven, so genannte Zeitreihen. Sie können teilweise mit traditionellen Zeitreihenanalysen interpretiert werden. Diese Ansätze sind auf gewöhnliche symbolische zeitorientierte Daten nicht übertragbar.

10.1 Zeitorientierte Datenbankabfragen und OLAP

Liegen Informationen bereits explizit in strukturierter Form in einer Datenbank vor, so können sie durch so genannte Datenbankabfragesprachen – als formale Sprachen zur Suche nach Informationen in Datenbanken – aus dem zugrundeliegenden Informationsbestand der Datenbank gefiltert werden. Prinzipiell zur Filterung von (alpha)numerischen Daten entwickelt, werden zunehmend auch (Voll)Textfilterungen unterstützt. Die Datenbankabfragesprachen – auch Datenverarbeitungssprachen (Data Manipulation Language) genannt – sind neben den Datenbeschreibungssprachen (Data Definition Language) und den Datenaufsichtssprachen (Data Control Language) ein Element der Datenbanksprachen. Sie zählen zu den einfachsten, jedoch mächtigsten Strategien der Informationsgewinnung. Das Ergebnis der Filterung ist dann eine Teilmenge des gesamten Datenbankinformationsbestandes. Unterschieden werden Abfragesprachen nach Einsatzzweck und Schwierigkeitsgrad ihrer Benutzung. Die am weitesten verbreitete Datenbanksprache für relationale Datenbanksysteme ist die Structured Query Language (SQL).

Daten, die nicht zeitorientiert sind, können somit in herkömmlichen Datenbank-Management-Systemen (DBMS) wohl definiert relational oder objektorientiert gespeichert werden. Natürlich können Zeitangaben auch in klassischen DBMS verwaltet werden und auf diese Weise temporale Aspekte darstellen. Entsprechende Lösungen werden vielen Anwendungen mit Zeitaspekt jedoch nicht gerecht, insbesondere vor dem Hintergrund der vielfältigen oben ausgeführten zeitlichen Konzepte. Daher gibt es Vorschläge, nicht zeitorientierte relationale und objekt-orientierte Datenmodelle anzupassen bzw. sogar DBMS und Abfrage-, Datendefinitions- und Datenmanipulationssprachen zu entwickeln, die zeitliche Aspekte von Grund auf mit unterstützen (z. B. Weiterentwicklungen von SQL2 zu TSQL2 und SQL3). Dieses im Englischen auch unter *Temporal Databases* geführte Forschungsfeld ist in der Wissenschaft bereits breit akzeptiert (vgl. Mörchen 2006). In der breiten Praxis ist es jedoch noch kein Standard, wofür die Vordenker und Verbreiter zeitorientierter Datenbanksysteme eintreten.[62] Das OnLine Analytical Processing (OLAP)[63] sei hier aus pragmatischen Gründen angeführt. Im Rahmen der aus wissenschaftlicher Sicht eventuell „modischen" Begriffe Business Intelligence und Data Warehousing findet es oft als analytische Methode zur benutzerfreundlichen Suche und Navigation in multidimensionalen Daten Erwähnung. Prinzipiell kann es als spezielle Datenmodellierungsform verstanden werden. Seine Bedeutung gründet darauf, dass es im Gegensatz zu vielen operativen Systemen in der Betriebswirtschaft nicht mehr mit einzelnen normalisierten Tabellen arbeitet, sondern (vereinfacht dargestellt) mit einem so genannten *OLAP Cube*, der einer Faktentabelle sternschemenmäßig Dimensionstabellen zuordnet. So können beispielsweise relevante betriebswirtschaftliche Kennzahlen wie Umsatzgrößen anhand unterschiedlicher Dimensionen (Kunden, Regionen oder Zeit) mehrdimensional betrachtet und bewertet werden. Zur bildlichen Darstellung werden Würfel verwendet, die in verschiedene Dimensionen unterteilt sind. Durch Drill-down-, Drill-up- und Filtereinsätze oder komplexe Berichte können somit große Datenmengen hinsichtlich ihrer Auffälligkeiten oder Abweichungen analysiert und schnelle Antworten auf komplexe Fragen gegeben werden (vgl. Chaudhuri und Dayal 1997). Diese ursprünglich betriebswirtschaftliche Anwendungssicht auf ein Datenbanksystem lässt sich auf die Anforderungen dieser Arbeit übertragen. Die Digital Intelligence bezieht sich nicht auf Einzelfakten, sondern auf die zeitorientierte Explorati-

---

[62] Einen Überblick gebende Veröffentlichungen zu diesem Thema sind: Etzion, Jajodia et al. 1998; Steiner 1998; Wu, Jajodia et al. 1998; Snodgrass und Ahn 1985; Snodgrass 1999; Snodgrass 2000.

[63] Ein von Codd geprägter Begriff zur Beschreibung der Recherche in ursprünglich betriebswirtschaftlichen Datenbeständen (vgl. Codd, Codd et al. 1993).

on mehrdimensionaler Indikatoren auf Basis historischer Daten. Die Definition relevanter Kennzahlen bzw. Indikatoren ist eine der reizvollen, wenn nicht sogar wichtigsten Aufgaben der Digital Intelligence.[64]

10.2 Zeitorientiertes Information Retrieval

Information Retrieval[65] zählt wie die Datenbankabfragen zu den hypothesengestützten Analysemethoden. Der Analyst muss vorab wissen, wonach er suchen möchte. Das *Information Retrieval* kann helfen, explizites Wissen in großen unstrukturierten oder nur teilstrukturierten Metadaten- oder Dokumentensammlungen zu finden bzw. filtern und wird definiert als

Definition   *„selecting the documents relevant to query"* bzw. *„given a bag of words, find the texts containing the same bag of words"* (Kodratoff 1999, S. 5).

Folglich kann das Information Retrieval auf eine exakte oder unscharfe Suchanfrage diejenigen Dokumente aus einer Dokumentensammlung zurückliefern, die für die Beantwortung der Frage relevant sind. Es ist somit die konkrete Suche in einem bestimmten Bereich mit festem Themenbezug.

Information Retrieval in zeitorientierten Daten kann als Teildisziplin zwar nicht auf eine ebenso große Forschungshistorie wie das generelle Information Retrieval zurückblicken, ist jedoch in großen Teilen bereits gut erforscht. Prinzipiell geht es dabei um

Definition   *„efficiently locating subsequences (often referred to as queries) in large archives of sequences (or sometimes in a single long sequence)"* (Laxman und Sastry 2006).[66]

Die Suche beruht auf Ähnlichkeitsmaßen des entsprechenden zeitorientierten Suchmusters mit den zu findenden zeitorientierten Elementen. Die Ähnlichkeitsmaße sind prinzipiell auf alle im folgenden Kapitel beschriebenen Repräsentationsformen der zeitorientierten Daten anwendbar. Auch zeitorientierte Daten unterschiedlicher Länge stellen keine Hürde dar. Alle Sequenzen können prinzipiell ausgerichtet bzw. zeitlich angepasst werden. Entsprechende mächtige Methoden sind das *Time Warping* und *Dynamic Time Warping (DTW)*. Sie sind Algorithmen zur Ähnlichkeitsmessung zwischen zwei in Zeit und Geschwindigkeit unterschiedlichen Sequenzen. Erstere krümmt die zu vergleichenden zeitorientierten Daten so, dass sie überhaupt erst vergleichbar werden: „Time warping is a technique that finds the optimal alignment between two time series if one time series may be „warped" non-linearly by stretching or shrinking it along its time axis" (Salvador und Chan 2004). Letztere baut auf Ersterer auf und ermöglicht über die zeitliche Krümmung hinaus auch den Vergleich sowohl global als auch lokal verschobener zeitorientierter Daten.

10.3 Data Mining und Temporal Data Mining

Ist die Analyse expliziten Wissens durch Datenbankabfragen oder Information Retrieval nicht ausreichend, kann Data Mining aushelfen. *Data Mining* wurzelt in den Gedanken J. W. Tukeys (Tukey 1977), der als Begründer der explorativen Datenanalyse (auch explorative Statistik genannt) gilt. Im Gegensatz zu den bereits beschriebenen Verfahren besteht beim Data Mining das Ziel nicht im Auswerten und Testen von gegebenen

---

[64] Der „State of the Future Index", initiiert und durchgeführt durch T. J. Gordon im Rahmen des weltweiten Think Tanks „Millennium Project" unter der Schirmherrschaft der World Federation of United Association (WFUNA), ist eine solche „Kennzahlensammlung" für die Strategische Frühaufklärung oder Zukunftsforschung.

[65] Der Vollständigkeit halber soll auch die *Information Extraction* erwähnt werden. Kodratoff beschreibt sie als „given a structural template of typed variables, how to instantiate it in a way that fits a text?" (Kodratoff 1999). Ziel dieser Methode ist die Extraktion einzelner Fakten aus (un)strukturierten Daten. Im Gegensatz zum Text Mining sind hier die Kategorien, zu denen Informationen gesucht werden, bereits bekannt. Der Benutzer weiß, was er nicht weiß.

[66] Einen guten Überblick über Zeitaspekte im Information Retrieval bietet die Veröffentlichung von Alonso, Gertz et al. 2007.

Hypothesen, sondern in der Verwendung der zugrundeliegenden Daten, um mögliche Hypothesen zu erhalten, die anschließend zu testen sind. Data Mining ist folglich eine Analyse von Daten, deren Zusammenhänge nur wenig bekannt sind. Data Mining umfasst Methoden und Werkzeuge, die „intelligently and automatically assist humans in analyzing the mountains of data for nuggets of useful knowledge" (Fayyad, Piatetsky-Shapiro et al. 1996, S. 2). Es bezieht sich im weiten Sinne auf den gesamten rekursiv und interaktiv ablaufenden Prozess der Wissensentdeckung in offen strukturierten Daten. Deren Ziel ist die Beschreibung der Eigenschaften statisch strukturierter Daten, um mögliche zukünftige Entwicklungen vorauszusagen. Es umfasst die Auswahl, Aufbereitung und Analyse der Daten sowie die Bewertung, die Interpretation und schließlich die Verbreitung der Ergebnisse. Im engen Sinne versteht man unter Data Mining nur den Analyseschritt innerhalb eines umfassenden Wissensentdeckungsprozesses. Erstere Definition setzt sich in der Praxis jedoch immer mehr durch (vgl. Fayyad, Piatetsky-Shapiro et al. 1996, S. 1).

Das *Temporal Data Mining* ist eine bedeutende Erweiterung des Data Mining auf strukturierte zeitorientierte Datenmengen und wird auch als *Temporal Knowledge Discovery in Data* gebraucht. Es ist eine noch relativ junge Disziplin, deren Wurzeln in den Arbeiten von Agrawal[67] zu finden sind, der klassische Verfahren des Data Mining zur Analyse großer sequenzieller Transaktionsdatenbanken erweitert. Die erste explizite Definition ist 1999 bei Roddick und Spiliopoulou zu finden als „analysis of events ordered by one or more dimensions of time" (Roddick und Spiliopoulou 1999). Laxman und Sastry definieren das Temporal Data Mining allgemein als „data mining of large sequential data sets" (Laxman und Sastry 2006) und Mörchen als „ mining of data that has some temporal aspect to it" (Mörchen 2006). Lin und Orgun sind bereits konkreter und beschreiben das Temporal Data Mining als „analysis of temporal data and [...] finding temporal patterns and regularities" (Lin, Orgun et al. 2001). Sie bestimmen als erste indirekt zwei unterschiedliche Aspekte oder Hauptrichtungen des Temporal Data Mining

1. die Entdeckung kausaler und zeitorientierter Regeln sowie

2. die Entdeckung zeitorientierter Muster innerhalb einer Zeitreihe oder zwischen unterschiedlichen Zeitreihen.

Kausale und zeitorientierte Regeln im ersten Fall können Beziehungen zwischen Ereignissen auf einer Zeitachse sein, die thematisch übereinstimmen und nach ihrer zeitlichen Abfolge zu ordnen sind.[68] Eine entsprechende Definition ist die von Antunes und Oliveira: „'the nontrivial extraction of implicit, previously unknown and potential useful information from data' [...] to discover hidden relations between sequences and subsequences of events" (Antunes und Oliveira 2001) oder noch expliziter die von Roddick und Spiliopoulou: „Temporal data mining [...] has the capability of mining activity rather than just states and, thus, infering relationships of contextual and temporal proximity, some of which may also indicate a cause-effect association. [...] has the ability to mine the behavioral aspects of (communities of) objects as opposed to simply mining rules that describe their states at a point in time – i. e., there is the promise of understanding *why* rather than merely *what*." (Roddick und Spiliopoulou 2002).

Der zweite Fall hat seine Wurzeln in der Disziplin der klassischen Zeitreihenanalyse, die sich mit der mathematischen Analyse von Zeitreihen (Trends) und der Vorhersage ihrer künftigen Entwicklung beschäftigt.[69] Neben der Vorhersage und der Rauschminderung gehört auch die Suche nach vordefinierten Mustern

---

[67] Vgl. Agrawal, Psaila et al. 1995; Agrawal und Srikant 1995. Beschrieben wird das *Sequential Pattern Mining*, das im Folgenden unter *Temporal Association Rules* näher erläutert wird.

[68] Vgl. *(temporal) association rules*; *classification rules*; *sequential pattern mining*; *temporal sequences*.

[69] Vgl. die Sammlung von Schriften zu Vorhersagen durch Zeitreihenanalysen von (Weigend und Gershenfeld 1993).

(z. B. ähnliche Spitzen) und der Vergleich von Mustern zu ihren Zielen. Dieses Feld wurde auch als *Time Series Data Mining* (vgl. Agrawal und Srikant 1995; Keogh und Smyth 1997) bezeichnet und definiert als: „research dealing with Data-Mining using numeric and symbolic time series and sequences" (Mörchen 2006). Eine ähnliche Einteilung nehmen Antunes und Oliveira vor. Sie unterscheiden zwischen Forschungsarbeiten im Bereich zeitlicher Sequenzen nominaler Symbole (temporal sequences) und Zeitreihen (time series), folglich Sequenzen kontinuierlicher, numerische Elemente (vgl. Antunes und Oliveira 2001).

Es ist nicht einfach, aussagekräftige zeitorientierte Muster in zeitorientierten Daten zu identifizieren. Klassische Techniken des Data Mining im Sinne statischer (zeitloser) Analysen zeitorientierter Datenausprägungen bilden erfahrungsgemäß nur eine Basis für das Temporal Data Mining. Mittlerweile sind viele spezifische Verfahren für unterschiedliche zeitorientierte Datentypen entwickelt und erforscht worden. Es gibt jedoch noch keine allseits akzeptierte Taxonomie des Temporal Data Mining (vgl. Mörchen 2006). Um die Möglichkeiten des Temporal Data Mining besser zu verstehen, werden nachfolgend zwei seiner wichtigsten Aspekte näher erläutert:

1. mögliche Repräsentationen zeitorientierter Daten für die maschinelle Weiterverarbeitung sowie

2. darauf aufbauende Aufgaben.

10.3.1 Repräsentationen zeitorientierter Daten

Bevor das eigentliche Mining beginnt und damit Analysen auf Basis der zeitorientierten Daten überhaupt angegangen werden können, müssen sie in vergleichbaren Repräsentationsformen abgebildet sein. Dies ist sinnvoll, um

- die Haupteigenschaften der Daten hervorzuheben,

- die Daten besser zu komprimieren,

- spätere Arbeitsprozesse zu beschleunigen undungewünschte Rauschpegel, Lücken, Zeitverschiebungen oder ungleiche Zeitskalen zu entfernen.

Diese Vorarbeiten sind – wie die vielen nachfolgend beschriebenen Forschungsansätze an Repräsentationsformen beweisen – keine trivialen Aufgaben. Je nach Datentyp sind unterschiedliche Repräsentationsformen vorteilhaft. Auf Basis der Ausarbeitungen von Antunes, Oliveira und Mörchen (vgl. Antunes und Oliveira 2001; Mörchen 2006) sei nachfolgend eine Systematisierung möglicher Methoden zur Repräsentation zeitorientierter Daten für deren maschinelle Weiterverarbeitung angeführt, die keinen Anspruch auf Vollständigkeit erhebt. Ergänzend dazu werden wesentliche, von den Repräsentationsformen abhängige Ähnlichkeitsmaße bzw. Distanzfunktionen besprochen, die eine Grundlage für die Operationen des Temporal Data Mining bilden. Sie ermöglichen sowohl die Suche in als auch den Vergleich von zeitorientierten Daten. Zu unterscheiden ist dabei grundsätzlich zwischen Vergleichsansätzen numerischer und symbolischer zeitorientierter Daten.

Kontinuierliche (lineare) zeitorientierte Repräsentation[70]

Ansätze dieser Form belassen die zeitorientierten Initial- bzw. Originaldaten (Zeitreihen) möglichst in ihrer ursprünglichen Form bzw. repräsentieren sie gemäß ihrer zeitlichen Achse. Die einfachste Methode dabei ist, die Originalelemente der Sequenzen nach ihrem zeitlichen Auftreten zu ordnen und sie ohne Vorverarbeitung zu repräsentieren.

---

[70] Vgl. *Time-Domain Continuous Representation.*

Sofern nur bestimmte Intervalle von Interesse sind (zum Beispiel Monate anstatt Tage), können auch gleitende Zeitfenster (*sliding time windows*) definiert werden, die jeweils durch einen Wert (z. B. den Mittelwert) repräsentiert werden (vgl. Agrawal, Lin et al. 1995; Lin und Risch 1998).

Ein anspruchsvollerer Ansatz zur Gewinnung handhabbarer untergeordneter Sequenzen ist die schrittweise lineare Aproximation (*piecewise linear approximation*). Mithilfe dieses Verfahrens werden initiale Zeitreihen in Einzelsegmente partitioniert, die jeweils durch eine lineare Funktion repräsentiert werden. Die Partitionierung kann sowohl top-down als auch bottom-up bis zu einer für die jeweilige Fragestellung sinnvollen Partitionsanzahl erfolgen, wobei auch der parallele bzw. rekursive Einsatz beider Methoden und die Teilung nur an Wendepunkten der Zeitreihe(n) sinnvoll sein können.[71] Bei dieser Art der Repräsentation werden jeweils die i-ten Elemente der Sequenzen miteinander verglichen. Entscheidend ist, dass vorab sowohl die Werte- als auch die Zeitskala aufeinander abgestimmt werden. Die Zeitreihen müssen gleich lang sein. Von Interesse sind weniger die absoluten Werte der Zeitreihen, sondern die Auf- und Abbewegungen – folglich die Form der Zeitreihe(n).

Die gängigsten Distanzfunktionen sind die Euklidische Distanz und das Kosinus-Ähnlichkeitsmaß, das sich äquivalent zu den Korrelationsdistanzen (Korrelation, Autokorrelation, Kreuzkorrelation) verhält, wenn der Mittelwert von jeder Zeitreihe subtrahiert wird. Im Kontext des Temporal Data Mining spricht man von der zeitlichen Korrelation von Zeitreihen bzw. davon, dass die Zeitreihen kontemporär korrelieren. Zu beachten ist jedoch, dass von einem korrelativen nicht auf einen kausalen Zusammenhang geschlossen werden kann. Keogh und Kasetty haben elf unterschiedliche Distanzmaße auf zwei unterschiedlichen Benchmark-Zeitreihendatensätzen getestet. Sie stellten fest, dass die Euklidische Distanz die besten Resultate hervorbrachte (vgl. Keogh und Kasetty 2003).

Transformationsbasierte Repräsentation[72]

Diese Repräsentationsform zeitorientierter Daten transformiert die initialen zeitorientierten Daten (Sequenzen) von der Zeitdimension in eine andere Dimension. Zwei entsprechende Transformationsmethoden sind im Rahmen des Temporal Data Mining hervorzuheben:

- die Diskrete Fourier-Transformation (DFT) und

- die Diskrete Wavelet-Transformation (DWT).

Erstere ist eine Fourier-Transformation eines zeitdiskreten periodischen Signals. Sie transformiert die Zeitdarstellung in einen reziproken Frequenzraum bzw. jeweils eine Sequenz des Zeitbereichs in einen Punkt im Frequenzbereich, wobei die signifikantesten Frequenzen gefiltert werden können. Der Vorteil dieser spektralen Repräsentation besteht darin, dass Phasenverschiebungen die transformierten Parameter nicht beeinflussen. Dadurch wird das Auffinden ähnlicher Sequenzen vereinfacht.[73]

Letztere ist eine Wavelet-Transformation, die zeit- und frequenzdiskret durchgeführt wird. Sie nutzt skalierte und verschobene Versionen einer Basis-Wavelet-Funktion. Das heißt, dass die Originalsequenzen wie bei der Fourier-Transformation in ihre Frequenzkomponenten zerlegt werden, ohne ihr zeitliches Auftreten zu

---

[71] Vgl. Das, Gonopulos und Mannila 1997; Guralnik und Srivastava 1999.

[72] Vgl. *Transformation Based Representations*.

[73] Vgl. Agrawal, Faloutsos et al. 1993; Faloutsos, Jagadish et al. 1997; Rafiei und Mendelzon 1998; Chu und Wong 1999; Rafiei 1999; Kahveci, Singh et al. 2002)

vergessen.[74] Transformationsbasierte Repräsentationen werden vergleichsweise häufig bei langen Zeitreihen auch unterschiedlicher Länge genutzt. Vergleiche zwischen ihnen werden durch Ähnlichkeitsmaße wie zum Beispiel die Euklidische Distanz der sie repräsentierenden Punkte in der neuen Dimension vorgenommen. Voraussetzung ist jedoch, dass die Koeffizienten der Transformierten für alle zu vergleichenden Zeitreihen die gleichen sind.

Repräsentation auf diskreter Basis[75]

Repräsentationen zeitorientierter Daten auf diskreter Basis überführen die originalen, initialen Zeitreihen mit realen Werten in diskrete Sequenzen aus alphabetischen Symbolen. Der Vorteil dabei ist, dass die entsprechende Symbolsprache vom Nutzer gewählt werden kann. Dadurch wird eine schnellere und bessere Verarbeitung der Repräsentationen ermöglicht. Ein Nachteil ist die eingeengte Repräsentationsvielfalt. Der Nutzer oder Ersteller der Symbolsprache muss die zu findenden und zu analysierenden zeitlichen Muster (zum Beispiel Spitzen, steile Auf- oder Abwärtstrends) bereits im Voraus kennen.[76] Zwei geläufige Symbolsprachen sind[77]:

- die Shape Definition Language (SDL)[78] und

- die Constraint-Based Pattern Specification Language (CAPSUL).

Beide beschreiben die Entwicklung von Werten in Zeitintervallen jeweils durch eine Symbolsprache, die spezifische zeitliche Muster repräsentiert. Die Überführung der Originalsequenzen in die Symbolsprache geschieht durch Schwellenberechnung der Änderung zwischen den einzelnen Sequenzen. CAPSUL ermöglicht komplexere Repräsentationen zeitlicher Muster, wie z. B. Periodizitäten.

Bei Repräsentationen auf diskreter Basis werden die einander entsprechenden Elemente der Symbolsprache miteinander verglichen. Möglich sind, beispielsweise bei SDL, auch unscharfe Suchen und Vergleiche folgender Form: *(in 4 (and (noless 1 (any up Up)) (nomore 2 (any down Down))))*. In diesem Abfragebeispiel werden in den zeitorientierten Daten alle untergeordneten Sequenzen gesucht, die vier Intervalle lang sind und mindestens einen steilen bzw. mäßigen Aufstieg sowie maximal zwei steile bzw. mäßige Abstiege besitzen (vgl. Agrawal, Psaila et al. 1995).

---

[74] Relevante Publikationen in diesem Rahmen sind: Chan und Fu 1999; Shahabi, Tian et al. 2000; Wang und Wang 2000; Wu, Agrawal et al. 2000; Kahveci und Singh 2001; Popivanov und Miller 2002.

[75] Vgl. *discretization based representation*. Entsprechend relevante Publikationen sind: Agrawal, Lin et al. 1995; Agrawal, Psaila et al. 1995; Agrawal und Srikant 1995; Keogh und Smyth 1997; Qu, Wang et al. 1998.

[76] Vgl. Roddick und Spiliopoulou 2002.

[77] Ein anderer Ansatz nutzt das Clustering (vgl. Das, Mannila et al. 1998). Den beispielsweise auf Basis von Distanzfunktionen berechneten Clustern eines Satzes untergeordneter Sequenzen, die aus einer Originalsequenz mithilfe gleitender Zeitfenster gewonnen werden, können Symbole zugeordnet werden.

[78] Ein eigenes Beispiel für SDL: zero appears up Up up up Down down down stable down disappears.

Modellbasierte Repräsentation[79]

Modellbasierte Repräsentationen gehen davon aus, dass zeitorientierte Daten durch ein spezifisches Modell generiert wurden. Auf Basis einer Untersuchung einer Teilmenge der zeitorientierten Daten werden Modelle zu deren bestmöglicher Repräsentation erzeugt. Klassische Verfahren der Zeitreihenanalyse zerteilen Zeitreihenfunktionen in vier Komponenten (vgl. Desikan und Srivastava 2003):

- den Trend: langzeitige monotonische Änderung der Durchschnittswerte einer Zeitreihe,

- den Zyklus: langzeitige wellenartige Änderung der Durchschnittswerte einer Zeitreihe,

- die saisonale Komponente: periodisch auftretende Fluktuationen in einer Zeitreihe sowie

- den Rest, der die Änderungen repräsentiert, die durch die vorher genannten Komponenten nicht aufgegriffen werden.

Diese Operationalisierung kann Trendanalysen und Vorhersagen stark vereinfachen bzw. überhaupt ermöglichen. Zwei im Temporal Data Mining intensiv erforschte Verfahren des Modellierens sind:

- das Anpassen mathematischer Modelle bzw. linearer Gleichungssysteme an Zeitreihen, z. B. durch Auto Regressive Integrated Moving Average (ARIMA) Modelle[80] sowie

- das Modellieren der Wahrscheinlichkeit von Zeitpunktwerten bzw. -symbolen und deren Entwicklung durch Markov-Ketten oder Hidden Markov-Modelle[81].

Im Rahmen der zuerst genannten Verfahren werden oft Polynomfunktionen eingesetzt, da es mit ihnen einfach möglich ist, alle differenzierbaren Funktionen anzunähern (Polynomial-Approximation).

Das Forschungsfeld der Technologiediffusion bzw. -substitution beschäftigt sich ebenfalls mit modellbasierten Repräsentationen. Mithilfe mathematischer Modelle werden weniger allgemein gültige Verfahren zur Repräsentation zeitorientierter Daten entwickelt, sondern vielmehr abstrakte, nur empirisch überprüfbare Technologieentwicklungen nachvollzogen. Die Grundüberlegung basiert darauf, dass der Ersetzungsfaktor einer Technologie eine Funktion ihres Marktanteils ist. Die nach ihren Entdeckern genannten Modelle *Floyd, Fisher-Pry* oder *Blackman* studieren den relativen Marktanteil der im Wettbewerb befindlichen alten im Vergleich zur neuen Technologie. Da in der Praxis der Einflussgrad einer Technologie neben dem Marktanteil auch durch ihren Reifegrad und somit durch die Zeit beeinflusst wird, sind jene mathematischen Modelle mittlerweile um eine zeitliche Komponente erweitert worden (vgl. Rai und Kumar 2003).

Modelle können bei langen Zeitreihen auch unterschiedlicher Länge eingesetzt werden. Ähnlichkeiten werden gemessen, indem jede Zeitreihe modelliert wird und danach anhand der Parameter des Modells die

---

[79] Modellbasierte Repräsentationen weisen viele Ähnlichkeiten zu transformationsbasierten Repräsentationen auf. Ein Modell ist auch eine Art Transformation. Folglich können die hier genannten modellbasierten Repräsentationen im Rahmen des Temporal Data Mining auch als Untermengen der transformationsbasierten Repräsentationen fungieren. Mithilfe probabilistischer, deterministischer, possibilistischer Modelle oder Verfahren des maschinellen Lernens (z. B. Künstliche Neuronale Netze) können seriell oder parallel ähnliche Entwicklungen gesucht oder Sub-Sequenzen in anderen Sequenzen zeitlicher Daten wiedergefunden werden. Während deterministische Verfahren (Nearest-Neighbourhood- oder k-means-Verfahren) die eindeutige Zuordnung von Informationsobjekten zu Clustern verlangen, arbeiten probabilistische Methoden mit Zugehörigkeitsgraden. Possibilistische Verfahren (Fuzzy-Cluster-Verfahren) heben diese Restriktion auf, sodass Elemente mehreren Klassen oder auch gar keiner Klasse zugeordnet werden können. Darüber hinaus gibt es auch unvollständige Segmentierungsverfahren (Multidimensionale Skalierung). Diese erzeugen eine räumliche Darstellung der Objekte, ohne eine Gruppeneinteilung vorzunehmen.

[80] Vgl. Box, Jenkins et al. 1994; BagnallwJanacek 2004; Xiong and Yeung 2004.

[81] Vgl. Bagnall, Janacek et al. 2003; Bagnall und Janacek 2004; Laxman und Sastry 2006; Aznarte M., Sánchez et al. 2007.

Wahrscheinlichkeit bestimmt wird, dass eine Zeitreihe durch das Modell einer anderen Zeitreihe erstellt wurde.

Komprimierungsbasierte Repräsentation

Dieser noch neue Ansatz der Repräsentation (auch unterschiedlich) langer Zeitreihen analysiert, wie gut zwei oder mehrere Zeitreihen alleine oder zusammen komprimiert werden können. Der Grundgedanke ist, dass die Verknüpfung und Komprimierung ähnlicher Daten höhere Kompressionsraten ergibt als die unähnlicher Daten.[82]

Datenbankbasierte Repräsentation

Die datenbankbasierten Repräsentationen sind hier vollständigkeitshalber aufgeführt. Sie wurden bereits im Kapitel „Datenbankabfragen und OLAP" besprochen.

10.3.2 Aufgaben des Temporal Data Mining

Die Strukturen, nach denen Algorithmen des Data Mining suchen und vergleichen, können in *Modelle* und *Muster* geordnet werden (vgl. Laxman und Sastry 2006).

Ein Modell ist eine globale, übergeordnete bzw. abstrakte Repräsentation der vorliegenden Daten. Es wird typischerweise durch Parameter repräsentiert, die auf Grundlage der Daten geschätzt werden. Das Temporal Data Mining unterscheidet zwischen *prädiktiven* und *deskriptiven Modellen*. Erstere werden in der Vorhersage oder in der Klassifikation angewendet, während Letztere primär zur Datenzusammenfassung und Visualisierung genutzt werden. Beispiele für prädiktive Modelle sind Autoregressionsanalysen oder Markov-Modelle. Spektogramme oder Clustering hingegen beruhen auf beschreibenden (deskriptiven) Modelltechniken.

Im Gegensatz zu den globalen Eigenschaften eines Modells beschreiben Muster lokale Strukturen wie Ähnlichkeiten, Spitzen, Trends oder Periodizitäten von Datenvariablen bzw. von Datenpunkten, die als repräsentative Grundlage für weitere Suchen und Vergleiche dienen.

Darüber hinaus wird im Data Mining unterschieden zwischen der *Erkennung von Mustern (pattern recognition)* und der *Entdeckung von Mustern (pattern discovery)*. Erstere ist annahme- bzw. hypothesengetrieben und klassifiziert Daten automatisch auf Basis vorab definierter repräsentativer Muster (Trainingsmenge). Sie wird im Englischen prinzipiell auch *supervised classification* genannt, vereinfacht jedoch auch nur unter *Klassifikation* geführt. Letztere nennt sich *unsupervised classification* oder einfach nur *Clustering*. Anstelle einer Vorauswahl repräsentativer Muster erfolgt hier eine maschinenbasierte Merkmalsextraktion.

Die nachfolgenden operationellen Schwerpunkte des Data Mining[83] gelten auch für das Temporal Data Mining in zeitorientierten Daten – insbesondere bei numerischen oder symbolischen Zeitreihen:

- überwachte (supervised) und nicht überwachte (unsupervised) Klassifikation (vgl. Clustering),

- Entdeckung von Assoziationsgesetzen (association rules) und häufigen Sequenzen (vgl. Apriori-Algorithmen) und

- spezielle *Mining-Sprachen (mining languages, query languages, shape definition languages)* zur Spezifikation der zu suchenden Muster in zeitlichen Daten.

---

[82] Für weitergehende Studien wird der Konferenzbericht von Keogh, Lonardi et al. 2004 empfohlen.
[83] Vgl. Alpar und Niedereichholz 2000.

Die besondere Herausforderung der Klassifikation und des Clustering zeitorientierter Daten (speziell von Zeitreihen) liegt in deren hoher Dimensionalität und hohen Merkmalskorrelationen sowie in einem hohen Rauschen. Dabei erforschen die Publikationen neue Ähnlichkeitsmaße für traditionelle Klassifikations- und Clustering-Algorithmen (vgl. Keogh und Kasetty 2003).

Klassifikation

Bei der Klassifikation zeitorientierter Daten wird angenommen, dass jede über die Zeit beobachtete Variable als Sequenz oder Zeitreihe einer Klasse aus einer endlichen Menge vordefinierter Klassen zugeordnet werden kann. Ziel ist, die entsprechende Klasse für jede der Variablen automatisch zu bestimmen (vgl. Laxman und Sastry 2006). Es ist jedoch schwierig, traditionelle Klassifikationsalgorithmen für Anwendungen an zeitorientierten Daten zu nutzen, da jede über die Zeit beobachtete Variable durch viele Merkmale (hier Zeitpunkte bzw. Zeitscheiben) beschrieben werden kann. Gemäß den zeitlichen Grundelementen wird zwischen

- der *Klassifikation von Zeitreihen* (time series classification) und

- der *Klassifikation von Zeitpunkten* (time point classification / sequential supervised learning) unterschieden (vgl. Mörchen 2006).

Erstere ordnet neue, noch nicht klassifizierte Zeitreihen einer Klasse mithilfe eines Klassifikators zu, der vorab auf Basis einer Trainingsmenge von Zeitreihen angelernt wurde: „Given a set of time series with a single label for each, the task is to train a classifier and label new time series." (Mörchen 2006, S. 42).[84]

Letztere ist mit den Verfahren der Vorhersage verwandt und hat zum Ziel, auf Basis vorgegebener Zeitreihensätze mit einzeln markierten Zeitpunkten (Trainingsmengen) Klassifikatoren anzutrainieren, mit deren Hilfe alle Zeitpunkte einer neuen Zeitreihe jeweils einer Klasse zugeordnet werden können – wie in den folgenden beiden Definitionen verdeutlicht wird: (1) „there are labels for each time point. A classifier is trained using the values and labels from the time points of the training set. Given a new time series, the task is to label all time points." (Mörchen 2006, S. 42) und (2) „In sequence classification, each sequence presented to the system is assumed to belong to one of finitely many (predefined) classes or categories and the goal is to automatically determine the corresponding category for the given input sequence." (Laxman und Sastry 2006, S. 5).

Wie bei allen normalen Mustererkennungstechniken, geht der eigentlichen Klassifikation eine Merkmalsextraktion voraus. Die Basis des Klassifikationsalgorithmus bilden die oben bereits beschriebenen Ähnlichkeitsmaße, abhängig von der jeweiligen Repräsentationsform.

Clustering

Das Clustering zeitorientierter Daten beschreiben Laxman und Sastry folgendermaßen: „Clustering of sequences or time series is concerned with grouping a collection of time series (or sequences) based on their similarity." (Laxman und Sastry 2006, S. 6). Daraus wird deutlich, dass das Clustering zeitorientierter Daten von den bereits erörterten zeitlichen Grundelementen abhängt. Unterschieden wird zwischen:

- dem Whole Series Clustering,

- dem Sub-Series Clustering und

---

[84] Entsprechende Methoden und Anwendungen beschreiben Nanopoulos, Alcock et al. 2001; Keogh und Kasetty 2003; Chen und Kamel 2005; Wei und Keogh 2006 und Glendinning und Fleet 2007.

- dem *Time Point Clustering*.

Die erstgenannten Verfahren haben das Ziel, mehrere (ganze) numerische Zeitreihen nach Ähnlichkeiten und Unterschieden zu clustern (vgl. Rodrigues, Gama et al. 2004).

Die zweitgenannten Verfahren extrahieren kurze Segmente aus einer einzelnen Zeitreihe mithilfe gleitender Zeitfenster und clustern diese (vgl. Keogh und Lin 2005).

Die drittgenannten Verfahren clustern Zeitpunkte von Zeitreihen auf Basis ihrer zeitlichen Abstände und Datenwerte. Insbesondere die Promotionsarbeit von Mörchen bietet zu diesem Thema tiefer gehende Einsichten und eine Literaturübersicht (Mörchen 2006, S. 32ff.).

Vorhersage oder Prognose

Vorhersagen oder Prognosen haben zum Ziel, zukünftige Werte zeitorientierter Daten – insbesondere numerischer oder symbolischer Zeitreihen – auf Basis vergangener Werte vorherzusagen: „The task of time series prediction has to do with forecasting (typically) future values of the time series based on its past samples." (Laxman und Sastry 2006, S. 176) oder „Prediction is usually understood as forecasting the next few values of a numeric or symbolic series." (Mörchen 2006, S. 37). Dafür werden prädiktive Modelle genutzt, wie zum Beispiel Regressionen, ARIMA- und GARCH[85]-Modelle, überwachte und nicht überwachte Neuronale Netze oder Support Vector Machines.[86] Festzuhalten ist, dass alle Experten und alle bisherigen Vorhersageergebnisse egal welcher Komplexität, welchen Reifegrades und welchen Zugewinns an Akkuratheit die Schwierigkeit oder sogar Unmöglichkeit exakter Vorhersagen untermauern (vgl. Antunes und Oliveira 2001, S. 12).

Sequenzanalyse

Waren die bisher genannten Ansätze eher auf die Analyse numerischer zeitorientierter Daten ausgerichtet, so ist die Sequenzanalyse eine Analyse symbolischer, ordinaler zeitorientierter Daten. Deren zeitlichen Eigenschaften sind implizit durch die Ordnung der Daten gegeben.

Die klassischen Verfahren der Assoziations- bzw. Abhängigkeitsanalyse des Data Mining auf Basis grundlegender Arbeiten von Agrawal – der den Apriori-Algorithmus [Ausgangspunkt für zahlreiche Weiterentwicklungen und einer der am weitesten verbreiteten Algorithmen zur Erzeugung von Assoziationsregeln (Entdeckung kausaler Regeln) für zeitlich nicht geordnete Datensätze] entwickelte – haben das Ziel, Elemente einer Menge zu ermitteln, die das Auftreten anderer Elemente implizieren (vgl. Agrawal, Imielinski et al. 1993).[87]

Die Erweiterung dieser klassischen Assoziationsanalyse um die Sequenzanalyse beschreiben Roddick und Spiliopoulou folgendermaßen: „Association rules typically find correlations between items in transaction data sets that record activity on multiple items as part of a single transaction. However, in cases where client histories exist, temporal patterns on purchasing or other behavior over time can be discovered and used in strategic planning." (Roddick und Spiliopoulou 2002, S. 754). Sie führen fort und beschreiben das Ziel der Sequenzanalyse als: „The rationale behind frequent sequences lies in detecting precedence relationships and ordered associations that make themselves statistically remarkable." (Roddick und Spiliopoulou 2002, S. 758) Eine ähnliche Beschreibung ist bei Laxman und Sastry zu finden: „we are given a collection of sequences and the task is to discover (ordered) sequences of items (i. e. sequential patterns) that occur in suffi-

---

[85] *Generalized Autoregressive Conditional Heteroskedasticity.*

[86] Einen hervorragenden Überblick über diese Vorhersageverfahren bietet Armstrong (vgl. Armstrong 2001).

[87] Eine gute Erklärung bieten Hettich und Hippner 2001, Schaubild 5, S. 465.

ciently many of those sequences." (Laxman und Sastry 2006, S. 184). D. h., dass die Sequenzanalyse die klassische Assoziations- bzw. Abhängigkeitsanalyse um die zeitliche Ordnung der identifzierten Assoziationen bzw. Abhängigkeiten erweitert. Eine typische Anwendung ist die Warenkorbanalyse auf Basis einer Liste von Transaktionssequenzen der Kunden, die einen Supermarkt besuchen:

Kunde 1:	(AB) (ACD) (BE)	
Kunde 2:	(D) (ABE)	
Kunde 3:	(AB) (F) (BC) (DE)	(3)
Kunde 4:	(A) (F)	
Kunde 5:	(BC) (AB) (C) (DE)	

Die umklammerten Elemente repräsentieren immer ein Ereignis (Kauf bzw. Transaktion zu einem konkreten Zeitpunkt), wobei die Buchstaben jeweils ein Produkt darstellen. Das Ziel der Sequenzanalyse ist zum Beispiel, gemeinsame Kaufmuster von Kunden zu identifizieren. Mit anderen Worten: Der Verkäufer möchte in Erfahrung bringen, welche Käufe kurz nach einem Initialkauf getätigt wurden. So ist die Sequenz bzw. Regel (A) (BC) – folglich der Erwerb des Produktes A und der spätere Erwerb der Produkte B und C zu einem gemeinsamen Zeitpunkt – enthalten in (AB) (F) (BC) (DE), jedoch nicht in (BC) (AB) (C) (DE). Das heißt, dass Kunde 3 nach genanntem Sequenzmuster kaufte, nicht jedoch Kunde 5.

Mit der Identifikation und Analyse signifikanter bzw. häufiger Episoden (*Episodenanalyse*), folglich mehrerer Sequenzen, beschäftigen sich insbesondere Mannila und Toivonen.[88] Eine weitere Erweiterung der Sequenzanalyse, ist das so genannte *Temporal Association Rule Mining*[89], bei dem explizite Zeitmarken genutzt werden, um zeitorientierte Regeln aufzustellen. Agrawal und Srikant definieren dies allgemein als „temporal association rules as traditional association rules plus a conjunction of binary temporal predicates." (Agrawal und Srikant 1995). Eine konkretere Definition bietet Mörchen: „While sequential patterns describe the concept of order in itemset sequences, temporal association rules combine traditional association rules with temporal aspects. Often the time stamps are explicitly used to describe the validity, periodicity, or change of an association." (Mörchen 2006, S. 18). Ein Beispiel dafür ist die folgende Transaktionssequenz:

$$(A, 2), (B, 3), (A, 7), (C, 8), (B, 9), (D, 11), (C, 12), (A, 13), (B, 14), ... \qquad (4)$$

wobei die Buchstaben wiederum jeweils ein Produkt und die Zahlen hinter dem Komma die Zeitangabe (z. B. in Sekunden) repräsentieren. Diese ist nutzerdefiniert und kann kalenderbasiert, absolut oder auch relativ angegeben sein. Auf Basis solcher Daten können zusätzliche zeitliche Bedingungen gesetzt und komplexere zeitliche Analysen durchgeführt werden, wie zum Beispiel die Datenexploration nur innerhalb spezifischer zeitlicher Bedingungen wie Zeitfenstern oder Perioden oder die Erstellung von Sequenzregeln auf Basis der Zusammenführung von Sequenzen innerhalb eines zeitlichen Fensters.

Higher Order Mining

Bisher wurden die zeitorientierten Aspekte des Data Mining beschrieben, indem die Zeit als dateninhärente Eigenschaft bzw. als Dateninhalt betrachtet wurde. Darüber hinaus kann die Zeit auch als Eigenschaft der Ergebnisse des zu einem konkreten Zeitpunkt durchgeführten Data Mining betrachtet werden. Die Exploration der Entwicklung dieser Ergebnisse – folglich das Mining der Miningergebnisse – bietet ein interessantes Forschungsfeld des Temporal Data Mining, das sich noch in den Kinderschuhen befindet, jedoch mit dem Reifegrad des Temporal Data Mining sicherlich an Bedeutung wachsen wird. Die ersten Forschungsansätze des *Higher Order Mining* – das auch als *data mining over mining results, higher order knowledge discovery*

---

[88] Vgl. Mannila, Toivonen et al. 1995; Mannila und Toivonen 1996; Mannila, Toivonen et al. 1997.
[89] Vgl. Chen und Petrounias 1999; Rainsford und Roddick 1999.

oder *meta-mining* bezeichnet wird (vgl. Spiliopoulou und Roddick 2000; Cotofrei und Stoffel 2003) – haben die zuvor beschriebenen Assoziationsregeln und ihren Wandel über die Zeit als Datenbasis: „previously mined rules found by an association rule algorithm are mined to discover changes in the rules." (Roddick und Spiliopoulou 2002, S. 757). So kann sich eine Regel bzw. die Wahrscheinlichkeit einer Kausalität durch neue oder veränderte Antezedenten und Sukzedenten oder andere Schwellenwerte verändern. Prinzipiell können jedoch auch alle anderen genannten Mining-Ergebnisse zeitlich geordnet und dann nach Mustern exploriert werden.

10.4 Text Mining und Temporal Text Mining

Viel Information liegt in Form von Texten vor, die für Menschen und nicht für den Zugriff durch Computer geschrieben wurden. Durch seine Heterogenität und Unstrukturiertheit ist natürliche Sprache und Text maschinell nur schlecht nutzbar. Dennoch ist bei dem gigantischen Datenangebot und der eingeschränkten Informationsverarbeitungskapazität des Menschen die rein intellektuelle Dokumentenerschließung nicht mehr sinnvoll. Zudem besteht mit den Worten von John Naisbitt: „Wir ertrinken in Daten und dürsten nach Wissen" die Herausforderung nicht im Auffinden von Informationen in Texten überhaupt, sondern in der Auswahl relevanter Informationen in Texten und in deren Transfer in Wissen. Datenabfragen und Data Mining auf Basis strukturierter Daten sowie das Information Retrieval auf Basis unstrukturierter textueller Daten stoßen hier an ihre Grenzen. Den Anforderungen an eine (halb)automatische inhaltsorientierte Textanalyse wird das Information Retrieval nicht gerecht, und für Datenabfragen und Methoden des Data Mining fehlt im textuellen Bereich die explizite Strukturiertheit. Vor diesem Hintergrund wächst der Bedarf an Texttechnologien, die ihren Benutzern helfen, Textinhalte zu verstehen, zu explorieren und kontextsensitiv aufzubereiten. Erste arbeitsintensive Versuche des Text Mining datieren bis in die Mitte der 80er Jahre zurück. Doch erst zehn Jahre später konnte sich das Text Mining durch technologische Fortschritte in der Wissenschaft etablieren. Neben dem Begriff Text Mining sind folgende weitere Bezeichnungen in der Literatur zu finden:

- Knowledge Discovery in Textual Databases (vgl. Feldman und Dagan 1995),

- *Text Knowledge Engineering* (vgl. Hahn und Schnattinger 1998),

- *Text Data Mining* (vgl. Merkl 1998; Hearst 1999),

- *Knowledge Discovery in Texts* (vgl. Kodratoff 1999; Loh, Wives et al. 2000; Karanikas und Theodoulidis 2002) oder

- *Textual Data Mining* (vgl. Lagus, Honkela et al. 1999; Losiewicz, Oard et al. 2000; Kontostathis, Galitsky et al. 2003).

Diese Begriffsvielfalt ist letztlich auf die unterschiedlichen Aufgaben bzw. Anwendungen des Text Mining zurückzuführen sowie auf seine technologischen und methodischen Ursprünge. Mehler und Wolff identifizieren fünf verschiedene Sichtweisen auf das Text Mining (vgl. Mehler und Wolff 2005, S. 2ff.):

- die Perspektive der automatischen Sprachverarbeitung,

- die Perspektive des Data Mining,

- die methodenorientierte Perspektive,

- die wissensorientierte Perspektive und

- die prozessorientierte Perspektive.

Die automatische Sprachverarbeitung sieht im Text Mining die Möglichkeit der Verbesserung eigener Methodenansätze. So werden existierende Verfahren der Verarbeitung natürlicher Sprache wie das Information Retrieval, die Informationsextraktion oder die Textkategorisierung teilweise dem Text Mining zugesprochen.[90]

Die eher wissensorientierte Hearst unterscheidet hingegen ganz klar zwischen Information Retrieval, Informationsextraktion, Textkategorisierung und Wissensentdeckung im Sinne einer Exploration von „heretofore unknown" oder „never-before encountered information" durch Text Mining (Hearst 1999). Entsprechende Definitionen im Kontext der Wissensentdeckung sind auch bei Kroeze: „Text mining as exploratory data analysis is a method of (building and) using software systems to support researchers in deriving new and relevant information from large text collections." (Kroeze, Matthee et al. 2003), Tan: „Text mining is an emerging research area concerned with the process of extracting interesting and non-trivial patterns or knowledge from text documents." (Tan 1999) oder Zorn: „Text mining offers powerful possibilities for creating knowledge and relevance out of the massive amounts of unstructured information available on the Internet and corporate intranets." (Zorn, Emanoil et al. 1999, S. 28) zu finden.

Verständlicherweise wurzeln die meisten Bestimmungsversuche des Text Mining im Data Mining, wie Kroeze, Matthee et al. in ihrem Vergleich der Terminologien von Data Mining und Text Mining feststellen: „Most scholars agree that text mining is a branch or a sibling of data mining." (Kroeze, Matthee et al. 2003, S. 94) und verweisen dabei auf die Arbeiten von Nasukawa und Nagano (vgl. Nasukawa und Nagano 2001, S. 969). Die Nähe von Text Mining zu Data Mining wird außerdem durch folgende Definitionen bestätigt: „The aim of text mining is similar to data mining in that it attempts to analyse texts to discover interesting patterns such as clusters, associations, deviations, similarities, and differences in sets of text." (Hidalgo 2002) oder „We define text mining to be data mining on text data. Text mining is all about extracting patterns and associations previously unknown from large text databases." (Thuraisingham 1999, S. 167). Text Mining und Data Mining teilen Motivation und Zielsetzung. Ihre Verfahren explorieren Daten und suchen nach unbekannten, potenziell vorhandenen Mustern, um daraus entscheidungsrelevantes Wissen zu generieren. Der zentrale Unterschied liegt darin, dass die zu Grunde liegende Datenbasis beim Text Mining natürlich-sprachliche, nicht explizit strukturierte oder semistrukturierte Texte sind. Diese müssen zunächst strukturiert bzw. operationalisierbar gemacht werden. Die Aufbereitung von Text – seine Vorverarbeitung, seine Transformation im Sinne einer Merkmalsextraktion sowie die darauf folgende Merkmalsselektion – ist der wesentliche Unterschied der Prozesse von Text Mining und Data Mining. Die zusätzlichen Herausforderungen an Text Mining im Vergleich zu Data Mining werden auch von Feldman hervorgehoben: „Text mining methods – often based on large-scale, brute-force search directed at large, high-dimensionality feature sets – generally produce very large numbers of patterns. This results in an overabundance problem with respect to identified patterns that is usually much more severe than that encountered in data mining applications aimed at structured data sources." (Feldman und Sanger 2007, S. 9)

Methodenorientierte Definitionen sehen Text Mining als eine Vereinigung verschiedener Technologien bzw. als Sammelbegriff für vielfältige Textanalysemethoden an. Beispiele hierfür sind die Definitionen von Feldman: „Text mining is a new and exciting research area that tries to solve the information overload problem by using techniques from data mining, machine learning, natural language processing (NLP), information retrieval (IR), and knowledge management. Text mining involves the preprocessing of document collections

---

[90] Veröffentlichungen von Kodratoff (Kodratoff 1999), Kosala und Blockeel (Kosala und Blockeel 2000) oder Sebastiani (Sebastiani 2002) bezeugen dies. Konkret sprechen dies auch Karanikas und Theodoulidis an, indem sie zwischen der direkten und indirekten Nutzung von Text Mining unterscheiden (Karanikas und Theodoulidis 2002).

(text categorization, information extraction, term extraction), the storage of the intermediate representations, the techniques to analyze these intermediate representations (such as distribution analysis, clustering, trend analysis, and association rules), and visualization of the results." (Feldman und Sanger 2007, S. X), Behme: „Text Mining steht als Oberbegriff für sämtliche Methoden, mit denen sich nützliche Informationen, die implizit in großen Textsammlungen enthalten sind, auffinden lassen." (Behme und Multhaupt 1999, S. 107), Karanikas: „KDT and TM is a new research area that tries to resolve the problem of information overload by using techniques from data mining, machine learning, natural language processing (NLP), information retrieval (IR), information extraction (IE) and knowledge management." (Karanikas und Theodoulidis 2002, S. 2) oder Heyer: „Mit dem Terminus Text Mining werden computergestützte Verfahren für die semantische Analyse von Texten bezeichnet, welche die automatische bzw. halbautomatische Strukturierung von Texten, insbesondere sehr großer Mengen von Texten, unterstützen." (Heyer, Quasthoff et al. 2005, S. 10). Dabei ist zu bemerken, dass jede Technik – ob induktiv oder deduktiv – ihre Vor- und Nachteile hat. Ziel sollte sein, die Techniken ziel- bzw. anwendungsorientiert zu integrieren, wie es zum Beispiel Karanikas und Theodoulidis beschreiben: „Most of the tools combine performancebased with knowledge-based techniques in order to balance the flexibility and adaptability of statistical techniques with the domain and language specific knowledge provided by thesauri and heuristic." (Karanikas und Theodoulidis 2002, S. 8)

Die bisher genannten Perspektiven verstehen Text Mining im engen Sinne als Analysemethode zum Auffinden interessanter, neuer und nicht-trivialer Muster aus nicht explizit strukturierten Daten (Texten). Darüber hinaus kann Text Mining auch als Gesamtprozess der Wissensentdeckung verstanden werden – von der Bedarfsdefinition und der Datenbeschaffung über die Datenaufbereitung, die eigentliche Datenanalyse (Mustererkennung) bis hin zur Kommunikation der Ergebnisse. In diesem Zusammenhang wird oft auch der Begriff *Knowledge Discovery in Texts* genannt: „KDT is a multi-step process, which includes all the tasks from the gathering of documents to the visualisation of the extracted information." (Karanikas und Theodoulidis 2002, S. 3). In derselben Arbeit wird zudem explizit zwischen Text Mining als Analysemethode bzw. Prozess der Mustererkennung und der Wissensentdeckung in Texten als Gesamtprozess unterschieden: „Text Mining (TM) is a step in the KDT process consisting of particular data mining and NLP algorithms that under some acceptable computational efficiency limitations produces a particular enumeration of patterns over a set of unstructured textual data." (Karanikas und Theodoulidis 2002, S. 3). Sullivan hingegen versteht den Begriff Text Mining wiederum breiter – als Prozess der Zusammenstellung, Organisation und Analyse großer Dokumentensammlungen: „Text mining is defined as the process of compiling, organizing, and analyzing large document collections to support the delivery of targeted information to analysts and decision makers and to discover relationships between related facts that span wide domains of inquiry." (Sullivan 2001, S. 21).

Alle genannten Ansätze des Text Mining haben eines gemeinsam: Ihre Grundlage sind Texte als un- oder halbstrukturierte bzw. nicht explizit strukturierte Informationsquellen, die es zu erschließen gilt. Vor dem Hintergrund der vorliegenden Arbeit und der vielfältigen Basis oben genannter Beschreibungen wird das Text Mining wie folgt definiert:

Definition: *Text Mining ist der systematische, in der Regel (halb)automatisierte Prozess der Entdeckung unbekannter, benutzerrelevanter Informationen und deren Beziehungen in großen Mengen textueller Daten mithilfe informationstechnischer, linguistischer (Morphologie, Syntax, Semantik, Stilistik) und statistischer Methoden (Indizes, Kookkurrenzen, Markov-Modelle, Ähnlichkeitsmaße, Clustering, künstliche neuronale Netze), interdisziplinärer Heuristiken, konzeptueller Strukturen (semantische Netze, Ontologien oder Visualisierungen) und der Informationsvisualisierung. Es hat dasselbe Motiv und dieselbe Zielsetzung wie das Data Mining. Es teilt mit ihm zudem viele Verfahren, nicht jedoch den Gegenstand. Während Data Mining*

auf Grundlage strukturierter Daten operiert, die z. B. in relationalen Datenbanken gespei-
chert sind, arbeitet Text Mining auf Grundlage von Texten, also von unstrukturierten oder
schwach strukturierten Daten bzw. von Daten mit nicht expliziter Struktur. Dabei liegt der
Fokus der Exploration nicht nur auf einzelnen Dokumenten, sondern, wie beim Data Mining,
insbesondere auf deren Mengen und Mustern.

Allgemein betrachten Systeme und Anwendungen des Text Mining Textdokumente und deren Kollektionen nur als eine Einheit bzw. als einheitlichen Korpus, der aus einem kohärenten statischen Dokumentensatz besteht. Die zeitorientierte Datenexploration gewinnt jedoch zunehmend an Bedeutung und damit die Anforderung an das Text Mining, Dokumentenkollektionen auch in Form von Teilmengen zeitmarkierter Dokumente und deren Wandel zu betrachten. Diese Teilmengen werden ab sofort Zeitscheiben genannt, da es sich um Teilmengen handelt, die nach zeitlichen Kriterien geordnet bzw. getrennt sind. Zeitliches Wissen kann auf dreierlei Weise textuell gespeichert sein:

1. Explizit innerhalb von Dokumenten durch konkrete Zeitangaben für Ereignisse, z. B.: *Die Fußball-Weltmeisterschaft wurde vom 9. Juni bis zum 9. Juli 2006 in Deutschland ausgetragen.*

2. Implizit innerhalb von Dokumenten durch indirekte, den Texten bzw. ihren Strukturen inhärente Zeitangaben, z. B.: *Die 18. Fußball-Weltmeisterschaft in Deutschland folgte der in Japan / Korea.*

3. Implizit bzw. in Form von zusätzlichen Metadaten, indem Dokumentenkollektionen mit Zeitmarken bzw. deren Reihenfolgen betrachtet werden.

Für die ersten beiden Beispiele sind komplexe linguistische zeitspezifische Regelwerke (z. B. Ontologien) vonnöten, die jedes einzelne Dokument bis auf seine Grundelemente hin auf linguistischer Basis tief analysieren.[91] Für das letzte Beispiel reichen auch bekannte oben bereits vorgestellte statistische Ansätze des Text Mining, die die Textmuster der jeweiligen Zeitscheiben bzw. Dokumentenkollektion berechnen und darauf aufbauend die Entwicklung entsprechender Textmuster mit Verfahren des Data Mining, des Temporal Data Mining bzw. der Informationsvisualisierung analysieren. Diese Form der Datenexploration bildet den Kern der Digital Intelligence im Rahmen der vorliegenden Arbeit und wird ab sofort abgeleitet vom Temporal Data Mining unter dem Begriff *Temporal Text Mining* geführt.[92] In der Literatur sind nur wenige explizite Nachweise für diese Bezeichnung anzutreffen. Die einzigen Erwähnungen sind die von Vasilakopoulos (Vasilakopoulos, Bersani et al. 2004), Nørvag (Nørvag, Eriksen et al. 2006) und Qiaozhu Mei (Qiaozhu Mei 2005), wobei nur die letztgenannte Veröffentlichung eine explizite Definition vorzuweisen hat:

Definition   *„Temporal Text Mining (TTM) is concerned with discovering temporal patterns in text information collected over time. Since most text information bears some time stamps, TTM has many applications in multiple domains, such as summarizing events in news articles and revealing research trends in scientific literature." (Qiaozhu Mei 2005, S. 1)*

Die Seltenheit der Literaturnachweise ist folgendermaßen zu begründen. Zum einen ist die Disziplin des Temporal Text Mining noch jung und daher nicht genug ausdifferenziert. Zum zweiten nutzen Autoren, sofern sie Werkzeuge, Verfahren und Anwendungen der Entdeckung zeitorientierten Wissens auf Basis von Textströmen bzw. Texten oder Dokumentenkollektionen besprechen, gebräuchliche Begriffe aus bereits bekannten Disziplinen wie Text Mining, Data Mining, Temporal Data Mining oder Zeitreihenanalyse. Letzteres bestätigen beispielsweise die – zu den ersten originären zeitorientierten Ansätzen des Text Mining gehörenden – Arbeiten von Lent (Lent, Agrawal et al. 1997), Feldman (Feldman und Dagan 1995; Feldman,

---

91 Entsprechende Ansätze beschreiben Spiliopoulou (Spiliopoulou und Müller 2003) und Vasilakopoulos (Vasilakopoulos, Bersani et al. 2004).

92 Vereinzelt ist auch die Sprache von *Temporal Knowledge Discovery in Texts.*

Aumann et al. 1997; Feldman, Dagan et al. 1998) sowie Montes-y-Gomez (Montes-y-Gomez, Gelbukh et al. 2001). Auch sie haben zum Ziel, den Wandel von Textmustern zu analysieren, beschreiben die Arbeiten jedoch als Trendanalyse im Rahmen des Text Mining, wie z. B. Feldman: „In text mining, *trend analysis* relies on date-and-time stamping of documents within a collection so that comparisons can be made between a subset of documents relating to one period and a subset of documents relating to another." sowie „Trend analysis, in text mining, is the term generally used to describe the analysis of concept distribution behavior across multiple document subsets over time." (Feldman und Sanger 2007, S. 30).

Text Mining teilt mit Data Mining zwar nicht den Gegenstand, greift jedoch auf viele seiner Verfahren zurück. Ähnlich verhält es sich mit dem Temporal Text Mining und dem Temporal Data Mining. Beide Disziplinen können zur zeitorientierten Datenexploration zusammengefasst werden.

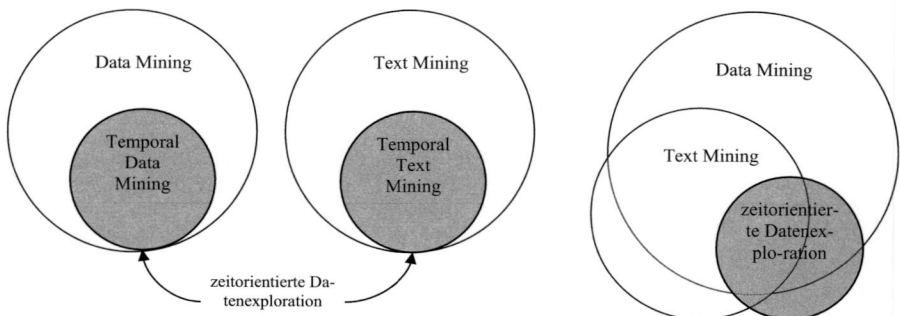

Abbildung 11. Die zeitorientierte Datenexploration aus Sicht der Datenquellen (links) und Verfahren (rechts); Quelle: eigene Darstellung.

Die linke Hälfte der Abbildung 11 visualisiert die Abgrenzung zwischen Data Mining, Text Mining und den entsprechenden Ansätzen der zeitorientierten Datenexploration aus Perspektive der Datenquellen[93]. Der rechte Teil der Abbildung vergleicht Data Mining, Text Mining und entsprechende Ansätze der zeitorientierten Datenexploration grafisch aus Perspektive angewandter Verfahren. Text Mining greift neben einer Vielzahl von Ansätzen des Data Mining auch auf spezifische texttechnologische Verfahren zurück – insbesondere im Rahmen der Datenaufbereitung. Die zeitorientierte Datenexploration hat ihre Ursprünge im Data Mining im Falle des Temporal Data Mining, während neue Ansätze und Anwendungen des Temporal Text Mining auch auf Text Mining zurückgreifen. Darüber hinaus nutzt die zeitorientierte Datenexploration auch andere nicht primär dem Data Mining oder Text Mining zuzuordnende Ansätze zum Beispiel aus der Informationsvisualisierung, was durch die Schnittmengen symbolisch dargestellt wird.

Während Text Mining die computergestützte Analyse von Textinhalten und damit Textmustern zum Ziel hat, kommt beim Temporal Text Mining die Zeit als zusätzliche Dimension hinzu. Seine Quelle ist nicht nur einfach eine Dokumentenkollektion wie beim Text Mining, sondern eine zeitorientierte Dokumentenkollektion (bzw. ein Dokumentenstrom oder textueller Datenstrom). Damit ergibt sich für das Temporal Text Mining im pragmatischen Kontext der Digital Intelligence vorliegender Arbeit folgende Definition:

Definition: *Das Temporal Text Mining ist die zeitorientierte Exploration von Textdaten aus Dokumentenkollektionen mit Zeitmarken.*

---

[93] Bei Daten, die als Zeitreihen vorliegen, ist auch die Reden von *Time Series Text Mining* oder *Time Series Data Mining*.

Die Herausforderung des Temporal Text Mining – die Operationalisierung der Kombination der inhaltlichen und der zeitlichen Komponente in den multidimensionalen zeitorientierten Textdaten – kann modellhaft und abstrakt auf drei unterschiedlichen Wegen erfolgen, durch die vereinte Modellierung von Zeit und Inhalt sowie zwei Ansätze der gesonderten bzw. konsekutiven Modellierung:

1. **ZEIT + THEMA**, die vereinte Modellierung: Thema und Zeit sind von Anfang an zwei gleichrangige und kombiniert modellierte Aspekte eines Dokumentes bzw. einer Dokumentenkollektion. Die inhaltliche und zeitorientierte Analyse erfolgt auf Basis dieses kombinierten Modells.

2. **THEMA → ZEIT**: Ein zeitunabhängiges, die gesamte Dokumentenkollektion repräsentierendes Wissensmodell wird aufgebaut. Danach wird die Dokumentenkollektion in Zeitscheiben aufgeteilt. Die zeitorientierte Themenanalyse erfolgt durch Betrachtung des zeitunabhängigen Wissensmodells für jede Zeitscheibe bzw. für die Filterung der Inhalte jeder einzelnen Zeitscheibe (vgl. Wang und McCallum 2006).

3. **ZEIT → THEMA**: Die Dokumentenkollektion wird in Zeitscheiben aufgeteilt und für jede Zeitscheibe wird ein repräsentatives Wissensmodell erstellt. Danach werden die zeitscheibenbasierten Wissensmodelle einander angeglichen, damit sie verglichen werden können bzw. ihr Wandel analysiert werden kann (vgl. auch Wang und McCallum 2006).

Auf diese Modellierungsansätze wird in den nachfolgenden Kapiteln wieder zurückgegriffen. Insbesondere der zweite und dritte Ansatz wurden im Rahmen vorliegender Arbeit intensiv untersucht. Vorab sei gesagt, dass es kein allgemein optimales Verfahren gibt. So kann das kombinierte Modell zeit- und speicherintensiv sein. Das zweite Modell mag sinnvoll sein für historische Analysen mit langem Zeithorizont und wenn die zu analysierenden Themen bereits vorab bekannt sind. Es hat jedoch den Nachteil, dass die aktualisierende bzw. dynamische Berechnung der gesamten Dokumentenkollektion bei großen Datenvolumina zeitintensiv ausfallen kann. Die Berechnungen sind beim dritten Modell wiederum schneller. Der Vergleich der zeitscheibenbasierten Wissensmodelle kann sich dabei jedoch als schwer herausstellen.

Sobald entschieden ist, wie mit Zeit und Inhalt umgegangen wird, ist noch lange nicht klar, wonach zeitorientiert exploriert wird – folglich das zeitorientierte Muster als ein Indikator für schwache Signale in Kollektionen von Textdokumenten. Dieses wird im Kapitel 13 in Form textbasierter Indikatoren definiert. Vorab werden die Grundlagen und Formen des Temporal Text Mining beschrieben.

10.4.1 Grundlagen des Text Mining

Der generelle Datenexplorationsprozess sowohl des Text Mining als auch des Data Mining im weiten Sinne von der (1) Bedarfsdefinition, (2) Informationsbeschaffung, (3) Datenaufbereitung über die (4) Mustererkennung (und eigentlichen Datenexploration) bis zur (5) Ergebnisaufbereitung und -verwertung erinnert stark an den der Digital Intelligence. Besondere Aufmerksamkeit sollte dem für jede Datenexploration zwingend notwendigen Teilprozess der Datenaufbereitung geschenkt werden, da er den wesentlichen Unterschied zwischen Data Mining und Text Mining ausmacht. Beim Text Mining müssen die nicht explizit strukturierten Daten (Texte) zunächst in eine numerische Form transformiert werden bzw. es müssen quantifizierbare Merkmale extrahiert werden, damit Methoden der Mustererkennung angesetzt werden können. Nachfolgend werden die Teilprozesse der Datenexploration mit besonderem Fokus auf das Text Mining und die praktischen Erfahrungen in sechs Jahren zeitorientierter Datenexplorationsarbeit ausführlicher beschrieben. Alle Phasen laufen in intensiver Interaktion mit dem Anwender und in zahlreichen Rückkopplungen ab.

Bedarfsdefinition

Am Anfang jeder Datenexploration steht die Anfrage bzw. die Motivation der Unternehmung. Eine sorgfältige Durchführung der Bedarfs- und Aufgabendefinition vor jeder Datenexploration wird empfohlen. Sie verdeutlicht die Erwartungen an die Datenexploration und stellt eine effiziente und effektive Datenexploration sicher. Ihr Ergebnis ist eine abgrenzbare Problemstellung und eine festgelegte Zielsetzung der Datenexploration, die erreicht werden soll. Selbst offene und unpräzise formulierte Fragestellungen sind hilfreich bei der Navigation durch ein großes Datenvolumen.

Informationsbeschaffung

Der sorgfältig durchgeführten Bedarfsdefinition folgt die Informationsbeschaffung. Gemäß dem definierten Analyseziel erfolgt die Datenauswahl, wobei die verfügbaren (internen und externen) Datenquellen bewertet und die relevanten Datensätze ausgewählt bzw. gefiltert werden. Ziel dieser Phase sind eine erste grobe Reduktion des breiten Datenmaterials und die Bereitstellung der Daten. Da Qualität und Quantität der ermittelten Daten die nachfolgenden Analysemöglichkeiten und die Ergebnisqualität maßgeblich beeinflussen, sind diese ersten Schritte bedeutend. Sie mindern die Komplexität für den Informationsanalysten und die Datengröße für die späteren berechnungsintensiven Phasen der Datenexploration. Entscheidend ist, welche Daten in welchem Umfang für eine ausreichende Beantwortung der Fragestellung notwendig sind. Liegen Metadaten (z. B. Schlüsselwörter, Deskriptoren) vor, so sind sie in den Prozess der Datenauswahl unbedingt einzubeziehen. Domänenspezifisches Wissen über potenzielle Datenquellen und deren Erschließung sowie über mögliche rechtliche Restriktionen ist unabdingbar. Systematisch erfolgt die Datenauswahl vertikal (Suchtiefe) und horizontal (Suchbreite). Erstreckt sich die Analyse über einen längeren Zeitraum, ist sicherzustellen, dass sich die Struktur der zu verarbeitenden Daten nicht verändert. Ist der optimale Aggregationsgrad der Daten unbekannt, so werden die Daten zunächst mit dem niedrigsten verfügbaren Aggregationsgrad extrahiert. Die Datenfilterung hingegen konzentriert sich stärker auf die den Dokumenten inhärenten Informationen (z. B. auf den eigentlichen Dokumenteninhalt), um die Relevanz von Dokumenten zu bewerten. Zurückgegriffen wird hier unter anderem auf klassische Verfahren des Information Retrieval. Für die Suche sowohl nach Dokumenten als auch nach Textinstanzen (z. B. Wörtern) und deren Beziehungen untereinander können sich Abfragesprachen mit regulären Ausdrücken als nützlich erweisen. Nach der Datenauswahl und -filterung sollten alle benötigten Daten idealerweise in einem Data Warehouse bereitgestellt werden. In der Praxis stellt dies jedoch eine große Herausforderung dar. Der Zugriff auf heterogene Daten- und Dokumententypen aus unterschiedlichen internen und externen Quellen muss sichergestellt werden. So müssen beispielsweise auch Schnittstellen zu externen Datenbanken, Suchmaschinen oder Web-Crawlern definiert werden, denn nicht alle Daten können in eigenen elektronischen Systemen verwaltet und auch noch berechnet werden.

Datenaufbereitung

Sobald die relevanten Daten vorliegen, müssen sie aufbereitet werden, damit sie maschinell und visuell analysiert bzw. exploriert werden können. Ziel der Datenaufbereitung ist (1) die Datenqualität zu verbessern, denn qualitativ hochwertige Datenexplorationsergebnisse sind nur bei qualitativ hochwertigen Daten zu erwarten sowie (2) im Rahmen des Text Mining unstrukturiert bzw. nicht explizit strukturierte oder halbstrukturierte Daten in strukturierte Daten zu überführen. In der Praxis sind die meisten Daten vor der Datenaufbereitung fehler- bzw. lückenhaft, z. B. durch Ausreißer verrauscht und inkonsistent. Diese Mängel müssen bereinigt werden, und die Daten müssen in eine homogene Form gebracht werden. Einen Rahmen für Datenqualitätsmaße erarbeiteten Wang und Strong bereits im Jahr 1996. In ihrer Arbeit führen sie unter anderem folgende Datenqualitätsaspekte an (vgl. Wang und Strong 1996): (1) Genauigkeit, (2) Vollständigkeit, (3) Konsistenz, (4) Aktualität, (5) Glaubwürdigkeit, (6) Mehrwert, (7) Interpretierbarkeit und (8) Zugänglichkeit. Die Erfüllung all dieser Qualitätsaspekte ist nur durch eine sorgfältige Datenaufbereitung zu bewerkstelligen, die in folgende Aufgaben untergliedert werden kann: (1) Datenbereinigung, (2) Datenintegration, (3) Datentransformation, (4) Datenreduktion und (5) Diskretisierung. Die letzten drei Aufgaben im Rahmen zeitorientierter Daten wurden bereits detailliert beschrieben. Darüber hinaus kommen beim Text Mining noch zusätzliche Datenaufbereitungsaufgaben hinzu. Die natürliche Sprache ist komplex und mehrdeutig. Damit sie in Textform überhaupt maschinell analysiert werden kann, muss der Text zerlegt und in eine strukturierte Form überführt werden. Die gewonnene Struktur repräsentiert dann die ursprünglich natürlichsprachliche(n) Quelle(n).

Keine andere Aussage kann die Motivation für den folgenden Abschnitt besser beschreiben als die von Feldmann: „It is currently an orthodox opinion that language processing in humans cannot be separated into independent components. Various experiments in psycholinguistics clearly demonstrate that the different stages of analysis – phonetic, morphological, syntactical, semantical, and pragmatical – occur simultaneously and depend on each other." (Feldman und Sanger 2007, S. 59). Im folgenden Abschnitt wird erarbeitet, welche unterschiedlichen Disziplinen und Methoden von Nutzen sein können, um unstrukturierte Textbestände maschinell in eine strukturierte Form zu überführen. Dabei kann grundsätzlich zwischen zwei Ansätzen unterschieden werden:

- *linguistische* Verfahren (Computerlinguistik) und

- *statistische*, eher von der Statistik bzw. Wahrscheinlichkeitsrechnung abstammende Verfahren (automatische Sprachverarbeitung, NLP).

Dale spricht in genannter Reihenfolge auch von *symbolischen* und *empirischen* Ansätzen der natürlichen Sprachverarbeitung (vgl. Dale, Moisl et al. 2000). Die linguistischen Ansätze beziehen sich auf den Text und seine sprachlich-textuellen Ebenen bzw. seine generische Struktur – die Wörter, Phrasen und Sätze. Bei halbstrukturierten Texten kann zusätzlich auf die Elemente zurückgegriffen werden, die dem Text die Teilstruktur bieten (z. B. Tags bei Auszeichnungssprachen). Den bereits dargestellten sprachlich-textuellen Ebenen entsprechend (Kapitel 9.2.1) kann von vier Teildisziplinen der Linguistik, Computerlinguistik oder automatischen Sprachverarbeitung gesprochen werden: (1) der Morphologie, (2) der Syntax, (3) der Semantik und (4) der Pragmatik.

Die morphologische Analyse bzw. Strukturierung von Text bezieht sich auf Verfahren, die Wortformen auf ihre Wurzeln reduzieren und die sinntragenden Wortbestandteile untersuchen. Dazu gehören

- die *Tokenisierung*, die Texte in ihre Einheiten auf Wortebene[94] zerlegt sowie die meist der Tokenisierung im Prozess folgende und den Kern der morphologischen Analyse bildende

- *Grundformreduktion*[95], die mögliche natürlich-sprachliche Kompositionen, Dekompositionen, Flexionen und Derivationen[96] von Wörtern (Tokens) auf ihren gemeinsamen Wortstamm zurückführt, indem sie lexikon- und korpusbasierte oder andere statistische Verfahren nutzt[97].

---

[94] Tokenisierung auf Satz- und Absatzebene ist auch möglich.

[95] Auch Stamm- oder Normalformreduktion genannt; engl. *stemming* oder *lemmatization*.

[96] Z. B. Hinzufügen von Affixen wie Präfixen, Suffixen, Infixen und Zirkumfixen.

[97] Bekannte Algorithmen sind der Porter-Stemmer, der KSTEMer oder das n-Gram-Verfahren.

Die syntaktische Analyse nutzt die Syntax bzw. Grammatik natürlich-sprachlicher Texte, um sie zu strukturieren. Folglich werden Muster und Regeln genutzt, nach denen Wörter zu größeren funktionellen Einheiten wie Phrasen und Sätzen zusammengestellt werden und Beziehungen zwischen ihnen formuliert werden. Dazu gehören:

- das *Part-of-Speech (POS) Tagging*, das mithilfe von Lexika und syntagmatischen Informationen im Sinne signifikanter Sequenzen von Wortformen einzelne Satzteile nach ihren Wortarten auszeichnet (z. B. Nomen, Verben, Adjektive, Adverbien, Konjunktionen sowie Fremdwörter und Kardinalnummern),

- die *Phrasenerkennung (phrase recognition)*, die durch syntagmatische Verfahren häufig zusammen auftretende Wörter als signifikante Wortgruppen bzw. Phrasen identifiziert,

- die so genannte *Named Entity Recognition*, die als Spezialform der Phrasenerkennung Personen-, Institutions-, Produkt- und Ortsnamen sowie komplexe Datums-, Zeit- und Maßausdrücke im Text identifziert und

- das *Parsing*, das als übergreifende grammatikalische Analyse auf Basis zuvor genannter morphologischer Verfahren und Methoden der Textsegmentierung sowie unter Nutzung von zusätzlichem Hintergrundwissen aus Lexika und anderen Wissensrepräsentationen die Stellung der extrahierten Textinstanzen im Satz (Subjekt, Prädikat oder Objekt) und deren Beziehungen untereinander ermittelt.

Die Semantik beschäftigt sich mit Sinn und Bedeutung von Sprache. Sie bedient sich kontextuellen Wissens bzw. Hintergrundwissens in Form semantischer Modelle als Wissensrepräsentation, um semantische Ambiguitäten (Synonymie, Polysemie) aufzulösen (auch Disambiguierung genannt) und bedeutungsabhängige Textinstanzen zu bewerten (z. B. logische Beziehungen im Sinne von Synonymen und Antonymen, Ober- und Unterbegriffen). Dabei gibt es unterschiedliche Ansätze semantischer Modelle, die sich in ihrer Mächtigkeit bzw. in ihrer semantischen Reichhaltigkeit unterscheiden und im Rahmen der Wissensrepräsentation deklaratives Wissen repräsentieren. Alle rein linguistischen Ansätze können hinsichtlich ihrer Verfahrensgrundlage unterschieden werden in (1) *regelbasierte Verfahren*[98] und (2) *wörterbuch- bzw. lexikonbasierte Verfahren*[99]. Darüber hinaus sind (3) *hybride Formen* möglich bzw. in der Praxis sogar sinnvoll. Alle rein linguistischen Ansätze sind deduktive Verfahren und greifen auf ein kontextabhängiges bzw. domänenspezifisches – die Realität abbildendes – Wissen (z. B. einer konkreten Sprache oder Fachsprache) in Form eines Lexikons, einer Grammatik bzw. eines Modells zurück. Es gibt jedoch kein Modell, das die ganze Welt zu beschreiben bzw. jeden Kontext oder jede Domäne zu repräsentieren vermag. Obwohl die sprachliche Abdeckung der deduktiven Ansätze stetig wächst, sind deren Ergebnisse in der Identifikation von Textinstanzen und deren Relationen ungenügend. Dabei ist es nicht immer notwendig, Texte tiefenanalytisch zu verstehen.

Gerade im Kontext der Mustererkennung in großen Textmengen – eines der Hauptziele von Text Mining und Digital Intelligence – können empirische bzw. induktive Ansätze auf Basis statistischer oder automatischer Sprachverarbeitung (auch unter „shallow analysis" geführt) ausreichen. Je größer dabei die Beispiel- bzw. Lernmengen und Datenmengen (Textkorpora) sind und je informeller die Sprache ist, desto besser eignen sie sich sogar. Darüber hinaus können statistische Verfahren zum maschinellen Lernen deduktiver Modellansät-

---

[98] Die regelbasierten Ansätze fassen Regeln einer Sprache in Algorithmen zusammen.

[99] Bei wörterbuchgestützten Verfahren müssen alle zu analysierenden Terme mit allen Möglichkeiten der Prozessierung in einem Wörterbuch (z. B. in einer Konjugationstabelle) abgelegt sein.

ze genutzt werden bzw. diese sinnvoll ergänzen. Neben symbolischen Regeln können semantische Modelle auch Algorithmen mit Wahrscheinlichkeitsverteilungen enthalten und somit Unsicherheiten explizit modellieren. Entsprechende hybride Ansätze für das Lernen von Regeln für die Grundformreduktion, für das Part-of-Speech Tagging, die Phrasenerkennung, das Parsing oder die semantischen Modelle sind vielversprechend – um für das Lernen von Ontologien Zhou zu zitieren: „Hybrid approaches leverage the strengths of both statistics-based and rulebased approaches." (Zhou 2007, S. 246).

Das zugrundeliegende Paradigma der statistikbasierten Ansätze geht von der von Luhn aufgestellten Prämisse aus: „It is here proposed that the frequency of word occurrence in an article furnishes a useful measurement of word significance." (Luhn 1958) Mit anderen Worten: Von einem hohen absoluten und insbesondere (im Vergleich zum Referenzkorpus) relativen Auftreten von Textinstanzen und deren Beziehungen auf morphologischer und syntaktischer sprachlicher Ebene können Schlüsse auf deren Bedeutung gezogen werden. Zudem wird in der statistischen Sprachverarbeitung auf die Erkenntnis des amerikanischen Philologen Zipf zurückgegriffen, der in seinem Zipfschen Gesetz (vgl. Zipf 1949) eine konstante Beziehung zwischen dem Rang eines Wortes in einer frequenzsortierten Wortliste und der Frequenz, mit der es in einem ausreichend langen Text vorkommt, postulierte. Das bedeutet, dass Worte bzw. Terme in Bezug auf ihre inhaltliche Bedeutung gewichtet werden können. Statistische Maßzahlen können somit als semantische Indikatoren für eine geringere oder höhere Bedeutung hinsichtlich des Inhalts eines Dokumentes oder Textes verwendet werden. Dabei kann zwischen vielen Maßen unterschieden werden:

- angefangen von der Termfrequenz für ein Dokument (TF_{td}),

- über die Termfrequenz für die ganze Dokumentenkollektion (TF_{tk}) bis zur

- relativen Termfrequenz bzw. Signifikanz eines Termes ($TF_{td} - TF_{tk}$).

Letztere wird im Information Retrieval häufig mit der inversen Dokumentenhäufigkeit (IDF) beschrieben, die die Frequenz eines Terms (t) in einem Dokument (d) ermittelt und in Beziehung setzt zur Anzahl der Dokumente, in denen (t) auftritt: $IDF(t) = FREQ_{td} / DOKFREQ_t$. Sie findet jedoch auch Bedeutung in der so genannten Differenzanalyse[100], wobei die Termfrequenz des zu analysierenden Korpus mit der Termfrequenz des um vieles größeren Referenzkorpus verglichen wird. Prinzipiell besagen entsprechende Ansätze, dass ein Indexterm umso aussagefähiger für den Inhalt eines Dokuments bzw. des zugrundeliegenden Textkorpus ist, je häufiger er in diesem Dokument bzw. in diesem Textkorpus und je seltener er in der gesamten Dokumentenkollektion bzw. im Gesamtkorpus vorkommt. Mit anderen Worten: Signifikante Terme weisen eine hohe spezifische Frequenz bei gleichzeitig niedriger zu erwartender Frequenz auf. Entsprechendes gilt nicht nur für Terme und deren Frequenzen, sondern auch für deren Kookkurrenzen. Heyer unterscheidet auf Erkenntnisse von Saussure zurückgreifend schematisch zwischen drei maschinell berechenbaren Beziehungen von Termen als semantischen Indikatoren zur Unterstützung der linguistisch-strukturellen Analyse (vgl. Heyer, Quasthoff et al. 2005):

- syntagmatische Beziehungen,

- paradigmatische Beziehungen und

- semantische Beziehungen.

---

[100] Die Differenzanalyse ermittelt diskriminierende Terme (Wortformen bzw. Wortformkombinationen) auf Basis ihrer unterschiedlichen Verteilung in Texten.

Syntagmatische Beziehungen bezeichnen Wortformen oder Zeichen, die in einem Satz oder Textfenster (dem lokalen Kontext[101]) gemeinsam auftreten. Das gemeinsame Auftreten wird als *Kookkurrenz*, die zwei gemeinsam auftretenden Wortformen werden als *Kookkurrenten* bezeichnet. Bei statistisch auffälligen bzw. signifikanten[102] Kookkurrenten kann auf einen inhaltlichen Zusammenhang geschlossen werden, wie zum Beispiel Dependenzen, Aufzählungen oder festen Wendungen. Eine besondere Form der Kookkurrenz ist die *Nachbarschaftskookkurrenz*. Sie beschreibt Kookkurrenzen, die unmittelbar aufeinander folgen und demzufolge linke bzw. rechte Nachbarn in einem Satz sind. Linguistisch betrachtet, handelt es sich dabei meist um Head-Modifier-Beziehungen, Kategorie- und Funktionsangaben oder Mehrwortbegriffe.

Paradigmatische Beziehungen bezeichnen das Auftreten zweier Wortformen oder Zeichen in ähnlichen bzw. globalen Kontexten. Die Frage heißt nun nicht mehr, mit welchen anderen Wortformen eine bestimmte Wortform in einem Satz gemeinsam auftritt, sondern mit welchen anderen Wortformen des ganzen zu analysierenden Textkorpus eine bestimmte Wortform gemeinsam auftritt. Bei einer Analyse der paradigmatischen Beziehungen werden prinzipiell alle Sätze betrachtet, in denen eine interessante Wortform (einer Sprache) vorkommt. Somit können mithilfe von Ähnlichkeitsmaßen[103] zwei oder mehrere Wortformen verglichen werden. Je ähnlicher deren globalen Kontexte sind, desto ähnlicher werden sie verwendet. Neben den Ähnlichkeitsmaßen und dem Einsatz von Schwellenwerten können wiederum linguistische Kategorien, wie z. B. syntaktische, semantische oder logische Bedingungen (z. B. Ober- und Unterbegriffe) die Kookkurrenzmengen filtern.

Semantische Beziehungen im statistischen Kontext bezeichnen allgemein Mengen von Wortform-Kookkurrenzen einer Sprache oder sogar über Sprachen hinweg, die einen bestimmten inhaltlichen Zusammenhang beschreiben und auf jeden Fall in einem paradigmatischen Bezug zueinander stehen. Grundsätzlich können aus syntagmatischen Beziehungen semantische Beziehungen gewonnen werden, wie die folgenden sechs auf syntaktische Muster (siehe die mit Wortarten versehenen Klammern) von Nachbarschafts-Kookkurrenzen zurückzuführenden semantischen Beziehungen: (1) Kategorie- oder (2) Funktionsangaben (Nomen, Eigennamen), (3) Maßeinheiten oder (4) Qualifizierung (Nomen, Nomen) sowie (5) Modifizierungen (Adjektiv, Nomen) oder (6) Veränderungen (Nomen, Verb). Semantische Qualität kann darüber hinaus auch durch die Unterscheidung zwischen Fach- und Allgemeinsprache gewonnen werden, da beide in der Regel lexikalisch, syntaktisch und semantisch voneinander abweichen. So kann die jeweilige Terminologie außerhalb des Fachgebietes ungebräuchlich sein oder sogar eine völlig andere Bedeutung haben. Auch in diesem Fall kann auf die Prinzipien der Differenzanalyse zurückgegriffen werden.

---

101 Der lokale Kontext $K_s(w_i)$ einer Wortform $w_i \in W$ ist die Menge der Wortformen, mit denen w_i zusammen in einem Satz $s \in S$ auftritt: $K_s(w_i) = \{w_1, ..., w_n\} \setminus \{w_i\}$.

102 Die Signifikanz wird mithilfe der Wahrscheinlichkeitsrechnung berechnet, unter der Annahme der Unabhängigkeit des Auftretens der Kookkurrenz. Weicht die tatsächliche Anzahl des gemeinsamen Auftretens zweier Kookkurrenten w_i und w_j signifikant (ein Schwellenwert wird zu Rate gezogen) vom gemeinsamen Auftreten mit anderen Kookkurrenten ab, so kann dies ein Indiz für einen funktionalen oder inhaltlichen Zusammenhang dieser beiden Wortformen sein. Das Signifikanzmaß ist somit ein Maß für den Nachweis statistisch verlässlicher Unterschiede in empirischen Untersuchungen.

103 Ähnlichkeitsmaße (auch Distanz- oder Gewichtungsfunktionen) beschreiben den Grad der Übereinstimmung von Vektoren. In diesem Falle repräsentieren die Vektoren Terme (Wortformen), für die in einer Term-Term-Matrix die paarweisen Termähnlichkeiten berechnet werden. Gängige Gewichtungsfunktionen sind das *Tanimoto-* bzw. *Jaccard-Maß*, der *Dice-Koeffizient* (Manning und Schütze 1999), die *Mutual Information* (Church und Hanks 1990), der *Log-Likelihood* (Dunning 1993) oder die *Poisson-Verteilung* (Quasthoff und Wolff 2002). Einen guten Überblick über Signifikanzmaße für Kookkurrenzen gibt Büchler (Büchler 2006, S. 37ff.).

Mustererkennung

Grundsätzlich können zur Mustererkennung auch alle soeben beschriebenen linguistischen und statistischen Ansätze der Datenaufbereitung gezählt werden. Sie haben die Identifikation von Strukturen und Regeln – folglich auch von Mustern – in nicht explizit strukturierten Daten zum Ziel. In diesem Kapitel liegt der Fokus jedoch auf der Erkennung von Mustern in bereits durch die Datenaufbereitung strukturierten Textdaten. Entsprechend kann unter anderem auf bekannte Aufgaben und Methoden des Data Mining zurückgegriffen werden, wie:

- die Klassifikation,

- das Clustering,

- die Assoziations- bzw. Abhängigkeitsanalyse,

- die Vorhersage bzw. Prognose,

- das Higher Order Mining oder

- die verschiedenen Techniken der Informationsvisualisierung.

Die Aufgaben der Datenexploration – ob nun im Data Mining oder Text Mining – sind prinzipiell die gleichen und können entsprechend übertragen werden. Die unterschiedliche Datenbasis hat lediglich zur Folge, dass bekannte Methoden anders implementiert bzw. in Anbetracht neuer Anforderungen neu kombiniert werden. Dies ist jedoch auch innerhalb der Domäne des Data Mining der Fall. Nachfolgend werden die zwei bekanntesten Methoden der Datenexploration – die Klassifikation und das Clustering – im allgemeinen Rahmen des Text Mining kurz näher bestimmt, um dann – aufbauend auf den bereits geschilderten Methoden des Temporal Data Mining – Raum zur Beschreibung der wissenschaftlichen Ansätze zur zeitorientierten Exploration textueller Daten in Form des Temporal Text Mining zu geben.

Bei der generellen Klassifikation oder Kategorisierung von Texten werden Texte entsprechend ihres Inhalts automatisch vordefinierten Kategorien zugeordnet. Analog zur Klassifikation im klassischen Data Mining stehen auch hier Trainingsdatensätze mit vorab bekannter Klassenzugehörigkeit, zum Beispiel auf Basis von Schlagwörtern zur Zuordnung der Texte, zur Verfügung. Dabei kann auf Entscheidungsbäume bzw. -gesetze, neuronale und Bayes'sche Netze, generische Algorithmen oder Verteilungsschätzungen zurückgegriffen werden (vgl. NEMIS 2003, S. 14).

Das Clustering oder die Segmentierung von Texten bzw. Dokumenten gruppiert oder führt ähnliche Texte bzw. Dokumente durch Clusteranalysen (im Unterschied zur Klassifikation vollautomatisch, ohne vorher Kategorien zu definieren) zusammen, mit dem Ziel der Komplexitätsminderung, der Ausfilterung irrelevanter Daten, der Ermittlung typischer Gruppeneigenschaften oder der Entdeckung inhaltlicher Nischen. Vorab wird lediglich bestimmt, auf welcher Basis die Ähnlichkeitsanalyse vollzogen wird bzw. durch welche Kriterien die zu analysierenden Texte beschrieben werden. Das Clustering kann im Text Mining als Sortierung textueller Daten nach inhaltlichen bzw. thematischen Gemeinsamkeiten bezeichnet werden. Die Texte bzw. Dokumente innerhalb eines der entstehenden Cluster sollten dabei möglichst homogen untereinander und möglichst heterogen gegenüber Texten bzw. Dokumenten anderer Cluster sein, um bedeutende Muster oder Strukturen zu erkennen. Unterschieden wird grundsätzlich zwischen dem *partitionellen* und dem *hierarchischen* Clustering. Während beim partitionellen Clustering die Zahl der Cluster vorab festgeschrieben ist und die Clusterinhalte rekursiv angepasst werden, wird beim hierarchischen Clustering die Clusterzahl während des Prozesses durch ein fortwährendes Zusammenfügen und Teilen von Clustern bis zu einem Optimalzustand angepasst. Die Segmentierung selbst kann beispielsweise durch folgende statistische Ansätze erfolgen:

- deterministische Verfahren, die Textinstanzen (z. B. Wortformen) eindeutig Klassen zuordnen,

- probabilistische Verfahren, die Textinstanzen den Klassen nach Zugehörigkeitsgrad zuordnen, wobei deren Summe auf Eins summiert wird,

- possibilistische Verfahren, die Textinstanzen mehreren oder gar keinen Klassen zuordnen oder

- unvollständige Clusteringverfahren (multidimensionale Skalierung), die Textinstanzen ohne Segmentzuordnung in einem Vektorraum darstellen und die eindeutige Segmentzuordnung zum Beispiel ihrem Betrachter überlassen.

Ergebnisaufbereitung und -verwertung

Wichtig ist, dass alle durch die Musterkennung entdeckten Muster in eine für die Adressaten verarbeitbare Form übertragen und über adäquate Medien kommuniziert werden, z. B. bei maschinellen Adressaten die entsprechende formale Sprache oder das visuelle Organ beim Menschen, denn visuelle Musterpräsentationen machen komplexe Zusammenhänge für das menschliche Gehirn oftmals schneller begreifbar. Das domänenspezifische Wissen des Adressaten hat großen Einfluss auf die Verständlichkeit der Darstellungsform. Können textuelle Darstellungen in Form von Zusammenfassungen, Kennzahlen oder mathematischen Funktionen bei hohem domänenspezifischem Wissen das Verständnis optimal unterstützen, so sind konkrete Darstellungsformen bei fehlendem domänenspezifischem Wissen sinnvoller. Entsprechende Themen werden im Kapitel 10.6 über die Informationsvisualisierung vertieft.

10.4.2 Entwickelte, genutzte und lizensierte Anwendungen des Text Mining

Nach der Beschreibung der Grundlagen des Text Mining und vor dem wissenschaftlichen Diskurs zum Temporal Text Mining sollte eine kurze Übersicht über die im Rahmen der vorliegenden Arbeit bisher entwickelten, genutzten und lizensierten Anwendungen des Text Mining gegeben werden. Diese bilden die Grundlage für die in der Praxis der Digital Intelligence umgesetzten Ansätze des Temporal Text Mining.

In der automatischen Sprachverarbeitung gibt es viele und verschiedene Tools und Explorationsumgebungen. Eine der ersten deutschen anwenderbezogenen Marktübersichten schrieb Kamphusmann (Kamphusmann 2002). Ähnliche Analysen unternimmt Gartner kontinuierlich (Gartner 2008b; Gartner 2009). Expertenbezogen sind der umfangreiche und einen Überblick über Algorithmen des Text Mining bietende Feldmann (Feldmann 2007) zu nennen oder auch die Data- und Text Mining beschreibenden Witten und Frank. Sie bieten auch ein Werkzeugsatz zur Datenaufbereitung, Klassifikation, Clustering und Visualisierung namens WEKA an (Witten und Frank, 2005). Darüber hinaus bieten Entwicklungsumgebungen wie z. B. GATE (Cunningham et al., 2002; http://gate.ac.uk/, 01.01.2010) Infrastrukturlösungen wie die Unstructured Information Management Architecture (UIMA) von IBM an zur Verknüpfung entsprechender Werkzeuge mit dem Ziel des modularen Aufbaus von Sprachverarbeitungssystemen. Jedoch werden neben den Werkzeugen und Methoden nur selten auch sprachliche Daten als Basis für linguistische Verfahren oder Testkorpora angeboten. Hier setzt die sog. ASV-Toolbox der Abteilung Automatische Sprachverarbeitung der Fakultät Informatik der Universität Leipzig an (Biemann, Quasthoff et al. 2008), mit dem Vorteil, auf einen kontinuierlich aufgebauten und gepflegten Textkorpus (http://www.wortschatz.uni-leipzig.de, 01.01.2010) zugreifen zu können (Quasthoff, Richter et al. 2006), jedoch auch schnell auf andere Daten und Sprachen adaptierbar zu sein. Da die vorliegende Promotionsarbeit im Rahmen einer intensiven Zusammenarbeit mit der genannten und durch Hr. Prof. Dr. Heyer geleiteten Abteilung entstand, wurden zu Testzwecken vornehm auch dort entwickelte Werkzeuge zur Datenaufbereitung von Text genutzt. Alle Algorithmen basieren auf Forschungsarbeiten und damit auch Publikationen der Wissenschaftler am genannten Institut. Zu nennen sind folgende Tools:

- *LanI* (Language Identifier), ein automatisch, statistisch, nicht überwacht, nicht lernend und ohne Negativbeispiele auskommender. Klassifikator zur Erkennung von Sprachen auf Satzbasis. (Teresniak 2005) Grundlage für die Sprachidentifikation ist ein Suchgraph DAWG (Directed Acyclic Word Graph) aus Wörtern und deren Sprachwahrscheinlichkeiten, die auf Basis von Referenzkorpora berechnet wurden. Zur Sprachidentifikation jedes Satzes werden die Sprachwahrscheinlichkeiten jedes Wortes eines Satzes multipliziert.

- Ein *POS-Tagger*, der auf Basis von Compact Patricia Trees (CPT, ein Mehrwegebaum zur Speicherung von Wortlisten) Sätze mit Wortformen nach ihrer Wortart (N = Nomen, V = Verb, A = Adjektiv, sonstige) u. a. für die englische und deutsche Sprache auszeichnet. Die CPT für Tags werden auf Basis von Referenzkorpora trigrammbasiert berechnet (Biemann, Quasthoff et al. 2008).

- Eine morphologische *Grundformreduktion*, die ebenfalls auf Compact Patricia Trees aufgebaut ist (Holz und Biemann 2008). Das Compact Patricia Tree wird so antrainiert, dass es sich die zu reduzierende Vollform von hinten ansieht und eine Regel ausgibt, mit der die Vollform in die Grundform überführt werden kann. Falls eine Vollform nicht in der Trainingsmenge auftritt, werden die Reduktionsregeln geraten. Für die Grundformreduktion der deutschen Sprache werden CPT für Suffixe mit Regeln (Zahl der vom Suffix der Vollform abzuschneidenden oder hinzuzufügenden Charaktere) für Adjektive, Verben oder Nomen angelernt, für die englische Sprache eine abgewandelte Regel des Porter-Stemmers (Porter 1980). Ergebnis sind grundformreduzierte Sätze.

- *Eine Phrasenextraktion*, die – wie die Grundformreduktion – das Ergebnis des POS-Taggers als Basis nimmt. Sie sucht nach POS-Mustern wie z. B. NNN, ANN, AAN, AN, NN, berechnet die Phrasenfrequenzen und filtert sie nach Schwellenwerten, die vorab bestimmt werden können.

- Eine *Terminologieextraktion*, mit dem Ziel, insbesondere aus Fachtexten (halb-)automatisch die wichtigsten Fachtermini zu extrahieren. Dies kann durch die Kombination verschiedener statistischer (Differenzanalyse) oder musterbasierter (z. B. Phrasenextraktion) Verfahren geschehen und wurde ausführlich in der Diplomarbeit von Witschel beschrieben (Witschel 2004).

Im Anhang A vorliegender Arbeit werden Prozessschaubilder (1) für die statistikbasierte Sprachidentifikation auf Satzbasis mit LanI, (2) für die Umsetzung des POS-Tagging, (3) für die Grundformreduktion und (4) für die Phrasenextraktion zur Verfügung gestellt. Des Weiteren werden einzelne Bestandteile oben genannter Prozesse illustriert, unter anderem das Anlernen der sprachlich unterschiedlichen CPT für das POS-Tagging sowie die Grundformreduktion.

Die Anwendung entsprechender Algorithmen zur Datenaufbereitung mit anschließender Datenexploration stellte sich im Praxistest als schwierig heraus. Herausforderung war deren Anwendung durch im Text Mining nicht erfahrene Nutzer. Deshalb wurde entschieden, ein einfaches, viele der besprochenen Datenaufbereitungsmethoden umfassendes Werkzeug mit einer einfachen und verständlichen Benutzeroberfläche zu entwickeln. Das Ergebnis ist der Concept Composer zur Generierung von Korpusdatenbanken mit Frequenzen und Konkurrenzen samt deutscher und englischer Wortschatz-Datenbank (vgl. Isa Gmbh 2006a; Cyriaks, H., S. Lohmann, et al. 2007). Neben allen oben genannten Datenaufbereitungsmethoden können auf Basis von Referenzkorpora folglich auch Differenzanalysen (vgl. Abbildung 57 und 58 als Prozessschaubilder) für Wortformen, Nachbarschafts- und Satzkookkurrenzen unternommen werden sowie Graphen berechnet werden – alles über eine einfach zu bedienende Benutzeroberfläche (vgl. Abbildung 12). Das Ergebnis der Berechnungen wird in einer relationalen Datenbank abgelegt (Tabellen für Sätze, Phrasen, Wortlisten, Kookkurrenzen und Nachbarschaften) bzw. im Falle von Graphen im RDF-Format und bildet die Grundlage für weitere Bearbeitungsschritte. Die Möglichkeit, den Concept Composer auch für zeitorientierte Textdaten zu nutzen, folglich Daten in Zeitscheiben aufzuteilen und zu berechnen, stellt ihn auch in den Kontext des Temporal Text Mining. Darauf aufbauende Datenexplorationen werden beispielhaft im Kapitel C beschrieben. Der Screenshot in Abbildung 12 gewährt einen Einblick in diese Anwendung. Wie der linken taxonomischen Struktur zu entnehmen ist, wird zwischen Quellen wie z. B. Textdokumenten oder Datenbanken, dem Prozess bzw. den Berechnungen der ausgewählten Quellen und den Resultaten wie z. B. Datenbanken oder Graphen unterschieden. Das rechte Feld ist ein Beispiel für die Berechnungs- und Initialisierungseinstellungen, in diesem Fall die Grundformreduktion, Phrasenextraktion, das POS-Tagging und die Differenz- bzw. Signifikanzanalyse (vgl. Abbildung 56 für ein einfaches Prozessschaubild des Concept Composer).

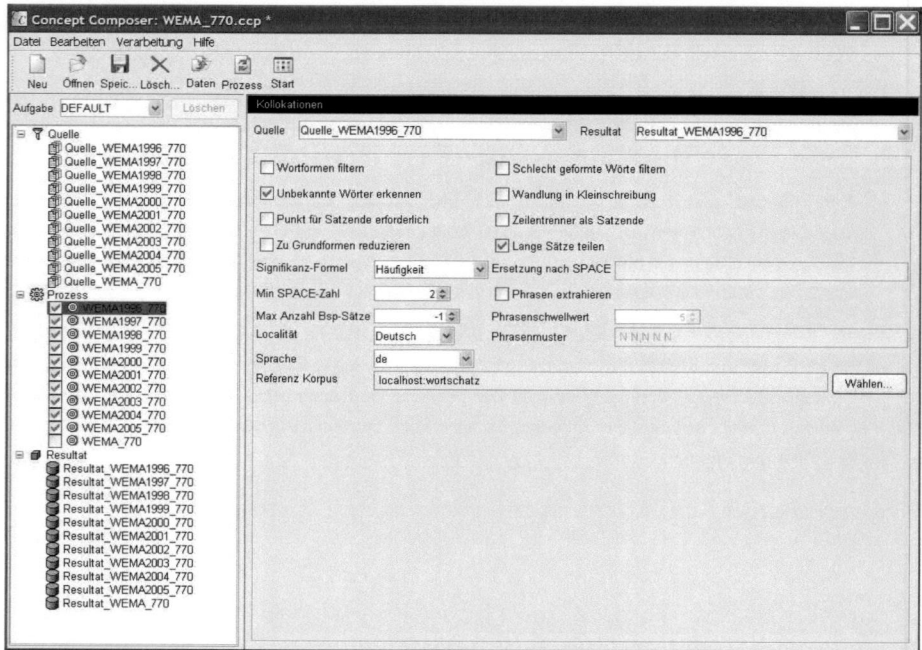

Abbildung 12. Screenshot der Anwendung Concept Composer; Quelle: eigene Darstellung.

10.4.3 Formen des Temporal Text Mining

Die nachfolgenden Kapitel strukturieren den aktuellen wissenschaftlichen Diskurs im Kontext des Temporal Text Mining. Identifiziert wurden folgende Ansätze, die in Kapitel gegliedert sind:

1. die Entdeckung kausaler und zeitorientierter Regeln,

2. die Entdeckung von Abweichungen,

3. die Identifikation und zeitorientierte Organisation von Themen,

4. die wissensrepräsentationsbasierte zeitorientierte Analyse,

5. die zeitorientierte Analyse von Frequenz, Vernetzung und Hierarchien,

6. die halbautomatische Identifikation von Trends sowie

7. der Umgang mit dynamisch aktualisierten Daten.

10.4.3.1 Entdeckung kausaler und zeitorientierter Regeln

Die Sequenzanalyse, die Suche nach kausalen und zeitorientierten Regeln in symbolischen zeitorientierten Daten, repräsentiert die ersten, noch stark im Temporal Data Mining wurzelnden Ansätze des Temporal Text Mining. Zahlreiche Forscher erweitern diesbezüglich die grundlegenden Arbeiten im Temporal Data Mining von Agrawal und Srikant.[104] Montes-y-Gomez und Gelbukh sprechen von so genannten „ephemeral associations", den flüchtigen oder kurzen Assoziationen zwischen Wahrscheinlichkeitsverteilungen bestimmter Themen (Konzepte) über eine konkrete Zeitspanne (Montes-y-Gomez, Gelbukh et al. 2001). Die normale Assoziation bzw. Kookkurrenz zweier Themen wird um eine direkte (aktive Beeinflussung: A hat Einfluss auf B) oder inverse (B wird beeinflusst durch A) Beziehungsbestimmung erweitert. Beispielsweise kann ermittelt werden, dass ein häufig auftretendes Thema oder eine einmalig signifikante Themenerwähnung das Auftauchen oder Verschwinden anderer Themen bewirkt. All diese Konzepte adoptieren die traditionellen Ansätze und erweitern sie, um den Anforderungen des Temporal Text Mining im Sinne der Menge zu betrachtender Instanzen gerecht zu werden.

10.4.3.2 Identifikation von Abweichungen und Volatilität

Eine wichtige Aufgabe des Text Mining ist die Identifikation von Abweichungen, das heißt von Anomalien bzw. von dem Durchschnitt nicht entsprechenden Textinstanzen, Dokumenten oder Themen. Mit anderen Worten, deren Wahrscheinlichkeitsverteilung unterscheidet sich von der anderer Textinstanzen, Dokumente oder Themen. Im Temporal Text Mining werden diese Gedanken um eine zeitliche Komponente erweitert, an der die Norm gemessen wird. In Nachrichtenströmen, und damit Strömen von Dokumenten und Themen, werden solche Anomalien auch Ausreißer genannt. Einen ersten Überblick über entsprechende Forschungsansätze bieten die Veröffentlichungen von Feldman und Dagan 1995; Arning, Agrawal et al. 1996; Feldman, Aumann et al. 1997; Knorr, Ng et al. 2000 und Montes-y-Gomez, Gelbukh et al. 2001.

Des entfernt verwandten Konzeptes der Volatilität bedienen sich Heyer, Holz und Teresniak zur zeitorientierten Textdatenexploration mit dem Ziel der Identifikation schwacher Signale (Teresniak, Heyer et al. 2009; Heyer, Holz et al. 2009). Die Volatilität bezeichnet in der Statistik die Schwankung von Zeitreihen und findet häufig in der Finanzmathematik Verwendung. Dabei wird sie als Standard*abweichung* der Veränderungen eines betrachteten Parameters definiert und häufig als Risikomaß genutzt. Heyer et al. verwenden als Parameter Wortfrequenzen und deren Kookkurrenzen und möchten die veränderte Relevanz von Konzepten

---

[104] Vgl. Holt und Chung 1999; Lee, Lin et al. 2001; Janetzko, Cherfi et al. 2004; Nørvag, Eriksen et al. 2006.

bestimmen. Die Idee dabei ist, dass Konzepte im Kontext der automatischen Sprachverarbeitung als Vektoren ihrer globalen Kontexte (vgl. Kapitel 10.4.1: Grundlagen des Text Mining: paradigmatische Beziehungen) repräsentiert werden können und für die Analyse von Konzepten sich besonders die Kookkurrenzanalyse eignet. Schwankungen in den relativen Rängen der Kookkurrenten eines Wortes [Berechnung hier durch das Signifikanzmaß log-likelihood nach Dunning (Dunning 1993)]; vgl. Abbildung 57) bedeuten eine Kontextveränderung und damit eine Bedeutungsveränderung [vgl. Algorithmus zur Berechnung der Volatilität in (Teresniak, Heyer et al. 2009)]. Heyer et al. unterscheiden zwischen hochfrequenten Funktions- und Stopwörtern, aufsteigenden und absteigenden Wörtern (z. B. Globalisierung), zyklischen oder arbiträren Wörtern (z. B. Montag, Stadtzentrum) sowie stark dynamischen (volatilen) Wörtern, die sowohl hochfrequent als auch niederfrequent sein können. Letztere, folglich niederfrequente Wörter mit häufig sich verändernden Kookkurrenten scheinen aus Sicht von Heyer et al. für „schwache Signale" besonders interessant zu sein und werden von ihnen als volatile Konzepte bezeichnet.

Der beschriebene Ansatz beruht auf Verfahren der reinen automatischen Sprachverarbeitung mit all seinen Vor- und Nachteilen. Trotz seiner Automatisier- und Skalierbarkeit und damit Effizienz, kann die Exploration bisher nur auf abgeschlossenen und vorab berechneten Korpora unternommen werden. Die enormen Anstrengungen und Herausforderungen werden in (Teresniak, Heyer et al. 2009) vortrefflich beschrieben. Inwieweit die genutzten Forschungskorpora globale Entwicklungen zumindest aussagekräftig beschreiben und relevant für globale Unternehmungen sind, sei dahingestellt. Eine aussagekräftige Datenbasis ist jedoch eine Grundvoraussetzung der Frühaufklärung. Des Weiteren ist es ein Unterschied, ob nach schwachen Signalen oder Trends auf Basis von Wörtern in Pressetexten gesucht wird (wie die Orts- und Eigennamen „Iraq", „Obama" oder „Finanzkrise" verdeutlichen) oder auf Basis von komplexen Konzepten wie der „werkstoffintegrierte Adaptronik" oder „variable Ventilsteuerung für Dieselmotoren". Dennoch können entsprechende Ansätze eine enorme Hilfe sein bei der Exploration potentieller schwacher Signale oder Anzeichen dieser und sollten daher Anwendungen finden in größeren Korpora anderer Kontexte (z. B. Patente, wissenschaftliche Literatur).

10.4.3.3 Identifikation und zeitorientierte Organisation von Themen

Neben den im Temporal Data Mining wurzelnden, eher methodisch getriebenen Forschungsansätzen gibt es im Rahmen des Temporal Text Mining auch einen im Information Retrieval und in konkreten Textkorpora zur Evaluierung wurzelnden Forschungsstrang, der sich mit Nachrichten bzw. Nachrichtenströmen und deren ereignisbasierter Organisation und Filterung auseinandersetzt. Dieses für das Temporal Text Mining grundlegendes Forschungsfeld wurde maßgeblich durch ein Forschungsprojekt namens „Topic Detection and Tracking" (TDT) bestimmt. In diesem Projekt wurden Sprachtechnologien zur Suche, zur zeitorientierten Organisation und zur Strukturierung multilingualer ereignisbasierter Informationen im Gegensatz zu klassischen themenbasierten statischen Informationen erforscht (vgl. Wayne 2000). Grundlage der TDT-Forschung ist ein Nachrichten- bzw. Rundfunkstrom[105], wobei der Textkorpus unterschiedliche Nachrichten, Themen (Konzepte) und Ereignisse repräsentiert.[106] Es wurden fünf aufeinander aufbauende Aufgabenthemen des TDT bestimmt (vgl. Wayne 2000):

---

[105] Ein vom Linguistic Data Consortium zu Forschungszwecken entwickelter Testkorpus von Rundfunknachrichten. Vgl. Cieri 2000; Cieri, Graff, Liberman, Martey und Strassel 2000; Graff und Bird 2000.

[106] Allan versteht unter Ereignis (event): „A reported occurrence at a specific time and place, and the unavoidable consequences. Specific elections, accidents, crimes, natural disasters."; unter Nachricht (story): „A topically cohesive segment of news that includes two or more declarative independent clauses about a single event."; unter Thema (topic): „A seminal event or activity, plus all derivative (directly related) facts, events or activities." (Allan 2002).

1. die *Segmentation*: das Aufteilen von Nachrichtenströmen in Einzelnachrichten,

2. die *First Story Detection / New Event Detection*: die Identifikation neuer Nachrichten bzw. Ereignisse,

3. die *Topic Detection*: die Entdeckung von Themen,

4. das *Topic and Event Tracking*: die Verfolgung von Themen und Ereignissen und

5. die *Story Link Detection*: die Identifikation von Beziehungen zwischen Nachrichten.

Wegen ihrer Bedeutung für das Temporal Text Mining, werden genannte Aufgabenthemen nachfolgend detaillierter besprochen.

(1) Das Ziel der *Segmentation* ist, den Nachrichtenstrom – falls nicht wie im Regelfall in Einzelnachrichten vorliegend – zu zerlegen. Dies kann z. B. auf Basis eines – in den zu trennenden Nachrichten – verschieden genutzten Vokabulars oder für Nachrichtengrenzen signifikanten Wörtern, Phrasen, Sätzen, Absätzen oder anderen Merkmale geschehen.[107] Sobald die Segmentierung vollzogen ist, können die segmentierten Nachrichtenteile zu größeren sinnvollen Nachrichteneinheiten geclustert werden.

(2) Die *First Story Detection* – auch (*Online* oder *Retrospective*) *New Event Detection* genannt – hat zum Ziel, eine neue Nachricht bzw. eine Nachricht, die ein neues Ereignis beschreibt, in einem Nachrichtenstrom zu identifizieren. Allgemein wird dies durch Klassifikation (beispielsweise durch den Vergleich der die Nachrichten repräsentierenden Vektorräume oder Wahrscheinlichkeitsverteilungen) erreicht, indem jede neue bzw. aktuelle Nachricht in einem Nachrichtenstrom mit den vergangenen Nachrichten bzw. dem sie repräsentierenden Merkmalsraum verglichen wird. Sobald das Ähnlichkeitsmaß einen vorab bestimmten Schwellenwert übersteigt oder unter einer gewissen Schwelle bleibt, wird die aktuelle Nachricht als neu deklariert. Verschiedene Verfahren zur Bestimmung von Termgewichten, Ähnlichkeitsmaßen, Grenz- oder Schwellenwerten oder auch Zeitfenstern bestimmen die entsprechende Forschung.[108]

(3) Darüber hinaus ist es sinnvoll, die Themen aller Nachrichten im Nachrichtenstrom zu homogenen Gruppen zu clustern, falls sie nicht ein ganz neues Thema oder Ereignis beschreiben. Ziel der *Topic Detection*, auch *Cluster Detection* genannt, ist folglich das Clustering aller Themen und deren Repräsentation als intrahomogene, interheterogene Nachrichtengruppen. Dies kann wiederum für spätere Klassifikationszwecke genutzt werden. Wie bei der First Story Detection werden dabei alle Nachrichten durch einen Satz von Merkmalen repräsentiert, auf deren Grundlagen ein Ähnlichkeitsmaß berechnet wird.[109]

(4) Im *Topic Tracking* wird aufbauend auf einer Trainings- oder Beispielmenge von Nachrichten ein Nachrichtenstrom verfolgt und nach zusätzlichen, das gleiche Thema repräsentierenden Nachrichten gefiltert. Entsprechend können auch neu ankommende Nachrichten klassifiziert werden bzw. dem Cluster zugewiesen werden, das in der Vergangenheit die ähnlichste Nachricht beinhaltet. Die Frage in diesem Fall lautet: Gehört das neue Thema zur bestimmten Nachrichtengruppe oder nicht? Diese Aufgabe ähnelt der Filterung im Information Retrieval. Auf Basis einiger weniger Nachrichten soll der große Nachrichtenstrom themenbezogen gefiltert werden.

---

[107] Folgende Literatur gibt einen kleinen Einblick in unterschiedliche Zweige der Forschung: Ponte und Croft 1997; Reynar und Ratnaparkhi 1997; Yamron, Carp et al. 1998; Choi 2000. Ein großer Teil widmet sich dabei nicht nur der Segmentierung textbasierter, sondern auch derjenigen audiovisueller Nachrichtenströme und damit der Spracherkennung.

[108] Vgl. Papka und Allan 1998; Yang, Pierce et al. 1998; Allan, Lavrenko et al. 2000; Stokes und Carthy 2001; Kumaran, Allan et al. 2004.

[109] Vgl. Clifton und Cooley 1999.

(5) Das Ziel der *Story Link Detection* ist, zu entscheiden, ob zwei zufällig ausgewählte Nachrichten dasselbe Thema besprechen. Auch hier können bekannte Methoden der Repräsentation von Nachrichten (z. B. das Vektorraummodell) sowie deren Vergleich (z. B. das Kosinus-Ähnlichkeitsmaß) verwendet werden, wobei statistische und linguistische Datenaufbereitungsmethoden die Performanz enorm erhöhen können.

Zusammenfassend stellen die Aufgaben des TDT-Projektes, insbesondere Topic Detection, Topic Tracking und First Story Detection, zwei wesentliche Herausforderungen dar: die Suche (1) nach Relevanz und (2) nach Neuigkeit in einem Nachrichtenstrom. Hierfür sind folgende drei Ansätze besonders intensiv erforscht worden:

1. die schwellenbasierte Herangehensweise,

2. die zustandsbasierte Herangehensweise zur Filterung nach Relevanz und

3. die vereinte Modellierung von Zeit und Thema.

(1) Grundannahme beim ersten Ansatz ist, dass Textinstanzen wie z. B. Wortformen oder Phrasen nach dem Zipfschen Gesetz in allen natürlichen Sprachkorpora bzw. Textkorpora unterschiedlich verteilt sind und entsprechendes auch für Nachrichtenströme und deren Zeitscheiben gilt. Die *schwellenbasierten* Ansätze teilen den Nachrichtenstrom in seine Zeitscheiben auf und untersuchen anhand unterschiedlicher Signifikanzmaße (z. B. Gesamtfrequenz einer Wortform / Anzahl der Zeitscheiben, in denen eine Wortform auftritt) die Auftrittswahrscheinlichkeit jedes textuellen Merkmals pro Zeitscheibe. Übersteigt sie einen vorab bestimmten Schwellenwert, so wird sie für die jeweilige Zeitscheibe als signifikant oder relevant erachtet. Übersteigt die Signifikanz einer textuellen Einheit die gewählte Schwelle über mehrere zusammenhängende Zeitscheiben hinweg, so ist die Rede von Episoden. Entsprechend gehen Swan und Allan (Swan und Allan 2000) vor. Für jedes textuelle Merkmal ermitteln sie pro Zeitscheibe die Signifikanz und gruppieren die einen Schwellenwert übersteigenden, zusammenhängenden Zeitscheiben jedes textuellen Merkmals zu einer Episode. Die signifikantesten Episoden können dann mit Start- und Endzeit sowie dem jeweiligen textuellen Merkmal versehen auf einer Zeitachse visualisiert werden. Die Herausforderung liegt darin, dass ein beliebiges textuelles Merkmal unregelmäßig in einem Nachrichtenstrom vorkommen und trotz hoher Gesamtprominenz um einen relevanzbestimmenden Schwellenwert pendeln kann. Das ohne Schwellenwert bestimmte, informationsvisuell intuitiv zusammengehörende, lange Intervall kann durch die Schwellenwertbestimmung auch in Form mehrerer diskontinuierlicher Sequenzen erscheinen und somit die Episodenidentifikation enorm erschweren bzw. sogar behindern.

(2) Dieses Problem der (Dis)kontinuität löst Kleinberg (Kleinberg 2004) mit einer zustandsbasierten Herangehensweise, in dem er auf die Wahrscheinlichkeits- bzw. Automatentheorie rückgreift. Auf Basis eines Markov-Modell-basierten Automaten für jede Textinstanz, der zu jedem Zeitpunkt (Zeitscheibe) einen von vielen (zwei bis unendlich) unterschiedlichen Zuständen annehmen kann, wird die Wahrscheinlichkeit für eine Zustandsänderung bzw. einen Zustandsübergang zwischen den Zeitscheiben berechnet. Im einfachen Fall von zwei Zuständen kann sich der Automat entweder im Normalzustand (z. B. durchschnittliches Auftreten eines Textmusters) oder im davon abweichenden Extremzustand befinden. Im Gegensatz zu schwellenbasierten Ansätzen, wo eine Episode eines textuellen Merkmals so lange besteht, bis seine Signifikanz den Schwellenwert nicht mehr erreicht, besteht die Episode beim einfachen zustandsorientierten Ansatz, solange sich der nomale Zustand des – die Textinstanz repräsentierenden – Modells nicht ändert. Demnach kann die Episode auch zu Zeiten kurzfristiger Diskontinuitäten bzw. Fluktuationen bestehen, solange die Zustandsänderung eines Automaten einer geringen Wahrscheinlichkeit entspricht bzw. solange die Zustandswahrung wahrscheinlicher ist als die Zustandsänderung. Darüber hinaus ist entscheidend, wie viele unter-

schiedliche Zustände ein Automat annehmen kann. Je größer die Vielfalt, desto wahrscheinlicher ist auch die Zustandsänderung. Das kann den Vorteil haben, dass zusätzlich zur einfachen „binären" Episodenidentifikation auch Hierarchien von Episoden ermittelt werden können, im Sinne eines Impulses innerhalb einer breiteren, allgemeinen thematischen Episode.

(3) Einen vereinten Ansatz („Topics over Time"), der die Wahrscheinlichkeiten des Auftretens eines Themas pro Zeitscheibe auf Basis eines kombinierten Modells aus Themen und Zeit berechnet, stellen Wang und McCallum vor. Im Gegensatz zu schwellen- und zustandsbasierten Ansätzen werden sowohl die zeitliche als auch die thematische Dimension als kontinuierlich beobachtete Variablen interpretiert und gemeinsam modelliert. Jedem Thema werden konkrete Wortformen zu einer bestimmten Zeit zugewiesen. Dabei werden die Themen und deren Inhalte (Wortformen) als Konstanten über der Zeit wahrgenommen. Analysiert wird der Wandel des Auftretens eines einzelnen sowie der des gemeinsamen Auftretens von Themen auf Basis ihrer Wortformen und ihrer Zeitmarken. Eine veränderte Verteilung der ein Thema repräsentierenden Wortformen wird nicht betrachtet.

Die hier dargestellten Ansätze bieten einen ersten groben Überblick über die Vielfalt möglicher Verfahren zur Identifikation und zur zeitorientierten Organisation von thematischen Episoden in Nachrichtenströmen, abhängig von Aufgabenstellung und Inhalt.[110] Die Identifikation der die relevanten und neue Information tragenden Nachrichten stellt die Herausforderung der First Story Detection dar. Mit klassischen Ansätzen auf Basis von Lern- bzw. Beispielkorpora kann diese Aufgabe laut Allan hinsichtlich Akkuratheit und Effizienz nicht befriedigend gelöst werden: „We have shown that any effort to base a FSD system on a tracking approach is unlikely to succeed." (Allan, Lavrenko et al. 2000, S. 7). Nachrichten auch ein und desselben Ereignisses, das immerhin eine konkrete Begebenheit zu einer spezifischen Zeit an einem spezifischen Ort beschreibt, sind sprachlich-textuell bereits zu verschieden. Während in Nachrichtenströmen konkrete Inhalte und Konzepte wie Personen-, Produkt- oder Ortsnamen besprochen werden, sind andere Textformate mehrdeutiger. Darüber hinaus kann die thematische Analyse auf Dokumenten- und Nachrichtenebene für viele Fragestellungen – und besonders in der notwendigerweise breit angelegten Digital Intelligence – zu detailliert und damit zu aufwändig sein. In diesem Kontext kann „modelling all previously seen topics as a large collection of names and places, without regard to the specific topic" (Allan, Jin et al. 1999) ein sinnvoller Ansatz sein, wobei sprachlich eindeutige Namen und Orte besonders in wissenschaftlichen und fortschrittsorientierten Texten eher die Ausnahme sind. Aus der TDT-Domäne kommen außerdem Vorschläge, domänenspezifisches Wissen zu integrieren, um die Ergebnisse der Trendanalyse zu verbessern (vgl. NEMIS 2003, S. 29). Beide Erkenntnisse unterstützen die Nutzung konzeptueller Strukturen für das Temporal Text Mining.

10.4.3.4 Zeitorientierte Analyse auf Basis konzeptueller Strukturen

Bei der zeitorientierten Analyse auf Basis konzeptueller Strukturen werden im ersten Schritt zeitunabhängige korpus- oder domänenbasierte Wissensrepräsentationen erstellt, die das Wissen oder die Themen jeder Zeitscheibe repräsentieren können. Neben den eher domänen- bzw. expertenbasierten Repräsentationen wie Taxonomien, Thesauren oder Ontologien können auch automatisch – auf Basis der gesamten Dokumentenkollektion – generierte korpusbasierte semantische Netze als Filter für die Zählung von Wort- oder Kookkurrenzvorkommen jeder Zeitscheibe genutzt werden. Verfahren zur Themenidentifikation und -verfolgung werden somit obsolet. Konzeptuelle Strukturen ermöglichen eine Vogelperspektive auf die das Wissen ent-

---

[110] Andere relevante Veröffentlichungen sind: Griffiths und Steyvers 2004; Wang, Mohanty et al. 2005; Blei und Lafferty 2006.

haltenden Texte. Die inhaltliche und zeitorientierte Analyse erfolgt auf Basis eines Vergleichs der vorab ermittelten konzeptuellen Strukturen mit den zugrundeliegenden Texten. Dies ist Vor- und Nachteil (Zeit und Kosten) der Verfahren zugleich. Kodratoff behauptet, dass manuell gebaute (expertenbasierte) Taxonomien die reale Nutzung von Wörtern in Texten nicht wahrhaftig widerspiegeln: „hand-built taxonomies as presently done, tend to violate the use of the words as it actually happens in the texts (in other words: it seems that we have a conceptual idea of the relationships among terms that is not reflected in our language" (Kodratoff 1999, S. 11). Dies unterstützt die Notwendigkeit, Taxonomien durch automatische Verfahren aufzubauen bzw. halbautomatische Ansätze anzuregen. Sie können wiederum ein genaues Abbild der zugrundeliegenden Daten sein, beachten jedoch nicht das Vorwissen und die Erwartungen des Menschen, für den die Anstrengungen unternommen werden. Eine andere Möglichkeit besteht darin, auf ein Konzept des so genannten Web 2.0 in Form der kollektiven Entwicklung konzeptueller Strukturen zurückzugreifen.[111]

Kapitel 11 vertieft das Konzept der konzeptuellen Strukturen und Kapitel 15 beschreibt entsprechende Ansätze in der Praxis der zeitorientierten Datenexploration.

10.4.3.5 Zeitorientierte Analyse von Frequenz, Vernetzung und Hierarchien

Die bisher vorgestellten Verfahren der Identifikation und der zeitorientierten Organisation von Themen zählen zu den historisch älteren Ansätzen des Temporal Text Mining. Sie haben – wie Mei und Zhai mit dem Konzept *Theme Thread Structure* treffend beschreiben – primär zum Ziel, einzelne Themen und Episoden von Themen zu identifizieren, deren Anfang und Dauer zu bestimmen und zeitlich zu ordnen (vgl. Mei und Zhai 2005). Informationsvisuell können die Inhalte dann in Form von Sequenzgraphen, d. h. als eindimensional zeitlich geordnete Themen, dargestellt werden.

Darauf aufbauende Fragen nach der Relevanz wachsender oder abnehmender Themen, nach der sich verändernden Vernetzung von Themen sowie nach dem Lebenszyklus oder der Evolution eines Themas werden durch genannte Arbeiten weniger fokussiert. Die Basis für entsprechende Aufgaben beschreiben Shaparenko und Caruana: „Many document collections have grown through an interactive and time-dependent process. Earlier documents shaped documents that followed later, with some documents introducing new ideas that lay the foundation for following documents." (Shaparenko, Caruana et al. 2005, S. 1). Mei und Zhai verdeutlichen die beschriebene Weiterentwicklung folgendermaßen: „compared with the problem of novelty detection and event tracking (TDT), which aims to segment the text and find the boundaries of events, the ETP discovery problem involves a more challenging task of modeling the multiple subtopics at any time interval for an event, and aims to discover the changing and evolutionary relations between the theme spans" (Mei und Zhai 2005). In diesem Rahmen kristallisieren sich vier wesentliche Fragestellungen und Aufgaben der zeitorientierten inhaltlichen Analyse heraus: die Entdeckung und Analyse des Wandels der (1) Bedeutung bzw. Frequenz, (2) sprachlichen Vielfalt (nur auf Wissensrepräsentationsebene möglich), (3) Vernetzung und (4) Hierarchie der ein Thema repräsentierenden Textinstanzen (Wortformen, Kookkurrenzen, Konzepte usw.).

Sofern für entsprechende Fragestellungen keine Indikatoren[112] vorliegen, die eine weitere Automatisierung des Temporal Text Mining ermöglichen, bietet die informationsvisuell unterstützte Analyse und Identifikation eine hervorragende Alternative. Während sich für die frequenzbasierte Analyse von Textinstanzen die zeitachsenbasierten statischen Techniken (Histogramme) am besten eignen, sind dies graphbasierte Visuali-

---

111 Zu nennen sind hier Stichwörter wie „kollektive Intelligenze", „Crowdsourcing" oder „Folksonomy".

112 Z. B.: Wenn die Frequenz einer Wortform innerhalb von fünf Zeitscheiben stetig um 20 % wächst, dann liegt ein relevantes zeitorientiertes Textmuster vor.

sierungstechniken für die Analyse des Wandels von Vernetzung und Hierarchie. Nachfolgend wird die relevante Literatur kurz vorgestellt. Des Weiteren ist auf die Kapitel der zeitorientierten Visualisierungsverfahren zu verweisen.

Frequenzbasierte Analysen

Unter Frequenzen ist hier das Zählen der Vorkommen von Textinstanzen zu verstehen, die ein Thema in den zugrundeliegenden textuellen Daten repräsentieren. Dies sind im einfachsten Fall die Wortformen und Kookkurrenzen, darüber hinaus jedoch auch Konzepte oder konzeptuelle Strukturen. Die Darstellung entsprechender Frequenzentwicklung kann am einfachsten in Listen oder Tabellenform erfolgen. Als am erfolgreichsten und besten für die Analyse des Wandels der Stärke eines Themas haben sich jedoch zeitachsenbasierte Visualisierungstechniken erwiesen. Mei und Zhai beschreiben diese Aufgabe unter dem Begriff *Theme Life Cycle*: „Given a text collection tagged with time stamps and a set of trans-collection themes, we define the Theme Life Cycle of each theme as the strength distribution of the theme over the entire time line." (Mei und Zhai 2005). Sie setzen die zeitorientierte Visualisierung um, indem die Stärke jedes Themas in jeder Zeitscheibe durch die normalisierte Anzahl der zum Thema gehörenden Wortformen je Zeitscheibe repräsentiert wird. Die Normalisierung kann dabei durch Relation der zu untersuchenden Wortformen pro Zeitscheibe mit der Zeitscheibenanzahl (absolute Stärke) oder mit der Anzahl der laufenden Wortformen der entsprechenden Zeitscheibe[113] (relative Stärke) erfolgen. Während die absolute Stärke die absolute Menge an Text misst, die ein bestimmtes Thema in einer gesamten Datenmenge (Kollektion) beschreibt, bestimmt die relative Stärke die Bedeutung aller Themen einer Zeitscheibe bzw. setzt deren Präsenz in Bezug.

Darüber hinaus gibt es eine ganze Reihe von ähnlichen bzw. verwandten Ansätzen zur Analyse des Wandels von Bedeutung bzw. Frequenz von Textinstanzen.[114] Die Art der Textinstanzen spielt dabei inhaltlich eine bedeutende Rolle. Die entsprechenden methodischen Ansätze unterscheiden sich vornehmlich in der Datenaufbereitung, danach jedoch nur noch unwesentlich.

Vernetzungsbasierte Analysen

Die frequenzbasierten Verfahren ermöglichen Einzelanalysen und auch relative Analysen der Bedeutung von Themen. Vernetzungs- und Hierarchiemuster sind nur über zusätzliche Visualisierungstechniken wie Symbole oder Farben zu ermitteln. Graphbasierte Verfahren können die frequenzbasierten Verfahren daher gut ergänzen.[115] Alle Ansätze basieren auf dem Gedanken, dass Beziehungen bzw. kontextuelle Zusammenhänge zwischen Sachverhalten gut durch Graphen mit ihren Knoten und Kanten ermittelt werden können. Die Knoten repräsentieren dabei die Themen oder Inhalte, die Kanten die Beziehungen zwischen den Knoten. So können syntagmatische oder paradigmatische und damit kontextuelle bzw. inhaltliche Beziehungen zwischen Wortformen oder Konzepten identifiziert werden.

Grafbasierte Methoden können in unterschiedlichen Forschungs- und Anwendungsbereichen auf eine lange Historie zurückblicken. Die wesentlichen Merkmale eines Graphen – die Knoten und Kanten – können viele unterschiedliche Sachverhalte repräsentieren. Im Rahmen zeitorientierter Analysen wurde insbesondere die

---

113 Frequenz aller Wortformen pro Zeitscheibe.

114 Vgl. Havre, Hetzler et al. 2002; Shaparenko, Caruana et al. 2005; Lægreid und Sandal 2006; Wang und McCallum 2006; Qiaozhu Mei 2005.

115 Die wesentlichen grundlegenden Arbeiten im Bereich graphbasierter Verfahren im Temporal Text Mining sind: Feldman, Aumann et al. 1997 und Lent, Agrawal et al. 1997. Darauf aufbauend auch: Erten, Harding et al. 2004; Mei und Zhai 2005; Toyoda und Kitsuregawa 2005; Chen 2005. Die für den praktischen Teil dieser Arbeit interessanten Publikationen sind: Quasthoff, Richter et al. 2003; Biemann, Heyer et al. 2004; Heyer, Quasthoff et al. 2005; Biemann, Böhm et al. 2006; Gottwald, Heyer et al. 2007.

Analyse von Metadaten durch Zitations-, Autoren- bzw. Kollaborations- oder Themengraphen unterschiedlicher zeitlicher Granularitäten ergiebig studiert. Besonders Patentdaten und wissenschaftliche Publikationsdaten bieten eine Fülle von – für die Evolution von Sachverhalten interessanten – Metadaten zu Autoren, Institutionen oder Zitationen. Zu verweisen ist hier auf die Informetrie, die im Kapitel 6 bereits beschrieben wurde, auf die Arbeiten von Chen zur Evolution wissenschaftlicher Literatur (vgl. Chen 2005; Chen, Lin et al. 2006), auf Erten und Harding (vgl. Erten, Harding et al. 2004) und auf Toyoda und Kitsuregawa zur Evolution des World Wide Web, in dem Knoten Webseiten und Kanten deren Beziehungen auf Basis gerichteter Links repräsentieren (vgl. Toyoda und Kitsuregawa 2005). Im Rahmen der Evolution des World Wide Web stellen auch Desikan und Srivastava ein interessantes Konzept auf Basis der Entwicklung von Webgraphen auf, das ebenso auf andere Inhalte übertragen werden kann. Sie unterscheiden nicht nur Knoten und Kanten, sondern analysieren die Evolution des World Wide Web auf drei Ebenen (vgl. Desikan und Srivastava 2004):

1. Einzelknoten *(Single Nodes)* und ihre Eigenschaften über verschiedene Zeitintervalle,

2. Teil- bzw. Subgraphen *(Sub-Graphs)*, die einem Satz von Einzelknoten entsprechen und deren Frequenzen bzw. Sequenzen über verschiedene Zeitintervalle gemessen bzw. identifiziert werden können sowie

3. Vollgraphen *(Whole Graphs)*.

Während erstere eher spezifische Informationen über Zeitscheibenentwicklungen bereitstellen (z. B. Angaben über Zusammenhänge einzelner Webseiten in Form von Knoten), ermöglicht die Analyse von Vollgraphen allgemeinere Aussagen (z. B. einen Überblick über alle einen Sachverhalt beschreibenden Webseiten in Form von Knoten). Desikan und Srivastava unterscheiden dabei zwischen der Messung elementarer Eigenschaften wie der Anordnung, Größe, Dichte oder Zahl der Bestandteile des Graphen (Knoten und Kanten) und der Messung abgeleiteter Eigenschaften wie der durchschnittlichen oder maximalen Anzahl von *hubs* oder *authorities* (siehe Web Structure Mining) (vgl. Desikan und Srivastava 2004).

Für intervall- oder zeitreihenbezogene Analysen können Graphen zu *Intervall-Graphen* oder zu *Trend-Graphen* erweitert werden.[116] Erstere gestatten die Analyse von Ähnlichkeiten und Unterschieden kontextueller Beziehungen zwischen zwei Intervallen eines Textkorpus. Letztere erweitern einfache Graphen oder Intervall-Graphen, indem sie sie zu Sequenzen eines Graphen kombinieren und dieselbe Analyse über mehrere Zeitscheiben hinweg ermöglichen.

Ein entsprechendes Verfahren stellen Diehl und Görg vor. Sie entwerfen einen so genannten *Super Graph* als Vereinigung aller Zeitscheiben-Graphen und ihrer Themen und ermöglichen einfach zu verfolgende Animationen von der Evolution zugrundeliegender Themen durch die Verortung von Knoten gemäß dem Supergraphen. Damit wird die Vergleichbarkeit von Knoten und Kanten trotz Dynamik gewährleistet (vgl. Diehl, Görg et al. 2001; Diehl und Görg 2002).

Eine besondere Form eines Graphen stellen Mei und Zhai mit dem *Theme Evolution Graph* vor. Sie definieren ihn als ein „weighted directed graph in which each vertex is a theme span, and each edge is an evolutionary transition" (Mei und Zhai 2005). Themen werden demnach nicht als – durch Menschen zu erkennende – Cluster von Knoten (Wortformen, Kookkurrenzen usw.) repräsentiert, sondern einem konkreten Knoten zu-

---

[116] Die Intervall-Graphen werden auch *Temporal Context Graph* (Feldman und Sanger 2007) oder *Difference Graph* (Erten, Harding et al. 2004) genannt, während die Trend-Graphen unter der Bezeichnung *Context-Oriented Trend Graph* (Feldman und Sanger 2007), *Time Series Graph* (Toyoda und Kitsuregawa 2005) oder *Dynamischer Graph* zu finden sind.

gewiesen. Die Kanten verbinden nicht die Knoten innerhalb einer Zeitscheibe zur Darstellung der Vernetzung, sondern die Knoten zwischen zwei konsekutiven Zeitscheiben. Das Kantengewicht repräsentiert die Ähnlichkeit zwischen zwei Knoten jeweils aus einer anderen Zeitscheibe und damit die so genannte *Evolution Distance* – die Wahrscheinlichkeit, dass ein Knoten$_{t-1}$ der Vorgänger des Knoten$_t$ ist. Ist die Kante signifikant, so besteht wahrscheinlich ein Evolutionspfad.[117]

10.4.3.6 Halbautomatische Identifikation von Trends

Die vernetzungsbasierten Analysen vereint die Tatsache, dass sie dem Menschen bei der Identifikation aufkommender Thementrends in Dokumentenkollektionen eine maschinenbasierte Datenaufbereitung und eine informationsvisuelle Unterstützung zur Trendidentifiktation anbieten. Das heißt, die Mustererkennung im Sinne des Temporal Text Mining erfolgt definitiv durch den Menschen. In Anbetracht dessen, dass eine Mustererkennung im Temporal Text Mining nie vollautomatisch ablaufen kann und wird (es sei denn, Mensch und Maschine werden eins!), sind folgende Ansätze richtungsweisende Schritte der halbautomatischen Identifikation von Trends. Notwendig sind diesbezüglich jedoch eine in sich schlüssige und umfassende Bedarfsdefinition sowie Grundannahmen bzw. Indikatoren, die der Maschine „Intelligenz" geben und es ihr ermöglichen, zum Beispiel Trends explizit zu ermitteln. Den zeitlichen Grundelementen entsprechend kann, wie bei den Graphen, zwischen intervall- und zeitreihenbezogenen Trends unterschieden werden.[118] Erstere vergleicht Textmuster für Themen wie Frequenzen und Kookkurrenzen von Wortformen oder Konzepten zweier Zeitscheiben und identifiziert die Thementrends nach einer vorab bestimmten Grundannahme. Im Falle der Identifikation aufkommender Trends ist es meist die absolute oder relative Änderungsrate. Die Textmuster können auf Basis einer Änderungsrate beispielsweise weiterhin sortiert oder gefiltert werden. Letztere Verfahren sind komplexer. Zeitreihen entsprechender Textmuster müssen verglichen und möglicherweise nach Trendmustern geclustert oder klassifiziert werden.

Liebscher und Belew stellen einen entsprechenden Ansatz zur Identifikation von Trends in Dokumentenströmen auf Basis einer Methode der Zeitreihenanalyse vor. Kollektionen wissenschaftlicher Publikationen teilen sie in Zeitscheiben auf, extrahieren Uni- und Bigramme im Sinne einzelner Wortformen und Nachbarn (Bigramme stellen sich dabei, weil konkreter und eindeutiger, als sinnvoller heraus) und unterziehen deren Zeitreihen nach einer Glättung der linearen Regression. Die Textmuster mit dem größten Anstieg im Gesamtkorpus repräsentieren die aufkommenden und jene mit einem negativen Anstieg die rückläufigen Themen. Selbstverständlich können die Textmuster auch nach Anstieg sortiert werden. Liebscher und Belew stellen fest, dass es für die Anwendung komplexerer Methoden der Zeitreihenanalyse (vgl. Box, Jenkins und Reinsel 1994) im Falle jahresgetrennter Dokumentenkollektionen wissenschaftlicher Publikationen noch zu wenig Zeitscheiben für die Erstellung akkurater Modelle gibt und begnügen sich daher mit der simplen linearen Regression (vgl. Liebscher und Belew 2003).

Ähnlich gehen Lægreid und Sandal vor. Sie analysieren jedoch den Wandel von – durch eine Namenserkennung *(Named Entity Recognition)* extrahierten – Namen (vgl. Lægreid und Sandal 2006).

Zeitreihenanalysen werden natürlich auch auf Metadaten unternommen, wie beispielsweise die Arbeiten von Popescul, Flake et al. zeigen. Deren Clustering-Algorithmus basiert auf Zitationsmustern wissenschaftlicher Literatur-Datenbanken und generiert möglichst heterogene thematische Gruppen der meistzitierten Publika-

---

117 Der Algorithmus ist vereinfacht wie folgt: (1) Segmentierung der Dokumentenkollektion in Zeitscheiben, (2) Identifikation signifikanter Themen für jede Zeitscheibe, (3) Übergangsmodellierung zwischen identifizierten Themen konsekutiver Zeitscheiben.

118 Kleinberg bezeichnet sie als *Two-Point Trends* und *Trend-Based Methods* (Kleinberg 2004).

tionen, die nachfolgend – dem Ansatz von Liebscher und Belew ähnlich – einer linearen Regression unterzogen werden (Popescul, Flake et al. 2000).

Einen anderen interessanten Ansatz stellen Lent, Agrawal et al. vor. Auch sie teilen den Datenstrom in Zeitscheiben auf und extrahieren die signifikantesten Themen in jeder Zeitscheibe. Der Algorithmus zur Themenextraktion basiert jedoch auf der von den Mitautoren Agrawal und Srikant entwickelten und bereits im Kapitel zu Temporal Data Mining vorgestellten Sequenzanalyse auf Basis der Zählung der Vorkommen von Wort-Kookkurrenzen in vom Nutzer bestimmbaren Dokumentenfenstern (Satz, Absatz usw.). Jedem extrahierten und optional einer Schwellenwertfilterung unterzogenen Thema wird die entsprechende Dokumentenanzahl pro Zeitscheibe zugewiesen. Unter Nutzung der oben bereits beschriebenen Abfragesprache SDL kann der Nutzer die Menge von Themenentwicklungen nach ihn interessierenden Entwicklungsformen *(shapes)* filtern (vgl. Lent, Agrawal et al. 1997).

Einen (halb)automatischen und ebenfalls nicht auf Zeitreihen basierten Ansatz zur Identifikation von Thementrends beschreiben Pottenger, Kim und Yang (vgl. Pottenger, Kim et al. 2001; Pottenger und Yang 2001). Ihrem *Hierarchical Distributed Dynamic Indexing* liegt die Annahme zugrunde, dass ein aufkommendes Konzept *(Emerging Concept)* sowohl durch ein Frequenzwachstum im Text als auch durch ein wachsendes Aufkommen in unterschiedlichen durch das Clustering bestimmten semantischen Gruppen in konsekutiven Zeitscheiben bestimmt wird. Ersteres bestimmt die Präsenz des Konzeptes im Text an sich, letzteres seine Vernetzung.[119] Sie stellen fest, dass neuronale Netze zur Trendklassifikation antrainiert werden können, dass die Präzision der Klassifikation jedoch schlecht ausfällt und dass die finale Entscheidung, ob ein durch das System vorgeschlagenes Konzept tatsächlich einen aufkommenden Trend repräsentiert, dem Domänenexperten überlassen werden sollte. Der Gedanke der halbautomatischen Identifikation von Trends auf Basis von neuronalen Netzen wird im Kapitel 15.6 wieder aufgegriffen. Dabei geht es weniger um die Klassifikation, sondern um ein Clustering konvergenter Trends.

10.4.3.7 Umgang mit dynamisch aktualisierten Daten

Viele Anwendungen, besonders im Kontext des Temporal Text Mining, verlangen häufige, wenn nicht regelmäßige oder sogar dauernde Aktualisierungen der Daten. Im Tages- bis Sekundentakt kommen in Kollektionen von Pressenachrichten, Patenten oder wissenschaftlicher Literatur dynamisch neue Nachrichten oder Dokumente hinzu, werden modifiziert oder gelöscht. Damit die durch das Mining auf den Datenmengen berechneten Muster auch ständig aktuell bleiben, müssen sie prinzipiell im selben Takt erneuert werden. Selbstverständlich können in diesem Fall die Berechnungen ständig neu gestartet werden. Dies benötigt viele Ressourcen im Sinne von Speicherplatz, Energie, Rechenaufwand oder Zeit und ist daher ineffizient.[120] Sinnvoll sind daher als Alternative sogenannte inkrementelle Algorithmen, die die berechneten Muster als Basis nehmen und sie inkrementell bei jeder neu hinzukommenden Information aktualisieren (vgl. Feldman und Sanger 2007). Entsprechende Algorithmen sind aus dem Data Mining bekannt und können auf Text Mi-

---

[119] Der Algorithmus ist wie folgt: (1) Segmentierung der Dokumentenkollektion in Zeitscheiben, (2) Identifikation signifikanter Themen (Konzepte) für jede Zeitscheibe: Extrahierung komplexer Nominalphrasen als Konzepte unter Nutzung regulärer Ausdrücke und Part-of-Speach Tagging, (3) Clustering der Konzepte zu semantischen Gruppen auf Basis von Ähnlichkeitsmaßen, (4) Klassifikation von Konzepten in wachsende und nicht wachsende Konzepte auf Basis eines neuronalen Netzes mit Änderungsraten und a) sowohl der Anzahl semantischer Cluster, in denen die Konzepte auftreten b) als auch der Frequenzen und Kookkurrenzen der Konzepte als Eingangswerten.

[120] Beispielsweise dauerte eine Berechnung signifikanter Wortformen und Kookkurrenzen einer Patentkollektion in Volltext der Größe von mehr als 5 GB mit einem größeren Computercluster im Rahmen vorliegender Arbeit mehr als eine Woche.

ning und Temporal Text Mining übertragen werden.[121] Ein anderer effizienter und robuster Algorithmus zur inkrementellen Aktualisierung häufiger Kookkurrenzen von Textinstanzen ist der so genannte *Borders-Algorithmus* (vgl. Mannila und Toivonen 1996). Durch absolut oder prozentual bestimmte Schwellenwerte können die zu scannenden Kandidaten für Assoziationsregeln reduziert werden, und somit kann auch der Rechenaufwand niedrig gehalten werden.

10.5 Web Mining und Temporal Web Mining

Die Flut speziell digitaler Informationsquellen wird zum großen Teil durch das Internet und die unzähligen, sich dynamisch vermehrenden Webseiten und ihre Nutzer mit unterschiedlichsten Bedürfnissen getrieben. Klassische Datenexplorationsmethoden des Information Retrieval sind auch bei aus dem Web gewonnenen Daten nicht mehr zufriedenstellend (vgl. Kobayashi und Takeda 2000). Innovativere Technologien, die Webdaten verarbeiten, sind vonnöten. Erfolg versprechende Lösungsansätze des Data Mining oder Text Mining im Rahmen des World Wide Web werden auch unter dem Begriff *Web Mining* zusammengefasst.

Neben einer Vielzahl von Definitionen[122] stechen folgende zwei wegen ihrer Explizitheit heraus:

Definition *„Web mining can be broadly defined as the automated discovery and analysis of useful information from the web documents and services using data mining techniques."* (NEMIS 2004)

sowie

Definition *„Web Mining is the application of data mining techniques to the content, structure, and usage of Web resources."* (Stumme, Hotho et al. 2006, S. 128).

Allen anderen Mining-Disziplinen entsprechend, profitieren Technologien des Web Mining von der Strukturierung noch nicht strukturierter Daten und betten Verfahren des Data Mining, Text Mining oder der Informationsvisualisierung sinnvoll ein: (1) das Text Mining zur Strukturierung semi- oder nicht explizit strukturierter Daten, (2) das Data Mining zur Mustererkennung in bereits strukturiert vorliegenden Daten und (3) die Informationsvisualisierung zur Unterstützung des Menschen bei der Datenexploration. Die im Web zu beschaffenden und analysierbaren Daten kategorisieren Srivastava, Cooley et al. in vier Gruppen (vgl. Srivastava, Cooley et al. 2000):

1. *Inhaltliche Daten (Content Data)* repräsentieren die tatsächlichen Inhalte, die der Sender dem Empfänger gemäß Kommunikationsmodell zur Verfügung stellt. Dies kann einfacher, nicht explizit strukturierter Text sein, es kann sich jedoch auch um strukturierte Daten in Form von Tabellen, Bildern oder Filmen handeln.

2. *Strukturelle Daten (Structure Data)* repräsentieren Informationen über die Organisation der inhaltlichen Daten. Dies können sowohl Dateneinheiten wie HTML- oder XML-Tags zur Strukturierung einer Webseite sein als auch Dateneinheiten zur Strukturierung mehrerer Webseiten im Sinne von Hyperlinks zur Verknüpfung von Webseiten.

3. *Nutzungsdaten (Usage Data)* sind Informationen über die Nutzung einer bestimmten Webseite, die vorwiegend aus ihrer Log-Datei stammen. Dies können Zeitangaben zur Nutzung der Webseite sein,

---

121 Dies belegen die frühen Arbeiten von Feldman und Dagan (Feldman, Dagan et al. 1998), der FUP-Algorithmus (Cheung, Han et al. 1996), der FUP2-Algorithmus (Cheung, Lee et al. 1997) und der Delta-Algorithmus (Feldman, Amir et al. 1996), die die Neuberechnungskosten besonders zeitorientierter und kausaler Regeln minimieren.

122 Vgl. Baldi, Frasconi und Smyth 2003; Chakrabarti 2003; Srivastava, Desikan und Kumar 2004.

IP-Adressen ihrer Besucher, Informationen über besuchte Pfade sowie über das Navigationsverhalten vor, während oder nach dem Webseitenbesuch.

4. *Nutzerprofildaten (User Profile Data)* stellen Informationen über die Nutzer einer Webseite bereit. Dies können geographische, demographische oder interessensbezogene Daten sein, die beispielsweise wiederum aus den Log-Daten oder speziellen Abfragen und Formularen auf der Webseite gewonnen werden können.

Entsprechend unterscheiden Kosala und Blockeel auch drei Teilbereiche des Web Mining (vgl. Kosala und Blockeel 2000):

1. das *Web Content Mining*,

2. das *Web Structure Mining* und

3. das *Web Usage Mining*.

In allen drei Bereichen werden die bereits besprochenen Mining-Techniken von Assoziations- und Sequenzanalysen über Clustering bis zu Klassifikationen angewendet und für die spezifischen Webansprüche weiterentwickelt. Sie werden nachfolgend detailliert besprochen.

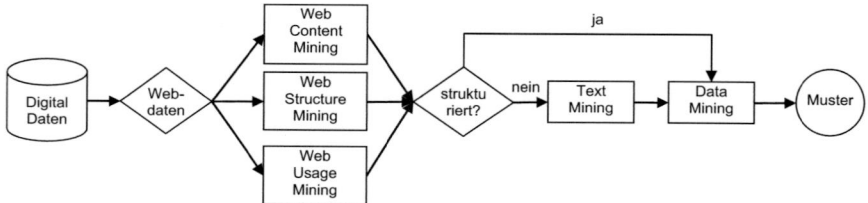

Abbildung 13. Prozessorientiertes Schaubild des Web Mining.

Abbildung 13 zeigt ein Prozessschaubild, das das Web Mining in die Datenexploration aus quellenorientierter Perspektive einordnet. Je nach Webdatenart werden die drei unterschiedlichen Disziplinen des Web Mining bedient, wobei – je nach Strukturiertheit der Daten – sofort klassische Verfahren des Data Mining und gegebenenfalls das Text Mining vorab angewendet werden.

10.5.1 Web Content Mining

Das Web Content Mining hat ein verbessertes Gruppieren, Kategorisieren, Analysieren, Erschließen und damit ein besseres Verstehen von Webseiteninhalten zum Ziel (vg. NEMIS 2004; Stumme, Hotho et al. 2006, S. 128). Es verfolgt unterschiedliche Forschungsstränge, wie folgt (vgl. Kosala und Blockeel 2000):

- der Einsatz künstlicher Intelligenz zur (semi)autonomen Aufgabenbewältigung,

- das Lernen, Kombinieren und Verschmelzen von Ontologien,

- rein statistische und auch anspruchsvollere inhaltsorientierte Ansätze des Information Retrieval wie die *Latent Semantic Analysis* (LSA) (vgl. Deerwester, Dumais et al. 1990; Buntine, Perttu et al. 2004; Jin, Zhou et al. 2004),

- die Nutzung semistrukturierter Eigenschaften von Webseiten wie HTML- oder XML-Tags, um logische Strukturen zu erforschen oder

- das Übertragen heterogener, semistrukturierter Webinhalte in strukturierte, hierarchische Datenbanken durch annotationsbasierte Abfragesprachen.

Die meisten Methoden des Web Mining sind gegenwärtig noch Abwandlungen des Text Mining. Zunehmend bilden auch Multimedia-Daten wie Bilder, Sounds oder Videos Web-Inhalte. Die Bedeutung des *Multimedia data mining*[123] im Rahmen des Web Mining wächst enorm.

10.5.2 Web Structure Mining

Das Web Structure Mining hat zum Ziel, zusätzliche, meist implizit in der Linkstruktur von Webdokumenten enthaltene Informationen zu erschließen.[124] Dabei bewegt sich der Fokus von der Analyse einzelner Webseiten-Kollektionen bis hin zur Analyse des World Wide Web als Ganzem. Folgende Forschungsstränge sind signifikant:

- Die Identifikation von Webseiten als *hubs* und *authorities*.[125] Hubs sind Webseiten, die auf viele andere verwandte Webseiten verweisen, während die Autoritäten im Gegenzug die Webseiten repräsentieren, auf die oft verwiesen wird.

- Die Identifikation und Kategorisierung von Webhierarchien und Verzeichnissen (vgl. Amitay, Carmel et al. 2003).

- Die makrostrukturelle Analyse des World Wide Web als Ermittlung der kürzesten Wege zwischen und der Clustereigenschaften von Webseiten (vgl. Milgram 1967; Adamic 1999).

Web Structure Mining und Web Content Mining werden häufig auch kombiniert eingesetzt, um auf Basis des Inhalts und der Struktur von Hypertext bessere Ergebnisse für die Exploration von Webdaten zu erzielen.

10.5.3 Web Usage Mining

Das Web Usage Mining bezieht sich auf die Analyse des Verhaltens von Web-Nutzern. Dabei werden Einträge in Webserver-Log-Dateien herangezogen, die deren Verhalten aufzeichnen. Die Dateien können zusätzliche implizite Informationen über die zu analysierenden Webseiten bergen. So können aus dem Klick-Verhalten eines Nutzers auf einer Webseite neben den bereits strukturiert vorliegenden oder zusammenhängenden Inhalten neue Zusammenhänge und Strukturen gewonnen werden. Beispiele dafür sind Assoziations- und Sequenzanalysen auf Basis von Warenkorbanalysen oder von durch Abfragen von Produkt-Beschreibungsseiten hinterlassenen Informationen in Log-Dateien. Diese können für weitere Personalisierungs- und Dynamisierungsmaßnahmen für Webseiten (vgl. Mobasher, Cooley et al. 2000), Empfehlungsmechanismen (vgl. Lin, Alvarez et al. 2002), Monitoring- und Alarmfunktionen (vgl. Morrison, Punin et al. 2004), die Optimierung der Informationsarchitektur und des Designs von Webseiten (vgl. Berendt und Spiliopoulou 2000; Cooley 2000; Kato, Nakayama et al. 2000) sowie allgemein für die Optimierung ihrer Inhalte genutzt werden (vgl. Kohavi, Masand et al. 2002).

Methoden des Web Usage Mining sind für die Digital Intelligence sogar besser geeignet als das Web Content Mining. Letzteres analysiert die von Autoren geschriebenen und deren Meinung repräsentierenden Texte als Spiegel ihrer realen Wahrnehmungen. Das Web Usage Mining hingegen konzentriert sich auf die Webnutzer und deren Verhalten. Sie sind zum einen zahlenmäßig der Autorenschaft weit überlegen, und

---

[123] Entsprechende Ansätze werden in (Simoff und Zaïane 2000) beschrieben.

[124] Einen Überblick über relevante Arbeiten bietet Chakrabarti (Chakrabarti 2003).

[125] Vgl. Brin und Page 1998; Kleinberg 1999; Page, Brin et al. 1999.

zum anderen können sie durch ihr Verhalten reale Entwicklungen früher widerspiegeln. Während Webnutzer ihre Sorgen oder Wünsche durch ihr Verhalten implizit kundtun, muss ein Autor seine Beobachtungen explizit in Form von Text mitteilen. Erwähnenswert ist, dass die Bedeutung nutzergenerierter Inhalte im World Wide Web stetig zunimmt. Obwohl die durch Webnutzer generierten expliziten[126] und impliziten Informationen behutsam zu interpretieren sind, können mithilfe des Web Usage Mining aus sorgsam ausgewählten Informationsquellen repräsentative Informationen zu realen Entwicklungen gewonnen werden.[127]

10.5.4 Temporal Web Mining

Der wachsenden Bedeutung des World Wide Web analog, steigt auch das Interesse, Webdaten zeitorientiert zu analysieren und zu extrahieren. Prinzipiell können die oben genannten webspezifischen Verfahren des Web Mining auch implizit und explizit zeitliche Daten aus dem Web extrahieren und Verfahren des Temporal Data Mining oder Temporal Text Mining zur Verfügung stellen. Der Begriff Temporal Web Mining wird in der wissenschaftlichen Literatur daher bisher auch nur im Kreise einer Person explizit genutzt, Mireille Samia. Andere Arbeiten – die ebenso zeitorientierte Explorationen von Webdaten zum Ziel haben, sprechen zum Beispiel von Temporal Text Mining oder Spatiotemporal Text Mining (vgl. Mei, Liu et al. 2006). Wahrscheinlich ist, dass sich mit zunehmendem Reifegrad und zunehmender Anwendungsvielfalt auch der Begriff Temporal Web Mining etablieren wird. Samia und Conrad beschreiben Temporal Web Mining als Erweiterung von Temporal Data Mining und Web Mining:

Definition: „*Temporal Web mining (TWM) concerns the Web mining of data with significant temporal information*" (Samia und Conrad 2007, S. 2).

Zum Ziel des Temporal Web Mining erklären sie: „to deal with temporal data, such as local and Web data, in real time over the Web" und „predicting temporal data from the content of the Web data" (Samia und Conrad 2007, S. 3). Die Informationsquellen des Temporal Web Mining sind explizit zeitorientierte Webdaten, die aus dynamischen Webinhalten durch oben beschriebene Verfahren des Web Mining extrahiert werden und danach mithilfe beschriebener Verfahren des (Temporal) Text Mining, des (Temporal) Data Mining und der Informationsvisualisierung exploriert werden. Desikan und Srivastava fassen die grundlegende Motivation des Temporal Web Mining – auch wenn sie das Konzept nicht explizit nennen und unter Temporal Mining, Zeitreihenanalyse und Prognose auf Basis von Webdaten führen – folgendermaßen zusammen:

Definition   „*The need to study and understand the evolving content, structure and usage of interlinked documents has gained importance recently, especially with the advent of the World Wide Web and online Citation Indices.*" (Desikan und Srivastava 2003, S. 1)

Im Rahmen vorliegender Arbeit wurden auch Webdaten in Form von Webseiteninhalten (Web Content) exploriert. Da die Daten gecrawled und einer relationalen Datenbank nach Zeitscheiben auf Basis ihrer Metadaten überführt wurden und auch die Datenaufbereitung mit traditionellen Verfahren des Text Mining erfolgte, führte die Beschreibung entsprechender Ansätze unter dem Deckmantel des Temporal Web Content Mining zu weit.

10.6 Informationsvisualisierung

Die Datenexploration hat durch die Entwicklung und den Einsatz maschinenbasierter Methoden eine zunehmende Automatisierung erfahren. Dennoch ist eine effektive Analyse von Daten ohne das Eingreifen des

---

[126] Gruhl, Guha et al. forschen z. B. im genannten Kontext (Gruhl, Guha et al. 2004; Gruhl, Guha et al. 2005).

[127] Einen guten Überblick über verwandte Forschungen gewähren (Heino und Toivonen 2003; Baron und Spiliopoulou 2004).

Menschen nicht möglich. Häufig sind klassische computergestützte Datenexplorationswerkzeuge „Black Box"-Systeme, die entweder keine oder nur eine begrenzte Einflussnahme durch den Benutzer zulassen, der darüber hinaus über Statistik- oder Informatikkenntnisse verfügen muss. Die Disziplin der Informationsvisualisierung (*Information Visualization*) verknüpft die Fähigkeiten des Menschen – Flexibilität, Kreativität und das Allgemeinverständnis – mit der enormen Speicherkapazität und Rechenleistung von Computern. Daher wird sie oft als Ergänzung zu Data Mining angesehen und dementsprechend auch *Visual Data Mining* oder *Visual Analytics* genannt. Erwartungsgemäß sind viele Publikationen mit der Schnittmenge beider Disziplinen aufzufinden.[128] Die Hauptvorteile der direkten, interaktiven Einbindung des Menschen gegenüber (voll- bis halb)automatischen Verfahren der Künstlichen Intelligenz oder Statistik liegen auf der Hand:

- *Maßgeschneiderte Datenexploration.* Die Datenexploration hat zum Ziel, den Menschen bei der Bewältigung von Aufgaben zu unterstützen. Sie richtet sich daher nach den impliziten und expliziten Zielen des Benutzers. Diese können jedoch nicht gänzlich operationalisiert werden. Um die Effizienz und Qualität der Datenexploration zu steigern, ist es sinnvoll, den Menschen direkt in den Prozess der Datenexploration einzubinden.

- *Nutzung existierenden Expertenwissens.* Darüber hinaus kann durch die Interaktion zwischen Benutzer und Maschine auf das bereits verfügbare Expertenwissen des Benutzers zurückgegriffen werden.

- *Handhabung problematischer Datensätze.* Der Vorteil der Einbindung des Menschen in der Informationsvisualisierung offenbart sich vor allem dann, wenn wenig Informationen über die zu untersuchenden Daten bekannt sind, die erwarteten Muster nicht klar definiert und die Daten stark inhomogen oder verrauscht sind.

- *Benutzer ohne Datenexplorationsexpertise.* Die Datenerforschung kann auch durch Benutzer durchgeführt werden, die sich mit den Methoden, Algorithmen und Parametern der Datenexploration nicht gut auskennen.

- *Gesteigertes Vertrauen in die Mustererkennung.* Wenn der Datenerforscher (und später auch der Kommunikator) von Anfang an in den Datenexplorationsprozess eingebunden wird, versteht er die Daten besser. Das Vertrauen in die Ergebnisse wird erhöht.

Die Disziplin der *Visualisierung* kann beschrieben werden als:

Definition: *„The use of computer supported, interactive, visual representations of data to amplify cognition. "* (Card, Mackinlay et al. 1999, S. 6)

Sie umfasst die *Wissenschaftliche Visualisierung (scientific visualization)* von Daten oft technischen, naturwissenschaftlichen Ursprungs, die auf natürliche räumliche Repräsentationen zurückgreift und die *Informationsvisualisierung* abstrakter Daten (beispielsweise Geschäfts-, Finanz- oder Textdaten), die sich folgendermaßen versteht:

Definition: *„The use of computer supported, interactive, visual representation of abstract data to amplify cognition. "* (Card, Mackinlay et al. 1999, S. 7).

Die Informationsvisualisierung ist die Wissenschaft des Erkenntnisgewinns mit Hilfe interaktiver, visueller und analytischer Methoden.[129] Die Informationsvisualisierung soll dem Betrachter bei der Entdeckung von Zusammenhängen und beim Verstehen von komplexen Sachverhalten in abstrakten Daten helfen und Erkenntnisgewinnung und Entscheidungsfindung erleichtern. Sie dient der Erzeugung geeigneter visueller Re-

---

[128] Wie z. B. Keim 2002; Soukup und Davidson 2002; Courseault 2004; Mörchen 2006.
[129] Vgl. Miksch, Lanzenberger et al. 2006; Miksch 2007; Aigner, Miksch et al. 2007, S. 1-2.

präsentationen von Daten und Informationen zur (1) explorativen Analyse, (2) konfirmativen Analyse und (3) Präsentation und Kommunikation (vgl. Krömker 2000/01).[130]

Zeitorientierte Daten können sowohl eine eigene Kategorie einnehmen als auch in alle anderen bereits genannten Kategorien von Datentypen eingehen. Die Zeit ist vielfältig. Sie braucht nicht nur durch ein Attribut charakterisiert zu sein, sondern durch eine Bandbreite bereits aufgeführter Eigenschaften.

10.6.1 Visualisierungstechniken[131]

In der wissenschaftlichen Literatur gibt es viele Ansätze, digitale Visualisierungstechniken in eine klare, verständliche und gleichzeitig ausführliche Taxonomie einzuordnen[132]. Einerseits sind Gruppierungen anhand einzelner betrachteter Faktoren zu finden. Andererseits gibt es Klassifikationen von Visualisierungstechniken anhand mehrerer Perspektiven, die sich wiederum aus folgenden entscheidenden Einzelfaktoren zusammensetzen:

1. die zu visualisierenden Datentypen,

2. die Darstellungsart der Daten anhand von Visualisierungsprinzipien,

3. die Interaktion während der Visualisierung,

4. die an die Visualisierung gestellten analytischen Aufgaben und

5. das zugrundeliegende Daten- und Prozessmodell.

Nachfolgend werden die gängigsten Visualisierungstechniken nach den genannten Einzelfaktoren kurz beschrieben und – falls allgemein möglich und sinnvoll – bewertet.

10.6.1.1 Visualisierungstechniken nach Datentypen

In der Informationsvisualisierungsliteratur werden folgende Datentypen besprochen: (1) die eindimensionalen, (2) zweidimensionalen, (3) dreidimensionalen und (4) multidimensionalen Daten sowie (5) die Hierarchien und Netzwerke und (6) Text- und zeitorientierte Daten:

- Bei *eindimensionalen Daten* benötigt jeder Punkt eines (1-D-)Objektes für seine Position nur eine Zahlenangabe (Koordinate) bzw. ein Attribut. Dieses Attribut ist kontinuierlich, sequenziell angeordnet. Farbskalen oder Zahlengeraden stellen entsprechende Daten dar.

- *Zweidimensionale Daten* sind insbesondere aus der Visualisierung planer Daten bekannt. Ein klassisches Beispiel dafür sind geografische Koordinaten. Um einen Punkt in einem zweidimensionalen Raum eindeutig zu verorten, sind Angaben in zwei Dimensionen notwendig. Die Datenwerte sind größtenteils numerisch.

---

[130] Explorativ zu analysieren bedeutet, dass im Vorfeld keine Hypothese aufgestellt wird. Es wird interaktiv, oft ungerichtet gesucht, mit dem Ziel, eine Hypothese zu formulieren. Die konfirmative Analyse hingegen hat zum Ziel, eine bereits bekannte Hypothese zu bestätigen oder zu verwerfen. Abschließend dient die Präsentation bzw. Kommunikation der Kenntnisvermittlung. Sie stellt Ergebnisse und Fakten für Dritte erkennbar dar. Dabei solle eine Visualisierung expressiv, möglichst effektiv und angemessen sein.

[131] Einen interessanten Versuch, eine Vogelperspektive über die vielfältige Landschaft an Visualisierungstechniken zu gewinnen, unternehmen Lengler und Eppler (Lengler und Eppler 2007) mit einem entsprechenden Periodensystem.

[132] Z. B. Bertin 1983; Wehrend und Lewis 1990; Chuah und Roth 1996; Shneiderman 1996; Tweedie 1997; Zhou und Feiner 1998; Card, Mackinlay und Shneiderman 1999; Keim 2002; Chengzhi, Chenghu und Tao 2003; Pfitzner, Hobbs und Powers 2003; Aigner, Miksch, Müller, Schumann und Tominski 2007.

- Sollen räumliche reale oder abstrakte Objekte informationstechnisch abgebildet werden, so sind drei Dimensionen zur Visualisierung notwendig. Entsprechende Daten werden *dreidimensional* bezeichnet.

- Die meisten abstrakten Daten besitzen mehr als drei Attribute und können daher nicht mit herkömmlichen 2-D- oder 3-D-Darstellungen visualisiert werden. *Multidimensionale Daten* können nur mit neueren Techniken visualisiert werden, deren Beispiele nachfolgend zu genüge besprochen werden.

- Datenelemente können untereinander komplexe Beziehungen besitzen. *Hierarchien oder Vernetzungen* sind charakteristische Eigenschaften von Datenelementen. Diese können mithilfe von Graphen modelliert werden, wobei die einzelnen Datenelemente durch Knoten und deren Beziehungen durch Kanten repräsentiert werden können. Je nach Typ der Kanten können sowohl Hierarchien als auch Vernetzungen repräsentiert werden. Der Art und dem Detailgrad einer Kante sind dabei keine Grenzen gesetzt. Letztlich können sogar Regeln für die Beziehungen zwischen Knoten erstellt und damit umfangreiche Ontologien aufgebaut werden.

- Um mit Inhalten großer Textmengen maschinell umzugehen, werden *Texte* in der Computerlinguistik oft in Beschreibungsvektoren transformiert. Vereinfacht kann dies bedeuten, dass alle nicht-trivialen Wörter gezählt und mit einer Hauptkomponentenanalyse oder mit der multidimensionalen Skalierung kombiniert werden und die multidimensionalen Daten – wobei in diesem Fall jedes Wort eine Dimension darstellt – mithilfe von Visualisierungstechniken beschrieben werden. Darüber hinaus steht in der Informationsvisualisierung die *Zeit* fast nie allein für sich. Sie ist an andere Dimensionen bzw. Attribute gekoppelt. Dies kann der Fall sein bei 3-D-Daten, die sich oder ihre Position über die Zeit ändern und damit 4-D-Daten bilden oder bei Texten, die zeitliche Angaben beinhalten oder mit zeitlichen Metadaten versehen sind.

10.6.1.2 Visualisierungstechniken nach Darstellungsart

Bezugnehmend auf Keim, der sich besonders intensiv mit der Darstellungsart multidimensionaler Daten beschäftigt hat, können Visualisierungstechniken in Abhängigkeit von den ihnen zugrundeliegenden Darstellungsprinzipien in folgende Kategorien unterteilt werden (vgl. Keim 2002):

- *geometriebasierte*,

- *ikonenbasierte*,

- *pixelbasierte*,

- *hierarchische und graphenbasierte* sowie

- *Verfahren zur visuellen Analyse zeitorientierter Daten.*

In der Praxis, vor dem Hintergrund spezifischer und vielfältigster gleichzeitiger Anforderungen, sind hybride oder zumindest Sequenzen genannter Darstellungsansätze die gängigsten.

Geometriebasierte Techniken

Die geometriebasierten Techniken nutzen geometrische Transformationen bzw. Projektionen im Sinne von Verschiebungen, Rotationen, Skalierungen oder Scherungen, um die bestmögliche Darstellung multidimensionaler Daten zu erzielen.[133] Zwei- oder dreidimensionale Darstellungen können dabei zum Einsatz kommen. Zu den einfachen geometrischen Visualisierungsmethoden gehören Linien-, Punkt-, Säulen-, Kreis- und Netzdiagramme. Die nachfolgend genannten zu den Feldmatrizen oder Linien- bzw. Streckenzügen gehörenden Verfahren bauen wesentlich auf diesen Basismethoden auf bzw. erweitern sie.

a) *Feldmatrizen*, Panel- oder Tafelmatrizen genannt, bilden multidimensionale Daten in Matrizen ab. Damit wird eine Gesamtsicht auf die Daten möglich. Zu den Feldmatrizen zählen die *Streudiagramm-Matrix*, die *Prosection-Matrix* sowie die *Hyperslices* (vgl. Wijk und Liere 1993) und *Hyperboxes* (vgl. Alpern und Carter 1991). Nachfolgend werden die ersten zwei beschrieben.

- Die *Streudiagramm-Matrix*, auch *Punktwolken- oder Scatterplot-Matrix* genannt, kann im Regelfall zwei bzw. drei Datendimensionen darstellen, wobei jede Datendimension auf einer der zwei bzw. drei orthogonalen Achsen abgebildet wird. Dadurch wird eine Ebene aufgespannt, die alle möglichen Wertepaare der Datendimensionen repräsentiert. Auch Datensätze mit höherer Dimension können visualisiert werden. Ein vierdimensionaler Datensatz wird dann z. B. durch eine 4 x 4-Matrix von Streudiagrammen dargestellt (vgl. Carr, Littlefield et al. 1987).

- Die *Prosection-Matrix* ist eine Projektion einer Sektion multidimensionaler Daten. Die Bezeichnung Prosection versteht sich dabei als Kombination der Begriffe Selektion und Projektion. Bei dieser Visualisierungstechnik markiert jeder Datensatz einen Datenpunkt im multidimensionalen Datenraum. Von diesem werden für eine festgelegte Sektion wiederum orthogonale Projektionen erzeugt und vergleichbar zur Scatterplot-Matrix als Teilsichten in einer Matrix zusammengefasst. Bei einem dreidimensionalen Datenraum entsteht beispielsweise eine Dreiecksmatrix, bei der jede Kombination im Gegensatz zur Scatterplot-Matrix nur einmal vorkommt (vgl. Furnas und Buja 1994).

b) *Linien- bzw. Streckenzüge* bilden multidimensionale Daten in Form von Linien- bzw. Streckenzügen ab. Für jede Dimension wird eine Achse konstruiert, deren Wertebereich dimensionsspezifisch skaliert ist. Die Ausprägungen aller Dimensionen eines Datensatzes werden dann durch Strecken miteinander verbunden.

- Der wohl prominenteste Vertreter geometrischer Visualisierungstechniken auf Basis von Streckenzügen sind die *Parallelen Koordinaten* (vgl. Inselberg und Dimsdale 1990). Die die Dimensionen repräsentierenden Achsen sind dabei parallel angeordnet.

- Die Darstellung multidimensionaler Daten auf Basis von *Sternförmigen Koordinaten* (auch *Star Shaped Coordinates* oder *Circular Parallel Coordinates*) entspricht dem Ansatz der Parallelen Koordinaten, mit dem Unterschied, dass die Koordinatenachsen sternförmig angelegt sind.

- Darüber hinaus zählen zu den geometriebasierten Visualisierungstechniken zum Beispiel auch die *Andrews Curves*, die jeden Datenpunkt eines multidimensionalen Raumes durch eine Funktion repräsentieren (vgl. Andrews 1972),

- die *Radialen Koordinaten* (wie z. B. RadViz), die in einem den parallelen bzw. sternförmigen Koordinaten ähnlichen Raum multidimensionale Datenpunkte mithilfe von Elastizitätskonstanten innerhalb aller Dimensionsachsen ausbalancieren und die Punkte entsprechend abbilden (vgl. Hoffman, Grinstein et al. 1997) und

---

[133] Geometriebasierte Techniken werden besonders hervorgehoben in: Wong und Bergeron 1994; Krömker 2000/01; Oellien 2003; Kromesch und Juhász 2005.

- die *Landkartenbasierten Methoden* (vgl. Wright 1995; Brath 2003), die abstrakte Daten über die Bildmetaphorik geografischer Koordinaten und räumlicher Dimensionen visualisieren und damit einen visuell ansprechenden und für den Menschen intuitiven Ansatz darstellen.

Zusammenfassend ermöglichen die geometriebasierten Visualisierungstechniken verlustfreie Abbildungen multidimensionaler Daten und lassen zweidimensionale Korrelationen gut erkennen. Zudem können sie sowohl qualitative als auch quantitative Datenwerte gut repräsentieren. Sind jedoch einzelne Streckenzüge und Korrelationen zwischen mehr als zwei Dimensionen bei großen Datenmengen zu verfolgen, sind besonders die Parallelen Koordinaten und die Sternförmigen Koordinaten ungeeignet.

Ikonenbasierte Visualisierungstechniken

Werden unterschiedliche grafische Attribute wie die Position, die Größe (Länge, Breite oder Höhe), die Form, die Farbe, der Helligkeitswert, die Musterung bzw. Textur oder die Orientierung eines Elementes systematisch auf Punkte, Linien, Flächen oder Volumen angewendet, können multidimensionale Daten systematisch in Form von *Icons* (bzw. Glyphen) repräsentiert werden. Die Dimensionswerte jedes Datensatzes werden dabei auf die Icons mit den passenden Eigenschaften abgebildet.[134] Aufbauend auf diesen Grundelementen der Gestaltung ergeben sich unterschiedliche spezifische ikonenbasierte Visualisierungstechniken, wie *Isotype*[135], *Stern-Ikonen*[136], *Chernoff-Gesichter*[137] (Chernoff 1973), *Strichmännchen*[138] (Pickett und Grinstein 1988), *Shape Coding*[139] (Beddow 1990), *Farb-Ikonen* (Levkowitz 1991) oder *TileBars*[140] (Hearst 1995).

Der Vorteil ikonenbasierter Visualisierungstechniken liegt neben der Repräsentierbarkeit großer Datenmengen zum einen darin, dass Korrelationen und Gruppen zwischen den Dimensionen der Daten gut wahrnehmbar sind. Zum anderen ist positiv anzumerken, dass die Ikonen, die einzelne Datensätze repräsentieren, direkt im Beobachtungsraum positioniert werden können und somit ein unmittelbares Erkennen der gewünschten Informationen unterstützen. Nachteilig ist, dass sich einzelne Datensätze schwer identifizieren lassen.

Pixelbasierte Visualisierungstechniken

Bei pixelbasierten Techniken wird jeder einzelne Dimensionswert eines multidimensionalen Datensatzes einem farbigen Pixel zugeordnet, dimensionsabhängig gruppiert und entsprechend dargestellt. Die Pixel, die zu einem Datensatz gehören und farblich ihre jeweiligen Dimensionswerte repräsentieren[141], sind somit über die Dimensionsabschnitte verstreut und stehen nur über ihre relative Position innerhalb der Abschnitte in Bezie-

---

134 Bezüglich der visuellen Gestaltungsvariablen (-dimensionen) ist auf Bertin (Bertin 1983) und Card et al. (Card, Mackinlay und Shneiderman 1999) zu verweisen.

135 ISOTYPE (International System of Typographic Picture Education): umfasst ein System von Piktogrammen.

136 Die Datendimensionen werden durch gleichwinklige, im Uhrzeigersinn angeordnete Achsen repräsentiert, wobei die Enden der Achsen den Maximalwerten der Datendimensionen entsprechen und miteinander (durch eine polygonale Linie) verbunden werden.

137 Die Datendimensionen werden in Form von Kopf, Nase, Mund und Augen kodiert und somit durch markante Gesichtszüge repräsentiert.

138 Den Chernoff-Gesichtern ähnlich, werden verschiedene Datendimensionen durch markante Strichmännchen-Elemente und deren Orientierung kodiert.

139 Bei dieser auch *Auto-Glyph* genannten Technik wird einem Gitter jeder Zelle eine Dimension zugewiesen, deren Wert durch eine Farbe verschlüsselt wird.

140 *TileBars* wurden für das Information Retrieval entwickelt und repräsentieren auf grafische Weise kompakt, wie lang ein Dokument ist, wie häufig und wo der gesuchte Term auftaucht. Dies geschieht durch ein großes, das Dokument und dessen Größe repräsentierendes Rechteck, in dem wiederum viele kleine Quadrate unterschiedlicher Farbe die Dokumentenabschnitte und ihre Termfrequenzen repräsentieren.

141 Die Farbkodierung der Datenwerte für jede Dimension erfolgt in einem separaten Fenster.

hung. Dadurch ist es möglich, lokale Beziehungen zwischen Dimensionen, Korrelationen und Ausnahmen zu finden. Auf heutigen Bildschirmen können mithilfe von pixelbasierten Visualisierungstechniken bis zu eine Million Datenwerte gleichzeitig dargestellt werden. Die bekanntesten Vertreter dieser Visualisierungsform sind

- die *Rekursiven Muster (Recursive Patterns)*, die die Pixel in rechteckige Teilbereiche gruppieren und diese Teilbereiche je nach Granularität des Datenraumes (z. B. Stunde, Tag, Woche, Monat, Jahr) weiter fraktalähnlich rechteckig anordnen (vgl. Keim, Ankerst et al. 1995),

- die *Kreissegmente-Techniken (Circle Segments)*, die die Pixel in Kreissegmente anstatt in rechteckige Teilbereiche aufteilt (vgl. Ankerst, Keim et al. 1996),

- die *Spiral-Technik*, die die Pixel spiralförmig gliedert (vgl. Keim und Kriegel 1994) oder

- die *Pixel Bar Chart-Technik*, die traditionelle Säulendiagramme mit pixelbasierten Ansätzen kombiniert (vgl. Keim, Hao et al. 2001).

Pixelbasierte Visualisierungstechniken vermögen es im Vergleich zu anderen Visualisierungstechniken am besten, große multidimensionale Datensätze detailgetreu zu repräsentieren. Die Herausforderung dabei ist, die Dimensionen effektiv anzuordnen und pixelgroße Farbelemente noch unterscheidbar darzustellen.

Hierarchische Visualisierungstechniken

Hierarchische Visualisierungstechniken teilen den multidimensionalen Datenraum in Teilbereiche auf und repräsentieren ihn in Hierarchien. Beispiele hierfür sind

- Die *Hierarchische Achse*, die einen dreidimensionalen Raum nicht wie gewohnt durch drei orthogonale Achsen, sondern durch Achsen, die horizontal hierarchisch angeordnet sind, repräsentiert (vgl. Wong und Bergeron 1994).

- Das *Dimensional Stacking*, das einen n-dimensionalen Raum in zweidimensionale Teilbereiche unterteilt und diese so lange in einer zweidimensionalen Matrix verschachtelt, bis alle Dimensionen abgebildet sind (vgl. LeBlanc, Ward et al. 1990).

- Die *Worlds within Worlds* als eine interaktive hierarchische Darstellung, die auf demselben Prinzip wie das Dimensional Stacking aufbaut, mit maximal drei repräsentierten Dimensionen auf jeder Ebene. Ein n-dimensionaler Raum wird anfangs dreidimensional (dreiachsig) dargestellt. Der Nutzer wählt einen Punkt in diesem Raum aus. Für diesen wird nun auf einer zweiten hierarchischen Ebene ein weiteres Koordinatensystem aufgespannt. Dies wird so lange wiederholt, bis alle Dimensionen abgebildet sind. Dieser Interaktionsprozess ist eine Art Information Retrieval. Der Nutzer muss wissen, wonach er sucht, weil die Informationen (Dimensionen) anfangs nicht sichtbar sind (vgl. Feiner und Beshers 1990).

- Das *InfoCube*, das Hierarchien durch ineinander verschachtelte transparente Boxen repräsentiert (vgl. Rekimoto und Green 1993).

- Techniken, die sich der Baummetapher bedienen, wie *Treemap* (vgl. Shneiderman 1992) oder *Cone Trees* (vgl. Robertson, Mackinlay et al. 1991).

Der Vorteil hierarchischer Visualisierungstechniken liegt darin, dass sie dem Nutzer ermöglichen, unterschiedliche Detailebenen der multidimensionalen Daten zu erforschen. Das heißt, er kann zwischen Überblicks- und Detailvisualisierungen wechseln. Nachteilig ist jedoch, dass die hierfür gebrauchte Struktur im

Voraus erstellt bzw. sorgfältig ausgewählt werden muss, da sie großen Einfluss auf die Qualität der Ergebnisse hat.

Graphenbasierte Visualisierungstechniken

Die zuletzt genannten baumorientierten hierarchischen Techniken zählen auch zu den graphenbasierten Visualisierungstechniken, die sich mit den hierarchischen Visualisierungstechniken teilweise überschneiden. Einen hervorragenden visuellen Eindruck zu graphenbasierten Visualisierungstechniken vermittelt die Webseite http://www.visualcomplexity.com.

In der Graphentheorie ist ein Graph ein Gebilde aus einer Menge von Punkten bzw. Knoten, zwischen denen Linien bzw. Kanten verlaufen. Sind die Knoten und Kanten mit Namen versehen, so liegen benannte Graphen vor. Graphen werden *gerichtet* oder *orientiert* genannt *(Directed Graph)*, wenn eine Ordnung zwischen den Knoten besteht. Diese wird durch einen Pfeil zwischen den Knoten dargestellt. Darüber hinaus können Knoten oder Kanten auch mit Werten versehen sein. Diese Graphen werden dann *gewichtet* oder *bewertet* genannt. Die Gewichte können durch Farben, Texturen oder auch Dicken und Größen der Kanten oder Knoten repräsentiert werden.

Graphen können multidimensionale Daten gut repräsentieren. Entscheidend ist, mit welchen Methoden die Dimensionen und ihre Werte auf den Graphen abgebildet werden. Hierzu werden unter anderem Gestaltungsalgorithmen, Abfragesprachen, Clusteralgorithmen oder Abstraktionstechniken genutzt. Einen guten Überblick über entsprechende Techniken bietet die Arbeit von Battista, Eades et al. (Battista, Eades et al. 1994). Darauf aufbauend geben Herman, Melancon et al. einen guten Überblick über unterschiedliche Layoutmethoden für Graphen wie:

- die *Baummetapher* (rechteckige, ballonförmige oder radiale Layouts),
- Layouts generell *gerichteter Graphen* (auch Sugiyama-Layout),
- *nicht deterministische Layouttechniken*[142],
- *Raster-Layouts* (grid layouts),
- *hyperbolische Layouts* oder
- *fortgeschrittene dreidimensionale graphische Visualisierungstechniken* (vgl. Herman, Melancon et al. 2000).

Graphen ermöglichen es dem Nutzer, schnell und intuitiv Datenmengen auf einen Blick zu überblicken und insbesondere Beziehungen zwischen den Datensätzen gut zu erkennen. Je größer die Menge an Datensätzen ist und je mehr Dimensionen die Daten enthalten, desto schwerer wird der Nutzer die Daten explorieren können. Spezielle graphenorientierte Navigations- und Interaktionstechniken, wie sie später noch beschrieben werden, können den Nutzen von Graphen enorm steigern.

---

[142] Auch *Spring Layouts* oder *Force-Directed Methods* genannt.

10.6.1.3 Visualisierungstechniken nach Art der Interaktion[143]

Eine Aussage von Bertin beschreibt Interaktion zwischen Daten und ihren Nutzen vortrefflich: „A graphic is not drawn once and for all; it is constructed and reconstructed until it reveals all the relationships constituted by the interplay of the data. (Bertin 1981). Während sich die Einteilung der Visualisierungstechniken hinsichtlich der Daten- und Darstellungstypen nur auf die Datenrepräsentation konzentriert, kommt bei der Interaktionsperspektive der Benutzer ins Spiel. Interaktionen erlauben es dem Datenanalysten, direkt mit den Visualisierungen zu interagieren und ermöglichen damit eine effektive Datenexploration. Er kann eine Visualisierung je nach Explorationsziel gezielt verändern und verschiedene Visualisierungstechniken miteinander kombinieren.

Es ist auch selbsterklärend, dass entsprechende Techniken im Kontext zeitorientierter Daten von besonderem Interesse sind. Die Möglichkeit, durch die Zeit interaktiv zu navigieren und zwischen unterschiedlichen zeitlichen Granularitäten zu wechseln, ist für eine effektive Datenexploration vielversprechend. Keim beschreibt allgemeine Interaktions- und Visualisierungstechniken und unterteilt sie in: (1) interaktive bzw. dynamische Projektion, (2) interaktive Filterung bzw. Selektion, (3) interaktives Zooming, (4) interaktive Verzerrung und (5) interaktives Linking und Brushing (Keim 2002):

- *Interaktive bzw. dynamische Projektionen* verändern Projektionen multidimensionaler Daten dynamisch. Ein Beispiel ist die *GrandTour*-Technik, die alle für den Datenanalysten interessanten zweidimensionalen Projektionen einer multidimensionalen Datenmenge in einer Serie von *Scatterplots* darstellt (vgl. Asimov 1985). Die Serie kann dabei zufällig, manuell oder datenabhängig erzeugt werden.

- Durch die *interaktive Filterung bzw. Selektion* von Daten kann der Datenanalyst große Datenmengen aufteilen und nur interessante Teilmengen betrachten. Die Teilmengen kann er durch Browsen durch die Daten direkt oder durch vorab spezifizierte Abfragen nach Eigenschaften auswählen. Entsprechende Anwendungsbeispiele sind *Dynamic Queries* (vgl. Goldstein und Roth 1994; Fishkin und Stone 1995), *InfoCrystal* (vgl. Spoerri 1993) und *Magic Lenses* (vgl. Bier, Stone et al. 1993).

- Eine Herausforderung im Umgang mit großen Datenmengen ist, sie schnell und variabel in unterschiedlichen Auflösungen zu visualisieren. *Interaktives Zooming* ermöglicht einen interaktiven Wechsel zwischen komprimierten und dekomprimierten Datensichten. Dabei sollte es nicht nur eine einfache Vergrößerung bzw. Verkleinerung ermöglichen, sondern auch die Datenrepräsentation je nach Detailgrad verändern, zum Beispiel von einzelnen Pixeln bei niedrigem Zooming-Faktor über Icons bei mittlerem bis zu beschrifteten Objekten bei hohem Zooming-Faktor, siehe beispielsweise *TableLenses* (vgl. Rao und Card 1994).

- Damit der Datenanalyst beim Betrachten von Details nicht den Überblick über das Gesamte verliert, kann die *interaktive Verzerrung* nützlich sein. Ein Überblick über entsprechende Techniken findet sich bei Leung und Apperley (vgl. Leung und Apperley 1994). Entsprechende Ansätze sind zum Beispiel die *Bifocal Displays* (vgl. Spence und Apperley 1982), die *Perspective Wall* (vgl. Mackinlay, Robertson et al. 1991), die *Fisheye Views* (vgl. Furnas 1981), die *Document Lens* (vgl.

---

[143] Die hier vorgenommene Kategorisierung von Interaktionstechniken erfolgt aus Nutzerperspektive. Eine Taxonomie für Interaktionstechniken aus Entwicklerperspektive stellen Chuah und Roth vor. Sie beschreiben die Benutzerschnittstelle eines Visualisierungssystems und ihre Basisinteraktionskomponenten in Form von Eingabe, Ausgabe und Operation (vgl. Chuah und Roth 1996).

Robertson und Mackinlay 1993), *Hyperbolische Visualisierungen* (vgl. Lamping, Rao et al. 1995) sowie die *Hyperboxen* (vgl. Alpern und Carter 1991).

- Durch *Linking and Brushing* (Verknüpfung und Einfärbung) können verschiedene Visualisierungstechniken zusammengeführt werden, indem die zu betrachtenden Datenobjekte oder -dimensionen eingefärbt oder anderweitig markiert werden und somit über alle kombinierbaren Visualisierungstechniken aufzufinden sind. Die Nachteile der einzelnen werden so ausgeglichen. Interaktive Veränderungen in einer Visualisierung werden sofort in den anderen Visualisierungen sichtbar. Sinnvolle Kombinationen ergeben sich aus Scatterplots, Balkendiagrammen oder Parallelen Koordinaten.

10.6.1.4 Visualisierungstechniken nach Art der visuellen Aufgabe

Eine ausführliche Beschreibung typischer Fragestellungen oder Aufgaben der Visualisierung bietet Krömker in einem Vorlesungsskript. Er stellt acht verschiedene Problemklassen dar (vgl. Krömker 2000/01, S. 9f.)[144]:

- Die *Identifikation*. Welchen Wert haben Daten in einem bestimmten Gebiet?

- Die *Lokalisierung*. Wo liegen Daten eines bestimmten Wertes?

- Die *Korrelation*. Gibt es Zusammenhänge zwischen Variablen oder zwischen Datenwerten und bestimmten Gebieten des Beobachtungsraumes bzw. bestimmten Zeitpunkten?

- Der *Vergleich*. Wie unterscheiden sich die Datenwerte in einem bestimmten Gebiet oder zu unterschiedlichen Zeitpunkten?

- Die *Verteilung*. Wo liegen Extremwerte und Ausreißer? Lassen sich Muster in den Datenwerten bzw. Trends erkennen?

- Die *Häufigkeit*. Welche Datenwerte treten besonders häufig auf?

- Die *Gruppierung*. Welche Datenwerte lassen sich anhand gemeinsamer Eigenschaften zusammenfassen?

- Die *Kategorisierung / Klassifizierung*. Welche Datenwerte müssen oder können aufgrund unterschiedlicher Eigenschaften separiert werden?

Diese Problemklassen dienen auf jeden Fall auch einem besseren Verstehen der Tätigkeiten bei der zeitorientierten Datenexploration im Rahmen der Digital Intelligence.[145]

10.6.1.5 Visualisierungstechniken nach Visualisierungsprozess

Die bisher vorgenommene Einteilung von Visualisierungstechniken war tendenziell datenbezogen (Datentyp, Darstellungsart) oder nutzerbezogen (Interaktion, Aufgabe). Vollständigkeitshalber sei hier auch die Kategorisierung von Visualisierungstechniken nach Visualisierungsprozess genannt und auf einschlägige Veröffent-

---

144 Diese Taxonomie allgemeiner Visualisierungsaufgaben bezieht sich sowohl auf die von Wehrend und Lewis erstellte Taxonomie der zehn Aufgaben eines Datenanalysten unabhängig vom visuellen Anwendungsgebiet (vgl. Wehrend und Lewis 1990) sowie auf die von Zhou und Feiner auf ersteren aufbauende erweiterte Taxonomie, die die zehn genannten Aufgabenklassen auf einer höheren abstrakten Ebene zu drei visuellen Absichten zusammenfasst (organization, signaling, transformation) und diesen auf niederer Ebene elementare visuelle Techniken zuordnet (vgl. Zhou und Feiner 1998).

145 Diese Liste betrachtet eher die Nutzerperspektive von Visualisierungstechniken. Dabei ist wichtig zu wissen, dass Datenanalysten bzw. Nutzer von Visualisierungen im Vergleich zu Entwicklern entsprechender Werkzeuge grundsätzlich verschiedene Anliegen haben. Mit diesem bedeutenden Aspekt setzen sich Chengzhi, Chenghu et al. auseinander (Chengzhi, Chenghu et al. 2003).

lichungen verwiesen[146], die allgemein und vereinfacht den Datenfluss bei Visualisierungstechniken als Prozess über drei Transformationen und damit vier Datenzustände beschreiben. Chi baut darauf auf und entwickelt eine Taxonomie von Visualisierungstechniken und beschreibt für genannte Techniken die entsprechenden Datenzustände und Transformationsoperatoren (vgl. Chi 2000; Chi 2002). Dies schafft Transparenz, dient einem besseren Verständnis bekannter und neuer Techniken und ist damit auch für die Entwicklung eigener Visualisierungsanwendungen zweckdienlich.

10.6.2 Zeitorientierte Visualisierungstechniken

Bisher gibt es nur wenige auf die Darstellung multidimensionaler zeitorientierter Daten spezialisierte Methoden und Werkzeuge, wie folgendes Zitat bestätigt: „Analysis of textual data also includes the extraction of trends or theme evolution over time: however, this field doesn't offer yet a lot of visualization techniques." (NEMIS 2003, S. 24).[147] Aus Gründen der Effizienz (weil schnell umzusetzbar) und Gewohnheit (Nutzer sind traditionelle Visualisierungstechniken gewohnt) ist es sinnvoll, traditionelle Verfahren der Informationsvisualisierung auf die Visualisierung zeitorientierter Daten zu übertragen. Zeit wird normalerweise als quantitative Größe wahrgenommen bzw. auf einer quantitativen Domäne abgebildet und kann daher mit bekannten Visualisierungssystemen[148] wie beispielsweise *XmdvTool* (XmdvTool 2007), *Visage Link* (MAYA 2007) oder *SimVis* (Doleisch, Mayer et al. 2004) sowie den generischen geometrie-, ikonen-, pixel-, graphbasierten und hierarchischen Techniken visualisiert werden. Doch die Zeit hat – wie bereits ausführlich beschrieben – viele proprietäre Eigenschaften. Daher sind auch spezifische zeitorientierte Techniken sinnvoll. Für einfache Aufgaben übertreffen jedoch die generischen die spezialisierten Ansätze, weil sie einfach zu verstehen und zu lernen sind.

Die Zeitabhängigkeit zeitorientierter Daten kann sowohl *statisch* (die Zeit wird im Raum repräsentiert) als auch *dynamisch* (die Zeit wird weiterhin in der zeitlichen Dimension repräsentiert) abgebildet werden.[149] Nachfolgend werden beide Repräsentationen zeitorientierter Daten ausführlicher beschrieben und entsprechende Konzepte aus wissenschaftlichen Veröffentlichungen kurz vorgestellt.

10.6.2.1 Statische Repräsentationen

Statische Repräsentationen verändern sich nicht automatisch über die Zeit, sondern vermitteln die zeitliche Dimension über visuelle Heuristiken räumlicher Herkunft. Die räumlich abgebildete Zeit kann durch alle vorgestellten Darstellungsarten repräsentiert werden, beispielsweise über geometriebasierte (Positionierungen und Längen auf gewöhnlichen linearen, zirkulären und spiralförmigen Zeitskalen) oder ikonenbasierte Techniken (visuelle Gestaltungsparameter auf Basis von Winkeln, Farbe, Transparenz, Liniendicke und anderen Kennzeichnungen). Statische Repräsentationen erlauben eine Visualisierung der Datenevolution auf

---

[146] Haber und McNabb entwickeln ein allgemeines Datenflussmodell im Kontext der Wissenschaftlichen Visualisierung (vgl. Haber und McNabb 1990), das Card, Mackinlay et al. für die Informationsvisualisierung erweitern (vgl. Card, Mackinlay et al. 1999).

[147] Vgl. auch (Wong, Cowley, Foote, Jurrus und Thomas 2000; Aigner, Miksch et al. 2007).

[148] Chengzhi, Chenghu et al. nehmen in (Chengzhi, Chenghu et al. 2003) eine Klassifikation von Visualisierungssystemen vor.

[149] Eine andere Unterteilung bieten Silva und Catarci. Sie unterscheiden zwischen vier Darstellungsarten zeitorientierter Daten (vgl. Silva und Catarci 2002): (1) Zeitscheiben: kontinuierliche lineare Abfolge einer oder mehrerer Dimensionen (Variablen) und deren Eigenschaften und Beziehungen zu diskreten Zeitpunkten bzw. -intervallen, (2) periodische Zeitscheiben: kontinuierliche periodische Abfolge einer oder mehrerer Dimensionen (Variablen) und deren Eigenschaften und Beziehungen zu diskreten kalendarischen Zeitmustern, (3) multiple Zeitscheiben: verzweigte Abfolge mehrerer Zeitscheiben oder periodischer Zeitscheiben zu diskreten Zeitpunkten bzw. -intervallen und (4) Momentaufnahmen: Visualisierung einer oder mehrerer Dimensionen (Variablen) und deren Eigenschaften und Beziehungen zu einem konkreten Zeitpunkt bzw. -intervall.

einen Blick. Damit können Evolutionsschritte der Daten leichter verglichen werden (vgl. Müller und Schumann 2003). Sie sind hervorragend geeignet für quantitative Aussagen beispielsweise mithilfe von Zeitdiagrammen, Zeitachsen von parallelen Koordinaten oder Panel-Matrizen.

Sollen lineare oder periodische zeitorientierte Daten statisch visualisiert werden, so werden meist graphische oder textuelle Darstellungen von Ereignissen in chronologischer Folge, auch Zeitachsen genannt, genutzt. Die meisten interaktiven Zeitachsen nutzen zweidimensionale Darstellungen, in denen die Zeit durch einen *Reiter (slider)* – versehen mit diskreten Zeitpunkten bzw. Perioden spezifischer zeitlicher Granularitäten – repräsentiert wird. Zu den bekanntesten herkömmlichen statischen Repräsentationen zeitorientierter Daten zählen *geometriebasierte Visualisierungstechniken*:

- *Sequenzgraphen* können zeitorientierte Daten eindimensional chronologisch geordnet abbilden. Weil Markierungen zur Visualisierung von Datenelementen genutzt werden, können sie nur qualitative (nominale) Zeitreihendaten repräsentieren.

- *Histogramme* erweitern die Sequenzgraphen in die zweite Dimension. Sie stellen zeitdiskrete und exakte Werte in einem zweidimensionalen Diagramm zum Beispiel mit der X-Achse als Zeitachse dar. Punkt-, Balken- und Liniengraphen sind Untermengen davon. *Punktgraphen* nutzen die zusätzliche Dimension und visualisieren quantitative Datenwerte durch den Abstand der Punkte von der zeitlichen Hauptachse. *Liniengraphen* verbinden die Punkte, die Datenelemente repräsentieren, durch Linien, um deren zeitliche Beziehung zu betonen. *Balkengraphen* nutzen Balken anstelle von Punkten, um die Vergleichbarkeit der Datenelemente zu unterstützen. Dabei kann ein Balken einen oder auch die Summe mehrerer Dimensions- bzw. Variablenwerte darstellen.

Erweiterungen genannter zeitachsenbasierter statischer Techniken sind zum Beispiel:

- die bereits erwähnte dreidimensionale Interaktions- und Navigationsmethode *Perspective Wall* (Mackinlay, Robertson et al. 1991),

- der *TimeSearcher* (Hochheiser und Shneiderman 2001), ein Visualisierungswerkzeug für Zeitreihendaten mit einem Abfragemodell, mit dem zu suchende Zeitperioden und Werteräume spezifiziert werden können,

- das *ThemeRiver*[TM]-Werkzeug (Havre, Hetzler et al. 2002), das auf den fließenden und damit seine Breite über die Zeit ändernden Fluss als Metapher zurückgreift. Der Wandel von Themen in großen Dokumentenkollektionen kann als kontinuierlicher Fluss statisch dargestellt werden, indem zeitdiskrete Werte einzelner aufeinander folgender Zeitscheiben interpoliert und approximiert werden. Farbige, die Themen repräsentierende Streifen ändern ihre Breite auf der Zeitachse und stellen somit die Änderung der Bedeutung eines Themas dar. Einen ähnlichen Ansatz stellen auch Shaparenko, Caruana et al. vor (Shaparenko, Caruana et al. 2005);

- der *History flow*-Ansatz (Viégas, Wattenberg et al. 2004) versucht Ähnliches auf Dokumentenbasis. Er hat zum Ziel, die Evolution von Dokumenten (bzw. Wiki-Einträgen), deren Inhalte und Autoren besser nachzuvollziehen. Die Horizontale repräsentiert dabei die Zeitabschnitte bzw. die Dokumentenversion und die Vertikale das Dokument und dessen Abschnitte,

- die *Lifestreams* (Freeman und Gelernter 1996, S. xx), die ein neues zeitorientiertes Speichermodell für Dokumente vorstellen, das das Dokumentenmanagement vereinfacht und

- Ansätze zur Visualisierung der *Webevolution* (Chi, Pitkow et al. 1998).

Auch Linien- bzw. Streckenzüge können der Visualisierung zeitorientierter Daten dienlich sein. Tominski, Abello und Noirhomme-Fraiture nutzen radiale Koordinaten zur Visualisierung multidimensionaler zeitorientierter (periodischer) Daten und stellen das *TimeWheel* und *MultiComb* vor (Tominski, Abello et al. 2004), die Noirhomme-Fraiture mit seinem *Temporal Star* um die Dreidimensionalität erweitert (Noirhomme-Fraiture 2002):

- das *TimeWheel* (Zeitrad), das aus einer zentralen Zeitachse und weiteren sie umkreisenden Achsen besteht, die die zeitabhängigen Daten repräsentieren. Linien verbinden die Zeit (Zeitachse) mit den einzelnen Werten der zeitabhängigen Variablen (Achsen).

- das *MultiComb*, das einem Stern ähnelt und eine Visualisierung aller zeitorientierten Daten anhand zirkulär angeordneter multipler Zeitachsen ermöglicht. Dabei können die Zeitachsen entweder orthogonal zum Umkreis oder auf dem Umkreis liegen.

Die Zeit schreitet kontinuierlich voran, doch ihre Granularitäten wie Tage, Wochen, Monate oder Jahre stellen stets wiederkehrende Perioden dar. Einfache zyklische (periodische) Daten werden optimalerweise durch *Kreis- bzw. Spiralgraphen* dargestellt. Spiralgraphen haben im Vergleich zu Kreisgraphen den zusätzlichen Vorteil, dass sie Kontinuierlichkeit gut hervorheben können. Sie sind gut geeignet zur Darstellung quantitativer, insbesondere periodischer Daten, wobei die Kenntnis der Periodenlänge wie bei kalendarischen Daten vorteilhaft ist. Sind die Perioden nicht bekannt, müssen sie zunächst visuell oder maschinell durch Data Mining ermittelt werden.[150]

Sollen bereits bekannte zeitlich granulare Eigenschaften dargestellt bzw. soll zwischen unterschiedlichen zeitlichen Granularitäten wie Tagen, Monaten oder Jahren unterschieden werden, sind *kalendarische* Darstellungen sinnvoll. Diese können mit oben genannten Techniken kombiniert werden (vgl. Wijk und Selow 1999). Exemplarische Methoden sind der *Visual Scheduler* (Beard 1990), der *Calendar Visualizer* (Mackinlay, Robertson et al. 1994), der *Spiral Calendar* sowie *TimeScape* (Rekimoto 1999), das eine Kalender- mit einer Zeitachsendarstellung verbindet.

Alle genannten Repräsentationen können – um mehrdimensionale zeitorientierte Daten darzustellen – auch *verschachtelt bzw. kombiniert* werden. Es entstehen multiple Punkt-, Balken-, Linien-, Kreis- und Spiralgraphen oder Darstellungsformen wie zum Beispiel

- das *Chess Plot*, das den Sequenzgraphen erweitert,

- die *Interactive Parallel Bar Charts* (Chittaro, Combi et al. 2003), die, auf dem klassischen Balkengraphen aufbauend, mehrere Zeitreihen parallel und dreidimensional darstellen können oder

- die bereits beschriebene *Worlds within Worlds*-Darstellung.

Zudem können unterschiedliche bereits beschriebene *Interaktionstechniken,* wie die interaktive bzw. dynamische Projektion, die interaktive Filterung bzw. Selektion, das interaktive Zooming, die interaktive Verzerrung oder das interaktive Linking und Brushing zeitorientierte Visualisierungstechniken maßgeblich erweitern.

Zu den ikonenbasierten Visualisierungsverfahren zeitorientierter Daten können das Lexis Pencil (auch Helix- oder Bleistift-Ikonen), das TimeTube, die GANTT-Graphen, LifeLines oder PlanningLines sowie das PeopleGarden gezählt werden (vgl. Tominski, Schulze-Wollgast et al. 2005):

---

150 Überblick über entsprechende Techniken geben Carlis und Konstan 1998 und Weber, Alexa et al. 2001.

- Das Lexis Pencil bedient sich des Bleistiftes als Metapher. Die unabhängige Variable Zeit bewegt sich dabei entlang der Bleistiftlänge, während die einzelnen Bleistiftseiten die zeitabhängigen bzw. zeitorientierten Variablen repräsentieren. Die Repräsentation kann um weitere Dimensionen erweitert werden, indem der oder die Bleistifte beispielsweise Punkte auf einer Karte markieren.

- Das *TimeTube* (vgl. Chi, Pitkow et al. 1998) organisiert und visualisiert mithilfe von so genannten *Disk Trees* in einem dreidimensionalen Raum die Evolution von Webseiten. Die Disk Trees symbolisieren die Hyperlinkstruktur einer Webseite.

- Für die Darstellung und Analyse zeitlicher Abläufe von Projekten oder von Lebensgeschichten wurden Visualisierungsmethoden wie die *GANTT-Karten* (vgl. Wilson 2003), *LifeLines* (vgl. Plaisant, Mushlin et al. 1998; Plaisant, Shneiderman et al. 1998) und *PlanningLines* (vgl. Aigner, Miksch et al. 2005) entwickelt. LifeLines beispielsweise stellen die Zeit entlang der X-Achse dar und nutzen die Y-Achse zur Kategorisierung von Ereignissen. Horizontale Balken schildern dabei die Dauer von Ereignissen (z. B. Krankenhausaufenthalt), während Zeitpunktmarkierungen zur Beschreibung diskreter Ereignisse (z. B. medizinische Tests) genutzt werden. Die Bedeutungen und Beziehungen von Ereignissen werden unter anderem durch grafische Attribute wie Farben oder Breiten dargestellt. Durch zusätzliche Interaktions- und Navigationsmechanismen wird das Browsen und Suchen unterstützt.

- Der *PeopleGarden* (Xiong und Donath 1999) visualisiert die Aktivität von Nutzern und ihr soziales (vernetztes) Verhalten in Online-Interaktionsumgebungen (Foren, Newsgroups usw.). Ein Blütenblatt symbolisiert ein Individuum, der Blumengarten die Umgebung. Mithilfe unterschiedlicher visueller Codes können die Zeit einer Nutzernachricht (Reihenfolge, Farbsättigung), die Anzahl der Antworten (Kreise über dem Blütenblatt), ein neues Thema (Farbe) oder die Dauer der Aktivität eines Nutzers (Blumenhöhe) dargestellt werden.

Im Kontext der zeitorientierten Exploration (sozialer) Netzwerken, insbesondere im World Wide Web oder im Rahmen wissenschaftlicher Publikationen, werden besonders *graphen- und hierarchiebasierte Visualisierungsverfahren* genutzt.[151] Je nach Anwendungsgebiet werden unterschiedliche Systeme entwickelt. Während Collberg, Kobourov et al. die Evolution von Software mithilfe *dynamischer Graphen* analysieren (Collberg, Kobourov et al. 2003), stellen Erten, Harding et al. ein System zur graphbasierten Exploration zeitorientierter Computerliteratur-Daten(banken) vor (Erten, Harding et al. 2005). Weitere Ansätze wurden oben bereits im Rahmen von Temporal Web Mining und Temporal Text Mining beschrieben.

Neben all den beschriebenen statischen Visualisierungstechniken abstrakter zeitorientierter Daten nehmen die statischen Visualisierungstechniken der räumlich-zeitorientierten Daten einen großen und auch älteren Zweig der Visualisierung ein. Dieser zählt jedoch zur Disziplin der wissenschaftlichen Visualisierung und wird im Rahmen dieser Arbeit daher nicht näher besprochen.[152]

10.6.2.2 Dynamische Repräsentationen

Dynamische Repräsentationen ändern die zu visualisierenden Daten über die Zeit, wie es bei Animationen oder Diavorführungen der Fall ist. Im Grunde sind darunter bewegte Repräsentationen bzw. Animationen

---

151 Entsprechende Ansätze beschreiben: Fisher und Dourish 2004; Barabási, Jeong et al. 2002; Jackson 2002; Doreian und Stokman 1997; Doreian 2006; Collberg, Kobourov et al. 2003; Erten, Harding et al. 2005.

152 Einen Überblick über entsprechende spezifisch räumlich-zeitorientierte Ansätze geben Andrienko, Andrienko et al. 2003 und Compieta, Martino et al. 2007.

(motion-based data visualization) auf Basis (multidimensionaler) zeitorientierter Daten (vgl. Moere 2004) zu verstehen. Die Daten brauchen folglich nicht in statische, räumliche Konzepte konvertiert zu werden, sondern behalten ihre natürlichen zeitlichen Eigenschaften. Dynamische Repräsentationen eignen sich insbesondere zur visuellen Analyse von Veränderungen, zum Verfolgen von Trends bzw. Bewegungen sowie für Aussagen zur Dauer, Änderungsgeschwindigkeit oder Anordnung der zu visualisierenden Objekte oder Zustände. Ein direkter Vergleich zwischen verschiedenen Zeitpunkten ist jedoch nicht möglich.

Alle bisher beschriebenen Visualisierungsmöglichkeiten dynamischer Graphen können – wie ihr Name bereits vermuten lässt – prinzipiell auch zu den dynamischen Repräsentationen gezählt werden. Unterstützt durch die zunehmende Integration von *Interaktions- und Navigationstechniken* wird eine Abgrenzung aller Visualisierungstechniken für zeitorientierte Daten zwischen statischen und dynamischen Repräsentationen zunehmend schwieriger. Ein Graph kann zum Beispiel zeitliche Entwicklungen statisch mithilfe von *Farben* oder *Annotationen* beschreiben. Ebenso kann er diese als *dynamischer Graph* auch durch eine Abfolge zeitlich geordneter Momentaufnahmen beschreiben, deren Zwischenstufen zusätzlich approximiert und geglättet werden. Entsprechende Möglichkeiten bestehen nicht nur für *graphenbasierte*, sondern auch für *hierarchie-, ikonen-, pixel- oder geometriebasierte Visualisierungstechniken*. Der zeitliche Aspekt zeitorientierter Daten wird nicht explizit visualisiert. Der Nutzer erfährt ihn implizit bzw. naturgemäß, folglich eine Abbildung der Zeit auf Zeit und nicht im Raum.

Neben Erweiterungen besprochener statischer Repräsentationen um eine dynamische Komponente werden folgende Repräsentationen in der Wissenschaft als explizit dynamisch beschrieben:

- Die *Feature and event based flow visualization* (vgl. Reinders, Post et al. 2001): animierte Visualisierungen auf Basis von Datenabstraktionen und ikonenbasierten Repräsentationen.

- Die *Dynamic Timelines* (vgl. Kullberg 1995): Übertragung von statischen Zeitleisten in zwei- oder dreidimensionale dynamische Repräsentationen.

- Die *Information flocking boids* (vgl. Moere 2004): Moere greift auf die Metapher eines Vogelschwarms *(flocking birds)* zurück, um die Evolution bzw. Bewegung so genannter *boids (bird-objects)* in einem Schwarm *(flock)* in Form zeitorientierter Informationsobjekte zu visualisieren bzw. zu simulieren. Ein regelbasiertes System kontrolliert und aktualisiert die sich über die Zeit verändernden Datenwerte wohl definierter dreidimensional dargestellter Informationsobjekte. Diese können beispielsweise Aktien von an der Börse notierten Unternehmen repräsentieren.

- Die *Anemone* (vgl. Fry 1997): Die Evolution der Nutzung von besuchten Webseiten stellt Frey mithilfe der Metapher einer wachsenden Pflanze dar. Während neue Webseiten durch neue Zweige der Pflanze dargestellt werden, wachsen bzw. schrumpfen die Zweige, die häufiger bzw. seltener besuchte Webseiten repräsentieren.

Vor dem Hintergrund insgesamt fast zehn Mannjahre Entwicklungserfahrung sowie einer erfolgreich umgesetzten und sich in Weiterentwicklung befindenden Dienstleistung der Digital Intelligence kann mit Sicherheit behauptet werden, dass eine gezielte und systematische Informationsvisualisierung dem Betrachter die Entdeckung von Zusammenhängen und das Verstehen komplexer Sachverhalte in multidimensionale zeitorientierte (Text)Daten enorm hilft und die Erkenntnisgewinnung und Entscheidungsfindung ungeheuer erleichtert. Die Betrachterrolle und damit die unterschiedlichen Anforderungen an ein Informationssystem divergieren dabei grundsätzlich stark. Während der Experte der Digital Intelligence und tägliche Nutzer entsprechender Systeme tendenziell explorativen und konfirmativen Analysen große Bedeutung zumessen sollte, ist der allgemeine Kunde eher an einer expressiven, effektiven und angemessenen Präsentation und Kommunikation interessiert. Doch bei der optimalen, kollektiv und dezentral organisierten Digital Intelligence ist diese klare Unterscheidung nicht mehr angebracht. Der Experte der Digital Intelligence ist zwar Experte in Bezug auf Datenexplorationsmethoden, kann jedoch niemals Fachexperte der zu explorienden Daten sein. Dieser Fachexperte sollte stets und von Anfang an in die Datenexploration eingebunden werden. Weil Visualisierungen unabhängig von jedem Schritt einer Datenexploration und in Breite möglichst expressiv, effektiv und angemessen sein sollten, erscheint eine Unterscheidung von Visualisierungstechniken für Experten und Laien im Kontext der Digital Intelligence nicht zweckdienlich. So mögen einige vorgestellte Visualisierungstechniken, insbesondere interessante Ansätze von Feldmatrizen, Linien- bzw. Streckenzügen oder pixelbasierten oder ikonenbasierten Techniken, auf ihren spezifischen und wissenschaftlichen Entstehungs- und Anwendungskontext vortrefflich zugeschnitten sein. Doch sind sie schwer zu kommunizieren, weil vorerst eine für alle Betrachter gemeinsame Sprache gefunden werden muss und dies einen großen Erklärungsaufwand erfordert. Intuitive und sofort und für jedermann verständliche Visualisierungstechniken – folglich Techniken, die gewohnten zeitlichen und räumlichen Wahrnehmungsroutinen des Menschen entsprechen – sind in der Digital Intelligence klar im Vorteil. Dazu zählen die einfachen aus der mathematischen Grundschule bekannten Basismethoden wie Linien-, Punkt-, Säulen-, Kreis- und Netzdiagramme. Hervorzuheben sind auch die landkartenbasierten sowie graphenbasierten Visualisierungstechniken. Obwohl sie im Vergleich zu Feldmatrizen, Linien- bzw. Streckenzügen oder pixelbasierten Techniken weniger akkurat und verlustfrei multidimensionale Daten repräsentieren, ermöglichen sie ihrem Beobachter eine intuitive Vogel- und Zusammenhangsperspektive, die im Kontext der Digital Intelligence von großer Bedeutung ist.[153] Entsprechende statische oder dynamische zeitorientierte Repräsentationen sollten sie ergänzen. Während statische zeitorientierte Landkarten oder Graphen den Wandel zeitorientierter Sachverhalte in Daten auf einen Blick operationalisieren und so in der Praxis, falls nur auf die Papierformpräsentation zurückgegriffen werden kann, gegenüber dynamischen Varianten eindeutig im Vorteil sind, haben letztere den Vorteil, dass sie den Beobachter intuitiv und sofort in ihren Bann ziehen. Entsprechende Umsetzungen sind jedoch aufwendig und zumindest in Form von Landkarten eher Zukunftsmusik. Entscheidend ist auch, dass vor dem Hintergrund einer selbsterklärenden Repräsentation auch symbolische, die Datensätze erklärende, Daten mit einbezogen werden können. Des Weiteren für das Scanning und Monitoring in der Digital Intelligence enorm wichtig sind auch alle genannten Formen von Interaktionstechniken, sofern sie intuitiv nutzbar sind.

10.6.2.3 Ereignisbasierte Repräsentationen[154]

Das Kapitel der ereignisbasierten Repräsentationen ist hier zum einen vollständigkeitshalber aufgeführt, um einen umfassenden Überblick zu geben über die Möglichkeiten der zeitorientierten Repräsentationen. Zum anderen dient er jedoch auch als bedeutender Ausblick für Umsetzungsmöglichkeiten eines Systems der Digital Intelligence in Form einer teilautomatisierten Prozesssteuerung anhand von Regeln bzw. Indikatoren. Hierfür müssen jedoch die Ereignistypen spezifiziert werden, wofür noch enorm großer empirischer Aufwand im Rahmen der Digital Intelligence betrieben werden muss.

Ereignisbasierte Repräsentationen stellen Daten in Form von Ereignissen bzw. Ereignisinstanzen dann dar, wenn sie einem vom Nutzer vorab bestimmten Ereignistypen entsprechen. Ereignisse können sowohl durch Datensätze bzw. Tupel als auch durch Datenfelder bzw. Attribute bestimmt werden. Ein *Datensatz* ist dabei eine abgeschlossene Einheit innerhalb einer Datei oder Datenbank. Diese Einheit – oft auch *Tupel* genannt –

---

153 Falls gewünscht, können Details in Form von z. B. Tabellen nachgereicht werden.
154 Den breitesten Überblick über ereignisbasierte Repräsentationen in der Literatur liefert Tominski (Tominski 2006). Er stellt auch ein Prozessmodell für die ereignisbasierte Repräsentation vor.

enthält in der Regel mehrere Datenfelder (Attribute, Elemente oder auch Merkmale), die sich in der Struktur und Beschaffenheit in jedem weiteren Datensatz derselben Datei oder Datenbank wiederholen. Ein Datensatz wird üblicherweise durch runde Klammern angegeben, wie z. B. (a, b, c) für drei Elemente. Das entsprechende Ereignis wird *Datensatz-* bzw. *Tupel-Ereignis* genannt. Ein *Datenfeld* ist ein Attribut bzw. Element eines Datensatzes bzw. im übertragenen Sinne ein Merkmal eines konkreten Objektes, das oder dessen Eigenschaften beispielsweise durch einen Datensatz repräsentiert werden. Das entsprechende Ereignis wird *Datenfeld-* bzw. *Attribut-Ereignis* genannt. Tabelle 11 veranschaulicht den Unterschied zwischen einem Datensatz- und einem Datenfeld-Ereignis anhand einer zeitorientierten Folge einfacher Datensätze in einer Datenbank. Die Datenfelder werden durch die Spalten A_1, …, A_4 (Datum, Wortform, Wortanzahl und Konzept) dargestellt; die Datensätze hingegen durch die einzelnen Zeilen t_1,…, t_4.

Tabelle 11. Datensatz-Ereignis (rot) und Datenfeld-Ereignis (grün).

	A1	A2	A3	A4	
	Datum	**Wortform**	**Wortanzahl**	**Konzept**	
t_1	2007-09-22	Aluminium	45	Leichtmetall	
t_2	2007-09-25		3		E_T
t_3	2007-09-26	…	…		
t_4	2007-09-27	Aluminium	53		
t_5	…	…	…		
			E_A		

Das *Datensatz-Ereignis* tritt dann auf, wenn ein oder mehrere Datensätze in der zeitorientierten Folge von Datensätzen in einer Datenbank für den Beobachter interessant sind, wie z. B. (1) Datensätze mit einem ganz bestimmten Wert für ein oder mehrere Datenfelder (alle t_n mit Wortform = „Aluminium"), (2) Datensätze mit Werten eines oder mehrerer Datenfelder über oder unter einem bestimmten Schwellenwert (alle t_n mit Wortanzahl >45) oder (3) Ereignisse, die Datenfeldwerte eines Datensatzes mit entsprechenden Datenfeldwerten anderer Datensätze in Beziehung setzen (t mit größter Wortanzahl aller t_n).

Das *Datenfeld-Ereignis* hingegen beschreibt ein Ereignis, das eintritt, wenn bestimmte Datenfeldbedingungen in einer Datenbank erfüllt sind. Es konzentriert sich nicht auf die Datenfelder einzelner Datensätze, sondern auf ein oder mehrere Datenfelder einer Datenbank über mehrere bzw. alle Datensätze hinweg. Ein Datenfeld-Ereignis tritt beispielsweise auf (1) wenn die Standardabweichung eines Datenfeldes einer Folge von Datensätzen durch Hinzukommen neuer Datensätze eine bestimmte Schwelle überschreitet oder (2) wenn sich die – anhand der Standardabweichung berechnete – Rangreihenfolge der einzelnen Datenfelder einer zeitorientierten Folge von Datensätzen durch Hinzukommen neuer Datensätze ändert.

Multidimensionale zeitorientierte (Text)datenmengen im Fokus dieser Arbeit beinhalten eine zeitlich gegebene Ordnung bzw. Beziehung zwischen ihren Datensätzen. Eine Sequenz von Datensätzen stellt eine entsprechende Beziehung dar. Jeder Datensatz hat sowohl einen wohl definierten Vorgänger als auch einen wohl definierten Nachfolger. Diese Sequenzinformation bildet die Kerninformation zeitorientierter Datensätze. Ein *Sequenz-Ereignis* ist somit ein interessantes Intervall bzw. eine Spanne (zeitlich) geordneter Datensätze (siehe Zeitscheibe). Diese können nur in Datensätzen spezifiziert werden, deren zeitbestimmende Datenfelder einen ordinalen oder kardinalen Wertebereich beinhalten. Ein Sequenz-Ereignis liegt beispielsweise vor, (1) wenn der Wert eines Datenfeldes in aufeinanderfolgenden Datensätzen absolut oder sogar relativ wächst oder (2) über die gesamte Zeitscheibe ein bestimmtes Wachstum erfährt. Wie nach Sequenzen in einer Datenbank gesucht wird, ist keine neue Frage in der Forschung.[155] Gesucht wird nach einfachen, dennoch mächtigen und robusten Methoden, Sequenz-Ereignisse zu detektieren und zu visualisieren. Letztlich bleiben die entwickelten Ansätze dennoch komplex, schwer im Umgang und für ihre (End)nutzer schwer kommunizierbar.

Ein Ereignis besteht aus statischen Aspekten (Fakten, Zuständen, Bedingungen) und dynamischen Aspekten (Ereignis, Aktion, Prozess) einer betrachteten Welt oder eines betrachteten Systems (vgl. Tominski und Schumann 2004; Tominski 2006). Ereignisse sind immer in Verbindung mit einer Aktion oder Reaktion zu verstehen. Sie können sowohl Ursache als auch Effekt sein. In relationalen Datenbank-Managementsystemen werden Ereignisse als Regel aus dem Tripel Ereignis, Bedingung und Aktion verstanden. Bei bestimmten Ereignissen (wie z. B. dem Einfügen, der Veränderung, dem Löschen von Daten in Datenbank-Managementsystemen usw.) sollen bestimmte Aktionen ausgeführt werden, wenn bestimmte Bedingungen erfüllt sind, wie folgende Regel verdeutlicht:

Ereignis:	*ON update TO frequency OF word*	
Bedingung:	*IF new.frequency > 2 * (old.frequency)*	(5)
Aktion:	*DO alarm*	

Diese Art der Aktionsauslösung wird auch *Trigger* genannt. Im genannten Beispiel wird bei der Aktualisierung der Frequenz eines Wortes in einer Datenbank ein Alarm ausgelöst, wenn sich die Frequenz mehr als verdoppelt. Es gibt unterschiedliche Ansätze der Visualisierung von Ereignissen, die in der Wissenschaft der Informationsvisualisierung besprochen werden und von denen die Digital Intelligence grundsätzlich lernen kann:

- die Visualisierung von Ereignissen in Datenbanken (Coupaye, Roncancio et al. 1999),

- die Visualisierung von Ereignissen in Prozessen (Matkovic, Hauser et al. 2002),

- die Visualisierung von netzwerksicherheitsrelevanten Daten (Erbacher, Walker et al. 2002) oder klinischen Daten (Chittaro, Combi et al. 2003),

- die Visualisierung von Software und Ereignissen in Algorithmen (Brown und Sedgewick 1998)

- sowie die bereits vorgestellten merkmalsbezogenen und ereignisbasierten Visualisierungen themenspezifischer Entwicklungen (Vorliegen eines bestimmten Trends) und Ereignisse (Aufkommen eines bestimmten Themas) auf Basis von Textströmen im Rahmen des Temporal Text Mining (Reinders, Post et al. 2001).

Bei der Implementierung müssen folgende drei Schritte bedacht werden:

1. die *Spezifikation von Ereignistypen,*

2. die *Erkennung von Ereignisinstanzen* und

3. die *Repräsentation identifizierter Ereignisinstanzen.*

Die (1) *Spezifikation von Ereignistypen,* folglich die Bestimmung, was ein interessantes Ereignis darstellt sowie dessen informationstheoretische und -technische Operationalisierung, stellt eine der größten Herausforderung der Digital Intelligence dar. Vereinfacht gesprochen, muss zum einen das für die Fragestellung relevante implizite Wissen des Fragenden in explizites Wissen übersetzt werden (vgl. Wartburg 2000, S. 236),

---

155 Mit zeitorientierten Datenbanken und Sequenzen setzten sich bereits Snodgrass und Ahn (Snodgrass und Ahn 1985) und Gadia und Vaishnav (Gadia und Vaishnav 1985) bereits 1985 auseinander, sowie Seshadri, Livny et al. (Seshadri, Livny et al. 1994) oder Sadri, Zaniolo et al. (Sadri, Zaniolo et al. 2004).

zum anderen ist das explizite Wissen im weiteren Schritt in die formale Sprache der Maschine zu übersetzen. Der Intelligence Analyst, dem die Frage (1a) „Ich suche nach allem, was an Bedeutung gewonnen hat!" gestellt würde, könnte zwar das Ziel der Frage erahnen, weil er womöglich ihren Kontext und den Fragesteller kennt. Nichtsdestotrotz müsste er Gegenfragen stellen und die Fragestellung gemeinsam mit dem Anfragenden spezifizieren. Eine einfache Maschine besitzt nicht diese Art von Intelligenz oder Hintergrund- bzw. Kontextwissen. Sie versteht nicht, nach welchem Thema, in welchem Zeitraum, an welchem Ort sie zu suchen hat und was der Anfragende unter Bedeutung versteht. Die konkretisierte Frage (1b) „Ich suche nach allen Themen, die sich innerhalb der letzten zehn Jahre mehr als vervierfacht haben!" kann zwar immer noch nicht einfach und sofort maschinell verarbeitet werden (es sei denn, der Maschine steht eine auf diese Fragestellungsart spezifizierte Ontologie zur Verfügung). Dennoch würde die Frage die Arbeit des Analysten und insbesondere im Umgang mit maschineller Unterstützung vereinfachen.

Sind die interessanten Ereignistypen spezifiziert und liegen sie in formaler Sprache vor, kann nun im zweiten Schritt nach entsprechenden Ereignisinstanzen in den vorliegenden maschinell verarbeitbaren Daten gesucht werden.

Die (2) *Erkennung von Ereignisinstanzen* ist nur möglich, wenn die zu untersuchenden Daten maschinell verarbeitbar und die zu untersuchenden Merkmale (zum Beispiel Wörter und deren Frequenzen über verschiedene Zeitscheiben) extrahiert vorliegen. Erst dann können die Variablen der auf die zu untersuchenden Daten angepassten Formel des Ereignistyps durch konkrete Datenwerte ersetzt und die Formel damit evaluiert bzw. auf ihre Gültigkeit geprüft werden. Grundsätzlich wird zwischen der Erkennung von Datensatz-, Datenfeld- und Sequenzereignissen unterschieden. Während die Variablen der Ereignisformel des Datensatzereignistyps mit den Werten des zu untersuchenden Datensatzes substituiert werden, werden die Variablen des Datenfeldereignistyps mit den Werten des zu untersuchenden Datenfeldes gefüllt. Um Sequenzereignisse zu erkennen, werden Methoden benötigt, die Intervalle von Datensätzen finden können, die den Bedingungen „erweiterter" Ereignisformeln entsprechen. Die enormen Kapazitäten moderner relationaler Datenbank-Management-Systeme können den Prozess der Erkennung von Ereignissen stark vereinfachen. Dies bedeutet, dass die Ereignisformeln grundsätzlich auch in Abfragesprachen übersetzt werden können.[156]

Die (3) *Repräsentation identifizierter Ereignisinstanzen* hat zum Ziel, die den spezifizierten Ereignistypen entsprechenden erkannten Ereignisinstanzen sowohl vom Rest der Daten hervorzuheben als auch zwischen erkannten Ereignisinstanzen unterschiedlicher Ereignistypen zu unterscheiden. Folgende Fragen müssen dabei berücksichtigt werden:

- Welcher Ereignistyp liegt vor? Handelt es sich um ein Datensatz-, Datenfeld- oder Sequenzereignis?

- Liegt ein globales oder lokales Ereignis bezogen auf die betrachteten Daten vor? Während *globale Repräsentationen* Ereignisse im Kontext der Gesamtdaten darstellen, sind *lokale Ereignisrepräsentationen* nur für einen bestimmten Datenteil gültig.

- Wie wahrscheinlich und bedeutend ist es, dass ein Ereignis auftritt bzw. wieder auftritt? Ein Ereignis *kann auftreten*, kann jedoch auch *stets auftreten* bzw. *nie auftreten*. Falls ein Ereignis bereits aufgetreten ist, kann es *wieder auftreten*, jedoch auch *stets wieder auftreten* bzw. *nie wieder auftreten*.

---

[156] Für detaillierte Informationen und weitere Referenzen zur Erkennung von Sequenzereignissen wird auf folgende Veröffentlichungen verwiesen: Snodgrass und Ahn 1985; Elmasri, Wuu et al. 1990; Chomicki 1994; Seshadri, Livny et al. 1994; Ozsoyoglu und Snodgrass 1995; Wu, Jajodia et al. 1998; Sadri, Zaniolo et al. 2004. Silva und Catarci erforschen darüber hinaus auch *visuell unterstützte zeitliche Abfrageansätze* (*Temporal Visual Queries*) (Silva und Catarci 2002).

Dieser Möglichkeitsraum wird schematisch in Tabelle 12 dargestellt.

Tabelle 12. Auftreten und Wiederauftreten eines Ereignisses.

Ereignis	kann	stets	nie
Auftreten	Je nach Interessenlage, Domäne und Fragestellung für den Beobachter hochinteressant bis nicht bedeutend.		
wieder auftreten			

- Soll das Ereignis implizit oder explizit repräsentiert werden und mit welcher Visualisierungsmethode? *Implizite Ereignisrepräsentationen* stellen Ereignisse im Rahmen der originalen Visualisierungstechnik dar, indem Visualisierungsparameter ereignisbasiert automatisch angepasst werden. Damit werden die Ereignisse in die allgemeine Datenvisualisierung integriert. Die Anpassungen können augenblicklich oder graduell erfolgen (z. B. das Einfärben einer Linie in einem Liniendiagramm, sobald sich die durch sie repräsentierten Werte über einem bestimmten Schwellenwert befinden). Im Gegensatz zur impliziten konzentriert sich die *explizite Ereignisrepräsentation* nur auf die Ereignisinstanzen. Die visuelle Repräsentation der Ereignisse erfolgt getrennt von der visuellen Repräsentation der Daten (z. B. das Aufleuchten eines Icons im geschilderten Fall eines Liniendiagramms).

10.7 Zusammenfassung

Kapitel 10 besprach die für die Digital Intelligence relevanten wissenschaftlichen Anstrengungen der visuellen und analytischen Exploration multidimensionaler zeitorientierter Daten und bildet somit neben den zeitorientierten Daten den zweiten Eckpfeiler der Informatik-Grundlagen der Digital Intelligence. Abbildung 14 stellt den entsprechenden synoptischen Überblick dar. Die einzelnen Bausteine wurden bereits intensiv in den vorhergegangenen Kapiteln beschrieben. Zu betonen ist hier nochmals, dass keine Methode für sich alleine den Erfolg einer Digital Intelligence ausmacht und dass das effiziente Zusammenwirken aller Methoden vor dem jeweiligen Kontext – z. B. der Frage oder den zu explorierenden Daten – im Zyklus der Digital Intelligence stets Vorrang haben sollte.

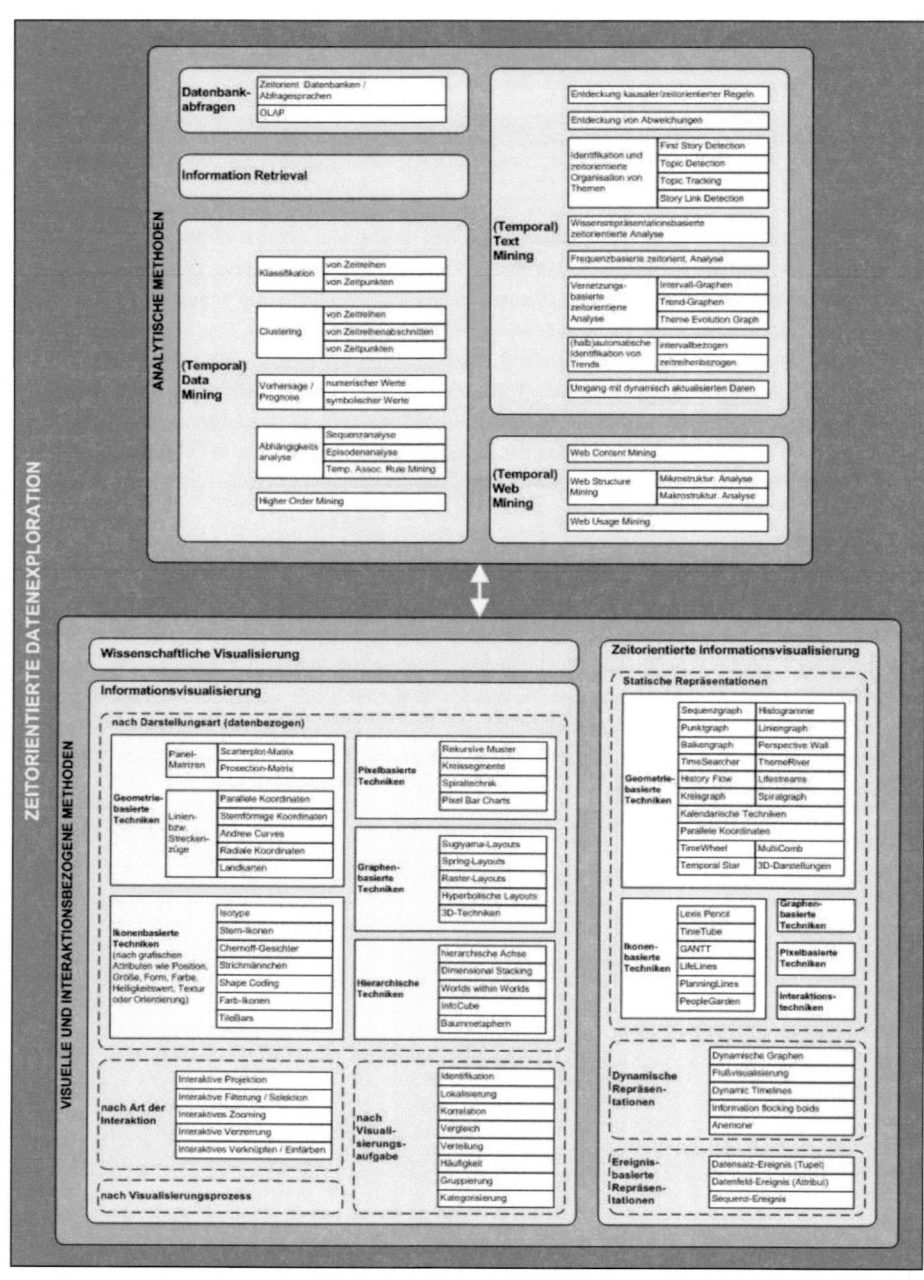

Abbildung 14. Synopsis zu zeitorientierten Datenexplorationsmethoden.

124

11 Konzeptuelle Strukturen

„The ideal [...] would be to work with taxonomies that can automatically adjust to accommodate new terms." (Karanikas und Theodoulidis 2002). Dieser Aussage im Kontext des Text Mining stimmt der Autor voll und ganz zu. Obwohl im Rahmen dieser Arbeit kein großer Schritt zur Erfüllung dieses Ideales von dynamisch sich adaptierenden und weiterentwickelnden Wissensrepräsentationen bzw. konzeptuellen Strukturen unternommen werden kann, muss der ungeheueren Bedeutung konzeptueller Strukturen für die Digital Intelligence Rechnung getragen werden und entsprechende Grundlagen besprochen werden.

Die *Wissensrepräsentation (knowledge representation)* oder hier die Wissenschaft *konzeptueller Strukturen* befasst sich mit dem Aufbau formaler Beschreibungen für und mit den Darstellungen von Wissensstrukturen sowie mit Werkzeugen zur automatisierten Bearbeitung derselben. Sie steht für den Querschnittsbereich von Psychologie, Informationswissenschaft, Informatik, künstlicher Intelligenz und Computerlinguistik und bildet die Grundlagentechnologie intelligenter Systeme (vgl. Görz und Wachsmuth 2000).[157] Entsprechende Technologien werden auch als *„semantische Technologien"* bezeichnet. Um nachfolgend ein klares Gesamtbild zu ermöglichen, sollen vorab einige Grundbegriffe dieser Disziplin geklärt werden. Es gibt verschiedene Möglichkeiten oder Formate, Wissen zu modellieren, zum Beispiel: (1) prozedural (Regeln)[158], (2) logisch (deklarativ)[159], (3) objektorientiert (z. B. framebasierte Sprachen[160]) oder (4) netzartig (z. B. Semantische Netze[161], Topic Maps). In den Anfängen der Forschung an semantischen Technologien wurden prozedural- und logikbasierte Ansätze als geeignetste Form der Wissensrepräsentation proklamiert. Mithilfe der wohl definierten Semantik rein logischer Ausdrücke bzw. Regeln sollte korrekt und vollständig deduziert bzw. gefolgert werden (z. B. Aussagenlogik, Prädikatenlogik, Funktionslogik, modale Logik, Axiologie usw.). Dies ist auch ihr Vorteil. Der Nachteil ist ihr hoher Entwicklungsaufwand, denn jeder einzelne Zusammenhang muss modelliert werden. Bei netzartigen Wissensrepräsentationsformaten hingegen erfolgt die Bedeutungsfestlegung über eine netzwerkartige, graphbasierte Erfassung der Objekte mit ihren Beziehungen (Luger 2001, S. 227).

Je nach *Repräsentationsformat* kommen unterschiedliche *Konstrukte* und *Sprachen* (Syntax) der *Wissensrepräsentation* zur Anwendung. Erstere werden beispielhaft in Tabelle 13 aufgeführt:

---

157 Prinzipiell stehen hier zwei Denkschulen gegenüber. Die Vertreter der „starken KI-These" sind der Meinung, dass menschliche Intelligenz durch reine Berechnungsoperationen simulierbar ist, während die „schwache KI-These" die operationalisierte Informationsverarbeitung lediglich als einen Aspekt der Intelligenz betrachtet.

158 z. B. „wenn ... dann"-Axiome.

159 z. B. „Automobilunternehmen" (Konzept) = „Unternehmen" (Konzept) „baut" (Relation) „Automobile" (Konzept). Durch die deklarative Logik erlaubt dieses Repräsentationsformat eine Redundanz-, Konsistenz-, und Vollständigkeitsprüfung sowie eine dynamische Erweiterung des Wissens durch automatisches Schließen.

160 „Frame": ein von Marvin Minsky in den 70er Jahren geprägtes Konstrukt der Wissensrepräsentation, das Sachverhalten, Objekten oder Ereignissen im Sinne von Frames Attribute zuweist, die sie vererben können. Es wurden framebasierte Sprachen und Systeme entwickelt, die in der KI Anwendung finden.

161 Semantische Netze sind formale Modelle von (expertenbasierten) Konzepten, die durch benannte (typisierte) Kanten (Hierarchien, Synonymien, Antonymien, Kausationen, Eigenschaften oder Instanzen) miteinander in Beziehung gebracht werden. Thesauren, Taxonomien und Wortnetze sind Formen semantischer Netze mit eingeschränkter Menge von Relationen. Wortnetze unterscheiden sich von semantischen Netzen darin, dass sie nicht die Beziehung von Instanzen zu Konzepten modellieren, sondern sich rein auf die Instanzebene und die psycholinguistisch interessanten bzw. automatisch auf Datenbasis berechneten Relationen beschränken.

Tabelle 13. Repräsentationskonstrukte zur Modellierung von Wissen; Quelle: eigene Darstellung in Anlehnung an Stollberg 2002.

Primitiv	Verwendung zur Modellierung von ...
Konzept, Begriff	Objekttyp / mentales Verständniskonstrukt
Instanz	Konkrete Ausprägung eines Konzeptes („Individuum")
Eigenschaft	Erfassung der Eigenschaften von Konzepten
Relation	Beziehung zwischen Konzepten oder Instanzen
Regeln	Axiome, Bedingungen
...	...

Begriffe bzw. *Konzepte* sind die einfachste Form eines Repräsentationskonstruktes. Sie dienen der Erfassung der grundlegenden Objekte einer Wissensdomäne. Sie sind die gedankliche Zusammenfassung bzw. ein Verständnismodell konkreter Gegenstände oder Sachverhalte, die sich durch gemeinsame Merkmale auszeichnen. Es gibt unterschiedliche Verständnisse bzw. Positionierungen von Konzepten. Sie können zum einen: (1) sprachunabhängig, in Form reiner Verständnismodelle, (2) linguistisch basiert, folglich auf Textkorpora beruhend[162] oder (3) gemischter Form sein. Der „Begriff" im Rahmen der Terminologielehre wird in DIN 2342 folgendermaßen definiert: „Denkeinheit, die aus einer Menge von Gegenständen unter Ermittlung der diesen Gegenständen gemeinsamen Eigenschaften mittels Abstraktion gebildet wird." Es wird zwischen so genannten konkreten, individuellen Gegenständen und ihren gedanklichen Zusammenfassungen zu gedachten allgemeinen Gegenständen bzw. Denkeinheiten unterschieden. Erstere erlebt der Mensch in seiner Umwelt. Sie sind zeitlich gebundenen und materieller oder nichtmaterieller Art. Letztere werden als Begriffe bzw. Konzepte bezeichnet. Ein Beispiel ist das „Automobil" im Sinne eines mehrspurigen Fortbewegungsmittels mit eigenem Antrieb.

Instanzen sind konkrete Ausprägungen eines Konzeptes und stellen das zur Verfügung stehende Wissen dar, wie zum Beispie: Instanz „Audi A4 (Fahrgestell-Nr. XYZ123)" des Konzeptes „Automobil". Sie werden auch als *Individuen (Individuals)* bezeichnet. Die Konzepte und Instanzen können durch *Eigenschaften (Properties)* bzw. *Attribute* beschrieben werden, wie zum Beispiel: Eigenschaften „motorisiert" und „mehrspurig" des Konzeptes „Automobil".

Die in der Tabelle letztgenannten Konstrukte sind die *Relationen* und die *Regeln*.

Erstere beschreiben Beziehungen, Interaktionen oder Verhältnisse zwischen Konzepten oder auch Instanzen und ermöglichen somit die Kontextualisierung von Daten oder Informationen, wie zum Beispiel die untergeordneten Konzepte „Audi A4 (Modell)" und „VW Golf (Modell)" des übergeordneten Konzeptes „Automobil" „werden gebaut" durch das untergeordnete Konzept oder auch Instanz „Volkswagen AG" des übergeordneten Konzeptes „Unternehmen". Nachfolgend sind mögliche Typen von Relationen beispielhaft aufgelistet: (1) merkmalsgebundene Relationen („hat Eigenschaft"), (2) taxonomische Relationen („ist über- / untergeordnet"), (3) ereignisgebundene Relationen („findet statt"), (4) partitive Relationen („ist Teil von"), (5) assoziative bzw. mehrdimensionale Relationen: Vernetzung von Konzepten, (6) Synonym-Relationen, (7) Antonym-Relationen, (8) Nominative Relationen („hat Namen"), (9) lokative Relationen („lokalisiert in") oder (10) kausale Relationen („führt zu"). Die Attribute einer Wissensrepräsentation können auch die Schnittstelle der Wissensrepräsentation zum Text Mining und damit zu konkreten Texten repräsentieren. So

---

[162] Im Text Mining bzw. der automatischen Sprachverarbeitung ist das Konzept als Äquivalenzklasse semantisch ähnlicher Wortformen zu verstehen, die auf Grundlage ähnlicher Verwendungskontexte berechnet werden.

kann das Unternehmen „Volkswagen AG" als Konzept in Texten beispielsweise durch folgende attributive Schüsselwörter repräsentiert werden: „Volkswagen AG", „Unternehmen Volkswagen", „Volkswagen", „Volkswagen Aktiengesellschaft" oder „Volkswagen Inc.". Die entsprechende Wildcard könnte in diesem Fall „Volkswag*" sein.

Regeln bestimmen ein Konzept oder eine Relation durch Beschränkungen, Bedingungen oder Axiome näher. Sie werden dazu genutzt, um Wissen zu repräsentieren, das aus anderen Konzepten nicht abgeleitet werden kann, wie zum Beispiel das Axiom „ein Automobil kann nicht fliegen" des Konzeptes „Automobil". Eine beispielhafte Bedingung ist: wenn Konzept „Automobil" und Eigenschaft „kein Dach", dann Konzept „Cabriolet". Ebenso kann das Konzept „Cabriolet" auch als untergeordnetes Konzept des übergeordneten Konzeptes „Automobil" mit der Eigenschaft „ohne Dach" repräsentiert werden. Darüber hinaus können im Rahmen von Bedingungen auch Wahrscheinlichkeiten bestimmt werden.

Die zur Wissensmodellierung notwendigen Wissensrepräsentationssprachen[163] stellen die Syntax zur Modellierung bereit. Sie alle dienen der Wissensrepräsentation, beruhen jedoch auf unterschiedlichen Wissensrepräsentationsformaten, greifen auf unterschiedliche Konstrukte zurück und bedienen entsprechend unterschiedliche Anwendungen.

Die wesentlichen, für die Digital Intelligence relevanten konzeptuellen Strukturen sind in folgender Abbildung nach zunehmender Semantik bzw. zunehmender Nutzung von Wissensrepräsentationskonstrukten zusammengefasst:[164]

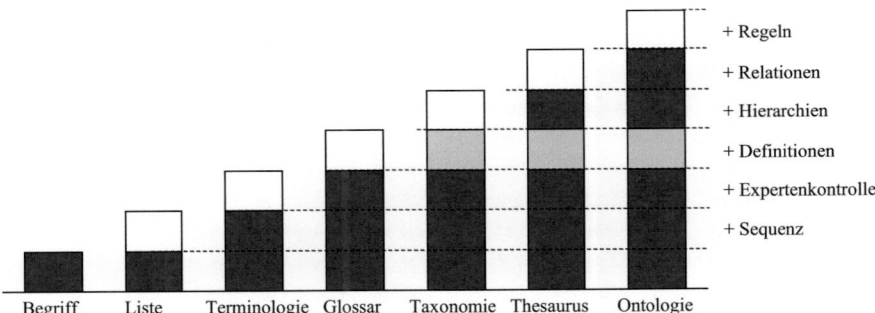

Abbildung 15. Konzeptuelle Strukturen mit steigender Semantik bzw. Explizitheit; Quelle: eigene Darstellung.

Liegen mehrere einen bestimmten Kontext gemeinsam repräsentierende bzw. experten- oder maschinenbasiert aggregierte Konzepte bzw. Instanzen[165] ungeordnet und beziehungslos in einer Sequenz vor, so liegen *Listen* vor oder im Falle von Anwendungen des World Wide Web auch so genannte *Tags, Folksonomie(n)* oder *Wortwolken*.

Expertenbasiert und domänenspezifisch überprüfte Listen stellen kontrolliertes Vokabular dar und werden auch *Terminologien* genannt.

---

163 Beispielhaft seien folgende Sprachen genannt: XML und spezialisierte Formen wie OML/CKML, UML, OCML, DTD, KIF, ODL, RDF, DAML+OIL, OWL, F-Logic oder CyCL.

164 Eine ebenso aussagekräftige Darstellung über das Spektrum semantischer Technologien aus Sicht des Semantic Web stellt Davis vor. Dabei geht er auf die wachsende Komplexität der Zusatzinformationen semantischer Technologien zum einen und die entsprechende Mächtigkeit, Beschreibungsgenauigkeit bzw. Kapazität zum anderen ein (vgl. Davis 2008).

165 Hier im Sinne von direkt aus Texten gewonnenen Wortformen.

Die einzelnen Listenelemente einer Terminologie können erklärt und definiert, in Beziehung gesetzt sowie durch Regeln näher bestimmt, d. h. mit Eigenschaften versehen werden.

Im einfachsten Fall – einer Terminologie samt Erklärungen bzw. Definitionen – liegt ein *Glossar* vor.

Werden die einzelnen Elemente einer Terminologie oder eines Glossars zusätzlich mit hierarchischen Informationen („ist übergeordnet" bzw. „ist untergeordnet") versetzt bzw. hierarchisch angeordnet (Klassen, Unterklassen usw.), entsteht eine *Taxonomie*. Sie ist die sprachwissenschaftliche Klassifizierung und hierarchische Anordnung aller Konzepte in Taxa (Gruppen) bzw. Kategorien. Außer der hierarchischen Struktur lassen sich jedoch keine weiteren Beziehungen zwischen den Elementen definieren (Ullrich, Maier et al. 2003, S. 3).

Ein *Thesaurus* stellt wie eine Terminologie ein kontrolliertes Vokabular eines Fachgebiets dar und erweitert das nur hierarchische Modell der Taxonomie, indem es neben Hierarchien auch Synonyme und Antonyme verwaltet. In diesem Zusammenhang sind die Projekte WordNet[166] und GermaNet zu erwähnen. Sie bieten sprachwissenschaftliche Universalthesauren für die englische und die deutsche Sprache und ermöglichen auch die Modellierung komplexerer Relationen von Hypernymen oder Redewendungen zwischen den Begriffen (Ullrich, Maier et al. 2003, S. 4).

Auch für die *Ontologie* ist eine allgemeine Begriffsdefinition schwierig, da je nach Autor darunter verschiedene Systeme subsumiert werden. So lassen sich einige der zuvor genannten konzeptuellen Strukturen (z. B. Taxonomien, Thesauri) wahlweise als Vorläufer, Alternativen oder spezielle Formen von Ontologien auffassen. Die Ontologie ist in dieser Arbeit eine formalisierte, explizite Spezifizierung einer gemeinsamen Konzeptualisierung (vgl. Gruber 1993). „Formalisierte" steht für eine von Mensch und Maschine lesbare Sprache, „explizite Spezifizierung" für die oben beschriebenen Wissensrepräsentationskonstrukte (Konzepte, Eigenschaften, Relationen, Regeln usw.), „gemeinsame" für die zwischen verschiedenen Menschen festgelegte Übereinkunft und „Konzeptualisierung" für ein abstrahiertes Modell. Auf Abbildung 15 verweisend, entsteht eine Ontologie, wenn alle genannten Eigenschaften eines Thesaurus zusätzlich durch Regeln ergänzt werden, die bestimmen, wann oder wo die Relationen zutreffen. Grundsätzlich können Ontologien je nach Anwendung in unterschiedliche Typen unterteilt werden: (1) Top-Level-Ontologie: repräsentiert sprach- und domänenunabhängige allgemeingültige Konzepte wie Zustand, Ereignis, Prozess oder Zeit, (2) mittlere Ontologie: repräsentiert Konzepte mittlerer Spezialisierung, (3) Domänenontologie: repräsentiert stark spezialisierte domänenspezifische Konzepte, (4) axiomatisierte Ontologie: Konzepte unterscheiden sich durch Axiome, (5) Anwendungsontologie: für eine bestimmte Anwendung bzw. Aufgabe erstellte Wissensrepräsentation oder (6) Meta-Ontologie: repräsentiert Konzepte und Relationen, die zur Ontologieerstellung gebraucht werden oder noch abstrakter in (1) *Lightweight-* und (2) *Heavyweight-Ontologien*. Lightweight-Ontologien beinhalten Konzepte und Instanzen sowie deren Hierarchien, Beziehungen und die Eigenschaften, die sie beschreiben. Weil sie keine Regeln enthalten und damit beispielsweise auch netzartig (z. B. durch semantische Netze) modelliert werden könnten, dürften sie nach oberer Definition prinzipiell nicht zu den Ontologien zählen. Doch hierzu gibt es unterschiedliche Auffassungen. Heavyweight-Ontologien dagegen erweitern die Lightweight-Ontologien um logische Regeln und Einschränkungen, wodurch die beabsichtigte Bedeutung einzelner Aussagen innerhalb der Ontologie klarer wird und logisches Schlussfolgern ermöglicht wird. Experten unterschiedlicher Bereiche brauchen somit nur ihr jeweiliges Spezialwissen und die dafür notwendigen Inferenzprozesse zu modellieren. Das deklarative und prozedurale Wissen mehrerer Wissensrepräsentationen kann geteilt werden und braucht daher nicht von Neuem erstellt zu werden.

---

166 http://wordnet.princeton.edu.

Das Semantic Web hat in Bezug auf Ontologien eine besondere Bedeutung. Es hat deren Weiterentwicklung und Nutzung enorm vorangetrieben[167] und durch die „Ontology Web Language" (OWL) einen Standard definiert, mit dem Ontologien für das Semantic Web modelliert werden können. Die typische Ontologie für das World Wide Web beinhaltet eine Taxonomie und einen Satz von Schlussfolgerungen und Beziehungen (Berners-Lee, Hendler et al. 2001).

Spezielle zeitorientierte konzeptuelle Strukturen zur Identifikation zeitorientierten Wissens in heterogenen Datenmengen werden durch Spiliopoulou und Müller (Spiliopoulou und Müller 2003), Hobbs und Pan (Hobbs und Pan 2004; Pan 2005) besprochen. Doch auch die im Kapitel 9.1.1 genannten Grundelemente und Operatoren stellen eine Form zeitorientierter Konzepte dar.

Wesentlich ist, dass die relevanten Aspekte einer Wissensdomäne bzw. der relevante Weltausschnitt in eine geeignete maschinenlesbare Symbolebene überführt werden und Bedeutung und Inhalt trotz konzeptioneller Trennung maschinell verarbeitet werden können. Die Wissensbestände müssen dabei (1) möglichst vollständig und dennoch effizient, korrekt und konsistent, (2) breit zugänglich und wieder verwendbar sowie (3) modular in einer formalen, von Computern verarbeitbaren Darstellung beschrieben werden (vgl. Owsnicki-Klewe, Luck et al. 2000, S. 157; Gruber 1993).

---

[167] Beispiele hierfür sind: Fensel 2000; Stollberg 2002; Gardarin, Kou et al. 2003; Hobbs und Pan 2004; Klawitter 2005; Pan 2005; Köhler, Philippi et al. 2006; Zhou 2007.

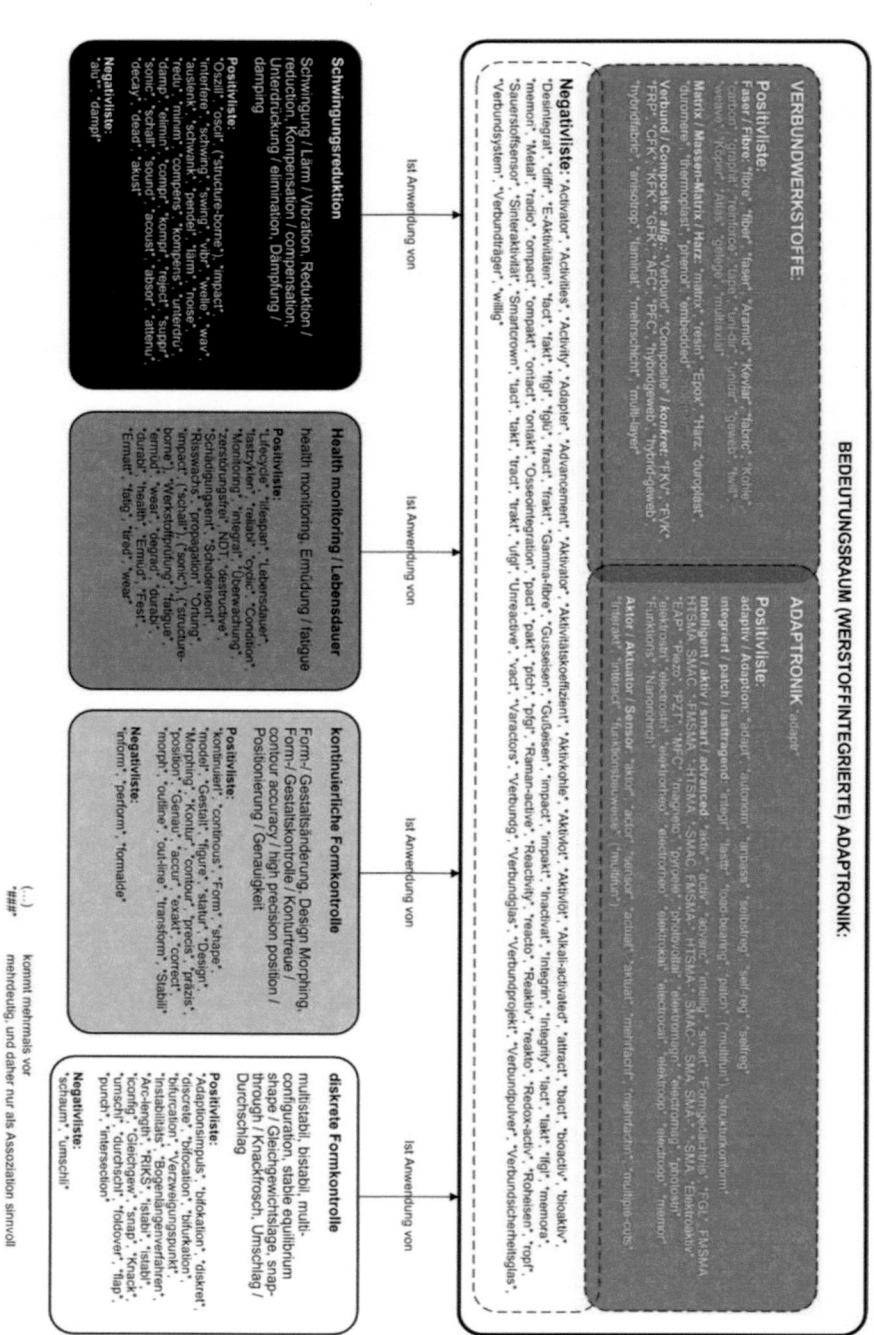

Abbildung 16. Erweiterter Thesaurus der verbundwerkstoffintegrierten Adaptronik als Beispiel für eine konzeptuelle Struktur; Quelle: eigene Darstellung.

130

Abbildung 16 ist ein Beispiel für eine in der Praxis genutzte (Walde und Stehncken 2006) konzeptuelle und morphembasierte Struktur zur Filterung relevanter Patente, wissenschaftlicher Literatur, Pressedokumente und Webseiten im Kontext „verbundwerkstoffintegrierter Adaptronik". Nach der oben ausgeführten Beschreibung konzeptueller Strukturen handelt es sich um eine spezielle Form des Thesaurus. Bestimmt ist das Konzept der „verbundwerkstoffintegrierten Adaptronik", das sich aus zwei Subkonzepten zusammensetzt, den „Verbundwerkstoffen" (composites) und der „Adaptronik" (adaptronics), die nur im Zusammenspiel vier, für die Adaptronikexperten interessanten Anwendungsgebiete bilden: die „Schwingungsreduktion", das „Health monitoring", die „kontinuierliche Formkontrolle" und die „diskrete Formkontrolle". Das Konzept der Verbundwerkstoffe kann dabei aus sprachlicher Sicht unterschiedlich beschrieben werden. So kann die Sprache allgemein von „Verbünden" oder „composites" sein oder von „Matrizen" oder „Fasern". Des Weiteren gibt es sprachliche Spezialformen von Verbünden wie z. B. „CFK" oder „GFK" oder andere Subkonzepte wie z. B. spezielle nanogroße Verbundwerkstoffe. Das emergente Konzept der Adaptronik ist technologisch und damit auch sprachlich noch weniger ausdifferenziert. Literatur, die Adaptronikkonzepte diskutiert, kann Wörter, Phrasen oder Sätze wie "adaptronics", "adaptronical", "adaptive material", "smart material" oder "materials that are intelligent" nutzen, um ein und dasselbe zu beschreiben. Unter Berücksichtigung unterschiedlicher Sprachen steigt die Vielfalt möglicher Beschreibungen für ein und dasselbe Konzept weiter. Das Konzept der „Adaptronik" kann durch Subkonzepte wie „adaptiv / adaptation", „intergriert / patch", „intelligent, aktiv, smart, advanced", „actor / actuator / sensor" oder „adaptr" und deren Schnittmengen bestimmt sein. Um eine umfassende und dennoch präzise Datenexploration zu ermöglichen, ist die Nutzung von Morphemen und Negativlisten unabdingbar. Während das Morphem "adaptr" eineindeutig für das Konzept Adaptronik steht, können adaptive und damit teilweise auch zur Adaptronik zählende Eigenschaften von Materialien in deutscher oder englischer Sprache durch Morpheme wie „adapt", „autonom", „anpass", „selbstreg", „self-reg" oder „selfreg" beschrieben werden.

Alle Subkonzepte sind miteinander in Form eines Thesaurus durch semantische Relationen wie "ist Spezialisierung von", "ist Teil von" oder "ist Anwendung von" verbunden und ermöglichen damit eine eindeutige Datenexploration. Denn ein Wort, ein Morphem oder eine Phrase eines Subkonzeptes allein (z. B. "intelligent" des Subkonzeptes "intelligent/active/smart/advanced") kann die verbundwerkstoffintegrierte Adaptronik nicht eineindeutig beschreiben. Dies ist viel wahrscheinlicher, wenn es mit einem Wort oder einer Phrase aus dem Subkonzept „Verbundwerkstoffe" in einem Dokument, Abstrakt oder sogar Satz zusammen erscheint. Weiter gedacht könnten die Relationen auch zu Regeln und damit der Thesaurus zu einer Ontologie erweitern werden.

Abbildung 17 zeigt die Prominenz genannter Konzepte der verbundwerkstoffintegrierten Adaptronik in der Textdatenbank WEMA von 1996 bis 2005.[168]. Jeder Knoten steht für ein Konzept und zeigt flächenmäßig die durch eine einfache Morphemsuche gefundene und durch Experten überprüfte Wortmenge, die ihn repräsentiert. Zum Beispiel wurden insgesamt 310.000 (laufende) verbundwerkstoffbeschreibende Wörter und 3.500

---

[168] Die Basis war hier die Literaturdatenbank TEMA® zu den Themen Technik und Management mit bibliografischen Daten und deutschen und englischen Abstrakten internationaler Veröffentlichungen jeglicher Art. Als Quelle dienen 1450 periodische Publikationen, Fachzeitschriften, Forschungs- und Konferenzberichte, Bücher, Dissertationen von theoretischen über experimentelle bis zu anwendungsspezifischen und wirtschaftlichen Themenbehandlungen. Enthalten sind über 2,12 Mio. Dokumente von 1979 bis heute mit einem jährlichen Zuwachs von ca. 120.000. Die WEMA® ist eine Teildatenbank der TEMA® und die bedeutendste deutschstämmige Literaturdatenbank für Werkstoffe und Materialien. Sie umfasst Themen rund um deren Gewinnung, Fertigung und Prüfung. Für die Arbeit stand zum Zeitpunkt der Analyse nur die Gesamtheit der Daten bis 2005 zur Verfügung. Diese wurde einer Volltextanalyse unterzogen. Die Zeitscheibe 2005 alleine umfasste ~360.000 Sätze, ~250.000 unterschiedliche Wörter, ~8.000.000 laufende Wörter und ~110.000.000 Assoziationen.

unterschiedliche Wortformen (Wortvielfalt) gezählt. Die Summe aller Wörter der WEMA ist durch den schwarzen Halbkreis in der Abbildung rechts oben repräsentiert. Solche Analysen können die Prominenz eines Themas in einer großen Textmenge schnell darstellen. Interessant ist, wenn entsprechende Analysen über Zeitscheiben unternommen werden und so die Dynamik von Konzepten verfolgt wird.

Abbildung 17. Thesaurus der verbundwerkstoffintegrierten Adaptronik mit Prominenz in der Datenbank WEMA von 1996 bis 2005; Quelle: eigene Darstellung.

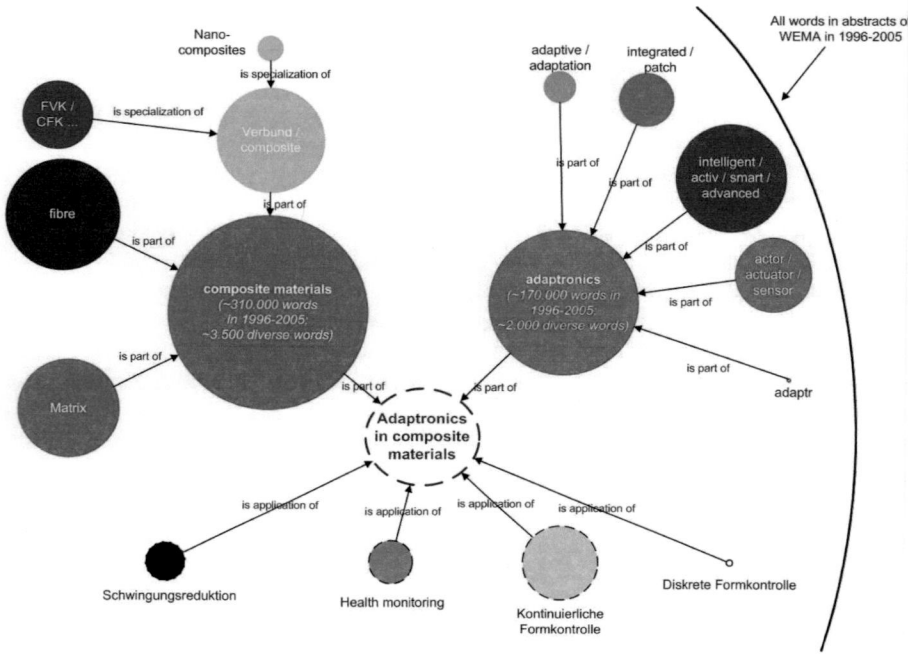

12   Synopsis für die zeitorientierte Datenexploration

Die Grundlagen für eine Synopsis informatikrelevanter Disziplinen der zeitorientierten Datenexploration wurden in den vorangegangenen Kapiteln geschaffen. Das Konzept Zeit wurde mit all seinen Aspekten näher beschrieben. Das Konzept der zeitorientierten Daten und je nach Strukturgrad unterschiedliche Arten dieser (Daten, Metadaten und Texte) wurde definiert. Weiterhin wurde eine umfassende Literaturrecherche zu Methoden zeitorientierter Datenexploration unternommen. Besprochen wurden analytische, visuelle und interaktionsbezogene Ansätze sowie konzeptuelle Strukturen, die bei der Speicherung menschlichen (oder maschinellen) Wissens in Daten sowie umgekehrt bei der Wissensentdeckung bzw. Datenexploration herangezogen werden können. Abbildung 18 baut auf diesen theoretischen Grundlagen auf und fasst die drei bereits beschriebenen Eckpfeiler der Informatik-Grundlagen der Digital Intelligence zusammen:

- die *zeitorientierten Daten* als zu explorierende Basis: Metadaten, Daten, Text sowie ihr zeitorientierter Aspekt,

- die *Methoden der zeitorientierten Datenexploration*, die analytisch, visuell und interaktionsbezogen sein können sowie

- die *konzeptuellen Strukturen*, wie z. B. Begriffe (Konzepte), Listen, Terminologien, Glossare, Taxonomien, Thesauren oder Ontologien, die die Exploration maßgeblich unterstützen können und eine Schnittstelle zwischen Maschine und Mensch sowie auch Maschinen an sich bilden.

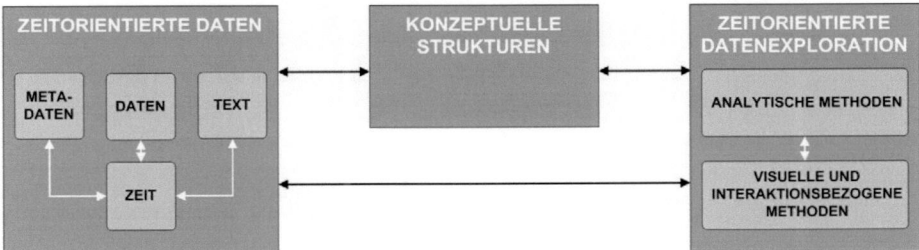

Abbildung 18. Disziplinorientierter Rahmen für die zeitorientierte Datenexploration; Quelle: eigene Darstellung.

Abbildung 18 wird im Anhang weiter detailliert, in dem alle relevanten und in dieser Promotionsarbeit besprochenen Disziplinen, Konzepte und Methoden aus der Informatik für die zeitorientierte Datenexploration dem Kapitel B2 entsprechend synoptisch dargestellt werden. Die Synopsis bietet sodann eine Vogelperspektive und die erste grobe Orientierung im Kontext der noch diffusen Disziplin der zeitorientierten Datexploration.

Je nach Datengrundlage, Fragestellung, Zeit oder Kostenrahmen führen in der Digital Intelligence unterschiedliche Wege zum Ziel. Mit Erkenntnissen und Methoden alleine aus der Wissensrepräsentation, der analytischen oder visuellen zeitorientierten Datenexploration sind erfahrungsgemäß nur selten zielgerechte und damit befriedigende Ergebnisse zu erzielen. Vielmehr kommt es auf eine sinnvolle Kombination der unterschiedlichen Methoden an.

Unabhängig vom zeitorientierten Aspekt wird im Rahmen der Exploration von Text die Kombination maschinenunterstützter, massendatentauglicher und -getriebener Verfahren des Text Mining mit semantisch hochauflösenden Wissensrepräsentationen diskutiert. Die Devise dabei lautet, die beiden oft als gegensätzlich bzw. nicht vereinbar geltenden rein statistischen und rein expertenbasierten Ansätze zu verknüpfen durch eine stärkere sowohl computerlinguistische als auch textlinguistische Fundierung (Mehler und Wolff 2005). Mehler und Wolff bekräftigen, dass analytische Verfahren (speziell Text Mining) mittlerweile unverzichtbar sind für den Aufbau von Wissen(srepräsentationen) und diese im Gegenzug auch das Text Mining in Form der Wissensentdeckung erheblich verbessern.[169]

Abgesehen von den konzeptuellen Strukturen ist auch die Verknüpfung informationsvisueller mit analytischen Datenexplorationsmethoden extrem wichtig, um das ultimative Ziel der Wissensentdeckung zu erreichen: „relevantes" Wissen zu entdecken. Beide Disziplinen suchen nach effektiven Möglichkeiten, Wissen aus Massen von Daten durch Filtern unerwünschter Informationen oder Rauschen zu extrahieren. Fayyad, Grinstein et al. behaupten „Without the statistics measures to reflect the support of a pattern, the visualization would be meaningless. We simply don't know if a sequence is strong enough to be a 'pattern' even though we can spot it. With the graphical encoding of visualization, the pattern mining approach would be enhanced with both spatial and temporal information that in turn help humans to interpret the mining results." (Fayyad, Grinstein et al. 2001). Kombinierte statistische und visuelle Methoden sind der Weg zum Ziel. Noch deutlicher und mit dem Fokus auf zeitorientierte Daten (Sequenzmuster) beschreiben (Wong, Cowley et al. 2000) die Verbindung von Text Mining bzw. Data Mining mit der Informationsvisualisierung, indem sie die jeweiligen Stärken und Schwächen beider Disziplinbereiche einander gegenüberstellen:

Tabelle 14. Vergleich visueller und analytischer Verfahren; Quelle: eigene Darstellung in Anlehnung an Wong, Cowley et al. 2000.

	Stärken	Schwächen
Visuelle Methoden	- schneller Überblick über Zusammenhang und Verteilung von Textmustern möglich - neben Frequenzen auch das zeitliche Auftreten einzelner Textmuster erschließbar	- genaue Musterverbindungen schwer erkennbar - nur ein Teil des Korpus und entsprechende Informationen können zur bestimmten Zeit angezeigt werden
Analytische Methoden	- vermitteln detaillierte Informationen für alle Sequenzmuster, egal welcher Bedeutung	- zeitliche Verteilung einzelner Sequenzmuster schwer vermittelbar (starke Muster identifizierbar, jedoch nicht deren zeitliche Verteilung) - Größe der textuellen Ausgabe; Menschen verstehen „Bilder" besser als Textsequenzen

Obwohl die Bedeutung der Kombination von Analytik und Visualisierung mittlerweile bewiesen ist und beide in konkreten Anwendungen bereits kombiniert praktiziert werden, ist deren Potenzial sowohl aus wissenschaftlicher als auch praktischer Sicht noch lange nicht ausgeschöpft. Dies gilt insbesondere für die noch junge und sich noch institutionalisierende Disziplin der zeitorientierten Datenexploration. Durch die Erfahrung vieler Studien im Rahmen der Digital Intelligence kann behauptet werden, dass kombinierte und damit die jeweiligen Schwächen analytischer bzw. visueller Datenexplorationsverfahren ausgleichenden Ansätze die Ergebnisse zeitorientierter Datenexploration in Bedeutung und Verständnis enorm bereichern.

---

[169] Auf die Verbindung von Wissensrepräsentation und Temporal Text Mining gehen Yetisgen-Yildiz und Pratt explizit ein (vgl. Yetisgen-Yildiz und Pratt 2006).

C – UMSETZUNG EINES DIGITAL-INTELLIGENCE-SYSTEMS

Der traditionelle Ansatz der Strategischen Frühaufklärung identifiziert neue (technologische) Entwicklungen auf Basis eines dezentralen, unbewussten, sozialen Netzwerkes. Dies bedeutet, dass Fachexperten optimalerweise weltweit mit anderen Experten in ihrem Fachgebiet vernetzt sind und sich austauschen und somit immer auf dem neuesten Entwicklungsstand bleiben. Für die Innovation innerhalb einer größeren Institution ist es eine unerlässliche Grundlage, dass sie für alle relevanten Fachthemen mindestens einen Fachexperten bestellt oder zumindest einen schnellen und systematisch organisierten Zugriff zu weltweiten Experten pflegt. Weil Inventionen und Innovationen erfahrungsgemäß an Schnittstellen und Grenzen der Fachthemen entstehen, reichen lose Experten- oder Wissensinseln nicht aus. Gewährleistet muss sein, dass sich die internen und externen Experten einer Institution mit unterschiedlichen Fachthemen miteinander austauschen, folglich ein Expertennetzwerk bilden, und somit „über den Tellerrand hinausschauen".

Vor dem Hintergrund einer dynamisch, komplexen Welt und einer zunehmenden Informationsflut ist es offensichtlich, dass im Kontext der Frühaufklärung nicht immer zusammenhängende und vernetzte Sichten und teilweise nur Momentaufnahmen Einzelner ermittelt werden können. Weiterhin ist bekannt, dass Analysen aus Kosten- und Zeigründen oft unvollständig und intransparent sind und man Gefahr läuft, wesentliche und wichtige Themen zu übersehen.

Ziel der Digital Intelligence und entsprechender Dienstleistungen ist es, laufende Innovationsaktivitäten um die systematische Exploration aller von Experten weltweit hinterlassenen digitalen Spuren zu ergänzen und seriöse Erkenntnisse für strategische Entscheidungen zu liefern. Dabei hat sie zwei wichtige Prämissen:

1. Die digitalen Spuren von Menschen z. B. in Patenten, in wissenschaftlichen Publikationen, in der Presse oder anderen neuen Formen digitaler Medien (Suchindizes, Webseiten usw.) spiegeln „reale" Erscheinungen und Entwicklungen signifikant wider.

2. Um aussagekräftige Ergebnisse zu liefern, müssen repräsentative Datenquellen exploriert werden. Zum umfassenden Scanning neuester Technologietrends mit großer Breite sollten daher nicht nur einzelne und regionale, technologie- oder branchenspezifische Publikationsreihen ausgewertet werden, sondern möglichst globale, technologie- und branchenübergreifende Publikationsarchive mit Historie.

Das aktuell in der Praxis in einem großen Automobilkonzern zu explorierende Textdatenvolumen von Patenten, wissenchaftlichen Publikationen und globalen Pressemitteilungen übertrifft den zwei- bis dreistelligen Terabytebreich. Die maßgeschneiderte Exploration ist nur mit einer intelligenten Informationslogistik und dem Filtern durch die kollektive Intelligenz eigener Fachexperten anzugehen.

Theoretische Grundlagen hierfür sind im Kapitel B geliefert worden. Dieses Kapitel stellt eine Dienstleistung und ein System der Digital Intelligence vor, das auf Basis besprochener Erkenntnisse entwickelt wurde und in einem großen automobilen Vielmarkenkonzern erfolgreich angewendet wird.

Neben der Beschreibung der Umsetzung eines umfassenden Digital-Intelligence-Systems, ist das Hauptziel dieser Forschungsarbeit, Methoden zur Identifikation emergenter bzw. evolutionärer schwacher Signale (Sachverhalte) zu entwickeln, die in Textdaten in Form eines Trends über die Zeit sowohl häufiger als auch semantisch reicher auftreten (z. B. mit anderen Sachverhalten zusammen erscheinen). Die intervallbezogenen und insbesondere die gerichteten Zeitreihenentwicklungen sind dabei von besonderem Interesse. Entsprechende neue Scanning- und Monitoringansätze werden in Kapitel 15 besprochen.

Vorab werden jedoch für Untersuchungen der Digital Intelligence sinnvolle textbasierte Indikatoren (Kapitel 13) sowie Anforderungen an ein entsprechendes System hergeleitet (Kapitel 14).

13 Bestimmung textbasierter Indikatoren

Um die Digital Intelligence in Form der Identifikation schwacher Signale auf Basis digitaler textueller Informationsquellen umzusetzen, müssen entsprechende Beobachtungsfelder identifiziert werden, die durch datenexplorative (mathematisch-statistische oder informationsvisuelle) Methoden quantifiziert werden können.

Auf Basis strukturierter Daten – wie es Metadaten fortschrittsorientierter textueller Literatur sind – gibt es in der Informetrie viele Ansätze, die aufgaben- und datenspezifisch zugeschnitten werden (vgl. Porter und Cunningham 2005). Einen expliziten umfassenden Kriterienkatalog für die Informetrie gibt es jedoch nicht. Ein Grund dafür ist, dass es keine festen Kategorien für Beobachtungsfelder gibt. Metadaten sind grundsätzlich für alle Informationsquellen und Medienformate unterschiedlich.

Erst recht gibt es keinen Kriterienkatalog für Beobachtungsfelder unstrukturierter bzw. nicht explizit strukturierter Textdaten. Um ein entsprechendes Raster zu entwickeln und das Konzept der schwachen Signale im Kontext digital Textdaten zu operationalisieren, kann auf Erkenntnisse der Erforschung komplexer dynamischer Systeme in den System- oder Komplexitätswissenschaften zurückgegriffen werden (vgl. Walde 2004). Um schwache Signale bzw. evolutionäre sowie revolutionäre Entwicklungen in komplexen dynamischen Systemen zu identifizieren, sind

- deren *Bestandteile* und

- *Beziehungen* zwischen den Bestandteilen sowie

- deren *Wandel*, das heißt die Bestandteile und Beziehungen im zeitlichen Verlauf

zu analysieren. In Bezug auf Metadaten repräsentieren die unterschiedlichen Metadaten und deren Instanzen die Bestandteile. Allgemein können sie in mindestens drei wesentliche Kategorien eingeteilt werden, nämlich in die Fragen nach dem: (1) „wer" dokumentiert (Autor oder Institution) (2) „was" (welchen Sachverhalt) (3) „wann" bzw. „wie" entwickelt sich das „wer" oder „was", wobei erstere [(1) und (2)] die Bestandteile und Beziehungen repräsentieren und letzteres [(3)] den Wandel.

Im Text Mining und dessen Anwendung in der Digital Intelligence können im Kontext unstrukturierter oder nicht explizit strukturierter Daten (Texten) auf der maschinenbasierten Textinstanzebene erfahrungsgemäß

- die Bestandteile durch das *Vorkommen* (ja oder nein), die *Häufigkeit* und die *Bedeutung* (Signifkanz) von *grundformreduzierten Wörtern*,

- die Beziehungen durch deren *Vernetzungen*[170], z. B. die *Nachbarn* oder die *Kookkurrenzen von Wörtern*,

und auf der experten- bzw. konzeptuellen Ebene

---

[170] Z. B. in Form von Wortnetzen.

- die Bestandteile durch das *Vorkommen (ja oder nein)*, die *Häufigkeit*, die *Bedeutung (Signifkanz)* sowie die *Vielfalt der Textinstanzen innerhalb von Konzepten* (Wie viele unterschiedliche Synonyme gibt es zu einem Konzept?) und

- die Muster durch deren *Vernetzungen*[171], *Hierarchien*[172] und *Regeln*[173] repräsentiert werden.

In der Digital Intelligence ist die Analyse der *Verknüpfung unstrukturierter mit strukturierten Daten* als selbstverständlich anzusehen. So können sowohl die maschinen- als auch expertenbasierten Erkenntnisse in unterschiedlichen Metadatenkontexten stehen und signifikante Informationen für schwache Signale bergen.

Genannte Bestandteile und Beziehungen von Texten stellen die Grundlage für die dritte wichtige Komponente – den Wandel. In der Digital Intelligence mit einem langfristigen Zeitfokus hat sich ein jährlicher Zeithorizont auf Jahres- und teilweise Jahrzehntebene für sinnvoll herausgestellt (siehe zeitliche Granularität) – ersteres eher für zeitorientierte Analysen auf Basis von Zeitreihen[174], letzteres in Bezug auf zwei oder drei Zeitintervalle.[175] In der Praxis der zeitorientierten Datenexploration haben sich darüber hinaus Fragen nach

- der *Existenz* von Sachverhalten an sich (Besteht ein Sachverhalt zu einer bestimmten Zeit?),

- deren *Verortung* (Wann existiert ein Sachverhalt?),

- deren *Frequenz* (Wie oft erscheint ein Sachverhalt?),

- deren *zeitlichen Intervall* (Wie lange besteht ein Sachverhalt?),

- deren *Änderungsart und -rate* (Wie, wie schnell und stark ändert sich ein Sachverhalt?),

- deren *Sequenz* (Welche Ordnung haben die Sachverhalte?),

- deren *Synchronisation* (Welche Sachverhalte treten gemeinsam auf?) und

- deren *Neuheitsgrad*

als bedeutend für den Wandel textueller Bestandteile und Beziehungen herausgestellt. Neu heißt zum Beispiel, ob ein Sachverhalt in einem der genannten Beobachtungsfelder

- *absolut neu* auftritt, folglich zum ersten Mal aufkommt oder

---

171 Z. B. in Form von Thesauren.

172 z. B. in Form von Taxonomien.

173 Z. B. in Form von Ontologien.

174 Für die zeitorientierte Textanalyse in Bezug auf *Zeitreihen* bzw. *mehrere Zeitscheiben* sind neben der zeitlichen Ordnung bzw. Relation von Sachverhalten folgende Fragen stellvertretend: (1) Welche Sachverhalte treten absolut neu auf oder werden nicht mehr besprochen? (2) Welche Sachverhalte treten relativ neu auf oder schwinden? Ist die Bedeutung konkreter Sachverhalte wachsend oder abnehmend? (3) Wie entwickelt sich deren Bedeutung konkret (stark, schwach, exponentiell usw.)? (4) Welche Sachverhalte sind über mehrere Zeitscheiben hinweg bedeutend / konstant? (5) Wie verändert sich die Vernetzung der über mehrere Zeitscheiben besprochenen Sachverhalte? (6) Gibt es neu aufkommende oder schwindende Beziehungen zwischen Sachverhalten in späteren Zeitscheiben? Auf welche Art und Weise ändert sich die Vernetzung (absolut, relativ, stark, schwach, exponentiell usw.)? (7) Wie ist der Lebenszyklus eines Sachverhaltes? Wie entwickelt er sich, bzw. reift er nicht nur nach Bedeutung, sondern auch inhaltlich? Verschmelzen zwei oder mehrere Sachverhalte? (8) Sind zyklische oder saisonale Entwicklungen zu beobachten?

175 Bei der zeitorientierten Textanalyse in Bezug auf *Intervalle* können erfahrungsgemäß z. B. folgende signifikante Fragestellungen auftreten: (1) Ist ein zu- oder abnehmender Trend eines Sachverhaltes zwischen zwei Zeitscheiben zu erkennen? Wie stark oder schwach ist er ausgeprägt? (2) Welche Sachverhalte sind in der späteren Zeitscheibe hinzugekommen oder verschwunden? (3) Wie ändert sich die Vernetzung der Sachverhalte? Gibt es neue Beziehungen zwischen Sachverhalten in der späteren Zeitscheibe? (4) Ähneln sich die in beiden Zeitscheiben besprochenen Sachverhalte, oder unterscheiden sie sich enorm?

- *relativ neu* auftritt, folglich nach bisher seltenem Auftreten stark oder sogar sprunghaft ansteigt.

Der Änderungsaspekt sollte weiter operationalisiert werden. So kann zwischen

- gerichteten *Zu-* oder *Abnahmen* (Trends) z. B. *linearer, exponentieller, logarithmischer, parabolischer, hyperbolischer* oder *logistischer* Form sowie sich *nicht ändernden Beobachtungsfeldern* und

- *Zyklen, Diskontinuitäten* oder sogar *Chaos im Wandel* von Beobachtungsfeldern unterschieden werden.[176]

Tabelle 15 fasst die textdatenbasierten Beobachtungsfelder für die Digital Intelligence nach den bekannten system-dynamischen Kategorien nochmals zusammen.

Tabelle 15. Textdatenbasierte Beobachtungsfelder für die Digital Intelligence.

| | Bestandteile | | | | Muster | | | Wandel (Intervall oder Zeitreihe): zeitorientierte Muster | | | | | | | | | | | | |
| | | | | | | | | Allgemein | | Intervall | | Zeitreihe / gerichtet (Trend) | | | | | | | | |
	Vorkommen (ja/nein)	Häufigkeit	Bedeutung	Vielfalt	Vernetzung	Hierarchie	Regeln	zeitliche Granularität	zeitliche Relation	zunehmend	abnehmend	linear	exponentiell	logarithmisch	parabolisch	hyperbolisch	logisch	zyklisch	diskontinuierlich	chaotisch
Wort	x	x	x		x			x	x	x	x	x	x	x	x	x	x	x	x	x
Konzept	x	x	x	x	x	x	x	x	x	x	x	x	x	x	x	x	x	x	x	x

Die maschinelle und informationsvisuelle Datenexploration soll beantworten können, ob eine Text- oder Konzeptinstanz überhaupt vorkommt, wie häufig sie vorkommt, wie bedeutend sie für den Referenzkorpus oder den zu untersuchenden Korpus ist, wie sich Wortformen oder Kookkurrenzen über die Dokumentenkollektion verteilen, wie sie vernetzt sind, welche Hierarchien zwischen Wortformen einer Taxonomie ermittelt werden können oder welche Regeln auf Basis einer Ontologie bestätigt oder erlernt werden können. Dabei repräsentieren konzeptuelle Strukturen aus Erfahrung eine seriöse und umfassende Grundlage für frühaufklärungsbezogene Aussagen, wenn nicht sogar die einzige. Sie bilden einen festen Rahmen, dessen Dynamik einfach nachzuvollziehen und überprüfen ist. Eine entscheidende Frage der Digital Intelligence ist daher, wie konzeptuelle Strukturen effizient erschlossen werden können.

Zeitorientierte Muster bauen auf statischen Mustern auf, indem sie sie um die zeitliche Dimension erweitern. Die zeitliche Relation (Kommt eine signifikante Kookkurrenz vor oder nach einer anderen vor?), die zeitliche Granularität (Sind bestimmte Muster täglich oder nur monatlich anzutreffen?), die Zu- oder Abnahme eines Musters oder die Art und Weise dieser Zu- oder Abnahme über mehrere Zeitscheiben hinweg sind hervorzuhebende Eigenschaften eines zeitorientierten Musters. Sie bilden die Basis aller Exploration digitaler

---

[176] Interessant in diesem Kontext ist die Neologismen-Forschung von Quasthoff (Quasthoff 2007). Er unterscheidet u. a. zwischen (1) echten Neologismen (z. B. Gesundheitsprämie oder brutalstmöglich), (2) bisher niederfrequenten Wörtern, dessen Häufigkeit unaufhaltsam steigt (z. B. DVD) oder die in der Allgemeinsprache plötzlich auffallen (z. B. Acrylamid oder Feinstaub), (3) ereignisabhängigen Wörtern (z. B. Papstwahl), (4) Wörtern mit neuer Bedeutung sowie (5) Bezeichnern für Einzelobjekte oder Gruppen.

Textströme (zeitorientierte Daten) und damit auch der Identifikation schwacher Signale bzw. evolutionärer und revolutionärer Entwicklungen von Sachverhalten.

Die Exploration von Lebenszyklen, Diskontinuitäten oder sogar Chaos im Rahmen der Digital Intelligence stellt im Vergleich zu intervallbezogenen oder gerichteten Zeitreihenentwicklungen die nächst höhere Anforderungsstufe an die Datenexploration dar. Für alle genannten Formen des Wandels bildet die Analyse des evolutionären Verhaltens die Basis. Ein vielversprechender Ansatz zur Identifikation von Diskontinuitäten ist die Analyse des Neuheitsgrades. Eine absolute oder relative Neuigkeit innerhalb eines einzigen Beobachtungsbereiches kann ein Indikator für einen plötzlich radikalen, tiefgreifenden Wandel durch einen quantitativen Sprung repräsentieren. Der qualitative Sprung (Niveauänderung) oder Trendbruch (Richtungsänderung) ist – wie die Erkenntnis, dass ein Signal nicht mehr schwach sondern stark ist – als komplexes Phänomen im Zusammenspiel mehrerer textueller und metadatenbezogener Beobachtungsfelder zu verstehen und darüber hinaus auf einer erfolgreichen Identifikation der evolutionären Entwicklung eines Konzeptes aufzubauen. Entsprechendes gilt auch für Zyklen und das deterministische Chaos.

14 Anforderungen an ein Digital-Intelligence-System

Wie oben bereits erläutert, ist die Digital Intelligence als informationstechnologische Disziplin eine die Strategische Frühaufklärung ergänzende, nie ersetzende Disziplin. Sie dient der gezielten Operationalisierung, Erweiterung und Vertiefung sowie der Optimierung und Beschleunigung der technologischen und gesellschaftlichen Frühaufklärung. Sie unterstützt die dezentral organisierten Inventions- und Innovationsaktivitäten, in dem sie bei der Navigation durch das Datendickicht, der Informationsveredelung und der Identifikation von schwachen Signalen hilft. Allgemein sind fünf informationstechnologische Schwerpunkte zu nennen:

- die partielle Automatisierung von Aufgaben und Prozessen.

- Hilfe bei der Sammlung, Strukturierung und Ablage der Flut an Daten.

- Hilfe bei der Suche in diesen Daten.

- Hilfe bei der Verteilung und Kommunikation von Daten und Wissen.

- Hilfe bei weiterführenden Auswertungen (Datenanalysen), die mit reinem Menschenverstand nicht lösbar sind.

Optimalerweise bietet die Digital Intelligence jedem Fachexperten Methoden und Werkzeuge zur Informationsveredelung zu Hand, die es ihm ermöglichen, auf eine intuitive Art seine tägliche Arbeit effizienter zu gestalten oder bisher nicht durchführbare Arbeiten anzugehen. Doch sind und bleiben viele der im Kapitel B beschriebenen Ansätze hoch komplex und fern jeglicher Intuition. Die einzige realistische Umsetzungsmöglichkeit ist, Technologien und Lösungen je nach Erfahrungshintergrund, Anforderung und Komplexität zu staffeln und entsprechend anzubieten. Daher kann nicht die Sprache sein von einem Produkt für die Digital Intelligence, sondern von einer Dienstleistung und einem Produktkatalog bzw. System, der unterschiedliche Frühaufklärungsbedürfnisse befriedigen kann und den dezentral organisierten auch frühaufklärungstätigen Fachexperten in den Prozess der Digital Intelligence je nach Erfahrungshintergrund einbindet. Eine Dienstleistung der Digital Intelligence sollte daher

- Informationsberichte und -auswertungen unterschiedlicher Breite und Tiefe durch maßgeschneiderte Dienstleistungen als auch automatisierte Produkte anbieten,

- Mitarbeiter untereinander und mit externem Wissen und Experten vernetzen,

- Transparenz bzgl. Prozess und Daten anbieten,

- effizient: schnell, günstig und wieder verwendbar sein und

- Qualität und Objektivität als Entscheidungsgrundlage bieten.

Ein Digital-Intelligence-System hat als soziotechnisches strategisches Informationssystem die Aufgabe, seine Nutzer bei der Aufwertung frühaufklärungsrelevanter Daten zu handlungsorientiertem Wissen und damit langfristigen strategischen Entscheidungen durch den Einsatz geeigneter Informations- und Kommunikationstechnologien zu unterstützen. Es befriedigt zweckorientiert die Nachfrage nach für die strategische Planung relevanten Informationen über Märkte, Konkurrenz oder Technologien. Ein Digital-Intelligence-System zur strategischen Frühaufklärung auf Basis digitaler Textdaten sollte fachlich als aktives Wissensmanagement auf einem aktiven Knowledge Warehouse mit einer Datenversorgung in Echtzeit aufbauen (vgl. Kapitel 7). Die Exploration sowohl strukturierter als auch semistrukturierter multidimensionaler zeitorientierter Daten ist zu gewährleisten. Der komplexe Prozess der Veredelung frühaufklärungsrelevanter Informationen sollte durch eine teilweise automatisierte Prozesssteuerung anhand von Regeln bzw. Indikatoren, durch ein Workflow- und Content-Management sowie durch Portaltechnologien erleichtert werden. Angesichts langjähriger Erfahrungen in der Entwicklung und Anwendung entsprechender Systeme sind folgende Funktionen zu erfüllen:

- *Schneller analytischer Zugriff* auf alle multidimensionalen zeitorientierten Daten in Form interner und externer sowie strukturierter und unstrukturierter Datenquellen verschiedener Inhalte und Herkunft mit zum Teil mehreren Millionen forschungs- und technologie- bzw. inventions- und innovationsrelevanten Datensätzen.

- *Einfache Navigation* als Orientierungshilfe in dieser Datenflut zum Kennenlernen der Daten sowie zur Bedarfsbestimmung.

- *Reaktive Aufklärung, Trend- und Diffusionsanalyse*: Ermöglichen der Verfolgung thematisch bereits als relevant identifizierter Signale im Sinne eines kontinuierlichen Monitoring und deren weitere Vertiefung (Drill-Downs bzw. Expertisen) um eine bessere Bewertung zu ermöglichen[177] oder auf künftige Werte schließen zu können – konkret heißt das z. B. Aufbereitung des zeitlichen und kontextuellen[178] Verlaufs von Sachverhalten; Suche nach bekannten Mustern, Korrelationen, Überlappungen und Kausalitäten; Entdecken von Unterbrechungen oder Ausbrüchen; Untersuchung der Verteilung zur Entdeckung von Datenkonzentration.

- *Aktive Frühaufklärung*: Ermöglichen der Identifikation schwacher Signale; Frühwarnsystem, das nach im Vorfeld bestimmten Kriterien (Indikatoren, kritische Erfolgsfaktoren) und auf Grundlage von konzeptuellen Strukturen teilautomatisiert auf besondere Sachverhalte bzw. auffällige Datenkonstellationen oder -entwicklungen hinweist.

---

[177] Z. B. die Bestimmung des Reifegrades einer Technologie.

[178] Ein spezielles Thema oder Sachverhalt kann gleichzeitig oder zeitlich verschoben in unterschiedlichen Medienarten (z.B. Patente, wissenschaftliche Literatur, Presse, Blogs, Foren, Webseiten usw.), von unterschiedlichen Autoren und Institutionen, an unterschiedlichen Orten oder mit unterschiedlichen anderen Sachverhalten innerhalb eines Textes (= Kontext) besprochen werden.

- Die Daten in den Drill-Downs können (sofern es lizenzrechtliche Bedingungen erlauben) bis zur Datenbasis bzw. zum einzelnen Dokument abgerufen werden. *Verdichtungsstufen und Detailinformationen* können frei gewählt werden.

- Nutzern können aktive und passive *Zugriffsrechte* vergeben werden.

- Nutzer können das System auch als *Content Management System* nutzen, d. h. sie können nicht nur mit den originalen Daten arbeiten, sondern sie auch aggregieren, umordnen, neue Inhalte hinzufügen, sie aktualisieren und verwalten.

- Nutzer können das System als *Kollaborations- oder Kommunikationsplattform* nutzen, d. h. sich austauschen und z. B. Nachrichten / Ausnahmeberichte für Ergebnisse der Frühaufklärung erstellen.

Im Kern der Digital Intelligence und eines entsprechenden informations- oder soziotechnischen Systems steht ein mächtiges Datenexplorationssystem. Dieses soll auf kontinuierlich aktualisierte, aussagekräftige Quellen und langfristige Datenarchive zugreifen. Für die Digital Intelligence eines global agierenden Konzerns muss gewährleistet werden, dass die wesentlichen Textmedien im Sinne sowohl traditioneller Formate wie Patente, wissenschaftliche Literatur oder Pressemeldungen als auch internetspezifische und nutzergenerierte Formate wie Blogs, Foren oder Suchmuster von Suchmaschinen weltweit und damit in mehreren Sprachen einem simultanen Scanning und Monitoring unterzogen werden können. Im Unterschied zu rein theoretischen Ansätzen muss ein System in der Praxis zeitnah Ergebnisse erzielen und daher bereits auf vorhandene und aussagekräftige Datenarchive zugreifen können. Der Anspruch im Kontext von Patenten ist beispielsweise, dass weltweit alle jemals angemeldeten oder veröffentlichten Patente analysiert werden können. Ähnliches gilt für die anderen genannten Textsorten, wobei zu bemerken ist, dass dies umfassend – und speziell für nutzergenerierte Daten im Internet – nie gelingen kann. Die Vielfalt sowohl strukturiert als auch unstrukturiert vorliegender Textsorten und Informationsquellen kann daher nur mit einem breiten und teilweise maßgeschneiderten Datenexplorationsmethodenzugang gewährleistet werden.

Abschließend ist nochmals die soziotechnische Komponente eines Digital-Intelligence-Systems hervorzuheben. In einem Informationssystem ergänzen menschliche und technische Komponenten einander, insbesondere weil zur Ableitung von Handlungsempfehlungen aus vorliegenden Informationen menschliche Intelligenz erforderlich ist. Ein Informationssystem ist für den Menschen geschaffen, zum einen, um ihm Arbeit abzunehmen und zum anderen, um durch ihn nicht lösbare Aufgaben zu übernehmen. Es dient primär nicht dem Aufbau eigener Intelligenz.[179] Dies ist nötigenfalls „nur" der Weg zum Ziel: das Wissen ihrer menschlichen Nutzer bzw. Kunden zu erweitern. Trotz enormer Fortschritte in Disziplinen wie dem Maschinellen Lernen oder der Künstlichen Intelligenz ist eine vollständige Automatisierung der Frühaufklärung nicht absehbar.

15 Beschreibung der Umsetzung eines Digital-Intelligence-Systems

Die nachfolgende Beschreibung eines Digital-Intelligence-Systems beruht auf den Erfahrungen einer in einem globalen automobilen Vielmarkenkonzern erfolgreich umgesetzten Dienstleistung namens *Di.Ana* – für „*Digitale Ana*lyse" stehend.

---

[179] Der Begriff „Intelligenz" im Rahmen dieser Arbeit versteht sich im Kontext der Diskussion um starke oder schwache Intelligenz als „schwache Intelligenz".

Eine ausführliche Beschreibung aller im Rahmen dieser Dienstleistung genutzten Anwendungen und Methoden wäre in diesem wissenschaftlichen Rahmen zu umfangreich und nicht zielführend. Zum einen wurden sie in vielen anderen Wissenschafts- und Vertriebspublikationen bereits detailliert beschrieben [z. B. (Trippe 2003, Porter 2005)] und würden somit methodisch keinen wissenschaftlichen Neuigkeitswert mehr darstellen. Zum zweiten – im Falle der Analyse strukturierter Metadaten – wären sie ganz dem Data Mining oder Temporal Data Mining zuzuschreiben. Je nach Aufgabe, Fragestellung, Datenformat, -quelle oder -volumen dienen sie z. B. der Analyse und Trendanalyse der Kombination von Dokumenten, Termen, Jahren, Autoren oder Institutionen und ermöglichen somit bessere und schnellere Antworten auf Fragen nach dem Wer, Wie, Was, Wann, Wo, Woher oder Warum gesellschaftlicher oder technologischer Entwicklungen.

Hauptaugenmerk dieses Kapitels liegt in der Beschreibung eigen- und neuentwickelter Technologien insbesondere aus dem (Temporal) Text Mining bzw. den oben beschriebenen datenexplorativen Forschungsdisziplinen der wissensrepräsentations-, frequenz- und vernetzungsbasierten Analyse sowie der halbautomatischen Identifikation von Trends. Sie haben das Ziel, die Exploration der in Tabelle 15 und im Kapitel 13 besprochenen textdatenbasierten Beobachtungsfelder für die Digital Intelligence zu ermöglichen bzw. zu vereinfachen und sollen sich in den Prozess der umgesetzten Digital Intelligence neben anderen lizensierten oder frei verfügbaren Technologien bzw. Werkzeugen pragmatisch einreihen können. Vorgestellt werden:

- eine neu entwickelte *Frühaufklärungs-Plattform*, die den Prozess der Informationsveredelung unterstützen und skalieren soll,

- das interaktive, für ein Monitoring (und Scanning) nutzbare Softwarewerkzeug *WCTAnalyze* zur automatischen Extraktion themenspezifischer Ereignisse,

- das interaktive, für ein Monitoring (und Scanning) geeignete Softwarewerkzeug *SemanticTalk* zur graphbasieten zeitorientierten Textexploration sowie

- ein neuer Ansatz der Datenexploration, der mittels *HD-SOM-Scanning* die halbautomatische Identifikation von Trends ermöglicht und sich somit hervorragend zum Scanning eignet.

Alle Technologien sind nur Mittel zur Aufwertung frühaufklärungsrelevanter Daten zu handlungsorientiertem Wissen. Die in der umgesetzten Digital Intelligence genutzten Daten werden im zweiten Kapitel dieses Kapitels beschrieben.

15.1 Konzept einer Dienstleistung der Digital Intelligence

Di.Ana hat das Ziel, Forscher des Konzerns mit validen Informationen über Technologien zu versorgen, damit sie bestmögliche strategische Entscheidungen treffen können. Von besonderem Interesse sind dabei die Dynamik der Vernetzung und Entwicklung sowie der Reifegrad automobiler Technologien, entsprechende Aktivitäten in der Wissenschaft, beim Wettbewerb oder Zulieferern sowie das Interesse und die Wahrnehmung entsprechender Technologien beim Kunden.

Die umgesetzte komplexe Dienstleistung kann vereinfacht durch ein 3-Schalenmodell wie in Abbildung 19 beschrieben werden.

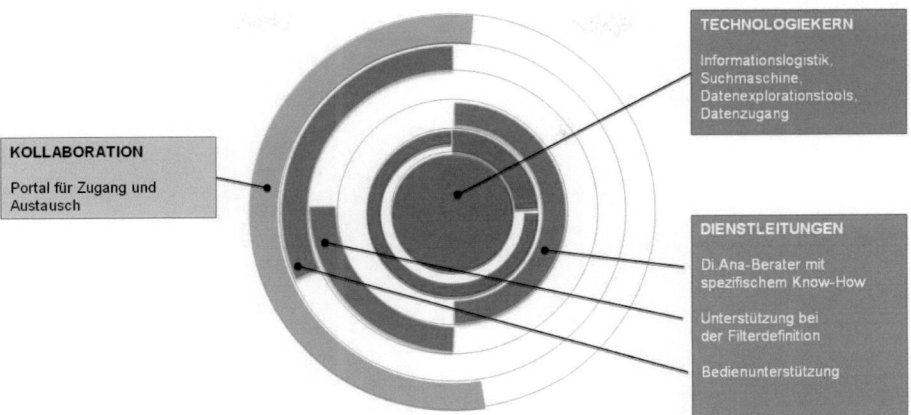

Abbildung 19. Gestaffeltes 3-Schalenmodell einer Digital-Intelligence-Dienstleistung; Quelle: eigene Darstellung.

Die großen heterogenen Datenmengen, die die Quellen der Digital Intelligence bilden und strukturiert und unstrukturiert, sowohl zentral (lokal auf Server) als auch dezentral (frei oder lizenzgebunden) vorliegen, müssen sinnvoll und systematisch im Kontext der Frühaufklärung veredelt werden. Dafür greift die Dienstleistung auf vielfältige Technologien zurück. Den Kern der umgesetzten Dienstleistung bilden neben den Daten daher die Technologien. Hierzu gehören alle eigenentwickelten, lizensierten und frei verfügbaren Technologien sowie die technisch umgesetzten Zugänge zu den Daten, die zum Teil noch beschrieben werden. Unterschiedliche Dienstleistungen dienen als Schnittstelle zum Kunden. Den Di.Ana-Berater und -Experten mit seinem spezifischen Digital-Intelligence-Know-How zeichnet z. B. eine andere Dienstleistungsqualität aus als die reine Bedienunterstützung von Werkzeugen oder die Definition von Datenfiltern. Die äußere Schale repräsentiert die sozio-technische bzw. kollaborative Komponente der Dienstleistung und damit die noch zu beschreibende Frühaufklärungs-Plattform.

Um eine optimale Informationsveredelung zu ermöglichen, werden die genannten Schalen gestaffelt kombiniert. Es entsteht ein Katalog von vier Digital-Intelligence-Kernprodukten bzw. -Dienstleistungen mit unterschiedlicher Breite, Tiefe, Automatisierung und Skalierbarkeit (vgl. Abbildung 20): die Portalnutzung, das Technologiescanning, die Tiefenanalysen und die Steckbriefe.

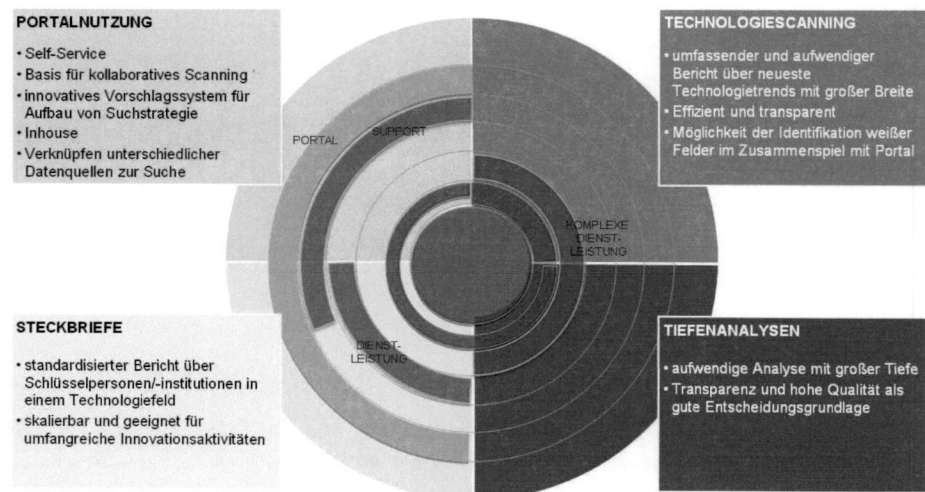

PORTALNUTZUNG

• Self-Service
• Basis für kollaboratives Scanning
• innovatives Vorschlagssystem für Aufbau von Suchstrategie
• Inhouse
• Verknüpfen unterschiedlicher Datenquellen zur Suche

TECHNOLOGIESCANNING

• umfassender und aufwendiger Bericht über neueste Technologietrends mit großer Breite
• Effizient und transparent
• Möglichkeit der Identifikation weißer Felder im Zusammenspiel mit Portal

STECKBRIEFE

• standardisierter Bericht über Schlüsselpersonen/-institutionen in einem Technologiefeld
• skalierbar und geeignet für umfangreiche Innovationsaktivitäten

TIEFENANALYSEN

• aufwendige Analyse mit großer Tiefe
• Transparenz und hohe Qualität als gute Entscheidungsgrundlage

Abbildung 20. Digital-Intelligence-Kernprodukte durch eine kombinierte Staffelung der Schalen; Quelle: eigene Darstellung.

15.1.1 Portalnutzung

Die Herausforderung der Digital Intelligence ist, dass sie dem Kunden auf der einen Seite rechtzeitig und so schnell wie möglich präzise Informationen auf einer umfassenden Datenbasis im Sinne optimaler individueller Ergebnisse zur Verfügung stellen und auf der anderen Seite selber so effizient wie möglich arbeiten möchte. Diese allgemeingültige Diskrepanz zwischen inhaltlicher Güte und wirtschaftlicher Effizienz wurde nach zweijähriger seriell-manueller datenexplorativer Arbeit (insbesondere mit dem Kernprodukt der Tiefenanalysen) innerhalb einer industriellen Großorganisation besonders deutlich. Der einzige Ausweg ist und war die Entwicklung einer Intranet-Plattform, die die tägliche Kommunikation mit dem Kunden systematisiert, vereinfacht und ihn sogar direkt interaktiv in den Prozess der Digital Intelligence einbindet. Das Portal im Intranet ist eine Frühaufklärungs-Plattform für jedermann innerhalb des Konzerns. Es zielt darauf ab, die Frühaufklärung auf alle Plattformnutzer und auch nicht explizit beauftragten Frühaufklärer auszuweiten und ist daher selbsterklärend und sollte selbst bedient werden können. Angedacht ist dennoch eine persönliche Bedienunterstützung sowie Hilfe bei der Datenfilterung.

Die Plattform unterstützt wiederkehrende Prozesse der Digital Intelligence, insbesondere die Bedarfsdefinition und die abschließende Archivierung und Kommunikation der Ergebnisse, durch ein auf sie zugeschnittenes Content Management und Kollaborationssystem. Mit einem innovativen Vorschlagssystem für den Aufbau von Suchstrategien (Datenfilter), die Verknüpfung unterschiedlicher Datenquellen zur Suche sowie einfache Datenanalysemöglichkeiten wird der inhaltliche Fachexperte direkt in die Datenexploration eingebunden. Er kann auf der Plattform seine inhaltlichen Fragestellungen spielerisch selber überprüfen und vertiefen und auf Basis eigener Suchanfragen z. B. im Sinne von Schlüsselwörtern und logisch kombinierter Folgen dieser Datenanalysen anstoßen. Dadurch wird Vertrauen und Wertschätzung gegenüber den komplexen, nur durch den versierten Digital-Intelligence-Experten durchführbare Tiefenanalysen geschaffen sowie die Basis für ein kollaboratives Scanning innerhalb der Nutzergemeinschaft.

Die technologische Grundlage der Portalnutzung wird im Kapitel 15.3 ausführlicher beschrieben.

15.1.2 Steckbriefe

Je mehr wohl definierte Suchstrategien durch die kollaborative Portalnutzung entstehen, desto interessanter und wertvoller wird das Produkt der *Steckbriefe* (vgl. Wilbers et al. 2010). Der Steckbrief ist ein standardisierter digitaler oder gedruckter Bericht über Schlüsselpersonen, -institutionen oder Entwicklungen in einem definierten Sachverhalt und beruht auf informetrischen Methoden. Dadurch ist der Steckbrief skalierbar und eignet sich für umfangreiche Innovationsaktivitäten.

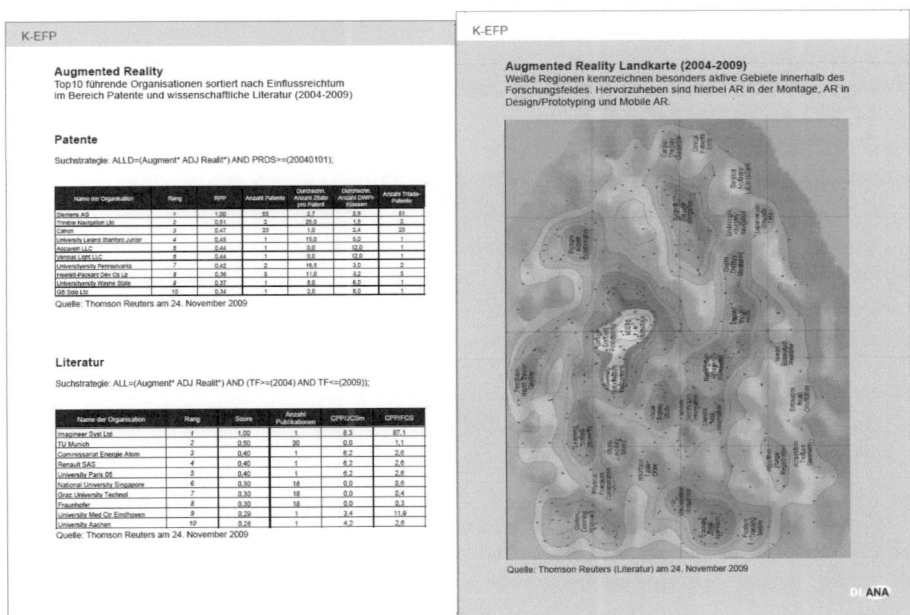

Abbildung 21. Steckbrief zum Sachverhalt „Augmented Reality"; Quelle: eigene Darstellung.

Abbildung 21 zeigt einen beispielhaften Steckbrief zum Sachverhalt „Augmented Reality" auf Basis jeweils einer einfachen Suchstrategie für Patente und wissenschaftliche Publikationen.[180]

Die Vorderseite (links) zeigt die 10 weltweit führenden Institutionen zum Thema sortiert nach Signifikanz für die Zeit von 2004 bis 2009. Unterschieden wird in diesem Fall zwischen den weltweiten Patentpublikationen (obere Tabelle) und den weltweiten wissenschaftlichen Publikationen (untere Tabelle). Die Signifikanz wird auf Basis anerkannter bibliometrischer Formeln berechnet (vgl. Ernst 2003, S. 239ff.; Wilbers et al. 2010). Der Vergleich von Patentportfolios unterschiedlicher Institutionen ist durch einen Vergleich ihrer relativen Patentsituation möglich. Diese bewertet sowohl Qualität als auch Quantität in einem integrierten Wert. Die Quantität kann durch die Gesamtanzahl der Patentpublikationen gemessen werden. Für die Qualität wurden im genannten Beispiel vier unterschiedliche Indikatoren herangezogen, die in unterschiedlichen Gewichtungen in den Gesamtindikator einfliessen können:

---

180 In diesem einfachen Fall war die Suchstrategie am 24.09.2009 zur Patentfilterung: „ALLD=(Augment* ADJ Realit*) AND PRDS>=(20040101)" und die Suchstrategie zur Filterung wissenschaftlicher Publikationen „ALL=(Augment* ADJ Realit*) AND (TF>=(2004) AND TF<=(2009))" unter Nutzung entsprechender Schnittstellen von Thomson Reuters.

- der Anteil tatsächlich erteilter Patente im Verhältnis zu allen Anmeldungen im Forschungsfeld,

- die Breite der technologischen Grundlage (gemessen durch Anzahl an Patentklassen pro Patent),

- der Anteil der internationalen Patente (d. h. Triadepatente) und

- die durchschnittliche Häufigkeit, mit der ein Patent zitiert wird.

Für den Vergleich von Institutionen in einem Technologiefeld im wissenschaftlichen Kontext gibt es ebenso anerkannte Metriken. Im geschilderten Fall wurde zur Messung der Qualität zuerst für jede Publikation eines Instituts bestimmt, wie viele Zitate diese Publikation erhalten hat im Vergleich zur durchschnittlichen Zitatanzahl der Zeitschrift, in der publiziert wurde. Das Resultat wurde in Beziehung gesetzt zur durchschnittlichen Anzahl an Zitaten, die ein Artikel im betrachteten Technologiefeld erhält. Somit ergab sich der Einfluss der Publikationen eines Instituts in allen Journalen des Technologiefeldes. Die Quantität wurde wiederum durch die Gesamtzahl der Publikationen bestimmt (Raan 2006, S. 412; Wilbers et al. 2010).

Die Rückseite des Steckbriefes zeigt eine Landkarte aller wissenschaftlichen Publikationen zum Sachverhalt „Augmented Reality" auf Basis derselben oben genannten Suchstrategie. Die Landkarte wurde erstellt mithilfe von ThemeScape einer mächtigen, zu den geometriebasierten Techniken (Linien- bzw. Streckenzüge: Landkartenbasierte Methoden) gehörenden kommerziellen Visualisierunganwendung auf Basis selbstorganisierter Karten (ThemeScape 2008). ThemeScape ordnet Dokumente als Datenpunkte auf einer zweidimensionalen Landkarte auf Basis ihrer gemeinsam auftretenden Schlüsselwörter an. Je näher die Datenpunkte, desto mehr gemeinsame Schlüsselwörter haben sie und desto ähnlicher sinn die Dokumente, die sie repräsentieren. Je mehr Datenpunkte und damit Dokumente einen ähnlichen Sachverhalt besprechen, desto größer ist die farblich und durch Höhenlinien visualisierte Erhebung. Die Dokumente bilden symbolisch einen Berg.

15.1.3 Tiefenanalysen

Das dritte und auch älteste Produkt der Dienstleistung Di.Ana sind die expertenbasierten Tiefenanalysen. Auf Wunsch bzw. Beauftragung werden aufwendige und maßgeschneiderte Analysen mit großer Tiefe, Transparenz und hoher Qualität erzeugt. Beantwortet werden kann alles, was die zugrundeliegenden Daten und Metadaten enthalten. Die Bedarfsdefinition unternimmt der Methodenexperte der Digital Intelligence mit dem inhaltlichen Fachexperten bzw. Kunden direkt und billateral. Diese individuelle Komponente bindet viel Expertenkompetenz und -zeit und ist daher kostenintensiv. Die lange Erfahrung mit dieser nicht skalierbaren Tätigkeit motivierte letztlich die Entwicklung der Frühaufklärungs-Plattform und der Steckbriefe, die bereits erste allgemeine Fragen beantworten und den Kunden mehr in den Intelligence-Kreislauf einbeziehen können.

Mit Hilfe vielfältiger Werkzeuge und Methoden aus den Bereichen des Information Retrieval, Data Mining, Text Mining und der Informationsvisualisierung [vgl. z. B. (Trippe 2003; Porter 2005)] kann das Team der Digital Intelligence systematisch und kontinuierlich maßgeschneiderte Expertisen über Technologien, Wettbewerber und Zulieferer, publizierende Institutionen und Individuen oder die PR- und Kundenwahrnehmung erstellen. Diese können in Form von Einseitern, umfangreichen Powerpoint-Präsentationen, schriftlichen Berichten über den aktuellen Forschungs- und Entwicklungsstand oder als Charts und Graphen direkt über die Frühaufklärungs-Plattform kommuniziert werden.

Ein Beispiel für einen Einseiter ist Abbildung 22. Ermittelt werden z. B. die weltweit führenden Experten für Lithium-Ionen-Batterien, deren Vernetzung sowie Informationen über wissenschaftliche Literatur, Patente, Pressemeldungen sowie Kundenperspektiven aus Internetforen bzw. Weblogs. Spannend ist darüber hinaus,

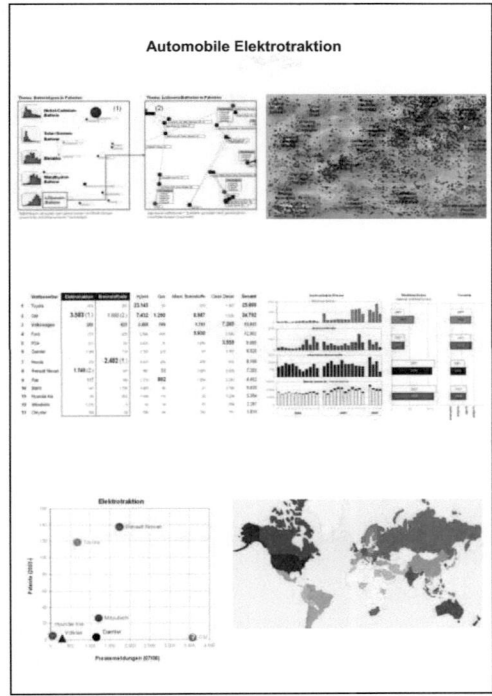

den Verlauf eines Themas von der Vergangenheit über die Gegenwart zu verfolgen, um auf dieser Basis Prognosen bzw. Zukunftsszenarien zu erstellen.

Abbildung 22. Einseiter zum Sachverhalt Elektrotraktion; Quelle: eigene Darstellung.

Ein anderes Beispiel ist der interne Bericht zur verbundwerkstoffintegrierten Adaptronik (Walde und Stehncken 2006). Auf Basis des gemeinsam mit Fachexperten erstellten und im Kapitel 11 (Abbildung 16 und 17) vorgestellten Thesaurus wurde eine Tiefenanalyse auf Basis der Datenbank WEMA von 1996 bis 2005 unternommen.[181]

Abbildung 23 zeigt die zeitliche Entwicklung der Frequenzen der Konzepte des Thesaurus (obere Graphen A, B, C jeweils mit verschiedener Bezugsbasis). Daneben wird die Entwicklung der übergeordneten Bereiche Adaptronik und Verbundwerkstofftechnik zusammengefasst (untere Graphen) und relativ zum Korpus betrachtet. Zunächst ist deutlich zu erkennen, dass alle Konzepte über die Jahre an Häufigkeit zunehmen – wenn auch auf unterschiedlichem Niveau. Das bedeutet allerdings nicht notwendigerweise eine Zunahme an Bedeutung dieser Wissenschaftsgebiete, wie ihre Frequenzsteigerung relativ zum Korpus der WEMA offenbart. Die Veröffentlichungen, die sich pauschal mit Verbundwerkstofftechnik beschäftigen, nehmen zwar um ca. 50 % zu, stellen jedoch 1996 wie auch 2005 ca. 0,5 % aller neuen Veröffentlichungen dar. Die Dokumente, die Relevanz für die Adaptronik haben, legen bei der Frequenz hingegen um ca. 100 % zu und erweitern ihre Bedeutung innerhalb des Korpus der WEMA um ca. 20 % (von ca. 0,25 % auf 0,3 %).

---

181 Insgesamt weniger als 300 relevante Disserationen, Konferenzberichte, Buchkapitel, Monografien, Zeitschriftenaufsätze oder Onlinepublikationen wurden als relevant identifiziert.

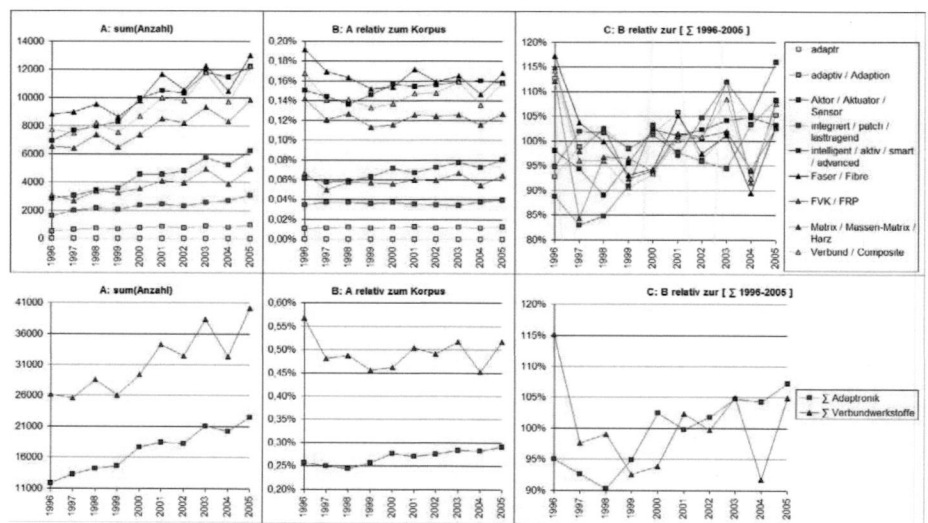

Abbildung 23. Häufigkeit der durch Morpheme bestimmten Konzepte der verbundwerkstoffintegrierten Adaptronik in der WEMA von 1996-2005; Quelle: eigene Darstellung.

Ein anderer Indikator für die Entwicklung eines Wissenschaftsgebiets ist die Vielfalt von Schlüsselwörtern eines Konzeptes (vgl. Tabelle 15). Von ihr kann das Entstehen, die Diversifikation sowie Spezialisierung von Wissenschaftsgebieten abgeleitet werden. Abbildung 24 zeigt einen deutlichen Unterschied der Tendenz der Bereiche Adaptronik und Verbundwerkstofftechnik im Kontext aller technischen Entwicklungen. Die Verbundwerkstofftechnik zeichnet sich 1996 zwar durch eine etwa doppelt so große Diversifikation und Bandbreite gegenüber der Adaptronik aus. Sie durchläuft jedoch über den betrachteten Zeitraum eine Spezialisierungstendenz und reduziert die Vielfalt um etwa 25 %. Hingegen startet der Bereich der Adaptronik auf niedrigerem Niveau, erweitert jedoch seine Wirkungsbreite um fast 20 % bis 2005. Gegenüber einer nahezu linearen Zunahme der Veröffentlichungen zum Themengebiet der Verbundwerkstoffe, durchläuft die Adaptronik dem internen Bericht zufolge eine exponentielle Entwicklung.

Ähnliche Analysen wurden auch für die Nachbarschaften und Assoziationen der Konzepte unternommen. Je mehr Indikatoren[182] aus dem Temporal Text Mining (siehe Tabelle 15) sowie der Informetrie für ein Konzept ähnliche Tendenzen aufweisen, desto sicherer und valider sind die Aussagen zu seiner Entwicklung.

---

[182] Indikatoren dieser Trendanalyse waren z. B.: Wortvielfalt, Wortnennungen, Frequenz von Konzepten, Vielfalt und Nennungen der Nachbarn, Vielfalt und Nennungen der Assoziationen für Konzepte, Dokumentenanzahl, Dokumentenart, Dokumentensprache, inhaltliche Einordnung des Themengebiets nach Kategorien, Fachordnung der TEMA / WEMA, Autorenanzahl, veröffentlichende Institution, Institutionsanzahl und -art, Art der Themenbehandlung.

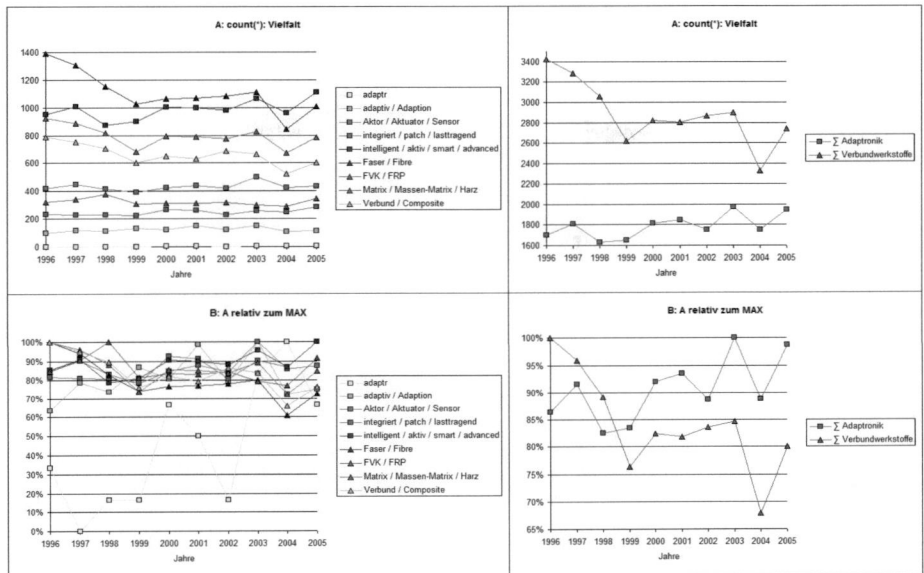

Abbildung 24. Vielfalt der durch Morpheme bestimmten Konzepte der verbundwerkstoffintegrierten Adaptronik in der WEMA von 1996-2005; Quelle: eigene Darstellung.

Eine getrennte Betrachtung der Entwicklung der Arbeitsfelder der verbundwerkstoffintegrierten Adaptronik erlaubt weitere Rückschlüsse auf die aktuelle Forschung. Abbildung 25 zeigt das Assoziationsvorkommen aller Konzepte der vier Hauptarbeitsfelder. Alle bringen zunehmend mehr Veröffentlichungen hervor, die in der Darstellung nach wirtschaftlichem („W"), technischem („T"), entwicklungslastigem („E") oder Anwendungsschwerpunkt („A") unterteilt sind.[183] Ein Großteil der Arbeiten entfällt auf die Bereiche der aktiven Schwingungsreduktion und kontinuierlichen Formkontrolle. Das Maximum liegt bei allen Arbeitsfeldern im Jahre 2002, was vor allem auf das Ende des Leitprojekts Adaptronik und die daraus resultierenden Abschlußberichte und Konferenzbeiträge zurückzuführen ist (Walde und Stehncken 2006). Das Arbeitsfeld der diskreten Formkontrolle ist erst ab dem Jahre 2000 in einer nennenswerten Anzahl von Veröffentlichungen behandelt worden und stellt damit den jüngsten Forschungsbereich der Adaptronik dar.

---

[183] Grundsätzlich wurde erwartet, dass die entwicklungslastigen Publikationen in den ersten Zeitscheiben überwiegen, während die wirtschaftlichen und anwendungsorientierten Publikationen später an Bedeutung gewinnen. Dies konnte statistisch jedoch nicht bewiesen werden.

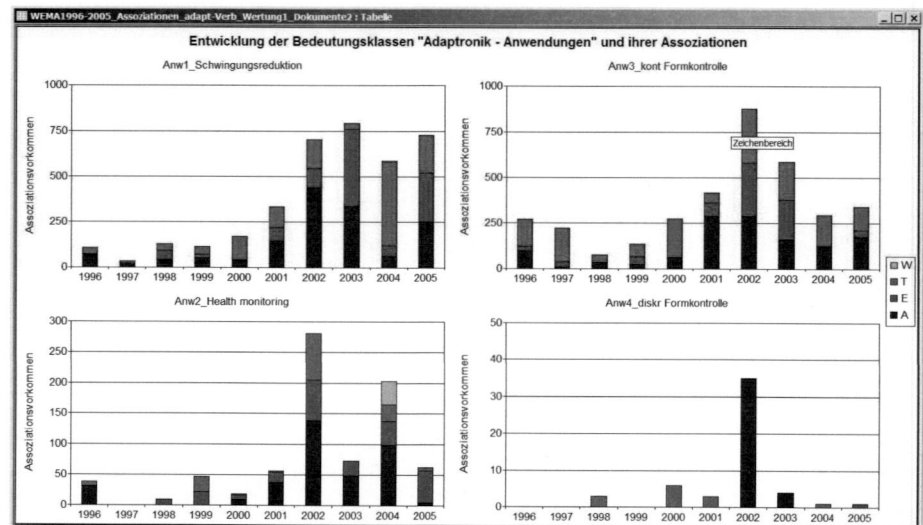

Abbildung 25. Entwicklung der Adaptronik-Hauptarbeitsfelder in der WEMA von 1996 bis 2005; Quelle: eigene Darstellung.

Diese Abbildungen sind nur die Basis für weitergehende Analysen, die gemeinsam mit den Fachexperten angegangen werden sollten. Sie zeigen, dass das Zusammenspiel von Temporal Text Mining und der Informetrie eine große Bereicherung für die Digital Intelligence ist. Alle Tiefenanalysen haben eins gemeinsam – der ihnen zugrunde liegende Prozess der Informationsveredelung ist der gleiche (vgl. Sage und Rouse 1999, S. 6; Reger 2001, S. 537; Porter und Cunningham 2005, S. 323). Um ihn möglichst effizient und nachvollziehbar zu gestalten, hat sich folgende Vorgehensweise als sinnvoll erwiesen:

1. die Identifikation von präzisen und dennoch umfassenden Suchstrategien

   a. auf Basis von Schlüsselwortkombinationen[184] für eine textmedienübergreifende Informationsbeschaffung

   b. oder auf Basis von Kombination von Klassifikationen (z. B. IPC-Klassen, Manual Codes oder Assignee Codes) und Schlüsselwörtern[185] für eine Informationsbeschaffung in mit Metadaten angereicherten Textmedien wie z. B. Patenten,

2. die Informationsbeschaffung relevanter Textdokumente für denselben Zeitraum über alle eigenen, freien oder lizenzierten Schnittstellen,

---

[184] Suchstrategie für den Sachverhalt von *Kohlenstoffnanoröhren*: (carbon OR Kohlenstoff) SAME ((nano ADJ tube*) OR Nanor?hre OR Nanoroehre OR nanotube)) oder Suchstrategie für den Sachverhalt der *Variablen Ventilsteuerung für Diesel*: (((variabl* ADJ (valve* ADJ (train or drive) OR valvetrain OR valvedrive)) OR (variabl* ADJ exhaust* ADJ valve*) OR ((cam* ADJ phaser) OR camphaser) OR (adjust NEAR6 cam* NEAR6 valve*) OR (((valve* ADJ (train OR drive) OR valvetrain OR valvedrive) AND phaser) OR VVT)) AND Diesel).

[185] Suchstrategie für Patenteinreichungen in Derwent (Derwent 2010) seit dem *Jahr 2000* durch die japanischen Automobilhersteller *Honda und Toyota* zum Sachverhalt *Lithium-Ionen-Batteriesysteme für Elektrofahrzeuge*: (ALLD=((Lithium-Ion* OR Li-Ion*) NEAR2 (cell* OR batter* OR akku* OR accum*)) OR MC=((X16-B01F1*) AND (X21*))) AND CK=(HOND OR TOYT OR TOYW OR TOYX OR TOZS OR TOYO) AND PRD>=(20000101).

3. die halbautomatische oder expertenbasierte Exploration beschaffter Textdokumente samt Metadaten mit Hilfe eigenentwickelter oder lizensierter[186] Explorationswerkzeuge

    a. entweder datenschnittstellensolitär oder

    b. datenschnittstellenübergreifend

4. und abschliessend die Kommunikation der Analysen und die darauf aufbauende Strategieformulierung

    a. sowohl datenschnittstellensolitär

    b. als auch -übergreifend, wie in den Abbildung 22 und 26 veranschaulicht.

Datenschnittstellen bzw. sogar Medientypen übergreifende Analysen mit dem Ziel, Diffusion nicht nur zwischen Sachverhalten und Menschen, sondern auch zwischen Medientypen zu erforschen, sind auch in der Digital Intelligence und ihren verwandten Disziplinen neu. Während einige technologienahe Forschungsansätze Patente und Wissenschaft miteinander kombinieren und andere wiederum eher konsumentennahe Presse- und Online-Publikationen, sind Patent-, Literatur-, Presse- und Onlinemedien übergreifende Ansätze in der Literatur nicht anzutreffen. Mit Hilfe der hier vorgestellten Werkzeuge wird dies im Rahmen der Dienstleistung Di.Ana technisch und praktisch ermöglicht und in Abbildung 26 auch veranschaulicht, jedoch aus Fokusgründen vorliegender Promotionsarbeit nicht weiter vertieft.

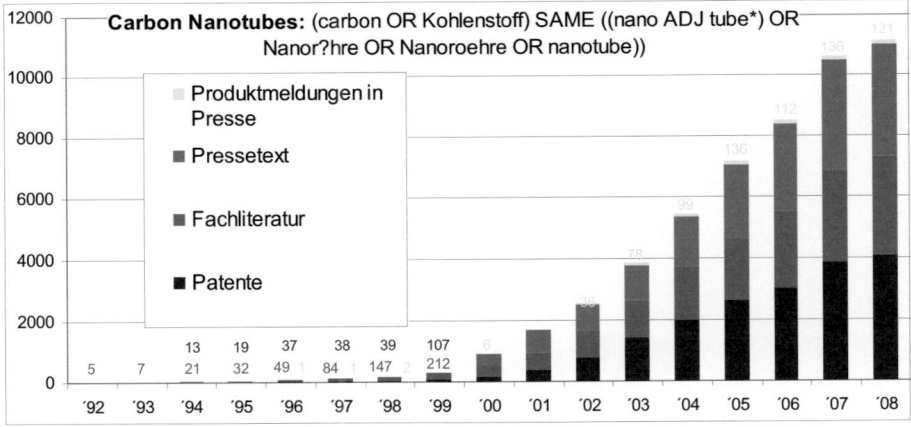

Abbildung 26. Wachsender Einfluss und Diffusion des Sachverhaltes Kohlenstoffnanoröhren über verschiedene Medientypen hinweg; Quelle: eigene Darstellung.

15.1.4 Technologiescanning

Das vierte und für die Frühaufklärung immanenteste Produkt ist das Technologiescanning. Es ist ein umfassender und aufwendiger, dennoch effizienter und transparenter Bericht über die neuesten Technologietrends mit großer Breite. Die Sprache kann sein von einem 360-Grad-Scanning bzw. der Identifikation schwacher Signale, wenn alle verfügbaren Daten systematisch und kontinuierlich auf Basis eines vorab definierten Kri-

---

[186] Z. B. VantagePoint von der Firma Search Technology, Inc. oder Explorationsmöglichkeiten auf der Plattform Thomson Innovation von der Firma Thomson Reuters.

terienkatalog[187] von den Datenanalysten exploriert werden. Im Zusammenspiel mit einem Portal, das die Frühaufklärungsgemeinschaft einer Institution gewissenhaft mit Suchstrategien pflegt, können auch die eigenen Aktivitäten mit denen anderer oder aller, die digitale Spuren hinterlassen, abgeglichen werden (Benchmarks, Identifikation „weißer Felder").

Abbildungen 27 und 28 zeigen beispielhaft ein Scanning automobilrelevanter Technologien. In diesem einfachen und allgemeinen Beispiel wurden alle bei der WIPO (World Intellectual Property Organization; http://www.wipo.int) zwischen 24.11.2006 und 23.11.2009 publizierten Patente exploriert, die – im von Derwent World Patents Index® (Derwent 2010) erstellten Zusatzfeld USE[188] – „car* OR automo* OR vehicle*" enthielten. Abbildung 27 zeigt eine wiederum mit ThemeScape erstellte Patentlandkarte. Ihr Ziel ist das grobe thematische Gruppieren aller 28.331 Dokumente aus der Vogelperspektive, die Identifikation der Hauptthemen, ihrer inhaltlichen Nähe sowie Größe.

13 Haupttechnologiefelder im automobilen Kontext identifiziert

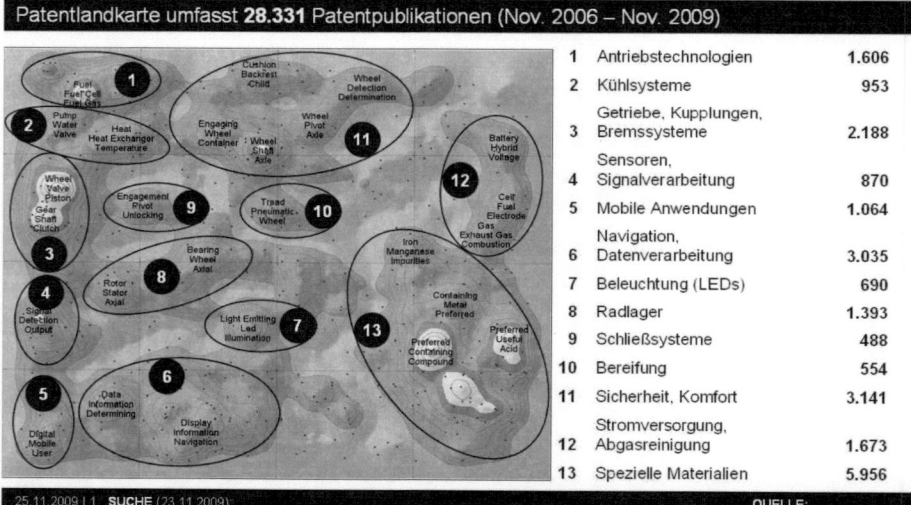

Abbildung 27. Patentlandkarte automobilrelevanter Technologien mit 13 Haupttechnologiefeldern und ihrer Publikationsanzahl von Nov. 2006 bis Nov. 2009; Quelle: eigene Darstellung.

Abbildung 28 nimmt die so gewonnenen Cluster als Grundlage für eine Trendanalyse. Auf dem Graphen wird die durchschnittliche Patentwachstumsrate der identifizierten Haupttechnologiefelder abgetragen und verglichen mit anderen, nicht automobilnahen Technologien.

Das Technologiescanning hat eine große Herausforderung. Konzepte wie das 360-Grad-Scanning oder die Identifikation schwacher Signale implizieren, dass die zu identifizierenden Technologien vorab noch nicht bekannt sein können, sondern sich in Form schwacher Signale erkennbar machen. Das oben angeführte Bei-

---

[187] Dies können unterschiedlichste Indikatoren auf Dokumenten- oder Textebene sein (siehe Kapitel 13), wobei zusätzlich auch Wissen aus der Informetrie zu Rate gezogen werden kann.

[188] „USE" ist ein von Experten für jedes Patent zusätzlich bestimmtes Metadatenfeld, das das Anwendungsfeld eines Patentes beschreibt. Im geschilderten Fall waren Technologien in der automobilen Anwendung von Interesse. Daher war die Suche im USE-Feld präziser als eine allgemeine Volltextsuche.

spiel automobilrelevanter Technologien würde so per definitionem dem Scanning nicht zugeschrieben werden können, denn ihm kam ein thematisches Filtern – nämlich das nach „car* OR automo* OR vehicle*" – zuvor. Die potenziell zu explorierende Datenmenge würde ohne thematische Filterung ins Unermessliche wachsen. Die Lösung ist zum einen Pragmatismus in Form zweckmäßiger Filter (siehe oberes Beispiel) und zum anderen die Entwicklung von Methoden, die größere Datenvolumina explorieren und Sachverhalte nicht nur thematisch, sondern auch nach ihrem zeitorientierten Verlauf unterscheiden können (vgl. Temporal Data Mining, Temporal Text Mining, zeitorientierte Datenexploration). Text Mining basierte, weiter zu verfolgende anwendungsorientierte Forschungsansätze sind z. B. bei Lee et al. zu finden (Lee, Lee et al. 2008), in dem sie Technologie- und Produktroadmaps auf Basis von Schlüsselwörtern aus Patentdaten erstellen, oder im bereits beschriebenen Ansatz von Heyer et al. zur Volatilitätsanalyse von Wörtern (Heyer, Holz et al. 2009). Ein viel versprechender eigener Ansatz wird im Kapitel 15.6 im Kontext der halbautomatischen Identifikation von Trends beschrieben.

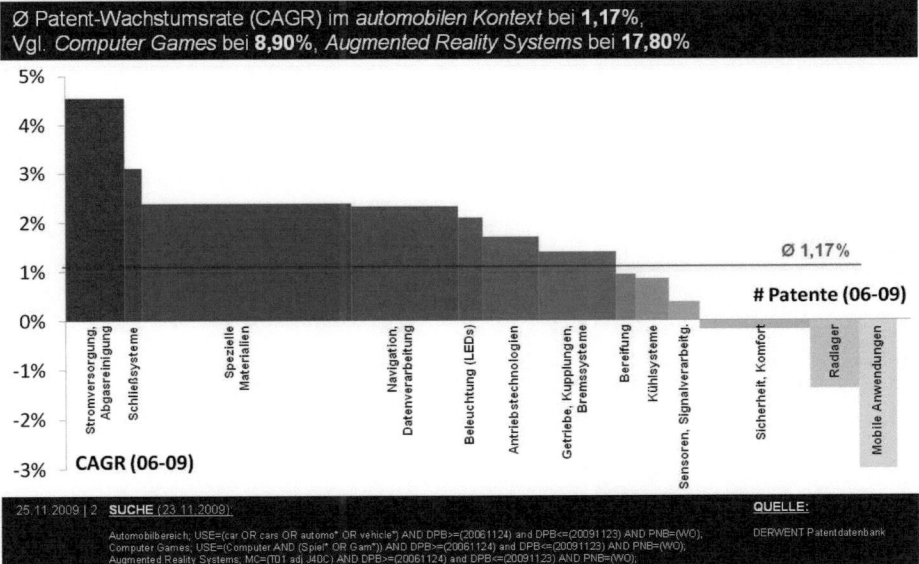

Abbildung 28. Durchschnittliche Patentwachstumsrate (Nov. 2006 - Nov. 2009) automobiler Haupttechnologien im Vergleich zu „Computer Games" und „Augmented Reality Systems"; Quelle: eigene Darstellung.

15.2 Relevante Daten für die Digital Intelligence (Beispiel)

Strategische, speziell für die Inventions- und Innovationsfähigkeit einer wettbewerbsorientierten Institution relevante Daten sind in herkömmlichen Controlling-, Indikatoren- oder Geschäftskennzahlsystemen nicht oder nur zum Teil zu finden. Sie sind schwer zugänglich, liegen unstrukturiert vor und sind – zumal Unternehmungen ein offenes, nicht autarkes gesellschaftliches System sind – insbesondere unternehmensextern zu suchen. Um dem Anspruch der Digital Intelligence gerecht zu werden, ermöglicht die umgesetzte Dienstleistung einen breiten Zugang zu textuellen Quellen und Archiven mit dem Anspruch, globale und langfristig historische[189] Entwicklungen umfassend nachzuvollziehen. Dabei wird sowohl auf hochwertige lizensierte als auch frei im Internet zugängliche Informationsquellen zurückgegriffen. Ermöglicht wird die integrierte interdisziplinäre Analyse von

- Patentschriften aller bedeutenden weltweiten Patentämter[190],

- aktuellen, rückblickenden und fachübergreifenden Informationen über wissenschaftliche Aktivitäten in Zeitschriften[191], Büchern[192] und Konferenzen, Seminaren oder Workshops[193]),

- globalen Presse- und Produktinformationen aus über 11.000 verschiedenen führenden Tageszeitungen, Wirtschaftsmagazinen und Nachrichtenagenturen.[194]

Des weiteren wird die Kompetenz zum systematischen Monitoring sowohl des weltweiten Suchverhaltens über Suchmaschinen wie z. B. Google und entsprechend indizierten Webdaten als auch nutzergenerierter Daten wie Blogs, Foren oder Social Networks ausgebaut. Die umgesetzten Web-Mining-Aktivitäten (Web Usage Mining[195], Web Structure Mining oder Web Content Mining[196]) werden hier – sofern sie von herkömmlichen Data- und Text-Mining-Aktivitäten abweichen – nicht besprochen und sollten gesondert betrachtet werden. Zu beachten ist, dass sich die Datenbeschaffung und -aufbereitung im Web Mining mit all seinen Facetten von herkömmlichen Methoden stark unterscheidet. Ein technologie- sowie gesellschaftsbezogen umfassendes und globales Web Mining umzusetzen, ist aus Gründen der vorherrschenden Mediendynamik nicht möglich. Doch auch hier zeichnen sich auf Basis innovativer Technologien und Geschäftsmodelle neue Möglichkeiten ab.

Dieser breite Medienquellen- und Medientypenzugang gewährt eine hervorragende und aussagekräftige Datenbasis. Bei spezifischen, individuellen Anfragen und Problemstellungen können jedoch auch andere Quellen maßgeschneidert hinzugezogen werden.

15.3 Frühaufklärungs-Plattform

Wesentliches Erfolgskriterium der Digital Intelligence ist ihre breite und kollaborative Anwendung. Im Falle der Dienstleistung Di.Ana ist die soziotechnische Komponente die namensgleiche Frühaufklärungs- und Informationsplattform, erreichbar unter „di.ana" im Intranet der automobilen Organisation. Sie wird nachfolgend beschrieben.

Das der Intranet-Plattform zugrundeliegende Softwaresystem besteht aus einer Drei-Schichten-Architektur, mit einer

---

[189] Zugriff auch auf Veröffentlichungen vor 10-100 Jahren.

[190] WIPO, USPTO, EPO, DPMA, Japan, China, Russland, Korea, UK, Frankreich usw. Um zu gewährleisten, dass auch Patente in Sprachen wie z. B. Russisch, Japanisch, Südkoreanisch, Spanisch oder Chinesisch evaluiert werden können, wird parallel und systematisch auch auf Übersetzungen spezieller Dienstleister zurückgegriffen (z. B. Derwent World Patents Index®).

[191] Wissenschaftliche Datenbanken wie z. B. Inspec®, Web of Science®, Current Contents Connect® oder ScienceDirect®. Bzgl. Zeitschriften werden zur Zeit über 40 Millionen Datensätze aus mehr als 9.300 repräsentativen gesellschafts-, geistes- und naturwissenschaftlichen Zeitschriften exploriert.

[192] Über 2.000 wissenschaftliche Monografien.

[193] Über 4 Millionen Publikationen von über 60.000 Veranstaltungen.

[194] Dialog, ThomsonReuters, Lexis Nexis.

[195] Nutzung z. B. der API von Google zur Analyse von Suchmaschinenaktivitäten.

[196] Nutzung z. B. von Technorati, Nielsen Online oder Compete.

- clientseitigen *Präsentationsschicht (presentation tier / layer)* als Kunden- bzw. Benutzerschnittstelle zur Repräsentation und Eingabe von Daten,

- einer serverseitigen *Anwendungslogikschicht (business tier / application layer)*, die alle Verarbeitungsmechanismen vereint und als logische Schnittstelle zwischen der Präsentationsschicht und

- der sowohl zentral als auch dezentralen serverseitigen *Datenhaltung (integration tier / data layer)* dient.

Mit Verarbeitungsmechanismen sind traditionelle Funktionen wie die Verwaltung, die Filterung, der Export, erste einfache Analysen und Sortieren von Daten sowie die Kommunikation und Kollaboration zwischen den Systemnutzern gemeint. Hierfür wird auf Content-Management- sowie Kollaborationssysteme zurückgegriffen, die für die Ansprüche der Frühaufklärung und Datenexploration gezielt erweitert wurden. Die teilweise automatisch oder von den Nutzern der Plattform durchgeführten groben Erstanalysen können im zweiten Schritt durch Beauftragung des Teams der Digital Intelligence durch expertenbasierte Analysen mit speziellen und komplexeren Datenexplorationswerkzeugen ergänzt werden.

In einer der ersten Arbeiten um Text Mining im Kontext der Frühaufklärung behaupten Kontostathis (Kontostathis 2003): „When a user is trying to understand a large amount of data, a system that allows an overview, at multiple levels of detail and from multiple perspectives, is particularly helpful." Dies ist auch eines der Ziele der Intranet-Plattform. Ihre Nutzer können

- neue technologische oder gesellschaftliche Sachverhalte erstellen, beschreiben und mit Dokumenten und Bildern versehen,

- bereits bestehende und durch andere Nutzer definierte Sachverhalte auf der Plattform lesen und editieren,

- für definierte Sachverhalte relevante, logisch verknüpfte Schlüsselwortfolgen (Queries; Suchstrategien) und wiederum Verknüpfungen jener (Super-Queries) bestimmen, speichern und kontinuierlich erweitern,

- die Suchstrategien rekursiv mit Hilfe automatisch generierter quellenspezifischer Kookkurrenzen oder Vorschlagslisten verfeinern,

- relevante Dokumente aus der enormen Datenmenge auf Basis der entstandenen Suchstrategien medien- bzw. quellenbezogen filtern und

- die Dynamik von Sachverhalten über die Jahre in unterschiedlichen Medientypen und Quellen durch automatisch generierte Trendcharts auf Basis der vorab definierten Suchstrategien nachvollziehen.

Somit ermöglicht und unterstützt diese Plattform sowohl individuell als auch soziotechnisch oder organisationsbezogen umgesetzte Frühaufklärungsaktivitäten.

Besondere Aufmerksamkeit kommt der Ermittlung und Evaluierung der Schlüsselwörter zu. Sie beeinflussen die automatisch generierten Analysen zu einem hohen Maß. Zu beachten ist, dass je nach Informationsquelle und Medientyp unterschiedliche Schlüsselwörter und Suchalgorithmen gebraucht werden, um eine möglichst umfassende und dennoch präzise Informationsbeschaffung zu ermöglichen. Präzise und umfassend kann dies nur eine Expertise lösen. Doch Grundlage hierfür kann auch die Frühaufklärungsplattform sein. Im Gegensatz zu herkömmlichen Suchmaschinen kommt bei der entwickelten Frühaufklärungsplattform dem Medientypus in Form von Patenten, wissenschaftlicher Fachliteratur, Presse, Suchmaschinen-Suchmustern, Blogs oder Foren und deren sprachlichen und semantischen Unterschieden eine besondere Bedeutung zu. Das Information Retrieval, folglich der Suchstrategieaufbau, die Suche an sich und die Ergebnispräsentation, kann für alle genannten Medientypen getrennt oder kombiniert durchgeführt werden. Dies ermöglicht eine

1. bessere Bewertung der Suchstrategien sowohl in Bezug auf ihre Precision als auch Recall im Kontext der traditionellen Ziele des Information Retrieval und

2. eine bessere Diffusionsanalyse von Sachverhalten nicht nur über die Zeit, sondern auch über verschiedene Medientypen hinweg.

Die Bestimmung der optimalen Suchstrategie ist hierbei als rekursiver soziotechnischer Prozess zu verstehen – sozial, weil ein oder mehrere Nutzer in Interaktion eine Suchstrategie verfeinern können, technisch, weil der Bestimmungsprozess durch maschinelle Verfahren des Information Retrieval und Text Mining (z. B. Kokkurrenzanalyse) unterstützt wird und rekursiv, weil mehrere Nutzer und Mensch-Maschine-Interaktionen hintereinander durchgeführt werden können, um die optimale Suchstrategie zu definieren. Ein stark vereinfachter und beispielhafter Anwendungsfall für die Intranet-Plattform ist in Abbildung 29 als Use-Case-Diagramm in der Modellierungssprache UML dargestellt.

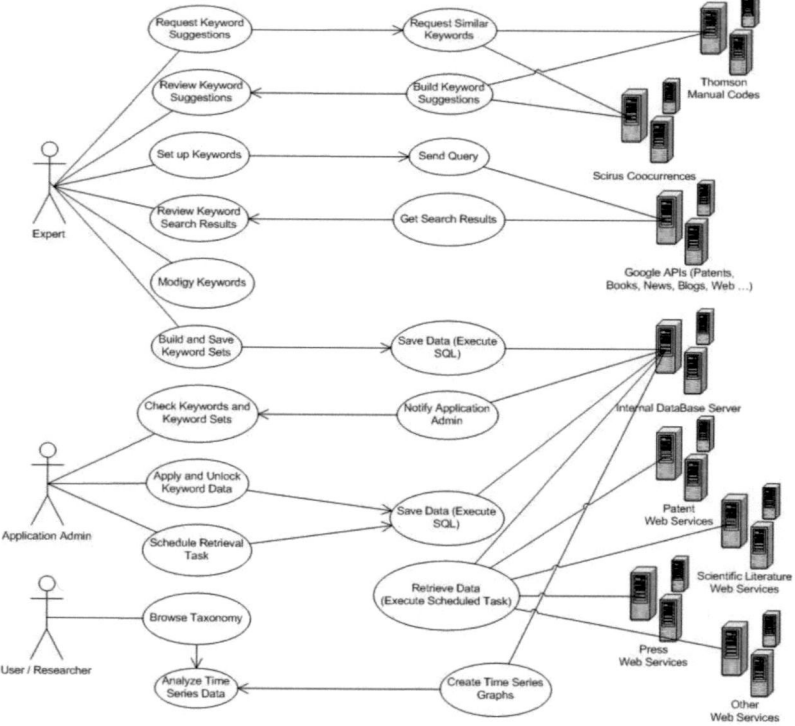

Abbildung 29. Use-Case-Diagramm in UML[197] für Di.Ana-Plattform; Quelle: eigene Darstellung.

---

[197] Ein Pfeil bedeutet hier, dass ein Akteur oder ein Use Case einen anderen Use Case initiiert. Er verdeutlicht die sequenzielle Reihenfolge der Programmprozessschritte.

Dabei wird zwischen drei spezifischen Nutzerrollen unterschieden:

- dem *Expert*,

- dem *Application Admin* und

- dem *User / Researcher*.

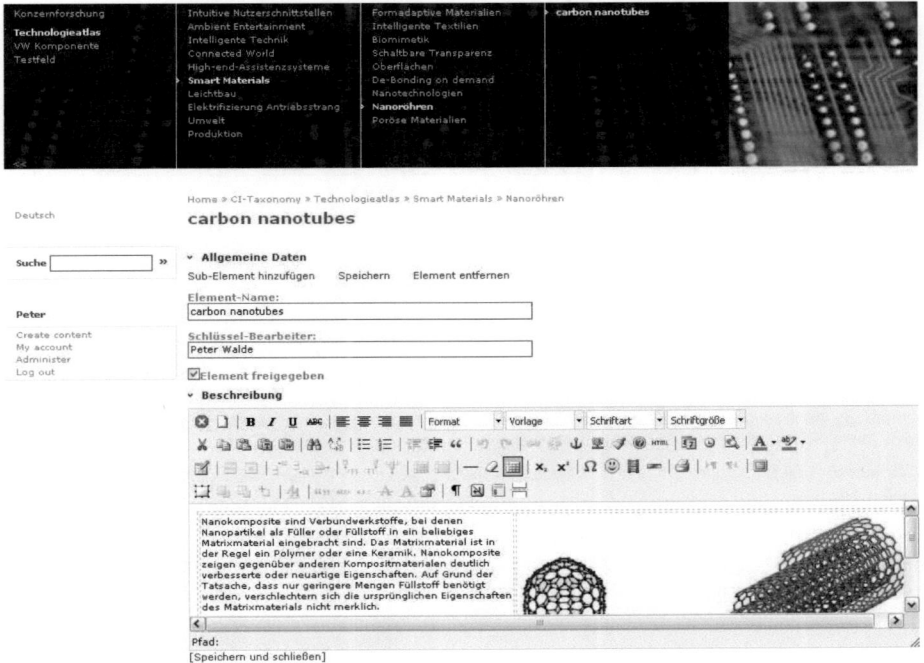

Abbildung 30. Screenshot (A) der Di.Ana-Plattform, Fokus: Taxonomie von Sachverhalten zur Bearbeitung und Bearbeitung der Beschreibung einzelner Sachverhalte durch Content-Management-System; Quelle: eigene Darstellung.

Der *Application Admin* ist der informationstechnologische, daten- und quellenbezogene sowie (frühaufklärungs-)methodenbezogene Spezialist. Mit *Expert* ist der Fachexperte gemeint, der einen spezifischen Teilbereich der zu untersuchenden Inhalte am besten kennt und hinsichtlich anderer fachlicher Inhalte einen Nutzer, folglich den *User / Researcher* darstellt.

Der Fachexperte für Nanoröhren sucht z. B. im Anwendungsfall „carbon nanotubes" nach einer medienbezogenen Umfeldanalyse seines Fachthemas und erstellt auf der Frühaufklärungsplattform einen neuen Sachverhalt „carbon nanotubes" und beschreibt bzw. definiert ihn mit Text, Bildern und zusätzlichen Dokumenten (Abbildung 30).

carbon   Bemerkungen

Suchen   Vorschlagen   Speichern   Löschen   Trends   Speichern

► Vorschlagliste (carbon)

nanotube   Bemerkungen

Suchen   Vorschlagen   Speichern   Löschen   Trends   Speichern

▼ Vorschlagliste (nanotube)

Number of codes matched: 21

CODE Status	TITLE
B05-U03 Current	Carbon only nanotubes
B05-U04 Current	Carbon plus heteroatom nanotubes
C05-U03 Current	Carbon only nanotubes
C05-U04 Current	Carbon plus heteroatom nanotubes
E05-U03	Carbon nanotubes

carbon nanotube, nanotubes, carbon nanotubes, nanotechnology, condensed matter - mesoscale and nanoscale physics, composites, conductivity, quantum dots, conductance, nanoparticles, dielectric, condensed matter - materials science, phonon, tensile, quantum dot, single walled, electrodes, electrode, gate voltage, cantilever, applied physics, high aspect ratio, electrochemical, bundles, field-effect transistors, substrates, topography, nanocomposites, coulomb blockade, coulomb, transistor, condensed matter - strongly correlated electrons, conductive, single walled carbon nanotubes, chiral, silicon chip, dispersed, fullerene, cnt, inelastic, superconducting, channel length, finite bias, impedance, high-energy, single electron transistor, hopping, fluorescent, vibrational excitations, bias voltage, excitation spectrum, ab

Abbildung 31. Screenshot (B) der Di.Ana-Plattform, Fokus: Hinzufügen von Konzepten und Vorschläge für entsprechende Schlagwörter; Quelle: eigene Darstellung.

Das Konzept [A]: „carbon nanotubes" besteht vereinfacht aus den zwei Subkonzepten [A1]: „carbon" und [A2]: „nanotube", die er getrennt von einander erstellt (Abbildung 31).[198] Für beide bekommt er bei Bedarf unter Nutzung der Subkonzepte als Schlüsselwörter (*Use Case: Request Keyword Suggestions*) Vorschläge aus einer Kookkuurrenzanalyse auf Basis eines Referenzkorpus wissenschaftlicher Fachliteratur und einer Schlüsselwortfilterung von Patentklassen.

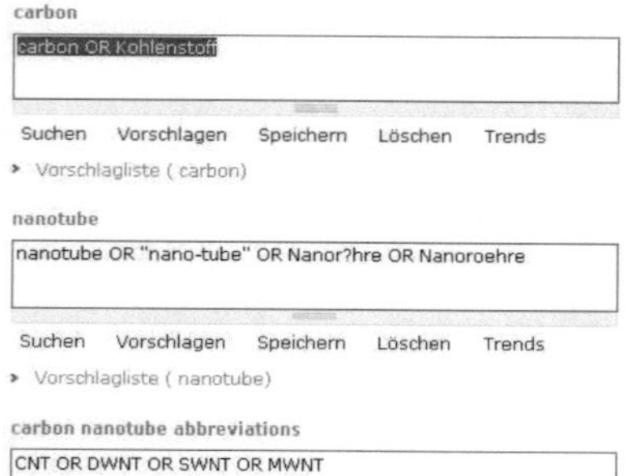

carbon

carbon OR Kohlenstoff

Suchen   Vorschlagen   Speichern   Löschen   Trends

► Vorschlagliste (carbon)

nanotube

nanotube OR "nano-tube" OR Nanor?hre OR Nanoroehre

Suchen   Vorschlagen   Speichern   Löschen   Trends

► Vorschlagliste (nanotube)

carbon nanotube abbreviations

CNT OR DWNT OR SWNT OR MWNT

Suchen   Vorschlagen   Speichern   Löschen   Trends

Auf Basis dieser Vorschlagslisten (*Use Case: Review Keyword Suggestions*) kann der Fachexperte nun sein implizit oder explizit vorhandenes Wissen bestätigen, abgrenzen oder gegebenenfalls sogar erweitern. Für das Subkonzept [A1]: „carbon" bestimmt er nun beispielsweise die Suchstrategie [a1]: „carbon OR Kohlenstoff" und für das Subkonzept [A2]: „nanotube" die Suchstrategie [a2]: „nanotube OR ‚nano-tube' OR Nanoröhre OR Nanoroehre" (*Use Case: Set up keywords*) und definiert zusätzlich ein neues Konzept [A3]: „carbon nanotube abbreviations" mit der Suchstrategie [a3]: „CNT OR DWNT OR SWNT OR MWNT" (Abbildung 32).

Abbildung 32. Screenshot (C) der DI.ANA-Plattform, Fokus: Bestimmung von Suchstrategien für die jeweiligen Konzepte; Quelle: eigene Darstellung.

Für alle genannten Einzelkonzepte kann der Fachexperte weiterhin anhand von Suchtreffern in unterschiedlichen Textsorten (z. B. Patente, wissenschaftliche Fachliteratur, Pressetexte, Suchmaschinenmuster oder

---

[198] Auf der Präsentationsschicht werden die Konzepte eingegeben und damit der Anwendungslogikschicht zur Verfügung stellt.

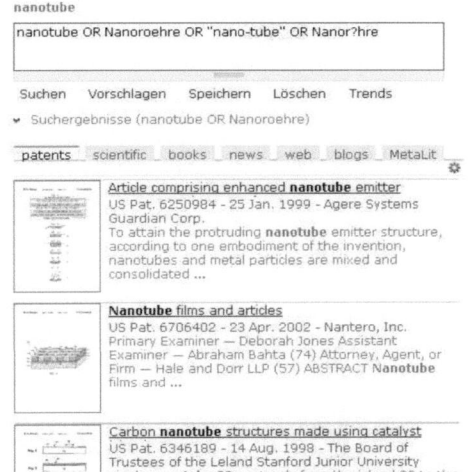

Blogs) kontinuierlich überprüfen (*Use Case: Review Keyword Search Results*), ob die jeweilige Suchstrategie exklusiv bzw. präzise genug und erschöpfend an sich und für jeden einzelnen Medientypen ist und modifiziert sie gegebenenfalls (*Use Case: Modify Keywords*) (Abbildung 33). Selbstverständlich ist die Textsorten getrennte Dokumentenanzeige nicht nur zur zwischenzeitlichen Überprüfung der Suchstrategie geeignet, sondern als finales Ergebnis auch für die inhaltliche Recherche und ein Monitoring gedacht.

Abbildung 33. Screenshot (D) der DI.ANA-Plattform, Fokus: Dokumentensuche und –anzeige; Quelle: eigene Darstellung.

Bei Bedarf können die definierten Subkonzepte [A1], [A2] und [A3] auch logisch miteinander verknüpft werden, damit das vom Fachexperten zu analysierende Konzept [A]: „carbon nanotubes" präzise und umfassend durch die entsprechende Suchstrategie [a] = ([a1] AND [a2]) OR [a3] bestimmt wird (*Use Case: Build and Save Keyword Sets*) (Abbildung 34).

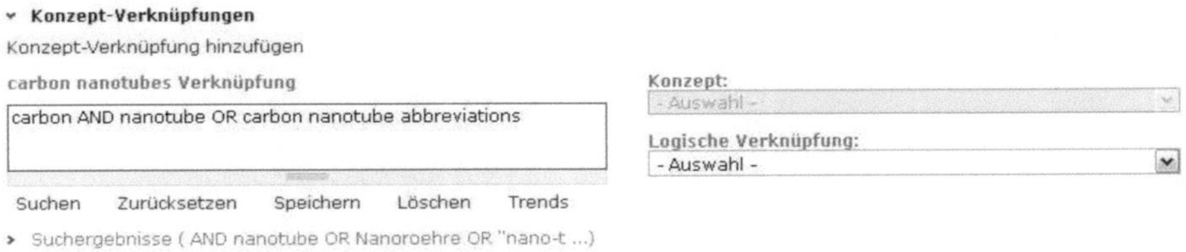

Abbildung 34. Screenshot (E) der Di.Ana-Plattform, Fokus: Logische Verknüpfung von Konzepten; Quelle: eigene Darstellung.

Der Vorteil dieser Methode ist nicht nur die detaillierte ontologische Auseinandersetzung mit dem entsprechenden Wissens- und Suchraum und die Gewährleistung sowohl eines großen Umfangs (*Recall*) als auch Präzision (*Precision*), sondern auch die Wiederverwendbarkeit aller einmal definierten Konzepte. Dies stellt einen großen Vorteil in einem soziotechnischen Informationssystem dar.

Sobald der Fachexperte eine für ihn optimale Suchstrategie definiert hat, kann er sie freigeben und damit einen weiteren Prozess in Gang setzen – die Trendanalyse. Optimalerweise sollte der Application Admin noch die Möglichkeit haben, die Suchstrategien aus Inhalts- und Methodensicht auf Konsistenz und Richtigkeit zu überprüfen (*Use Case: Check Keywords and Keyword Sets*), freizugeben (*Use Case: Apply and Unlock Keyword Data*) und die Datenbeschaffung und -berechnung zeitlich zu terminieren (*Use Case: Schedule Retrieval Task*). Die auf den lizensierten Informationsquellen und Textsorten berechneten absoluten und relativen jährlichen Dokumentenfrequenzen können dem Nutzer anschließend als Zeitreihengraphen präsentiert werden (*Use Case: Analyze Time Series Data*), bei umfangreichen horizontalen und vertikalen Konzepträumen optimalerweise mithilfe eines Konzeptbrowsers (*Use Case: Browse Taxonomy*) (Abbildung 35).

159

▾ Trend-Charts

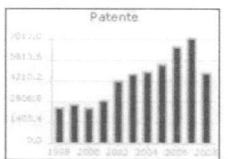 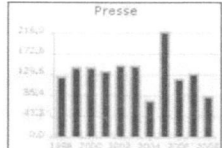 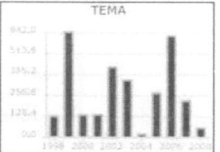 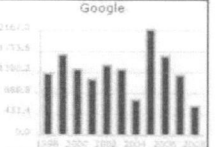

[Absolute Häufigkeiten] [Relative Skalierte Häufigkeiten]

Abbildung 35. Screenshot (F) der Di.Ana-Plattform, Fokus: Zeitreihengraphen für einzelne Konzepte; Quelle: eigene Darstellung.

Das Komponenten-Diagramm der Plattform Di.Ana wird in Abbildung 36 ebenfalls in UML beschrieben, wobei zur besseren Strukturierung zwischen Komponenten sowohl auf der Präsentations-, Anwendungslogik- und Datenhaltungsschicht als auch internen und externen Komponenten unterschieden wird.

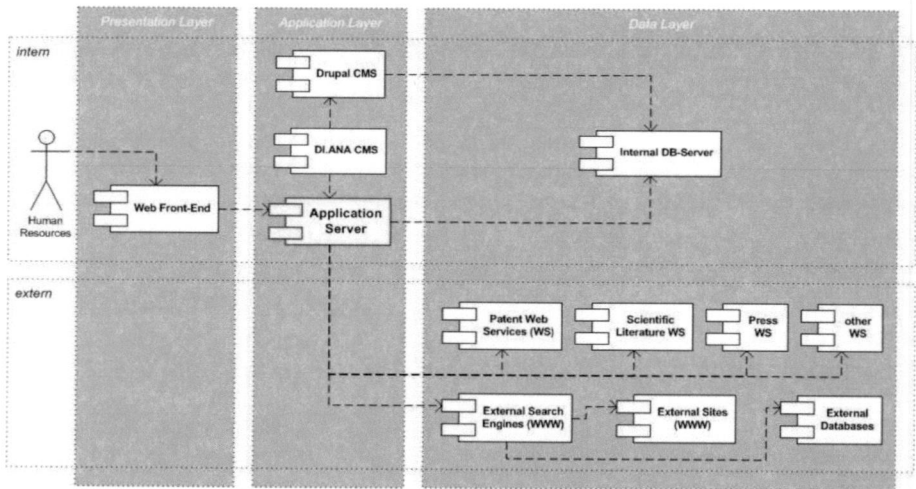

Abbildung 36. UML-Komponenten-Diagramm für Plattform Di.Ana; Quelle: eigene Darstellung.

Die Komponente *Web Front-End* ist sowohl die Schnittstelle zwischen dem Di.Ana-Nutzer und dem maschinellen, softwaretechnischen Di.Ana-System bzw. der Anwendungslogikschicht. Auf der softwaretechnischen Präsentationsschicht liegend ermöglicht sie dem Nutzer, Sachverhalte zu bestimmen, suchen, lesen, filtern, kommunizieren und speichern und leitet alle Nutzeraktionen weiter an die Komponente *Application Server* auf der Anwendungslogikschicht. Diese steuert alle Di.Ana-relevanten softwareseitigen Kommunikationsprozesse und bildet wiederum die Schnittstelle zwischen der Präsentationsschicht und der Datenhaltung, wobei die Komponente *Drupal CMS* (Content Management System) den Rahmen für die Nutzer- und Rechteverwaltung des Di.Ana-Systems bildet. Die Komponente *Application Server* wird nachfolgend sowie in Abbildung 37 detaillierter beschrieben. Sie besteht aus unterschiedlichen Subkomponenten. Die *Page Builder*-Komponente enthält Funktionen zum dynamischen Seitenaufbau. Sie integriert dabei die Komponente *Trend Chart Factory* sowie partiellen HTML-Code, der von der Komponente *Taxonomy & Content Builder* geliefert wird. Der auf dieser Basis generierte HTML-Code wird als Antwort zum Client (Web-Browser) gesendet. Die bereits genannte *Trend Chart Factory* verarbeitet Taxonomie-bezogene Zeitreihen-Daten (Frequenzen), die vom *Internal DB-Server* abgefragt werden. Die Zeitreihen-Daten werden dabei an

160

ein Framework übergeben, das die verschiedenen Trend-Charts client-seitig für das jeweilige Taxon und die enthaltenen Keyword-Sets grafisch darstellt. Der *Taxonomy & Content Builder* generiert HTML-Code für die benutzerseitige Menü-Struktur (z. B. Organisations-Taxonomie) sowie HTML-Code, der die Inhalte (z. B. Beschreibung, Keywords, Bearbeiter) des jeweils aufgerufenen Taxons enthält. Menü-Struktur und Inhalte werden vom *Internal DB-Server* abgefragt. Die *Daemon*-Komponente ermittelt durch zyklische Abfragen auf dem *Internal DB-Server*, welche Taxa vom Administrator zur (externen) Zeitreihen-Frequenz-Abfrage freigegeben und noch nicht vom Daemon selbst abgearbeitet wurden. Vom Administrator freigegebene Taxa enthalten Keyword-Sets und ggf. Super-Queries, auf deren Grundlage die Zeitreihen-Frequenz-Abfrage bei den *Content Providers (Web Services)* erfolgt. Die von den Web Services zurückgelieferten Frequenz-Daten persistiert der Daemon im *Internal DB-Server*. Die Frequenz-Daten stehen im Anschluss der Komponente *Trend Chart Factory* zur Verfügung. Die *Content Update Factory* steuert die Persistierung der benutzerseitigen Eingaben (Anlegen, Bearbeiten oder von Queries, Taxonomien oder generellem Inhalt) und ist damit abhängig vom *Query Converter*, der vom Benutzer eingegebene Keyword-Sets und Super-Queries in ein syntaktisches Format konvertiert, das die Konsistenzprüfung der Abfragen in der *Daemon*-Komponente minimiert und die jeweilige Umwandlung in das von den verschiedenen Web Services erwartete Query-Format vereinfacht. Der *Web Request Broker* vermittelt benutzerseitige Suchanfragen an die Komponenten *Request Builder*, *Crawler* und *Result Parser*. Die Komponente *Request Builder* übermittelt dabei die Benutzeranfrage an *External Search Engines (WWW)*. Die Komponente *Crawler* vertieft ggf. das Resultat durch Weiterverfolgung spezifischer Links in der Antwort einer *External Search Engine*. Die Komponente *Result Parser* verarbeitet das zurückgelieferte Resultat (in aller Regel HTML oder XML Datenströme) für die integrierte Darstellung in der Komponente *Web Front-End*.

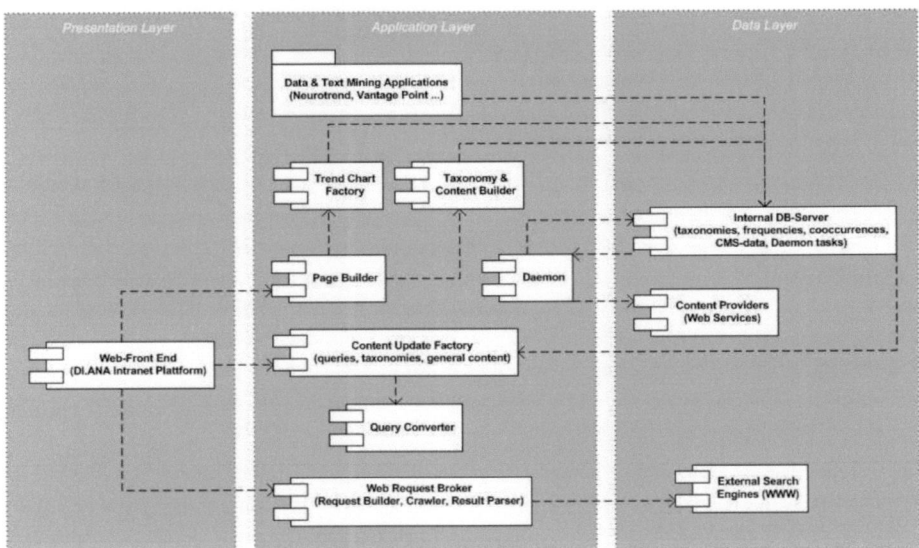

Abbildung 37. UML-Komponenten-Diagramm der Di.Ana-Plattform mit Detaillierung der Komponente Application Server; Quelle: eigene Darstellung.

Die Di.Ana-Plattform als eine Komponente der Dienstleistung Di.Ana wird durch weitere unabhängig von der Plattform entwickelte oder lizenzierte externe Data- und Text Mining Anwendungen ergänzt. Sie sind im UML-Komponenten-Diagramm als Paket dargestellt und können unter anderem auch auf die interne Datenbank zugreifen und entsprechende semi- oder unstrukturierte Daten mit komplexeren Methoden explorieren. Entsprechende Werkzeuge (z. B. HD-SOM-Scanning, VantagePoint, ThemeScape, WCTAnalyze, SemanticTalk) werden für Tiefenanalysen oder das Technologiescanning im Rahmen der Dienstleistung Di.Ana genutzt.

15.4   WCTAnalyze und automatische Extraktion themenspezifischer Ereignisse

WCTAnalyze ist eine von Grund auf neu entwickelte Software, die durch den täglichen Umgang mit großen zeitlich geordneten dynamischen Textkollektionen im Rahmen der Digital Intelligence angeregt, in einer Diplomarbeit als Werkzeug umgesetzt und auf zwei Konferenzen der wissenschaftlichen Öffentlichkeit präsentiert wurde (Gottwald, Heyer et al. 2007; Gottwald, Richter et al. 2008). Die zwei Hauptaufgaben der Software sind:

1. das Erzeugen und Erweitern einer effizienten Datenstruktur für die Exploration des Wandels der dynamischen zeitlich indizierten Textkollektion und

2. die interaktive manuell-visuelle Datenexploration.

Die Basis der Software und der zu ermöglichenden Datenexploration bilden in Zeitscheiben aufgeteilte Textkorpora, die jeweils natürlichen Sprachverarbeitungsprozessen unterzogen werden (vgl. Biemann, Bordag et al. 2004; Kapitel 10.4.1 Datenaufbereitung). Listen für Wortformen und Kookkkurrrenzen werden erzeugt, deren Vorkommen gezählt und Signifikanz berechnet mit dem log-likelihood-Maß nach Dunning (Dunning 1993). Die besondere Herausforderung galt nun einer Lösung zur effizienten Speicherung von Daten, zur Erweiterung neuer Daten ohne aufwändige Neuberechnung und Umstrukturierung sowie zum schnellen Zugriff auf die Daten in Form zeitorientierter Muster von Wortformen, von Konzepten als semantisch verwandten Klassen von Wortformen und deren Kookkurrenzen. Umgesetzt wurde wie in Gottwald et al. (Gottwald, Richter et al. 2008) bzw. noch umfangreicher in Gottwald (Gottwald 2007) beschrieben eine effiziente Datenablage für Wortformen sowie Kookkurrenzen über Zeitscheibenfolgen in Form von Binärdateien, die über einen Wortserver als Index angesteuert werden.

Auf Basis dieser Datenstruktur können die in Tabelle 15 und im Kapitel 13 besprochenen textdatenbasierten Beobachtungsfelder für die Digital Intelligence effizient durch eingebaute Visualisierungstechniken exploriert werden. Durch Linien- bzw. Histogramme mit unterschiedlichen integrierten Glättungsfiltern zur Rauschunterdrückung und Kurvenglättung (Gottwald 2007, S. 41ff.) sowie Tabellen kann der zeitscheibenbezogene Wandel der textuellen Bestandteile (Wortformen, Konzepte sowie deren Vorkommen, Häufigkeit, Bedeutung und Vielfalt) und deren Vernetzung in chronologischer Reihenfolge visualisiert werden. Der Nutzer kann den chronologischen Verlauf von Sachverhalten in den großen dynamischen Textkollektionen einfach nachvollziehen und zeitorientierte Muster wie Zu- und Abnahmen, gerichtete Trends sowie zyklisches, diskontinuierliches oder chaotisches Verhalten von Sachverhalten besser identifizieren.

Die Visualisierung des Wandels der Vorkommen (Kommt eine Wortform oder ein Konzept in den jeweiligen Zeitscheiben vor?), der Häufigkeit (Wie häufig kommt eine Wortform oder ein Konzept in den jeweiligen Zeitscheiben vor?) und der Bedeutung (Wie signifikant ist eine Wortform oder ein Konzept in den jeweiligen Zeitscheiben?) von Wortformen oder Konzepten sowie der zu einem Konzept gehörenden Wortformenanzahl (Aus wie vielen unterschiedlichen Wortformen besteht ein Konzept in den jeweiligen Zeitscheiben?) hat das Ziel, quantitative Entwicklungen nachzuvollziehen, zu charakterisieren und zu vergleichen. Sie soll aufzeigen, dass und mit welcher Intensität sich etwas ändert oder nicht. Dabei kann auf Visualisierungen absoluter, relativer[199], relativer normierter, relativer skalierter[200] oder normierter kumulierter Summen[201] von Auftretenshäufigkeiten von Wortformen oder Konzepten über mehrere Zeitscheiben zurückgegriffen werden. Mit den Normierungen, Skalierungen oder auch Kumulierungen wird eine bessere Vergleichbarkeit der zum Teil in Qualität und Quantität stark variierenden in Zeitscheiben vorliegenden Textkorpora.

Neben der Exploration von Auftretenshäufigkeiten von Wortformen und Konzepten, ermöglicht WCTAnalyze auch eine Analyse ihrer Vernetzung, folglich die quantitative Exploration des Wandels von Kookkurrenzen von Wortformen oder Konzepten, in Form von Vorkommen, der Häufigkeit und der Bedeutung von Kookkurrenzen sowie der zu einem Konzept gehörenden Kookkurrenzenanzahl. Wie bei den Auftretenshäufigkeiten für Wortformen und Konzepte kann auf die Visualisierung von absoluten, relativen, relativen normierten und normierten kumulierten Summen relativer Kookkurrenzenanzahlen pro Wortform oder Konzept über die Zeitscheiben zurückgegriffen werden. Desweiteren kann auch die Verteilung von Kookkurrenzen über die Zeitscheiben und das Hinzukommen, das Verschwinden oder die Stetigkeit von Kookkurrenzen in verschiedenen Zeitintervallen betrachtet werden sowie eine Analyse der Schnittmengen von Kookkurrenzen unternommen werden. Hierfür wird nicht nur auf Liniendiagramme zurückgegriffen, sondern auch auf Kookkurrenzentabellen und -diagramme. Dies bietet neben den verschiedenen Perspektiven auf quantitative Veränderungen der textuellen Beobachtungsfelder von dynamischen Textkollektionen auch die Erschließung konkreter Inhalte, das heißt den Zugriff auf die einzelnen Elemente der Konzepte und Kookkurrenzenmengen selbst. Für weitere Details, Softwarespezifika und mengentheoretische Beschreibungen wird auf die Diplomarbeit von Gottwald verwiesen (Gottwald 2007, S. 44-61) sowie Abbildungen entsprechender Visualisierungstechniken (Gottwald 2007, S. 65-69).

Motiviert durch die „Wörter des Tages"[202] mit insgesamt 1.799 Nachrichtentextkorpora repräsentierenden Zeitscheiben der Granularität von einem Tag als Datengrundlage zur Evaluierung, wurde im Rahmen von WCTAnalyze ein Verfahren zur automatischen Erkennung themenspezifischer Ereignisse angeregt. Umgesetzt wurde ein auf Shared Nearest Neighbor Clustering basierter und in Ertöz et al. beschriebener Clusteransatz (Ertöz, Steinbach et al. 2003), der bei Vorgabe eines aus mehreren Wortformen bestehenden Konzeptes als Ergebnis Gruppen oder Cluster von Wortformen mit inhaltlichen und nachvollziehbarerweise auch zeitlichen Gemeinsamkeiten liefert. Ausgegangen wird dabei, dass häufig gemeinsam auftretende Kookkurrenten nicht nur themenspezifische Gemeinsamkeiten, foglich syntagmatische und paradigmatische Beziehungen, sondern auch zeitliche Beziehungen aufweisen. Gottwald nennt ensprechende Kookkurrenten ereignisbeschreibende Kookkurrenten[203]. Basis für diese Gruppen bilden die relativen Auftretenshäufigkeiten oder Signifikanzwerte der Kookkurrenten des vorgegebenen Konzeptes. Eine Matrix mit einem Ähnlichkeitsmaß für alle Kookkurrenzen wird soweit ausgedünnt, bis für jeden Kookkurrenten nur noch der Ähnlichkeitswert für seinen k nächsten Nachbarn (Shared Nearest Neighbor, SNN) besteht. Für die ausgedünnte Kookkurrenzen-

---

199 Die relative Auftretenshäufigkeit eines Konzeptes K in einer Zeitscheibe Z ist der Anteil der Auftretenshäufigkeit von K an den Auftretenshäufigkeiten aller Wortformen der Zeitscheibe Z.

200 Normierung oder Skalierung (auf das Intervall [0, 1]) der relativen Auftretenshäufigkeit eines Konzeptes K, damit im Wertebereich der relativen Auftretenshäufigkeit zu weit auseinander liegende Kurven besser vergleichbar werden.

201 Aufsummieren der relativen Auftretenshäufigkeiten eines Konzeptes K über alle Zeitscheiben Z.

202 Die Wörter des Tages ist ein durch die Abteilung Automatische Sprachverarbeitung an der Universität Leipzig kontinuierlich aufgebauter Textkorpus (http://www.wortschatz.uni-leipzig.de). Im Rahmen von (Gottwald 2007) bestand die Datengrundlage aus einer Ansammlung deutscher Textkorpora von bis zu 35 nationalen und regionalen deutschen Online-Nachrichtenquellen aus dem Zeitraum zwischen Januar 2001 und Dezember 2005.

203 Ereignisbeschreibende Kookkurrenten (EbK) sind nach Gottwald „Kookkurrenten von Bedeutungsklassen themenspezifischer Begriffe, welche mindestens einem themenspezifischen Ereignis aus dem durch die themenspezifischen Begriffe vorgegebenen Ereignisraum zuordenbar sind." (Gottwald 2007, S. 72)

matrix wird ein SNN Graph erzeugt, der alle Kookkurrenten der Kookkurrenzen als Knoten über eine gemeinsame Kante miteinander verbindet. Abschliessend werden die Kernknoten identifiziert und die Cluster entsprechend benannt.

Abschliessend soll WCTAnalyze kurz kritisch gewürdigt werden. Es ist ein mächtiges Werkzeug für die umfangreiche halbautomatische (bzw. interaktive) Exploration zeitorientierter Textmuster, das die Digital Intelligence insbesondere in rein unstrukturierten Textdaten (Temporal Text Mining) maßgeblich unterstützen kann. Es bietet Möglichkeiten, sowohl den zeitlichen Verlauf von textuellen Beobachtungsfeldern quantitativ zu erkennen als auch deren inhaltlichen Bezug zu interpretieren. Nachteilig ist, dass die zu beobachtenden Sachverhalte, folglich Wortformen oder sogar Konzepte, vorgegeben werden müssen. Dies genügt den Ansprüchen eines Monitorings und auch einer Exploration, jedoch noch nicht dem halbautomatischen Scanning in der Digital Intelligence. Auch die in der Arbeit von Gottwald beschriebene „automatische Erkennung themenspezifischer Ereignisse" (Gottwald 2007, S. 104) setzt voraus, dass die Erkennung themenspezifisch ist. Wortformen oder Konzepte müssen vorab angegeben werden. WCTAnalyze ergänzt und erweitert somit die oben beschriebenen wissenschaftlichen Disziplinen (1) der Identifikation und zeitorientierten Organisation von Themen, damit in besonderem Maße das Projekt Topic Detection and Tracking (TDT) mit seinen Aufgaben der Segmentation, der First Story Detection / New Event Detection, Topic Detection, Topic and Event Tracking und Story Link Detection, (2) der wissensrepräsentationsbasierten sowie (3) zeitorientierten Analyse von Frequenz, Vernetzung und Hierarchien. Explizit liegt der Fokus von WCTAnalyze auf Ereignissen und nicht auf Trends von Sachverhalten. Die Exploration letzterer unterliegt der manuellen Exploration.

15.5 SemanticTalk

Im Rahmen vorliegender Forschungsarbeit wurde ein bereits existierendes, an der Universität Leipzig entwickeltes und ausführlich in den Veröffentlichungen von Biemann, Böhm, Heyer und Melz (Biemann, Böhm et al. 2004a; Biemann, Böhm et al. 2004b)[204] beschriebenes graphenbasiertes Visualisierungswerkzeug namens SemanticTalk erweitert. Die Erweiterung hatte zum Ziel, die zeitorientierte Analyse von Frequenz und Vernetzung zu unterstützen, indem sowohl statische als auch dynamische Graphen auf Basis unstrukturierter Textdaten erstellt und exploriert werden können.

SemanticTalk ist ein Softwarewerkzeug zur Exploration semantischer Beziehungen innerhalb von Kookkurrentenmengen von Texten durch Graphen bzw. Wortnetze auf einer zweidimensionalen Fläche. Der Vorteil dieser Repräsentationsform ist, dass sie einen schnellen Überblick über die signifikantesten Inhalte großer Textmengen bzw. deren Schlüsselwörter und Assoziationen ermöglicht und somit als „visueller Browser auf der Dokumentenkollektion" (Biemann, Heyer et al. 2004) eingesetzt werden kann. Realisiert wird die Visualisierung des Graphen durch TouchGraph, einem Tool samt offener Softwarebibliothek (http://www.touchgraph.com), das den Graphen, bestehend aus Knoten (den Wörtern) und Kanten (deren Kookkurrenzen) gemäß eines Ladungs-Feder-Modells automatisch anordnet. Gespeichert werden die zu visualisierenden Graphen in RDF (Ressource Description Framework), wobei die Wörter und Kookkurrenzen sowohl durch Listen vorbestimmt als auch gefiltert werden können nach absteigender Frequenz oder Signifikanz, durch Entfernen von Stopwörtern oder Eingrenzen auf eine maximale Anzahl an Knoten und Kanten.

Die zeitorientierte Erweiterung besteht nun darin, dass Knoten und Kanten einzelner jeweils eine Zeitscheibe repräsentierender RDF-Dateien zu einer RDF-Datei zusammengefügt werden können, aufgebaut aus Knoten-

---

[204] Die Grundlagen für die Visualisierungstechnik sind bereits in der Diplomarbeit von Schmidt zu finden (Schmidt 1999).

und Kanteninformationen für jede einzelne Zeitscheibe. Jedem Knoten wird auf der grafischen Benutzerschnittstelle ein fester Ort zugewiesen. Dies ermöglicht dem Benutzer das Verfolgen der Entwicklung von Knoten (und damit auch Kanten), die in mehreren Zeitscheiben vorkommen, und die Exploration folgender graphbasierter Indikatoren für zeitorientierte Textdaten:

- absolut neue Kanten: Kanten, die vorher nicht existierten,

- verstärkte / schwächere Kanten: Kanten mit einem größeren / kleineren Gewicht im Vergleich zur vorherigen Sequenz (repräsentiert durch die Kantendicke),

- absolut neue Knoten: Knoten, die vorher nicht existierten,

- verstärkte / schwächere Knoten: Knoten mit einem größeren / kleineren Gewicht im Vergleich zur vorherigen Sequenz (repräsentiert durch die Knotengröße),

- stabile Knoten: Knoten, deren Gewicht zwischen den Sequenzen konstant bleibt sowie

- stabile Kanten: Kanten, deren Gewicht zwischen den Sequenzen konstant bleibt.

Grundsätzlich kann zwischen folgenden Visualisierungstechniken unterschieden werden:

- Falls nur eine Zeitscheibe vorhanden ist, besteht keine Notwendigkeit der zeitlichen Exploration. Dies stellt den bereits vorhandenen Standardmodus von SemanticTalk dar.

- Entwicklungen über Zeitscheiben hinweg können in Form von *Trend-Graphen* über eine statische (*statischer Graph*) oder über eine dynamische Repräsentation eines Graphen (*dynamischer Graph*) erfolgen. Ersterer signalisiert die Entwicklung von Knoten und Kanten eines Graphen über ihre Farben und Farbintensität auf einen Blick. Letzterer ermöglicht – einem bewegten Film gleich – die Repräsentation der Entwicklung von Wortformen und deren Kookkurrenzen über eine durch einen Schieberegler gesteuerte Sequenz von Zeitscheibengraphen wie in Abbildung 38 angedeutet.

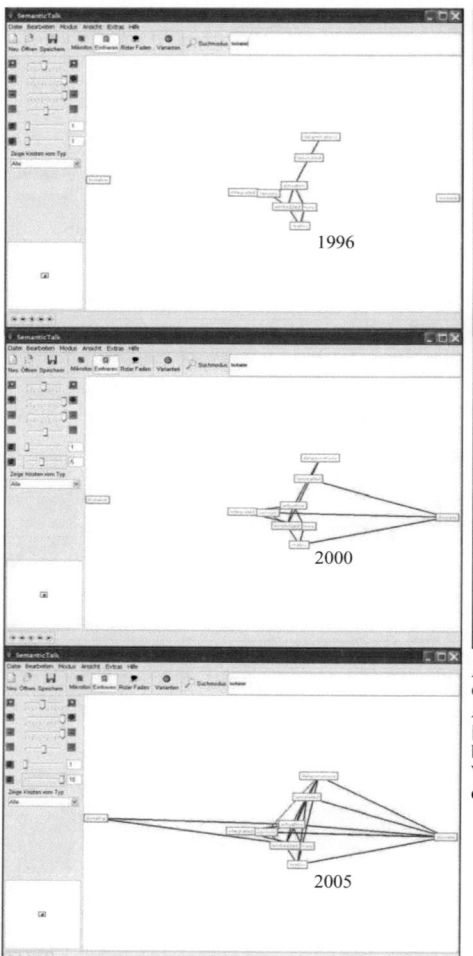

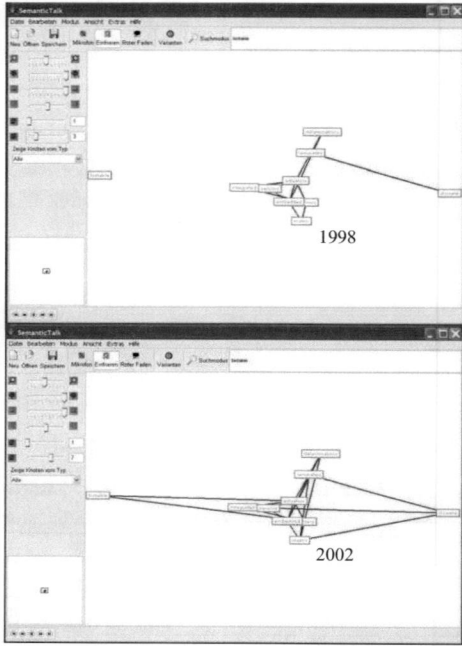

Abbildung 38. Beispiel für einen dynamischen Trend-Graphen: Nach der *diskreten Formkontrolle* gefilterter Ausschnitt aus einer Sequenz von zehn Zeitscheiben (1. [1996], 3. [1998], 5. [2000], 7. [2002] und 10. [2005]), berechnet auf Basis einer automatischen statistischen Volltextanalyse der Literaturdatenbank WEMA mit dem Concept Composer.

Die einfachste Form des statischen Graphen ist der *Intervall-Graph* (siehe Abbildung 39). Er stellt eine Entwicklung in zwei Zeitscheiben dar. Hinzugekommene Knoten werden grün, weggefallene rot und in beiden Zeitscheiben vorkommende Knoten blau eingefärbt.

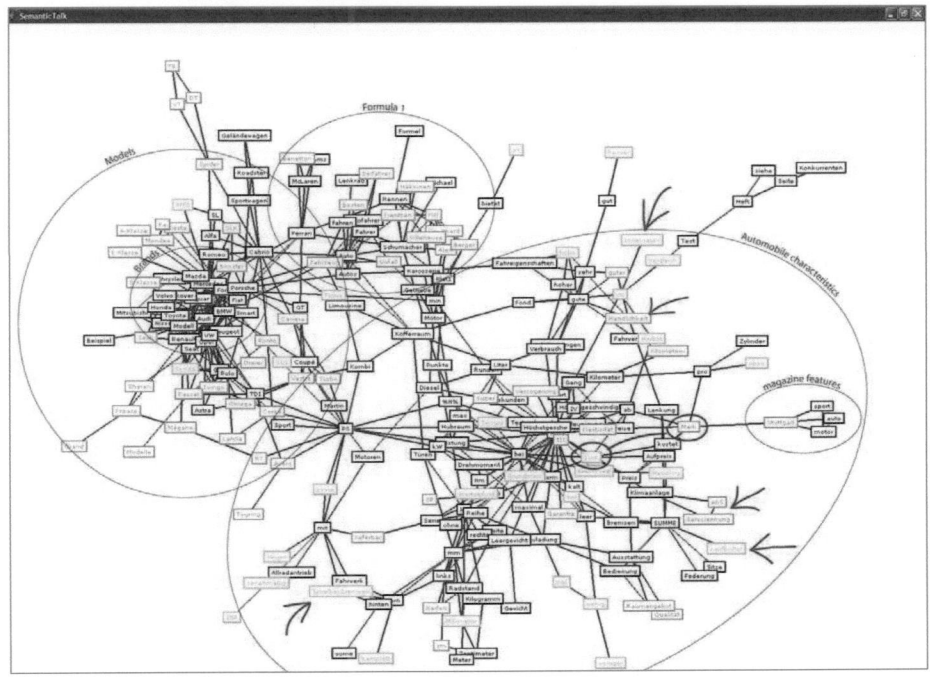

Abbildung 39. Beispiel für eine Spezialform des statischen Trend-Graphen, den Intervall-Graphen. Der Screenshot zeigt die mit dem ConceptComposer berechneten signifikantesten Knoten und Kanten der Zeitschrift „auto motor und sport"[205] (1. Intervall: 1994-1999, 2. Intervall: 1999-2004). Die Kreise kennzeichnen inhaltliche Cluster[206], die Pfeile inhaltliche Besonderheiten.

Die zweite Form des statischen Graphen signalisiert die zeitorientierte Entwicklung von Knoten über mehr als zwei konsekutive Zeitscheiben auf einen Blick. Blaue Knoten stellen in allen Zeitscheiben vorkommende Wortformen dar; rote Knoten signalisieren Wortformen, die in späteren Zeitscheiben tendentiell[207] nicht mehr vorkommen und grüne Knoten stellen in späteren Zeitscheiben tendentiell neu hinzugekommene Wortformen dar. Je intensiver die Einfärbung, desto häufiger ist der jeweilige Knoten im gesamten Projekt vorhanden. Die erste und letzte Zeitscheibe der statischen Gesamtsicht auf alle Zeitscheiben können jeweils mit einem Schieberegler verschoben werden (siehe Abbildung 40, links oben).

---

[205] Die Zeitschrift „auto motor und sport" ist die bedeutendste deutschsprachige Zeitschrift rund um das Automobil und den automobilen Motorsport mit einem zweiwöchentlichen Erscheinungsrhythmus. Zur Verfügung stand ein digitales Volltext-Archiv von insgesamt 261 Heften (Heft 1 / 1994 (30.12.1994) bis 26 / 2004 (08.12.2004). Dies entsprach 261 Textdateien, unformatiert (*.txt-Format) der Größe von 88 MB mit insgesamt 374.833 unterschiedlichen Wortformen.

[206] Großer Kreis rechts unten: automobile Eigenschaften; Kern des Kreis links oben: automobile Marken; Rest des Kreises links oben: Automodelle; Kreis oben mittig: Formel 1.

[207] Auf Basis von Schwellenwert.

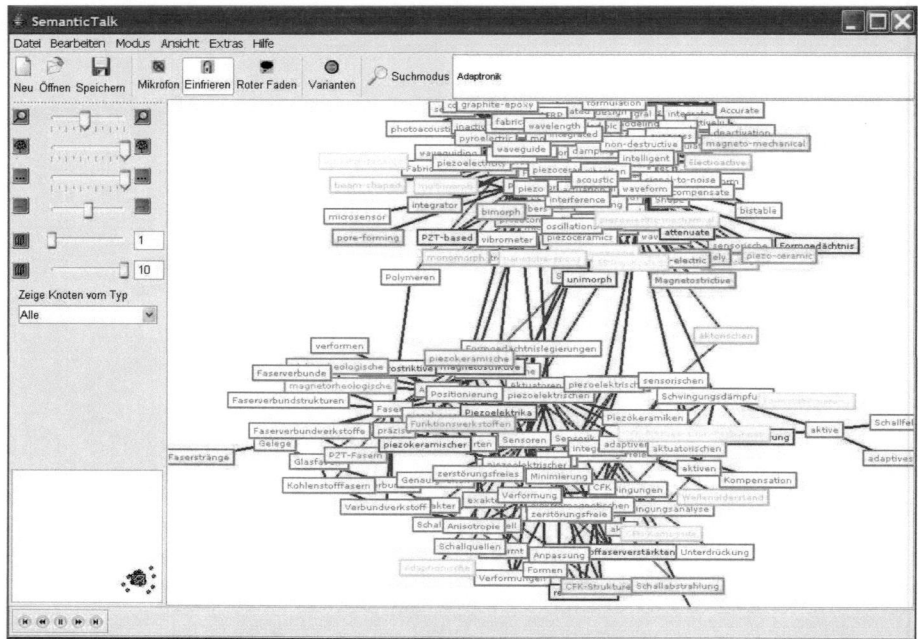

Abbildung 40. Beispiel für einen statischen Trend-Graphen: Der Screenshot zeigt die mit dem ConceptComposer berechneten signifikantesten Knoten und Kanten aus insgesamt zehn Zeitscheiben (1996-2005) der Literaturdatenbank WEMA. Das obere Cluster umfasst die englischen Schlüsselwörter, das untere die deutschen.

Zusätzlich ist noch ein Zeitscheibenvergleich ausgehend von einer Zeitscheibe in beide Richtungen des zeitlichen Verlaufs mit einer zu bestimmenden Anzahl von Zeitscheiben möglich. Diese Art von Graphen wird hier *radialer Trend-Graph* genannt. Er hat den Vorteil, dass der Nutzer durch einen Zeitscheibenregler einen bestimmten Zeitpunkt selber auswählen kann, für den er sowohl die Vergangenheit als auch die Zukunft des durch den Graphen repräsentierenden Sachverhaltes betrachten und so interaktiv den zeitlichen Wissensraum explorieren kann.

Somit ergänzt die Erweiterung von SemanticTalk die Visualisierungstechniken von WCTAnalyze hervorragend. Es bietet eine intuitive Erschließung komplexer Entwicklungen auf einen Blick und zeigt gut die Dynamik und Intensität von Vernetzungen auf.

15.6 Halbautomatische Identifikation von Trends

WCTAnalyze und die zeitorientierte Erweiterung von SemanticTalk bieten Möglichkeiten, zeitorientierte Textdaten und Trends einzelner Sachverhalte visuell zu explorieren. Der Anspruch an ein Werkzeug der Digital Intelligence und deren Automatisierung geht noch einen Schritt weiter. Erstrebenswert ist es, Trendverläufe von tendenziell Millionen durch Wort-, Konzept- oder deren Vernetzungshäufigkeiten repräsentierenden Sachverhalten sowohl nach deren Konvergenz[208] zu clustern als auch nach vorab benutzerdefinierten Verläufen / Verlaufsformen zu klassifizieren und „auf einen Blick" vergleichbar zu machen. Das Ziel besteht mit anderen Worten in einer zusätzlichen Aggregation nach zeitlichen Ähnlichkeiten – in diesem Fall nicht

---

[208] Auch zeitliche bzw. kontemporäre Korrelationen von Zeitreihen.

nur durch rein menschliche Wahrnehmung wie in den Kapiteln 15.3 bis 15.5, sondern auch maschinell. Auf den nächsten Seiten wird die Software-Lösung HD-SOM-Scanning beschrieben, die für das Scanning im Rahmen der Digital Intelligence eingesetzt wird. Davor jedoch wird der prototypische Versuch einer Zeitreihenkorrelation umschrieben, der die Lösung inspirierte.

15.6.1 Zeitreihenkorrelation

Die Grundidee für den nachfolgend beschriebenen Ansatz des HD-SOM-Scanning war eine einfache Korrelationsanalyse. Sie wurde auf Basis von Zeitreihendaten bestehend aus zehn Sequenzen unternommen, die mit dem Concept Composer berechnet wurden (siehe Abbildung 41).

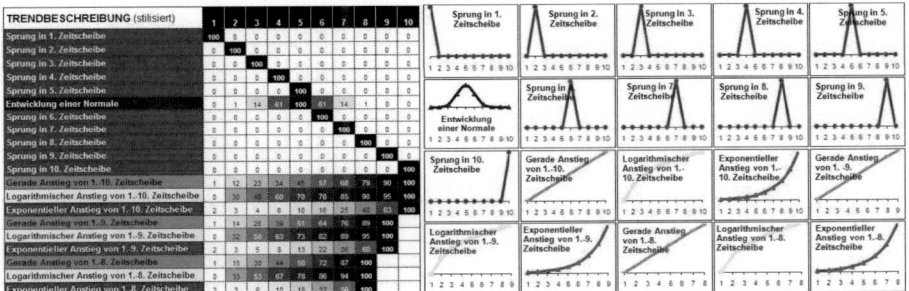

Abbildung 41. Ausschnitt aus einem Excel-Diagramm (1) von mehr als 30.000 Zeitreihen (1996-2005) in der Senkrechte, die eine Auswahl von Wortformen und deren Aggregationen (Konzepte) sind, die in der WEMA die Elemente[209] des Periodensystems der Elemente repräsentieren, (2) mit Musterzeitreihen in der Waagerechten und (3) der sich ergebenden Korrelationsmatrix, die als Ergebnis den Korrelationskoeffizienten der Zeitreihenmatrizen (1) und (2) repräsentiert.

Korreliert wurden die Zeitreihen für Wortformen oder Konzepte mit den in Abbildung 42 visualisierten Musterzeitreihen, die sowohl unterschiedliche Formen von Sprüngen als auch gerade, logarithmischen und exponentiellen Anstiegen innerhalb einer Zeitreihe umfassten.[210] Zur Berechnung wurde dabei der Pearson-Korrelationskoeffizient verwendet. Durch das Setzen von Filtern, Sortieransätze sowie automatische Zellenformatierungen innerhalb einer Tabellenkalkulationsanwendung wurde eine Datenexploration bzw. der Vergleich der Zeitreihen für Wortformen oder Konzepte anhand ihrer zeitlichen Korrelation vereinfacht. Weil die resultierenden Korrelationskoeffizienten für sich noch keine Aussage über die Übereinstimmung der Wertebereiche zu explorierender Zeitreihen ermöglichen, wurden zur Ermittlung ihrer Bedeutung zusätzlich auch ihre Standardabweichungen, Maximal- sowie Durchschnittswerte untersucht.

---

[209] Z. B. kann das Konzept Aluminium durch Wortformen wie Al, Al-Blech, Al-Legierung, Al-alloy, Aluminum oder Ag-Al-Cu repräsentiert werden. Diese wurden im ersten Schritt mit einer umfangreichen Suchstrategie identifiziert und im zweiten Schritt durch Experten überprüft.

[210] Das gedankliche Fundament für die genutzten Zeitreihen bildeten sowohl die Publikation von Rai und Kumar zu mathematischen Modellen für die Technologiesubstitution (Rai und Kumar 2003) als auch die Gedanken von Micic zum Zukunftsmanagement (Micic 2006).

	1996	1997	1998	1999	2000	2001	2002	2003	2004	2005	SPRUNG IM JAHR					NORM	SPRUNG IM JAHR					2005			2004			2003		
											1996	1997	1998	1999	2000	2000	2001	2002	2003	2004	2005	GER	LOG	EXP	GER	LOG	EXP	GER	LOG	EXP
ALLE ELEMENTE	1550	2162	2559	2338	3434	3568	3022	3685	4007	3580	-0,6	-0,4	-0,2	-0,3	0,2	0,1	0,2	0,0	0,4	0,2	0,9	0,9	0,6	0,9	0,9	0,7	0,9	0,9	0,7
Σ METALLE	910	1449	1808	1854	2611	2664	2150	2875	2980	2576	-0,6	-0,4	-0,2	-0,3	0,2	0,2	0,3	0,0	0,4	0,4	0,2	0,9	0,9	0,6	0,9	0,9	0,7	0,9	0,9	0,7
Aktinium	4	3	4	5	1	3	4	4	5	2	0,1	-0,1	0,1	0,4	-0,7	-0,4	-0,1	0,1	0,1	-0,4	-0,1	-0,1	-0,1	0,2	0,1	0,4	0,0	-0,1	0,1
Aluminum	771	1316	1656	1485	2331	2325	1888	2541	2475	2127	-0,7	-0,4	-0,2	-0,3	0,2	0,2	0,3	0,0	0,4	0,4	0,1	0,8	0,9	0,5	0,9	0,9	0,7	0,9	0,9	0,7
...											...	...	...	...	...	...	...	...	...	...	...	...	...	...	...	...	...	...	...	...
Zirkonium	135	130	146	164	279	338	258	330	500	447	-0,4	-0,4	-0,3	-0,3	0,0	-0,1	0,2	0,0	0,2	0,6	0,5	0,9	0,8	0,9	0,9	0,7	0,9	0,8	0,9
Σ HALBMETALLE	70	76	119	117	169	227	172	225	242	219	-0,5	-0,5	-0,2	-0,2	0,0	0,0	0,3	0,0	0,3	0,4	0,3	0,9	0,9	0,5	0,9	0,9	0,8	0,9	0,9	0,8
Amerikium	0	5	0	2	0	2	0	1	1	0	-0,2	0,9	-0,2	0,2	-0,2	-0,1	0,2	-0,2	0,0	0,0	-0,2	-0,3	-0,3	-0,2	-0,2	-0,2	-0,2	-0,2	-0,2
Cer	66	82	113	107	153	197	154	203	207	186	-0,5	-0,5	-0,2	-0,2	0,1	0,1	0,3	0,1	0,4	0,4	0,3	0,9	0,8	0,7	0,9	0,9	0,8	0,9	0,9	0,8
...											...	...	...	...	...	...	...	...	...	...	...	...	...	...	...	...	...	...	...	...
Ytterbium	4	9	6	8	16	28	18	21	34	33	-0,4	-0,3	-0,3	-0,3	-0,1	-0,1	0,3	0,0	0,1	0,5	0,5	0,9	0,6	0,8	0,9	0,5	0,8	0,8	0,7
Σ NICHTMETALLE	174	189	222	208	225	225	236	264	323	386	-0,4	-0,3	-0,1	-0,2	-0,1	-0,3	-0,1	0,0	0,1	0,5	0,7	0,9	0,8	1,0	0,9	0,8	1,0	0,9	0,9
Antimon	118	125	160	143	146	148	170	199	228	249	-0,4	-0,4	-0,1	-0,2	-0,2	-0,4	-0,2	0,0	0,2	0,5	0,6	0,9	0,8	1,0	0,9	0,8	0,9	0,9	0,9
...											...	...	...	...	...	...	...	...	...	...	...	...	...	...	...	...	...	...	...	...
Tellur	56	64	82	65	79	77	65	95	117		-0,3	-0,4	-0,2	-0,2	0,1	-0,1	0,0	0,1	0,6	0,8	0,6	0,7	0,9	0,7	0,7	0,5	0,6	0,1
Σ EDELGASE	37	39	31	31	23	27	29	42	47	41	0,1	0,2	-0,2	-0,2	-0,5	-0,8	-0,4	-0,3	0,3	0,6	0,3	0,1	0,6	0,2	0,0	0,6	-0,2	-0,3	0,3
Argon	35	33	26	29	23	22	28	39	43	39	0,2	0,1	-0,2	-0,1	-0,4	-0,5	-0,2	0,4	0,6	0,4	0,4	0,2	0,3	0,1	0,4	0,7	-0,1	-0,3	0,4
Xenon	2	6	3	2	6	5	1	3	4	2	-0,2	0,6	0,0	-0,2	-0,5	-0,4	0,4	-0,3	0,0	0,2	-0,2	-0,1	-0,1	-0,1	0,0	-0,1	0,1	-0,2	-0,1
Σ LANTHANOIDE / ACTINOIDE	359	409	362	328	406	415	436	459	415	378	-0,4	0,1	-0,2	-0,7	0,1	-0,2	0,2	0,3	0,6	0,2	-0,2	0,1	0,5	0,2	0,7	0,6	0,6	0,7	0,5	0,8
Brom	5	10	13	10	10	12	16	26	17	15	-0,5	-0,2	0,0	-0,2	-0,2	-0,3	-0,1	0,2	0,8	0,4	0,1	0,7	0,7	0,5	0,8	0,7	0,8	0,7	0,9
Wasserstoff	354	399	369	318	396	403	420	433	398	363	-0,3	0,1	-0,2	-0,7	0,1	-0,1	0,2	0,4	0,5	0,1	-0,2	0,4	0,4	0,1	0,6	0,5	0,5	0,6	0,5	0,7

Abbildung 42. Musterzeitreihen und deren Visualisierung als Korrelationsbasis für zu untersuchende Zeitreihen.

Dies ermöglichte eine erste operationalisierte Konvergenzanalyse der Trendverläufe von Sachverhalten, die durch Wort-, Konzept- oder Vernetzungshäufigkeiten repräsentiert wurden. Abbildung 43 zeigt ein Beispiel für die Korrelation von Zeitreihen zufällig ausgewählter Wortformen mit den in Abbildung 42 definierten Musterzeitreihen. Die Zeitreihe der Wortform „Sensor" korreliert beispielsweise am stärksten mit der Musterzeitreihe $t_{1-10}=\{2, 3, 4, 6, 10, 16, 25, 40, 63, 100\}$ (vgl. Abbildung 42: exponentieller Anstieg von 1.-10. Zeitscheibe).

Wortform	1996	1997	1998	1999	2000	2001	2002	2003	2004	2005		Korrel.-Koeff	zu Standardsignal
Activated	188	169	243	268	334	417	348	505	455	424		0,91	GER2
Aktiviert	32	41	27	21	23	26	29	21	24	19		-0,88	LOG1
Sensoren	168	230	242	188	209	209	203	216	170	158		-0,91	GER1
Sensor	423	501	589	519	762	707	736	947	806	1161		0,85	EXP1
Sensors	308	300	382	380	598	543	609	645	596	882		0,83	GER1

Abbildung 43. Ausschnitt aus dem internen Bericht zur verbundwerkstoffintegrierten Adaptronik (Walde und Stehncken 2006): Zufällig ausgewählte Wortformen, deren Zeitscheiben-Häufigkeiten und Korrelataionskoeffizienten zum Standardsignal (bzw. Musterzeitreihen) aus Abbildung 42.

Mit Hilfe dieses Ansatzes konnten bis zu 64.000[211] Sachverhalte nach ihrer Korrelation mit positiven und negativen exponentiellen, logarithmischen oder geraden Anstiegen sortiert werden. Zusätzlich zur Konvergenzanalyse wurden auch andere Maße wie die Standardabweichung zu Rate gezogen. Dies ermöglichte eine gute Exploration der in Tabelle 15 im Kapitel 13 beschriebenen gerichteten zeitorientierten Muster und deren Signifikanz.

15.6.2 HD-SOM-Scanning

Beim HD-SOM-Scanning handelt es sich um eine für die Bedürfnisse der Digital Intelligence eigenentwickelte Methode auf Basis einer – auf einer hybriden Distanzfunktion basierten – *selbstorganisierten Karte*[212] [Hybrid Distance-Function Self-Organizing Map (HD-SOM)]. Selbstorganisierte Karten gelten als ein wichtiges Instrument zur Untersuchung multidimensionaler Daten. Seit ihrer Entwicklung durch Teuvo Kohonen

---

211 Bedingt durch die von MS Excel gesetzte Zeilengrenze pro Tabellenblatt.

212 Auch *Self-Organizing (Feature) Map* (SOM) oder *Kohonen-(Feature-)Map*.

in den 1980er Jahren sind zahlreiche Abwandlungen und Erweiterungen der SOM in der wissenschaftlichen Literatur vorgeschlagen und in der Praxis erprobt worden. Bei einer SOM handelt es sich um ein *Künstliches Neuronales Netzwerk* (KNN)[213], das wesentlich auf den Prinzipien konkurrierenden und unüberwachten Lernens[214] basiert. Ein weiteres wesentliches Merkmal der SOM liegt in der topologieerhaltenden Dimensionsreduktion, die es ermöglicht, multidimensionale Daten auf eine topographische Karte (gewöhnlich ein zwei- oder dreidimensionales Raster, häufig auch als „Neuronengitter" bezeichnet) zu clustern oder zu projizieren – unter Erhalt der Ähnlichkeitsrelationen zwischen den Eingabemustern. In abstrakter Form lässt sich der Algorithmus zur Dimensionsreduktion in folgenden sechs Schritten zusammenfassen:

1. Initialisierung der Verbindungsgewichte (auch bezeichnet als Gewichtsvektoren oder Positionsvektoren) im Neuronengitter (dem Raster der Ausgabeneuronen).

2. Bestimmung des Siegerneurons für ein präsentiertes Eingabemuster (nach dem „winner takes all"-Prinzip gibt es für jeden Eingabevektor genau ein Neuron, das zu diesem die größte Ähnlichkeit aufweist).

3. Bestimmung des Nachbarschaftsgrades der anderen Ausgabeneuronen zum Siegerneuron.

4. Anpassung der Gewichtsvektoren des Siegerneurons und jener Ausgabeneuronen, welche im vor der Initialisierung festgelegten Nachbarschaftsradius um das Siegerneuron liegen.

5. Wiederholung der Schritte (2) bis (4) für jedes weitere Eingabemuster.

6. Wiederholung der Schritte (2) bis (5), solange, bis die vor der Initialisierung festgelegte Abbruchbedingung (z. B. Epochenanzahl) erfüllt ist (auch neuronaler Lernprozess oder Training des neuronalen Netzwerks genannt).

Für ein Clustering konvergierender Trendverläufe (siehe gerichtete Trends) in Form von Zeitreihendaten sind „klassische" SOM-Varianten nur suboptimal geeignet. Ein wesentlicher Grund hierfür liegt in der in diesen Varianten verwendeten Funktion zur jeweiligen Bestimmung des Siegerneurons. Es handelt sich dabei um eine Distanzfunktion, die den geringsten Abstand zwischen einem Eingabevektor zu den vorliegenden Positionsvektoren ermittelt. Am gebräuchlichsten ist dabei die Verwendung der Euklidischen Distanz. Ein grundsätzliches Problem, das unter Verwendung der Euklidischen Distanz (wie auch bei Verwendung verwandter Distanzmaße) bei der Verarbeitung zeitorientierter Daten auftreten kann, wird durch folgendes Beispiel veranschaulicht.

---

213 Engl. *Artificial Neural Network* (ANN).
214 Engl. *Competitive and unsupervised learning.*

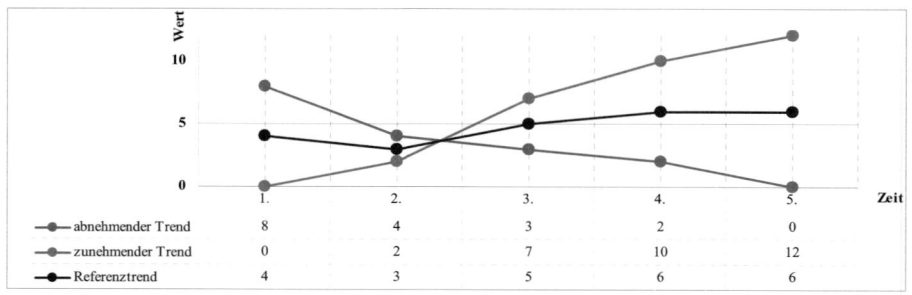

	1.	2.	3.	4.	5.
abnehmender Trend	8	4	3	2	0
zunehmender Trend	0	2	7	10	12
Referenztrend	4	3	5	6	6

Abbildung 44. Ab-/ zunehmender Trend als Zeitreihe mit der gleichen Euklidischen Distanz zum Referenztrend.

Die als „abnehmender Trend" bezeichnete streng monoton fallende Folge und die als „zunehmender Trend" bezeichnete streng monoton steigende Folge besitzen die gleiche Euklidische Distanz zum „Referenztrend" ($d(x,y) = 8,544$). Das Beispiel in Abbildung 44 kann somit veranschaulichen, dass in einem KNN, dessen Aktivitätszentren auf Grundlage Euklidischer Distanzen generiert werden, für die beiden Eingabemuster „zunehmender Trend" und „abnehmender Trend" ein und dasselbe Gewinnerneuron ermittelt werden kann – obwohl der sequenzielle Verlauf beider Eingabemuster fast komplementär ist. In einem SOM-basierten KNN muss dies zwar nicht zwangsläufig der Fall sein, da üblicherweise sofort nach Ermittlung des Gewinnerneurons für ein Eingabemuster A die Verbindungsgewichte in Richtung auf den Eingabevektor angepasst werden – somit also bevor das nächste Eingabemuster B präsentiert wird. Doch bleibt das Komplementaritätsproblem auch hier im Grundsatz bestehen. Denn es ist keineswegs auszuschließen (und bei großen Datenmengen auch keineswegs unwahrscheinlich), dass nach Anpassung der Verbindungsgewichte an ein Eingabemuster A, für ein anderes – einen gegenläufigen Trend repräsentierendes – Eingabemuster B dasselbe Gewinnerneuron ermittelt wird. In diesem Fall würden die zuvor an Eingabemuster A angepassten Verbindungsgewichte des Gewinnerneurons (wie auch der benachbarten Neuronen) wiederum in entgegengesetzter Richtung angepasst werden. Geschähe dies in jeder Trainingsepoche, so würden die Gewichtsvektoren des entsprechenden Neurons und seiner Nachbar-Neuronen weder zum einen noch zum anderen Trend konvergieren, sondern sich zwischen den gegenläufigen Trends „einschwingen". Ein zur Untersuchung von Trendverläufen durchgeführtes Clustering von Zeitreihendaten ist deswegen potenziell in Teilen unscharf.

Um die Verarbeitung zeitorientierter Daten durch eine SOM zu optimieren, wurden in den vergangenen Jahren in der Wissenschaft verschiedene Konzepte vorgeschlagen und implementiert. Genannt seien an dieser Stelle die sogenannte Temporal Kohonen Map (TKM) und die Recurrent Self-Organizing Map (RSOM), die als eine Weiterentwicklung der TKM angesehen werden kann (vgl. Koskela, Varsta et al. 1998).[215] Beide SOM-Varianten stellen nicht nur eine bloße Modifikation, sondern eine wesentliche Erweiterung der klassischen SOM dar, und sie fokussieren sich nicht primär auf eine Clusteranalyse, sondern begreifen sich auch und vor allem als Werkzeuge zur Klassifikation von Zeitreihen, Sequenzanalyse oder Vorhersage von Zeitreihen. Weniger prominent ist die von Lampinen und Oja vorgeschlagene AR-SOM, bei der das Euklidische Distanzmaß durch ein „autoregressive (AR) model" operational ersetzt wird (vgl. Lampinen und Oja 1989). Eine derartige Modifikation der klassischen SOM – der Austausch oder die Veränderung der Distanzfunktion – ist für die hier behandelte spezifische Untersuchung von Trendverläufen in Zeitreihendaten der naheliegendste Ansatz.

---

[215] Eine Übersicht über verschiedene Konzepte gibt Kostela in seiner Promotionsarbeit über „Neural Network Methods in Analysing and Modelling Time Varying Processes" (Koskela 2003).

Zur Modifikation der Distanzfunktion bietet sich in der hier behandelten Problematik der Einsatz von Korrelationskoeffizienten an, und, um die Funktion robust gegenüber gegenläufigen Trendverläufen zu machen, insbesondere der Einsatz von Rangkorrelationskoeffizienten[216]. In einer für die Digital Intelligence entwickelten Anwendung zur zeitorientierten Datenexploration wurden deshalb drei der gebräuchlichsten Korrelationskoeffizienten implementiert:

1. *Pearsons Korrelationskoeffizient.*

2. *Spearmans Rho* (Rangkorrelationskoeffizient).

3. *Kendalls Tau* (Rangkorrelationskoeffizient).

Der Einsatz des Pearson-Korrelationskoeffizienten, der den linearen Zusammenhang zwischen zwei mindestens intervallskalierten Merkmalen berechnet, bietet sich an, wenn die Gesamtheit der Eingabemuster normalverteilt ist; ansonsten sinkt seine Zuverlässigkeit. Zur Identifizierung konkordanter gerichteter Trendverläufe besser geeignet sind Rangkorrelationskoeffizienten wie Spearmans Rho oder Kendalls Tau. Spearmans Rangkorrelationskoeffizient wird ähnlich wie Pearsons Korrelationskoeffizient berechnet, wobei die Grundlage der Berechnung nicht durch die Variablenwerte, sondern durch deren Rangwerte gebildet wird. Bei Kendalls Tau bildet die relative Anordnung der Ränge die Berechnungsgrundlage, was diesen Rangkorrelationskoeffizienten u. a. robust gegenüber statistischen Ausreißern macht.

Ein Nachteil beim alleinigen Einsatz von Rangkorrelationskoeffizienten besteht allerdings in der Indifferenz gegenüber den unterschiedlichen lokalen Steigungscharakteristika und der absoluten Frequenz gerichteter Trends. So kann der Rangkorrelationskoeffizient für einen exponenziell und einen linear ansteigenden gerichteten Trend gleich bzw. absolut konkordant sein. Auch zwischen einer Folge mit hohen und einer Folge mit niedrigen Funktionswerten verhalten sich Rangkorrelationskoeffizienten bei analogem Werteverlauf indifferent. Der alleinige Einsatz von Rangkorrelationskoeffizienten ist deshalb nur dann sinnvoll, wenn das Untersuchungsziel in der Identifikation analoger Werteverläufe, unabhängig von Frequenz und lokalen Steigungscharakteristika der gerichteten Trends, besteht. Andernfalls empfiehlt sich die Kombination von Rangkorrelationskoeffizienten mit einer herkömmlichen Distanzfunktion. Eine entsprechende Kombination von Korrelationskoeffizienten mit der Euklidischen Distanz zur Ermittlung der Gewinnerneuronen innerhalb einer SOM begründet das Konzept der im Rahmen dieser Forschungs- und Anwendungsarbeit entstandenen „Hybrid Distance-Function Self-Organizing Map" (HD-SOM).

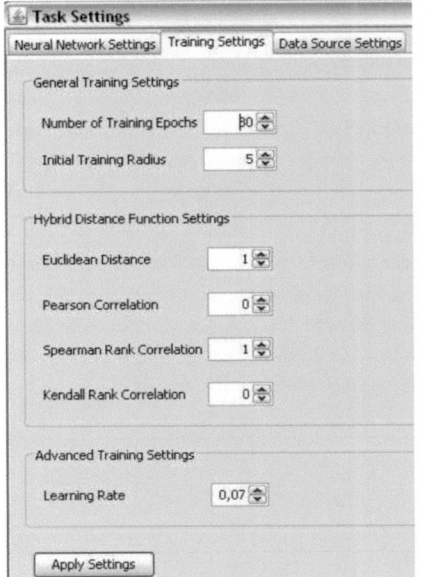

Abbildung 45. Festlegung der Trainingseigenschaften für das HD-SOM-Scanning.

---

[216] Rangkorrelationskoeffizienten messen, wie gut eine beliebige monotone Funktion den Zusammenhang zwischen zwei Variablen beschreibt, ohne Annahmen über die Wahrscheinlichkeitsverteilung der Variablen zu machen.

Je nach Untersuchungsziel sollte der Einfluss der Euklidischen Distanz und der Korrelationskoeffizienten in der HD-SOM größer oder kleiner gewählt werden können, um verschiedene Differenzierungen bei der Entfaltung der Clustermap zu ermöglichen. Um diese Flexibilität in der Untersuchungsmethodik umzusetzen, wurde zur Festlegung der Einflussgröße jeder Funktion ein Gewichtungsfaktor implementiert. In der Anwendung sind die Distanzfunktionen frei kombinierbar, parametrisierbar und erweiterbar. Der Screenshot in Abbildung 45 illustriert die Festlegung von Funktion und Gewichtungsfaktor aus Benutzersicht.

Für die zur Darstellung des „Komplementaritätsproblems" in Abbildung 44 aufgeführter Trends ergeben sich nach einer Skalierung der Funktionswerte auf einen Bereich zwischen 0 und 1[217] unter Verwendung der Euklidischen Distanz mit Gewichtungsfaktor 2 und Kendalls Tau mit Gewichtungsfaktor 3 folgende Werte (Tabelle 16):

Tabelle 16. Distanz des ab- und zunehmenden Trends zum Referenztrend aus Abbildung 44.

	abnehmender Trend	zunehmender Trend
Distanz zum Referenztrend (Euklidische Distanz mit Gewichtungsfaktor 2, Kendalls Tau mit Gewichtungsfaktor 3)	0,637	0,217

Bereits anhand dieses einfachen Beispiels wird deutlich, dass durch die Implementierung der hybriden Distanzfunktion in einer SOM die Bildung heterogener Cluster in Abhängigkeit von (1) analogen Werteverläufen, (2) Frequenz (Bedeutung) und (3) Steigungscharakteristik des gerichteten Trends ermöglicht wird. Das Konzept der HD-SOM schafft somit im Besonderen eine hervorragende Grundlage zur Exploration und Darstellung schwacher Signale bzw. Clustern oder Klassifikation unterschiedlicher Trendverlaufsdaten (z. B. Wort-, Konzept- oder deren Vernetzungshäufigkeiten) von Sachverhalten nach deren Konvergenz.

In vielen Datenexplorationssitzungen auf Basis selbstorganisierter Karten wurde jedoch deutlich, dass die selbstorganisierten Karten neben den oben genannten Vorteilen wie z. B. der Topologieerhaltung auch einen Nachteil haben. Selbstorganisierte Karten sind für Analytiker, die den Umgang mit koordinaten-basierten Graphen und Diagrammen gewohnt, jedoch nicht mit dem Interpretieren multidimensionaler Daten auf Cluster-Maps vertraut sind, intuitiv schwer verständlich. Daher wurde das HD-SOM-Scanning um das Konzept einer „statischen, attraktor-basierten Initialisierung" erweitert.

Als (funktionale) Parameter für die Initialisierung [vgl. Abbildung 46 zur Initialisierung der selbstorganisierten Karte mit Möglichkeiten der Parametrisierung der Netzwerktopologie (Aus wie vielen Neuronen soll die Karte bestehen?), der Neuronendimension (Wie viele Zeitpunkte/-scheiben haben die zu explorierenden Zeitreihen?) und Attraktoren] der Verbindungsgewichte der Neuronen im KNN können jene Musterzeitreihen dienen, die für die konventionelle Zeitreihenkorrelation (Abbildung 42) bereits eingesetzt wurden.

---

[217] Alle drei oben genannten Korrelationskoeffizienten können Werte zwischen +1 und -1 annehmen, wobei das Vorzeichen die Richtung und der Betrag die Stärke des Zusammenhangs der jeweils verglichenen Merkmale kennzeichnet. Für eine Kombination mit der Euklidischen Distanz wird der Wertebereich des jeweiligen Korrelationskoeffizienten auf Werte zwischen 0 und 1 skaliert. Ebenso wird die Euklidische Distanz auf Grundlage der Eingabewerte auf einen Wertebereich zwischen 0 und 1 skaliert. Somit gibt das Verhältnis der einzelnen Gewichtungsfaktoren die tatsächlichen Einflussgrößen der einzelnen Funktionen exakt wieder.

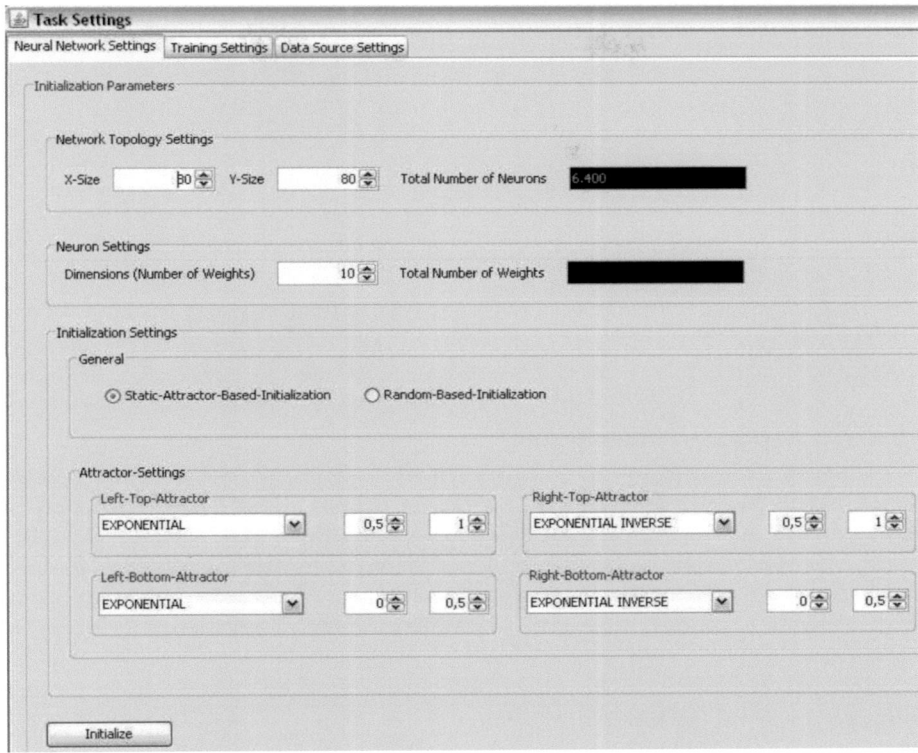

Abbildung 46. Initialisierung des neuronalen Netzes für das HD-SOM-Scanning.

Den vier Eckpunkten im Neuronengitter werden dabei jeweils eine Musterzeitreihe sowie ein Wertebereich im Intervall [0,1] zugeordnet.[218] Abbildung 47 zeigt ein Beispiel für eine initialisierte Karte auf Basis der in Abbildung 46 dargestellten Parameter. Der Werteverlauf einer Funktion, die steigend ist, beginnt dann im zuvor bestimmten Minimum des Wertebereichs und endet in dessen Maximum – vice versa bei fallenden Funktionen. Die Gewichtsvektoren der vier Eckpunkte können somit in Abhängigkeit von gewählter Funktion und zugeordnetem Wertebereich als Extrema im Neuronengitter initialisiert werden. Die dazwischenliegenden Neuronen werden anschließend in jeweiliger Relation zu den vier Extrema initialisiert und zwar so, dass in einem Neuronengitter mit ungerader Neuronen-Anzahl der Mittelpunkt zwischen zwei Extrema mit den Mittelwerten beider Gewichtsvektoren initialisiert wird und der Mittelpunkt des gesamten Netzes die Mittelwerte aus den Gewichtsvektoren aller vier Extrema enthält.

---

218 Die Zeitreihendaten werden vor der Präsentation im KNN innerhalb des Intervalls [0,1] normalisiert.

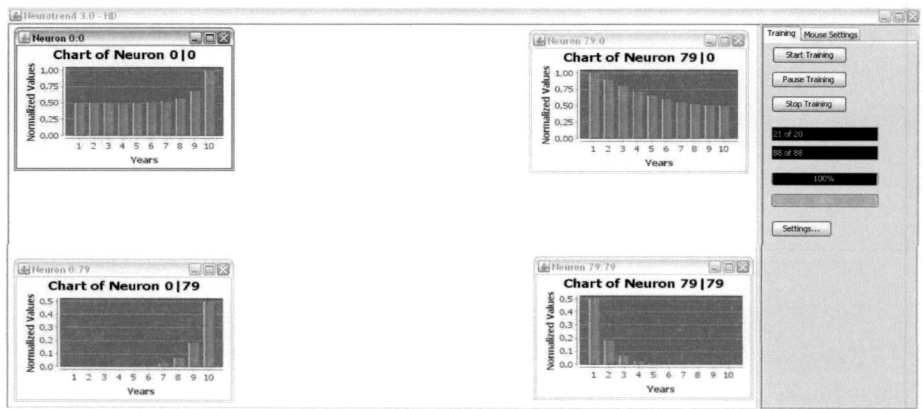

Abbildung 47. Beispiel für eine initialisierte Karte.

Die in der Lernphase des KNN erzielte Wirkung besteht sowohl in einer klareren als auch gezielten topologischen Ausdifferenzierung der generierten Karte, wie sie in Abbildung 48 zu sehen ist. Die Menge der niederfrequent exponentiell ansteigenden Zeitreihen distanziert sich beispielsweise auf der Karte klar von hochfrequenten exponentiell ansteigenden Zeitreihen, wenn zwei Extrema mit exponentiellen Funktionen im hohen und niedrigen Wertebereich initialisiert wurden. Die Eingabemuster werden in diesem Falle von den Extrema gewissermaßen „angezogen", weshalb man sie in topologisch-funktionaler Hinsicht als *Attraktoren* bezeichnen kann.

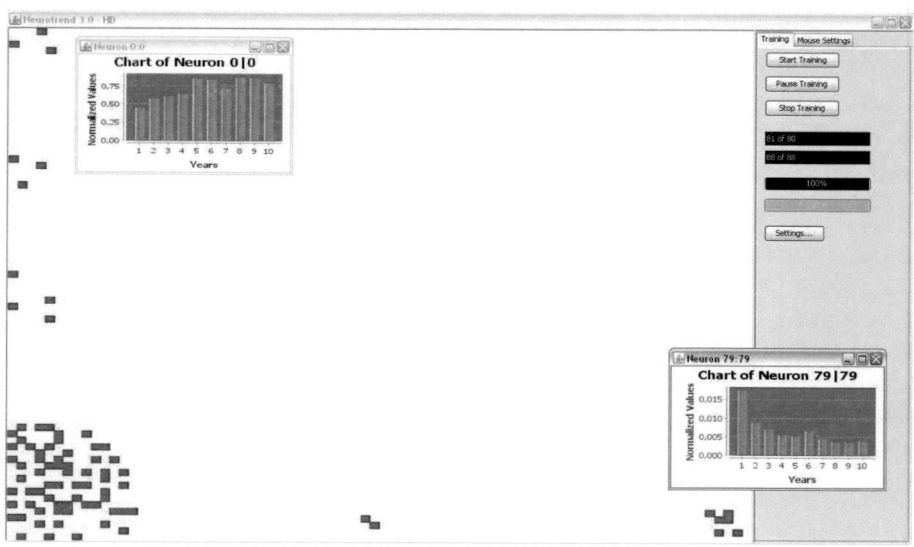

Abbildung 48. Screenshot eines KNN mit attraktor-basierter Initialisierung zur Exploration konvergierender Trendverläufe in der HD-SOM-Anwendung.

Abbildung 48 ist ein beispielhafter Screenshot für eine mit oben dargestellten Einstellungen (Abbildung 45 und 46) berechnete selbstorganisierte Karte. Datengrundlage waren die auf Basis der WEMA in zehn Zeitscheiben berechneten und bereits in Abbildung 41 im Kontext der Zeitreihenkorrelation ausschnittsweise dargestellten Zeitreihen, die die konzeptuell aggregierten Frequenzen der Elemente des Periodensystems repräsentieren. Das exponentiell ansteigende Cluster links oben im Bild enthält die Elemente Aluminium, Eisen und Titan, das exponentiell abfallende Cluster rechts unten die Elemente Stickstoff, Sauerstoff, Neptunium, Osmium, Amerikium und Thalium.

Die statische attraktor-basierte Initialisierung des KNN besitzt neben der besseren topologischen Ausdifferenzierung den weiteren Vorteil, dass verschiedene Untersuchungen besser vergleichbar werden. Und nicht zuletzt können die aus unterschiedlichen Daten generierten Karten bei jeweils identischer Initialisierung auch viel schneller analysiert und miteinander verglichen werden.

Abbildung 49 stellt abschließend eine zusätzliche und für die Frühaufklärung potenziell wertvolle Explorationsmethode des HD-SOM-Scanning vor, die Verknüpfungen (bzw. Assoziationen, Kookkurrenzen) von Sachverhalten (bzw. Konzepten, Kookkurrenten) betrachtet. Basis war der interne Bericht zur verbundwerkstoffintegrierten Adaptronik (Walde und Stehncken 2006) bzw. der im Kapitel 11 (Abbildung 16 und 17) vorgestellte Thesaurus und die im Kapitel 15.1.3 vorgestellte Tiefenanalyse auf Basis der Datenbank WEMA von 1996 bis 2005. Die innovative Explorationsmethode bedient sich der Idee, dass bisher isolierte Disziplinen wie z. B. die Biologie und die Mechanik oder die Adaptronik und die Verbundwerkstoffe plötzlich zusammen auftreten und ein neues Konzept bilden, wie im genannten Fall die Biomechanik oder die verbundwerkstoffintegrierte Adaptronik. Für die Frühaufklärung bzw. die frühzeitige Identifikation schwacher Signale spannend ist dabei,

1. wann Kookkurrenzen zum ersten Mal auftreten und damit möglicherweise eine revolutionäre Entwicklung zu beobachten ist oder

2. wenn sich die Entwicklung der Kookkurrenzen auffällig anders verhält als die ihrer Kookkurrenten.

Die wie in Abbildungen 45 und 46 initialisierte selbstorganisierte Karte in Abbildung 49 gruppiert sowohl die Kookkurrenten als auch Kookkurrenzen der werkstoffintegrierten Adaptronik nach ihrer zeitlichen Kongruenz. Darüber hinaus werden sie auch farblich unterschieden – die Kookkurrenten sind rot und die Kookkurrenzen grün gekennzeichnet. Für jede Kookkurrenz können ferner auch ihre Kookkurrenten über Kanten dargestellt werden. Damit kann dem zweiten oben genannten Punkt Rechnung getragen und analysiert werden, inwieweit sich die zeitorientierte Entwicklung der Kookkurrenz von der ihrer Kookkurrenten unterscheidet. Die grüne Kookkurrenz im KNN rechts unten repräsentiert eine eher niederfrequent exponentiell fallende Zeitreihe und setzt sich zusammen aus den Kookkurrentenkonzepten „Faser/Fibre" (links oben; hochfrequent exponentiell ansteigendes Cluster) und der verbundwerkstoffintegrierten Adaptronikanwendung „Health Monitoring" (links unten; niederfrequent exponentiell ansteigendes Cluster). Die grüne Kookkurrenz links oben aus dem eher hochfrequent exponentiell ansteigenden Cluster hingegen setzt sich zusammen aus den Kookkurrentenkonzepten „Faser/Fibre" und „Verbund/Composite". Am spannendsten im Kontext der Frühaufklärung wäre, wenn sich die Kookkurrenzen exponentieller oder dynamischer entwickelt hätte, in Abbildung 49 folglich weiter links oben befinden als ihre Kookkurrenten. Dies sollte in weiteren Untersuchungen empirisch getestet und untermauert bzw. widerlegt werden. Die Grundlagen für entsprechende Untersuchungen sind jedoch mit dem HD-SOM-Scanning geschaffen.

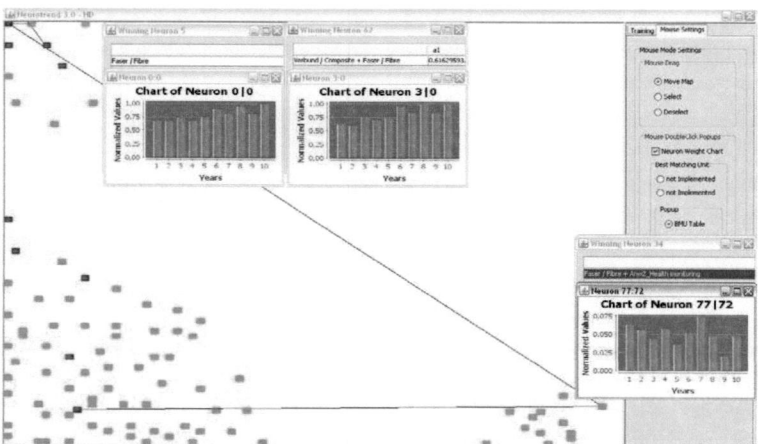

Abbildung 49. Screenshot eines KNN mit attraktor-basierter Initialisierung zur Exploration konvergierender Trendverläufe in der HD-SOM-Anwendung; Quelle: eigene Darstellung.

Im Vergleich zum genannten Anwendungsfall des Temporal Text Mining ist die Nutzung des HD-SOM-Scanning auf Basis von Metainformationen wie z. B. expertenbasierten Klassifikationen von Patenten (und damit im Kontext des Temporal Data Mining) pragmatischer und damit im ersten Schritt sogar sinnvoller.

D – ZUSAMMENFASSUNG

Das Ziel der Digital Intelligence ist, die Zukunftsgestaltung auf Basis valider und fundierter digitaler Information zu unterstützen. Mit Hilfe innovativer Technologien der (halb)automatischen Sprach- und Datenverarbeitung sollen bereits auf Basis menschlicher Quellen erkannte Strömungen abgesichert oder widerlegt werden, Schlüsselthemen und latente Zusammenhänge aus einer nicht überschaubaren, verteilten und inhomogenen Datenmenge frühzeitig oder zumindest rechzeitig erkannt und schnell und zielgerichtet bereitgestellt werden. Die Digital Intelligence ermöglicht damit auch, durch menschliche Intelligenz erahnte, gar nicht oder nur mit Expertenwissen nachvollziehbare und identifizierbare Entwicklungen explizit, messbar und objektiv zu machen.

Ziel dieser Forschungsarbeit ist und war, die theoretischen Grundlagen hierfür zu bilden, Informatikgestützte Methoden der Frühaufklärung weiter oder neu zu entwickeln und ein Beispiel einer erfolgreich umgesetzten Lösung in einem globalen technologieorientierten Konzern zu beschreiben.

Der Erfolg der Digital Intelligence hängt maßgeblich von drei Kriterien ab:

1. den Methoden und Werkzeugen der Datenexploration und ihrer Effizienz, Mächtigkeit und Ergonomie[219],

2. dem Zugang zu und dem Informationsgehalt der Daten und

3. den Menschen (auch Organisationen) als Kunden, Zu- und Mitarbeiter der Digital Intelligence und der Akzeptanz und dem Vertrauen, die sie dieser relativ jungen Disziplin schenken.

Ingenieurwissenschaftlich motiviert, konzentrierte sich die vorliegende Forschungsarbeit überwiegend auf Punkt 1 und die Möglichkeiten und Innovationen der Informatik, ohne dabei Punkt 2 und 3 ganz außer Acht zu lassen.

Im Kapitel B0 wird die Digital Intelligence hergeleitet und definiert. Besprochen werden weiterhin Textmedienformate als Träger von Sachverhalten und Diffusionskanäle in der Informationslandschaft, die Disziplin der Informetrie als wichtige Grundlage der Digital Intelligence und Informationssysteme und deren Entwicklungsstufen. Kapitel B1 führt in die Disziplin der Strategischen Frühaufklärung ein, beschreibt die für die Strategische Frühaufklärung und Digital Intelligence wesentliche Diffusionsforschung aus Markt-, Technologie- und Informationsquellenperspektive und definiert das Konzept der „schwachen Signale". Kapitel B2, als tatsächlicher theoretischer Kern der Forschungsarbeit, entwickelt den ersten disziplinorientierten Rahmen der Möglichkeiten der Informatik zur Unterstützung der zeitorientierten Datenexploration. Bestimmt werden die Konzepte Zeit, Daten, Text und Metadaten als wesentliche Charakteristika multidimensionaler zeitorientierter Daten. Dem folgt die Beschreibung des aktuellen wissenschaftlichen Diskurses über die analytischen, visuellen und interaktionsbezogenen Methoden der zeitorientierten Datenexploration. Gemeint sind die zeitorientierten Datenbankabfragen, das zeitorientierte Information Retrieval, das Date Mining und insbesondere Temporal Data Mining, das Web Mining mit seinen Unterformen Web Content Mining, Web Structure Mining, Web Usage Mining und insbesondere Temporal Web Mining sowie unterschiedliche Visualisierungstechniken mit einem speziellen Fokus auf die zeitorientierten Visualisierung, von den statischen über die dynamischen bis hin zu den ereignisbasierten Techniken. Neben der breiten und synoptischen Zusammenstellung zeitorientierter Datenexplorationsmethoden ist die Herleitung und Bestimmung des Temporal Text Mining sowie Beschreibung seiner unterschiedlichen Formen eine wissenschaftliche Neuerung.

---

[219] Die große Datenmenge und ihre Dynamik muss schnell und einfach exploriert werden können.

Kapitel B2 abschließend werden verschiedene konzeptuelle Strukturen als Hintergrundwissen zur Exploration vorliegender Daten besprochen.

Auf Basis der Erkenntnisse aus Kapitel B beschreibt Kapitel C die Entwicklung und Umsetzung einer Dienstleistung bzw. Systems der Digital Intelligence. Zuvor werden Indikatoren hergeleitet, die aus reinen Volltexten gewonnen werden können. Sie können die Indikatoren der Informetrie auf Basis strukturierter Metadaten im Kontext der Digital Intelligence ausgezeichnet ergänzen. Ebenso werden die Anforderungen an ein System der Digital Intelligence beschrieben.

Im Kontext der umgesetzten Dienstleistung der Digital Intelligence sind folgende neu entwickelte Methoden und Werkzeuge hervorzuheben:

- Ein innovatives Portal zur Frühaufklärung, das die Grundlage bildet für die kollektive und kollaborative Komponente und die Skalierbarkeit und Kundennähe der Dienstleistung.

- Zwei neue – hauptsächlich für das Monitoring in der Digital Intelligence nutzbare – Werkzeuge und Methoden aus dem Temporal Text Mining namens

    - *WCTAnalyze* zur interaktiven manuell-visuellen Datenexploration sowie einem Versuch zur automatischen Extraktion themenspezifischer Ereignisse und

    - *SemanticTalk* zur zweidimensionalen Exploration der Dynamik semantischer Beziehungen innerhalb von Kookkurrenzenmengen von Texten durch Graphen bzw. Wortnetze.

- Ein Werkzeug mit dem vorläufigen Namen *HD-SOM-Scanning*, das ein radikal neues Konzept zur Identifikation schwacher Signale umsetzt, d. h. die Unterstützung der Identifikation auffälliger evolutionärer und tendenziell auch revolutionärer Entwicklungen in digitalen Textarchiven.

Um die Bedeutung der insgesamt gewonnenen und in einer konzernweiten Lösung sogar umgesetzten Erkenntnisse der Digital Intelligence zu unterstreichen, ist auf Specht und Möhrle zu verweisen, die drei Gründe nennen, warum Ansätze der Identifikation schwacher Signale dennoch an ihre Grenzen stoßen könnten (Specht und Möhrle 2002, S. 343ff.):

1. Begrenztheit einzelner Indikatoren, reale (komplexe, dynamische) Entwicklungen bzw. schwache Signale als komplexe Gebilde von Einzelsignalen abzubilden,

2. Fehlen sowohl theoretischen als auch empirischen Wissens für das Festlegen von Indikator-Grenzwerten, bei deren Überschreitung ein Warnsignal ausgelöst wird,

3. künstliche Begrenzung des Scanning und Monitoring wegen informationsflutbegründeter Filteransätze und damit Verringerung der Wahrscheinlichkeit, schwache Signale z. B. im Sinne der Bedeutung von Entwicklungen in anderen Branchen für die eigene Branche zu identifizieren.

Die erste Begründung wird auf Basis der gewonnen theoretischen und praktischen Erkenntnisse unterstützt. Schwache Signale sind ein komplexes Gebilde und können nicht durch einzelne Indikatoren abgebildet werden. Wie die angeführten Beispiele zeigten, wird die Intelligence deshalb nicht in Form einzelner Indikatoren angeboten, sondern als standardisierte Dienstleistung mit unterschiedlichen Produktkategorien auf Basis eines komplexen Gebildes zusammenhängender Indikatoren. Diese fußen nicht nur auf bekannten informetrischen Kenngrößen, sondern auch auf den neu hergeleiteten textbasierten Indikatoren, die jene der Informetrie ergänzen. Besonders wertvoll ist dies, wenn keine strukturierten Metadaten vorliegen. Des Weiteren baut die umgesetzte Dienstleistung nicht nur auf Kenngrößen auf, die einer einzigen Textsorte und damit Kontext entstammen, sondern verbindet Kenngrößen unterschiedlicher Textsorten. Zusammengesetzte Einsichten aus

Spuren in Patenten, wissenschaftlicher Literatur, Presse oder webbasierten Inhalten bieten eine breitere und solidere Basis für strategische Entscheidungen. Die vorliegende Forschungsarbeit mit ihrer disziplinorientierten Synopsis zeitorientierter Datenexplorationsmethoden bildet eine gute Basis, das genannte komplexe Gebilde von Kenngrößen bzw. die Anwendung mathematisch-statistischer Methoden bei der Quantifizierung geschriebener Kommunikation als Seismograph schwacher Signale sowie die Erforschung des Reifegrades ganzer Wissenschafts- und damit auch Technologiefelder zu ermöglichen. Zu verweisen ist hier auf mit dieser Arbeit zusammenhängende und weiterführende Forschungen, wie z. B. das Forschungsvorhaben von Albert mit dem Titel „Development of a system of text based indicators for supporting strategic foresight of large industrial corporations" (Albert 2009). Diese hat zum Ziel, die von Specht und Möhrle in Punkt 2 gemeinten Lücken im theoretischen und empirischen Wissen durch neue Erkenntnisse weiter zu schließen.

Die größten theoretischen und praktischen Fortschritte erzielte die vorliegende Arbeit jedoch im dritten von Specht und Möhrle genannten Punkt zur Begrenztheit der Ansätze zur Identifikation schwacher Signale. Mit Hilfe einer Frühaufklärungs-Plattform wurde eine kollaborative und kollektive Komponente der Digital Intelligence konzipiert und entwickelt, die die Bedarfsdefinition sowie Informationsbeschaffung (insbesondere den Aufbau von Suchstrategien) standardisiert, kollektiviert und damit skalierbar macht sowie den Kunden der Digital Intelligence direkt in der Prozess einbindet und damit die Akzeptanz und das Vertrauen in die Ergebnisse dieser noch jungen Disziplin erhöht. Die im Kapitel 8.3 beschriebenen Studienergebnisse von Michaeli und Kunze zum Arbeitsaufwand im Frühaufklärungsprozess mit etwa zehn Prozent für die Bedarfsdefinition und etwa vierzig Prozent für die Informationsbeschaffung heben das Potenzial der Plattform zusätzlich hervor.

Ein weiterer Meilenstein im Kontext der bisherigen Begrenztheit der Frühaufklärung ist der neue zeitorientierte Datenexplorationsansatz HD-SOM-Scanning zur Identifikation schwacher Signale. Herkömmliche zeitorientierte Explorationsverfahren verfolgen eher einen Monitoringansatz, d. h. sie wählen ein oder einige Sachverhalt(e) im ersten Schritt aus und explorieren diese im zweiten Schritt seriell oder parallel nach zeitlichen Auffälligkeiten. Das vorgestellte Verfahren identifiziert zeitliche Auffälligkeiten von Sachverhalten in einem großen Datentopf durch ein Clustering konvergierender Trendverläufe auf Basis einer topologieerhaltenden selbstorganisierten Karte und macht sie matrixähnlich auf einen Blick intuitiv lesbar. Verbunden werden somit zwei bisher schwer koppelbare Aspekte im Umgang mit dimensionsreduzierten Graphen oder Diagrammen: die Topologieerhaltung einer selbstorganisierten Karte und die intuitive Lesbarkeit von Matrixdarstellungen (wie z. B. die Portfoliodarstellung in Form einer BCG-Matrix). Dabei kann die Art der zu untersuchenden zeitlichen Auffälligkeiten frei bestimmt werden und die Zeitreihen der text- oder metadatenbasierten Beobachtungsfelder brauchen vorab thematisch nicht gefiltert werden. Darüber hinaus besitzt das neue Datenexplorationsverfahren den Vorteil, dass bei jeweils identischer Initialisierung verschiedene Untersuchungen viel schneller analysiert und miteinander verglichen werden können. Des Weiteren wird mit dem neuen Verfahren des HD-SOM-Scanning der Idee Rechnung getragen, dass schwache Signale früher bemerkbar sind, wenn nicht nur die Dynamik von Sachverhalten, sondern auch neu aufkommende Kookkurrenzen und die Dynamik dieser identifiziert werden kann. Denn auf der attraktor-basiert initialisierten Karte können neben den Datensätzen für die gewöhnlichen Zeitreihen der zu untersuchenden Sachverhalte auch deren Kookkurrenzen in Form von Datensätzen bzw. -punkten eingeschleust werden.

Diese Operationalisierung der Identifikation schwacher Signale ist in der Frühaufklärungswissenschaft und -praxis bisher beispiellos. Die Nutzbarkeit des neuen zeitorientierten Datenexplorationsverfahrens soll in Zukunft empirisch untermauert werden.

Eine wichtige Erkenntnis dieser Forschungsarbeit ist weiterhin, dass ein Informationssystem und die Digital Intelligence als Disziplin nicht nur auf technische Komponenten wie Hardware, Datenbanken oder Software reduziert werden darf, sondern als System miteinander kommunizierender Menschen und Maschinen verstanden werden muss, die Informationen sowohl erzeugen als auch benutzen. Vom Menschen hängt der Erfolg maßgeblich ab, denn er ist eine bedeutende Quelle (z. B. durch das Verfassen der Publikationen an sich oder die expertenbasierten konzeptuellen Strukturen als Hintergrundwissen zur Exploration) und letztlich auch Kunde der erzielten Ergebnisse.[220] Ein technisches System allein kann kaum informieren. Es kann nur Mittler von Informationen zwischen Informationsanbietern und -abnehmern sein. Zur Ableitung von Handlungsempfehlungen aus vorliegenden Daten und Informationen ist und bleibt menschliche Intelligenz erforderlich. Technische und soziotechnische Systeme (Informationssysteme) sind für den Menschen geschaffen, zum einen, um ihm Arbeit abzunehmen und zum anderen, um durch ihn effizient nicht lösbare Aufgaben zu übernehmen. Sie dienen primär nicht dem Aufbau eigener Intelligenz. Dies ist nötigenfalls „nur" der Weg zum Ziel: das Wissen ihrer menschlichen Nutzer bzw. Kunden zu erweitern.

Zu betonen ist in dem Zusammenhang auch das Konzept der Dienstleistung. Am Anfang und am Ende einer jeden Digital Intelligence steht ihr Kunde oder Nutzer. Der Kunde muss sich individuell und gut beraten fühlen. Optimal wäre natürlich, wenn jeder Kunde oder Nutzer selber methodischer Experte im Sinne der Digital Intelligence wäre und sie dezentral und unternehmensweit organisiert wäre. Dies ist jedoch nur bis zu einem gewissen Grad möglich. Einfach und immer wiederkehrende Aufgaben können zwar automatisiert werden, doch die Anforderungen an die Digital Intelligence sind zunehmend individuell und komplex. Eine Aufgabenteilung zwischen dem inhaltlichen und dem methodischen Experten im Sinne der Digital Intelligence scheint eine sinnvolle und notwendige Lösung zu sein.

Abschließend sei gesagt, dass die Digital Intelligence nicht alle Herausforderungen der Frühaufklärung lösen kann. Doch technologische Fortschritte, homogene und umfangreichere Datenzugänge sowie ein wachsendes menschliches Methoden- und Technologieverständnis tragen dazu bei, die Implementierungslücken zu schließen.

Die Digital Intelligence ist als ständiger Kreislauf zu verstehen, in dem wie in einer Spirale aus der soziotechnischen Interaktion zwischen sowohl Menschen als auch Maschinen und Methoden aus Daten und Fakten hoch aggregiertes und maßgeschneidertes frühaufklärungsrelevantes Wissen bzw. so genannte „Intelligence" reifen kann. Die Nutzung von Methoden und Werkzeugen der Datenexploration ohne Kenntnis der spezifischen Eigenschaften der zu untersuchenden Daten und ohne Beachtung der individuellen Bedürfnisse der Kunden und Nutzer der „Intelligence" wird keinen Mehrwert erzielen. Erfolgsentscheidend ist das reibungslose Zusammenspiel von Mensch, Maschine und Daten.

---

[220] Selbstverständlich kann eine Datenexploration auch automatisch und ohne ständige Interaktion mit dem Menschen nur auf Basis vorab durch ihn definierte Kriterienkataloge oder einmal festgelegte konzeptuelle Strukturen erfolgen. Ob entsprechende Ergebnisse dann von anderen bei der Vorauswahl der Kriterien nicht gegenwärtigen Menschen akzeptiert, verstanden oder sogar geschätzt werden, ist fraglich. Jeder Mensch, Organisation und Kultur besitzt andere Denkstrukturen und -mechanismen, an die sich andere Menschen, aber auch Maschinen und Methoden anpassen müssen, falls sie sie verstehen möchten.

Anhang A: Prozessbilder entwickelter Anwendungen des (Temporal) Text Mining

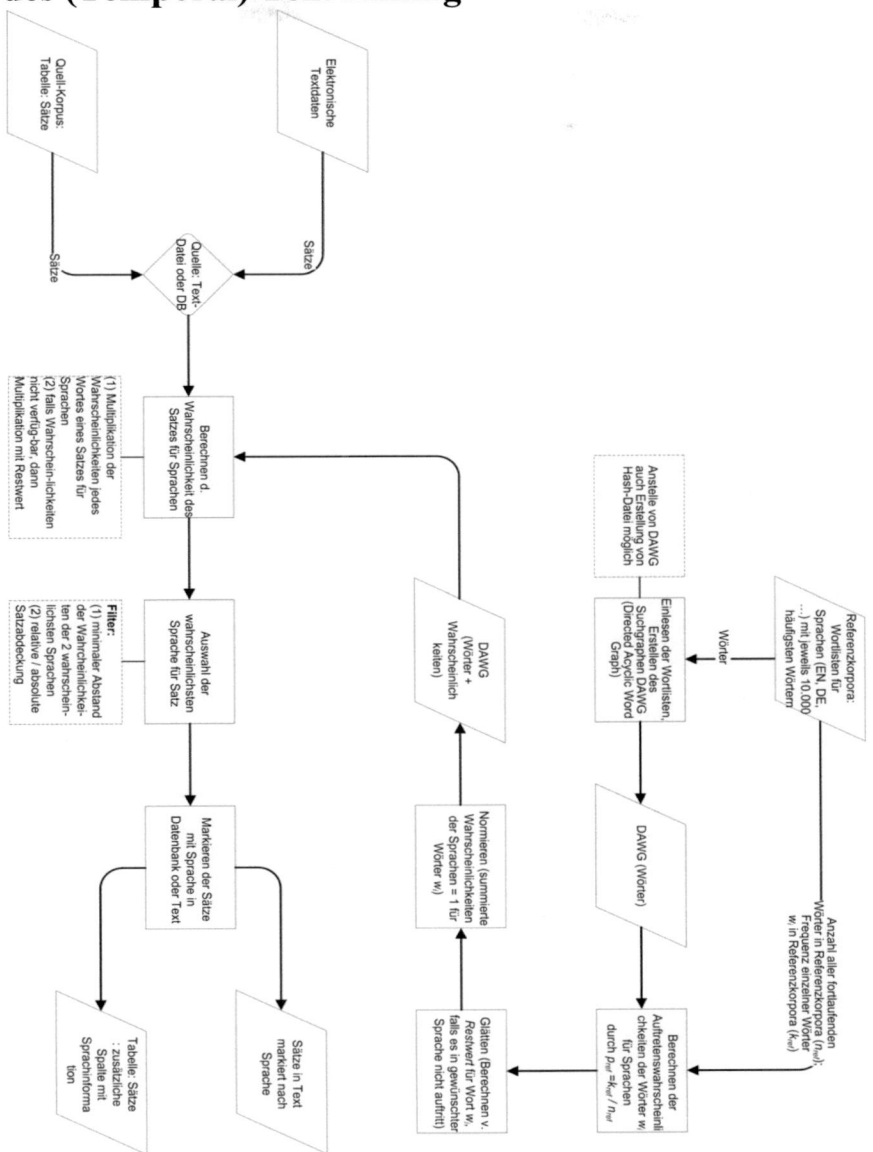

Abbildung 50. Prozessbild für statistikbasierte Sprachidentifikation auf Satzbasis mit *LanI*.

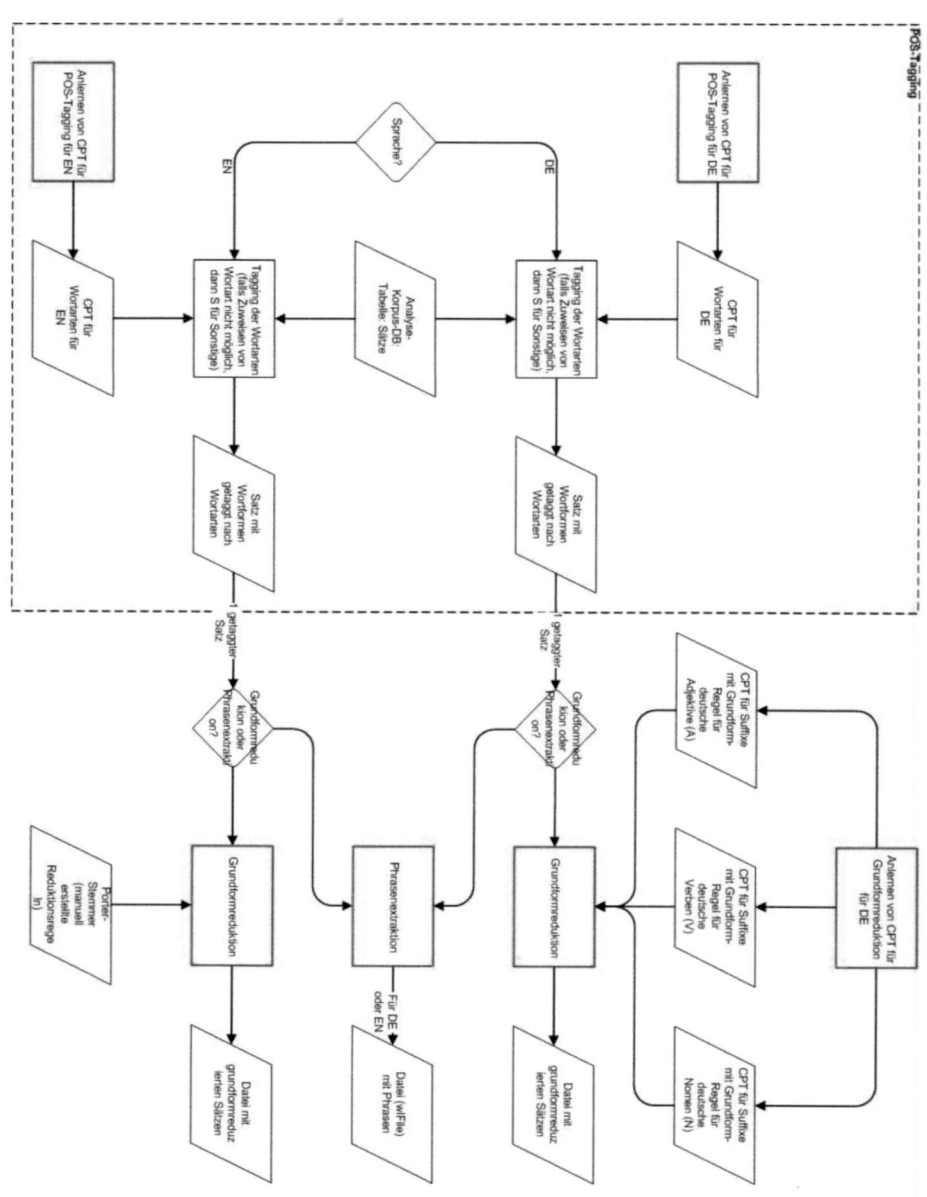

Abbildung 51. Prozessschaubild der Umsetzung des POS-Tagging, der Grundformreduktion, der Phrasenextraktion sowie des Anlernens der sprachlich unterschiedlichen CPT für das POS-Tagging und die Grundformreduktion im *ConceptComposer*; Quelle: eigene Darstellung.

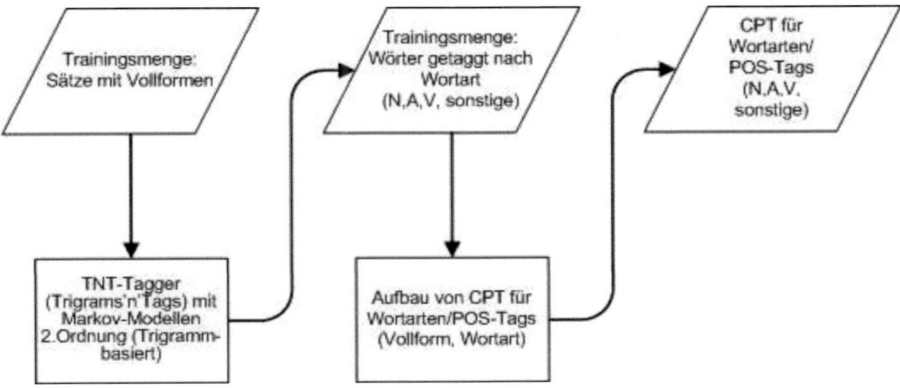

Abbildung 52. Prozessschaubild für das *Anlernen von CPT* zum Taggen von Wortarten als Bestandteil des Prozesses in Abbildung 51; Quelle: eigene Darstellung.

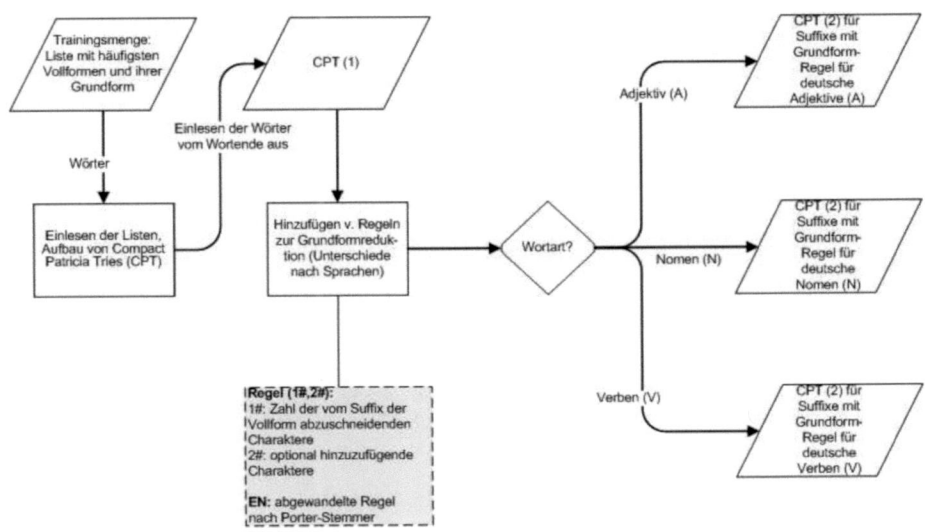

Abbildung 53. Prozessschaubild für das Anlernen von CPT zur *Grundformreduktion* (für die deutsche Sprache) als Bestandteil des Prozesses in Abbildung 51; Quelle: eigene Darstellung.

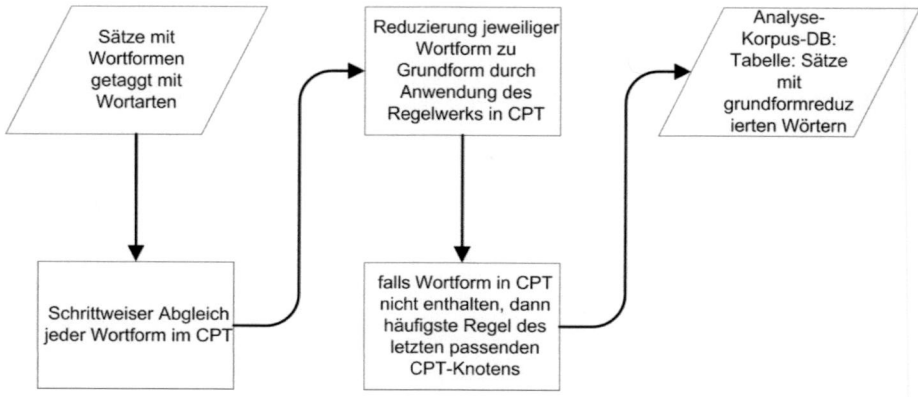

Abbildung 54. Prozessschaubild für die *Grundformreduktion* als Bestandteil des Prozesses in Abbildung 51; Quelle: eigene Darstellung.

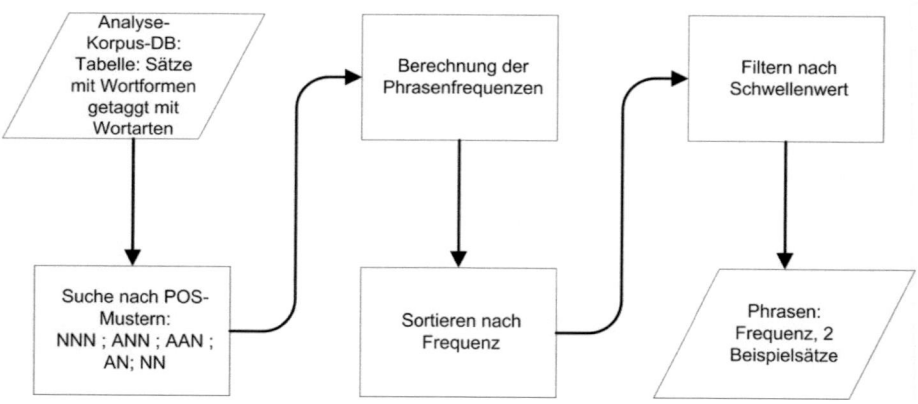

Abbildung 55. Prozessschaubild für die *Phrasenextraktion* als Bestandteil des Prozesses in Abbildung 51; Quelle: eigene Darstellung.

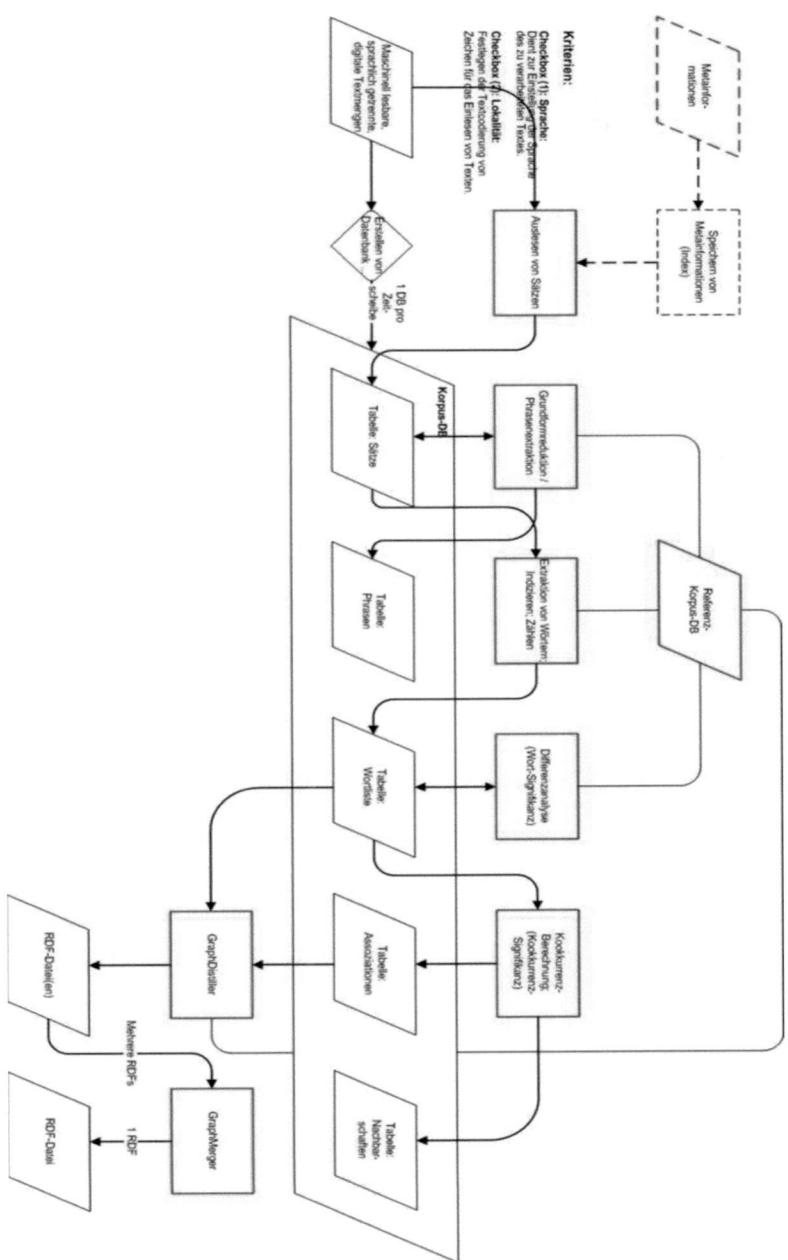

Abbildung 56. Einfaches Prozessschaubild für den ConceptComposer mit Komponenten zur Berechnung der Signifikanz von Wortformen und Kookkurrenzen sowie Komponenten zur Graphberechnung für SemanticTalk (GraphDistiller, GraphMerger); Quelle: eigene Darstellung.

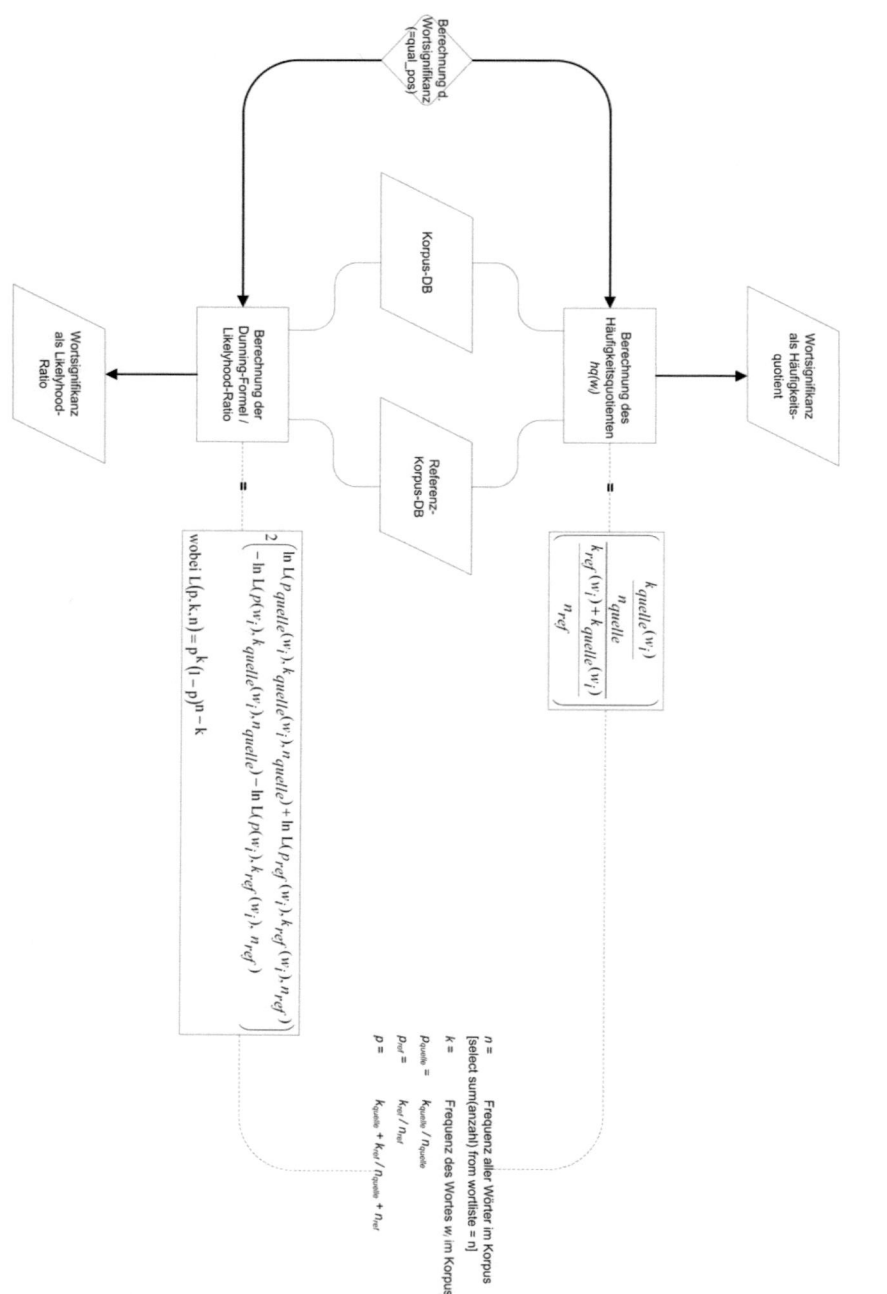

Abbildung 57. Zwei unterschiedliche Möglichkeiten der Berechnung der Signifikanz von Wortformen (Formeln für Häufigkeitsquotient und Likelyhood-Ratio); Quelle: eigene Darstellung.

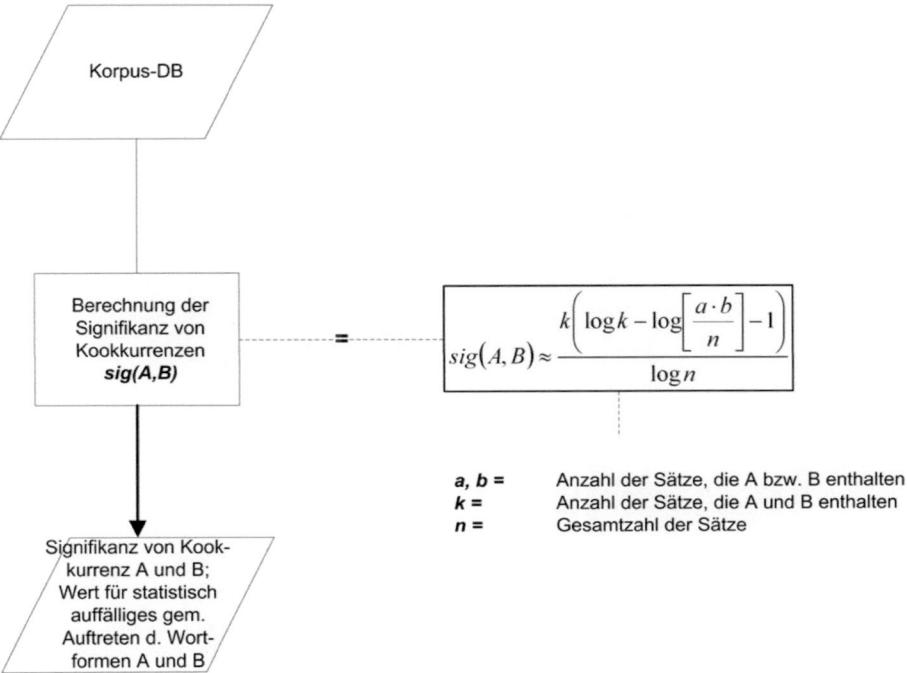

Abbildung 58. Berechnung der Signifikanz von Kookkurrenzen bzw. deren Formel; Quelle: eigene Darstellung.

Anhang B: Synopsis zeitorientierter Datenexploration

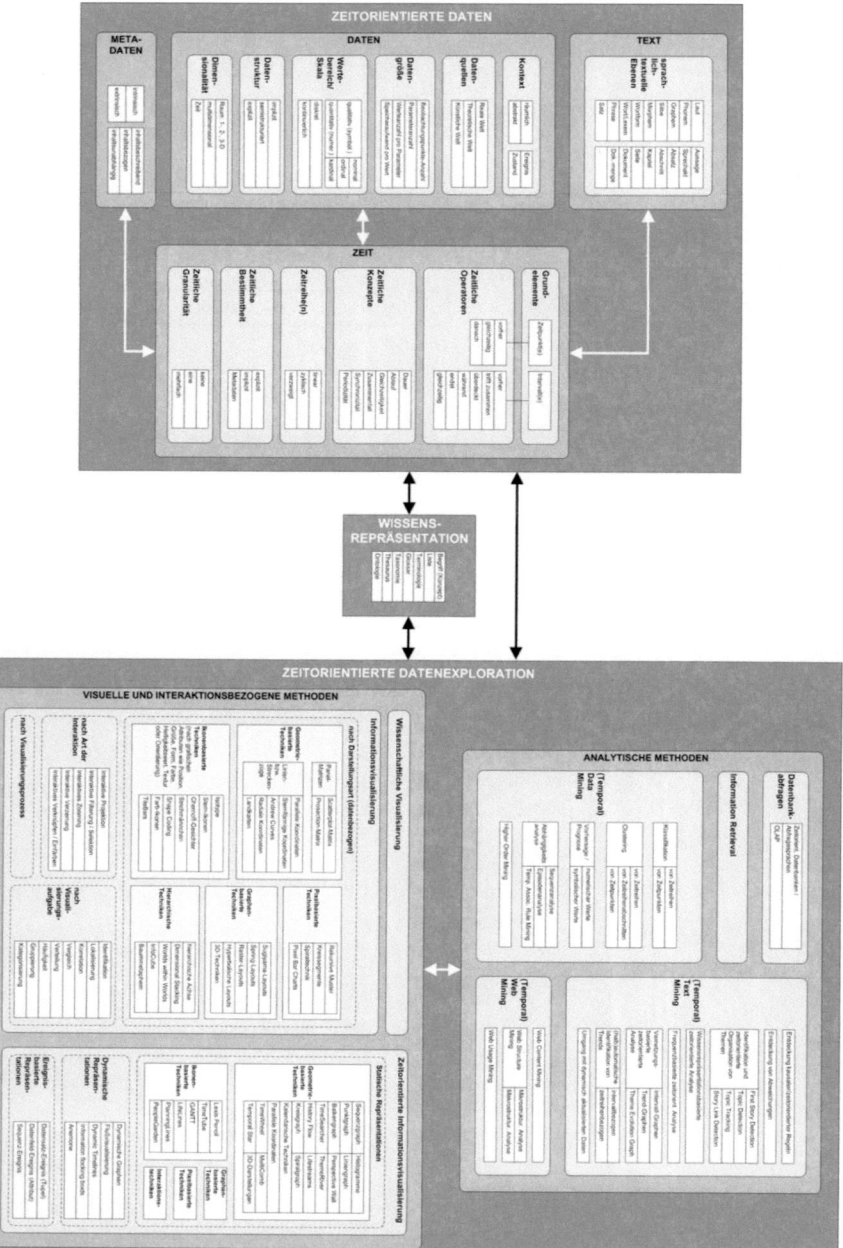

Abbildung 59. Synopsis der zeitorientierten Datenexploration; Quelle: eigene Darstellung.

Literaturverzeichnis

Abels, Heinz. Available from http://www.soc.pu.ru/materials/golovin/reader/abels/d_abels2(parsons).htm, 20.07.2004.

Adamic, L. A. 1999. "The small world web." Paper presented at the Proceedings of the 3rd European Conference on Research and Advanced Technology for Digital Libraries ECDL.

Adams, Nan B. 2004. "Digital Intelligence Fostered by Technology." *The Journal of Technology Studies* XXX, no. 2: 93-97.

Agrawal, Rakesh, C. Faloutsos, und A. Swami. 1993. "Efficient similarity search in sequence databases." Paper presented at the FODO - Foundations of Data Organization and Algorithms Proceedings.

Agrawal, Rakesh, Tomasz Imielinski, und Arun Swami. 1993. "Mining association rules between sets of items in large databases." *ACM SIGMOD Record* 22, no. 2: 207-16.

Agrawal, Rakesh, K. Lin, H. Sawhney, und K. Shim. 1995. "Fast Similarity Search in the Presence of Noise, Scaling, and Translation in Time-Series Databases." Paper presented at the 21st International Conference on Very Large Databases (VLDB).

Agrawal, Rakesh, Giuseppe Psaila, Edward L. Wimmers, und Mohamed Zaït. 1995. "Querying Shapes of Histories." Paper presented at the 21st International Conference on Very Large Databases (VLDB), Zürich, Schweiz.

Agrawal, Rakesh, und R. Srikant. 1994. "Fast Algorithms for Mining Association Rules." Paper presented at the Proceedings of the 20th VLDB Conference, Santiago, Chile.

Agrawal, Rakesh, und Ramakrishnan Srikant. 1995. "Mining sequential patterns." Paper presented at the 11th International Conference on Data Engineering (ICDE '95), Taipei, Taiwan.

Ahton, W. Bradford, Bruce R. Kinzey, und Marvin E. Gunn. 1991. "A structured approach for monitoring science and technology developments." *International Journal of Technology Management* 6, no. 1-2: 90-111.

Aigner, Wolfgang. Available from http://ieg.ifs.wien.ac.at/~aigner/.

Aigner, Wolfgang, Alessio Bertone, Silvia Miksch, Christian Tominski, und Heidrun Schumann. 2007. "Towards a Conceptual Framework for Visual Analytics of Time and Time-Oriented Data." Paper presented at the Proceedings of the 2007 Winter Simulation Conference, Washington, D.C.

Aigner, Wolfgang, Silvia Miksch, Wolfgang Müller, Heidrun Schumann, und Christian Tominski. 2007. "Visualizing Time-Oriented Data - A Systematic View." *Computer & Graphics* 31, no. 3: 401-09.

Aigner, Wolfgang, Silvia Miksch, Wolfgang Müller, Heidrun Schumann, und Christian Tominski. 2008. "Visual Methods for Analyzing Time-Oriented Data." *Transactions on Visualization and Computer Graphics* 14, no. 1: 47-60.

Aigner, Wolfgang, Silvia Miksch, B. Thurnher, und S. Biffl. 2005. "PlanningLines: Novel Glyphs for Representing Temporal Uncertainties and their Evaluation." Paper presented at the Proceedings of International Conference on Information Visualisation, London, UK.

Albert, Till. 2009. "Development of a system of text based indicators for supporting strategic foresight of large industrial corporations." Exposé, Volkswagen AG.

Albrecht, R., und D. Merkl. 1998. "Knowledge discovery in literature data bases." Paper presented at the ASP conference series: Library and Information Services in Astronomy III.

Allaire, Y., und M. E. Firsirotu. 1989. "Coping with strategic uncertainty." *Sloan Management Review* 30, no. 3: 7-16.

Allan, James, ed. 2002. *Topic Detection and Tracking: Event-based Information Organization*. Boston / Dordrecht / London: Kluwer Academic Publishers.

Allan, James, Hubert Jin, Martin Rajman, Charles Wayne, Daniel Gildea, Victor Lavrenko, Rose Hoberman, und David Caputo. 1999. "Topic-based novelty detection." Final Report.

Allan, James, Victor Lavrenko, und Hubert Jin. 2000. "First Story Detection in TDT is hard." Paper presented at the Proceedings of the 9th International Conference on Information and Knowledge Management, McLean, Virginia, USA.

Allen, James F. 1983. "Maintaining knowledge about temporal intervals." *Communications of the ACM* 26, no. 11: 832-43.

Almind, T. C., und P. Ingwersen. 1997. "Informetric analyses on the World Wide Web: methodological approaches to 'Webometrics'." *Journal of Documentation* 53, no. 4: 404-26.

Alonso, Omar, Michael Gertz, und Ricardo Baeza-Yates. 2007. "On the Value of Temporal Information in Information Retrieval." *ACM SIGIR Forum* 41, no. 2: 35-41.

Alpar, Paul, und Joachim Niedereichholz, eds. 2000. *Data Mining im praktischen Einsatz: Verfahren und Anwendungsfälle für Marketing, Vertrieb, Controlling und Kundenunterstützung*. Braunschweig / Wiesbaden: Vieweg Verlag.

Alpern, Bowen, und Larry Carter. 1991. "Hyperbox." Paper presented at the Proceedings IEEE Visualization '91, San Diego, CA, USA.

Altschuller, Genrich Soulovich. 1973. *Erfinden - (k)ein Problem?* Berlin: Verlag Tribüne.

Altschuller, Genrich Soulovich. 1984. *Erfinden - Wege zur Lösung technischer Probleme*. Berlin: Verlag Technik.

Amitay, Einat, David Carmel, Adam Darlow, Ronny Lempel, und Aya Soffer. 2003. "The connectivity sonar: detecting site functionality by structural patterns." Paper presented at the Proceedings of the 14th ACM conference on Hypertext and Hypermedia, Nottingham, UK.

Anderson, J. 1997. "Technology foresight for competitive advantage." *Long Range Planning* 30, no. 5: 665-77.

Andrews, D. F. 1972. "Plots of High-Dimensional Data." *Biometrics* 28, no. 1: 125-36.

Andrienko, Natalia V., Gennady L. Andrienko, und Peter Gatalsky. 2003. "Exploratory spatio-temporal visualization: an analytical review." *Journal of Visual Languages and Computing* 14, no. 6: 503-41.

Ankerst, Mihael, Daniel A. Keim, und Hans-Peter Kriegel. 1996. "Circle Segments: A Technique for Visually Exploring Large Multidimensional Data Sets." Paper presented at the Proceedings of the 7th IEEE Visualization Conference, Hot Topic Session, San Francisco, CA, USA.

Ansoff, H. I. 1975. "Managing Strategic Surprise by response to weak signals." *Californian Management Review* 18, no. 2: 21-33.

Ansoff, H.I. 1979. *Strategic Management*. London: Basingstoke.

Antunes, Cláudia M., und Arlindo L. Oliveira. 2001. "Temporal Data Mining: an overview." Paper presented at the 7th ACM SIGKDD International Conference on Knowledge Discovery and Data Mining (KDD'01).

Armstrong, Jon Scott. 2001. *Principles Of Forecasting: A Handbook for Researchers and Practitioners*. Boston: Kluwer Academic Publishersger.

Arning, A., Rakesh Agrawal, und P. Raghavan. 1996. "A Linear Method for Deviation Detection in Large Databases." Paper presented at the Proceedings of the 2nd International Conference on Knowledge Discovery in Databases and Data Mining, Portland, OR, USA.

Ashby, William Ross. 1974. *Einführung in die Kybernetik*. Frankfurt am Main: Suhrkamp.

Asimov, Daniel. 1985. "The grand tour: A tool for viewing multidimensional data." *SIAM Journal on Scientific and Statistical Computing* 6, no. 1: 128–43.

Aznarte M., José Luis, José Manuel Benítez Sánchez, Diego Nieto Lugilde, Concepció de Linares Fernández, Consuelo Díaz de la Guardia, und Francisca Alba Sánchez. 2007. "Forecasting airborne pollen concentration time series with neural and neuro-fuzzy models." *Expert Systems with Applications* 32, no. 4: 1218–25.

Bade, Ragnar, Stefan Schlechtweg, und Silvia Miksch. 2004. "Connecting time-oriented data and information to a coherent interactive visualization." Paper presented at the Proceedings of the SIGCHI conference on Human factors in computing systems, Wien, Österreich.

Bagnall, A. J., und G. Janacek. 2004. "Clustering Time Series from ARMA Models with Clipped Data." Paper presented at the Proceedings of the tenth ACM SIGKDD international conference on Knowledge discovery and data mining, Seattle, WA, USA.

Baldi, Pierre, Paolo Frasconi, und Padhraic Smyth, eds. 2003. *Modeling the Internet and the Web. Probabilistic Methods and Algorithms.*: John Wiley & Sons.

Barabási, A. L., H. Jeong, Z. Néda, E. Ravasz, A. Schubert, und T. Vicsek. 2002. "Evolution of the social network of scientific collaborations." *Physica A: Statistical Mechanics and its Applications* 311, no. 3-4: 590-614.

Baron, Steffen, und Myra Spiliopoulou. 2004. "Monitoring the evolution of web usage patterns." In *Web Mining: From Web to Semantic Web : First European Web Mining Forum, EWMF 2003, Invited and Selected Revised Papers*, edited by Bettina Berendt, Andreas Hotho, Dunja Mladenic, Maarten van Someren, Myra Spiliopoulou und Gerd Stumme, 181-200. Berlin, Heidelberg: Springer.

193

Bateson, Gregory. 1979. *Mind and nature : a necessary unity*. New York: Dutton.

Bateson, Gregory. 1987. *Steps to an ecology of mind : collected essays in anthropology, psychiatry, evolution, and epistemology*. Vol. Northvale, London: Aronson.

Battista, Guiseppe Di, Peter Eades, Roberto Tamassia, und Ioannis G. Tollis. 1994. "Algorithms for Drawing Graphs: an Annotated Bibliography." *Computational Geometry: Theory and Applications* 4, no. 5: 235-82.

Bauer, Friedrich L., und Gerhard Goos. 1991. *Informatik. Eine einführende Übersicht*. Vol. 4. Berlin: Springer.

Baumann, Klaus-Dieter, und Hartwig Kalverkämper, eds. 1992. *Kontrastive Fachsprachenforschung*. Tübingen: Gunter Narr Verlag.

Beard, D. 1990. "A Visual Calendar for Scheduling Group Meetings." Paper presented at the Proceedings of ACM CSCW'90.

Beddow, Jeff. 1990. "Shape coding of multidimensional data on a microcomputer display." Paper presented at the Proceedings of the 1st IEEE Conference on Visualization 1990, San Francisco, CA, USA.

Beer, Stafford Anthony. 1981. *Brain of the firm : the managerial cybernetics of organization : companion volume to the heart of enterprise*. Chichester: John Wiley & Sons.

Beer, Stafford Anthony. 2000. *Decision and Control: The Meaning of Operational Research and Management Cybernetics*. Chichester: John Wiley & Sons.

Behme, Wolfgang, und Marko Multhaupt. 1999. "Text Mining im strategischen Controlling." *HMD – Praxis der Wirtschaftsinformatik*, no. 207: 103-14.

Bell, Wendell. 1996. "What do we mean by futures studies?" In *New Thinking for a New Millenium: the knowledge base of futures studies*, edited by Richard Slaughter, 3-25. London, New York: Routledge.

Berendt, B., und M. Spiliopoulou. 2000. "Analysis of navigation behaviour in Web sites integrating multiple information systems." *VLDB Journal* 9, no. 1: 56-75.

Berger, P. L., und T. Luckmann. 1970. *Die gesellschaftliche Konstruktion der Wirklichkeit. Eine Theorie der Wissenssoziologie*. 3 ed. Frankfurt a.M.

Berners-Lee, Tim, James Hendler, und Ora Lassila. 2001. "The Semantic Web." *The Scientific American* 284, no. 5: 34-43.

Berry, Michael W. 2003. *Survey of Text Mining: Clustering, Classification and Retrieval*. Heidelberg: Springer-Verlag.

Bertalanffy, Ludwig von. 1949. *Das biologische Weltbild : Die Stellung des Lebens in Natur und Wissenschaft*. Bern: Francke A. G. Verlag.

Bertalanffy, Ludwig von. 1950. "An outline of general system theory." *British journal for the philosophy of science* 1, no. 2.

Bertin, Jaques. 1981. *Graphics and Graphic Information Processing*. Berlin; New York: Walter de Gruyter.

Bertin, Jaques. 1983. *Semiology of Graphics*. Madison, WI, USA: University of Wisconsin Press.

Bettini, C., X. Wang, und S. Jojodia. 1996. "Testing Complex Temporal Relationships Involving Multiple Granularities and Its Application to Data Mining." Paper presented at the Proceedings of the 15th ACM SIGACT-SIGMOD-SIGART Symposium on Principles of Database Systems (PODS-96), Montreal, Canada.

Biemann, Chris, Karsten Böhm, Gerhard Heyer, und Ronny Melz. 2004. "SemanticTalk: Software for Visualizing Brainstorming Sessions and Thematic Concept Trails on Document Collections." Paper presented at the Proceedings of ECML/PKDD, Pisa, Italy.

Biemann, Chris, Stefan Bordag, Gerhard Heyer, Uwe Quasthoff, und C. Wolff. 2004. "Language-Independent Methods for Compiling Monolingual Lexical Data." In *Computational Linguistics and Intelligent Text Processing*, 217-28. Berlin, Heidelberg: Springer.

Biemann, Chris, Uwe Quasthoff, Gerhard Heyer, und Florian Holz. 2008. "ASV Toolbox: a Modular Collection of Language Exploration Tools." Paper presented at the Proceedings of the 6th International Language Resources and Evaluation (LREC'08), Marrakech, Morocco.

Biemann, Christian, Karsten Böhm, Gerhard Heyer, und Ronny Melz. 2004. "Automatically Building Concept Structures and Displaying Concept Trails for the Use in Brainstorming Sessions and Content Management Systems." Paper presented at the Proceedings of I2CS, Guadalajara, Mexico.

Biemann, Christian, Gerhard Heyer, Fabian Schmidt, und H.F. Witschel. 2004. "Eine Wissenslandkarte der KnowTech." In *Wissensmanagement - Wandel, Wertschöpfung, Wachstum*, edited by N. Gronau, B. Petkoff und T. Schildhauer, 207-16. Berlin: GITO.

Bier, Eric A., Maureen C. Stone, Ken Pier, William Buxton, und Tony DeRose. 1993. "Toolglass and magic lenses:The see-through interface." Paper presented at the Proceedings of the 20th annual Conference on Computer Graphics and Interactive Techniques 1993, Anaheim, CA, USA.

Bierfelder, W. 1989. "Diffusionstheorien." In *Innovationsmanagement*, edited by W. Bierfelder. München.

Biggs, M. 2000. "Resurgent text-mining technology can greatly increase your firm's 'intelligence' factor." *InfoWorld* 11, no. 2: 52.

Bijker, Wiebe E., Thomas P. Hughes, und Trevor J. Pinch, eds. 1987. *The Social Construction of Technological Systems. New Directions in the Sociology and History of Technology*. Cambridge, Massachusetts, USA: MIT Press.

Blei, David M., und John D. Lafferty. 2006. "Dynamic topic models." Paper presented at the Proceedings of the 23rd International Conference on Machine Learning, Pittsburg, PA, USA.

Bock, Geoffrey E. 2002. "Meta Tagging and Text Analysis from ClearForest : Identifying and Organizing Unstructured Content for Dynamic Delivery through Digital Networks." Patricia Seybold Group.

Bollinger, T. 1996. "Assoziationsregeln – Analyse eines Data Mining Verfahrens." *Informatik Spektrum* 19: 257 – 61.

Boulding, Elise, und Kenneth Ewart Boulding. 1995. *The future : images and processes*. Thousand Oaks, London: Sage Publications.

Boulding, Kenneth Ewart. 1953. "Toward a general theory of growth." *Canadian Journal of Economics and Political Science* 19, no. 3.

Boulding, Kenneth Ewart. 1956. *The image : Knowledge in life and society*: Michigan University Press, Oxford University Press.

Boulding, Kenneth Ewart. 1962. *Conflict and defense : a general theory*. New York: Harper & Brothers.

Boulding, Kenneth Ewart. 1978. *Ecodynamics : a new theory of societal evolution*. Beverly Hills, London: Sage Publications.

Boulding, Kenneth Ewart, und Elias L. Khalilm, eds. 1996. *Evolution, order and complexity : Routledge frontiers in political economy*. London: Routledge.

Box, George, Gwilym Jenkins, und Gregory Reinsel. 1994. *Time series analysis: Forecasting and control*. 3 ed. Englewood Cliffs, NJ, USA: Prentice Hall.

Brath, Richard. 2003. "Paper Landscapes: A Visualization Design Methodology." In *Visualization and Data Analysis 2003*, edited by Robert F. Erbacher, Philip C. Chen, Jonathan C. Roberts, Matti T. Groehn und Katy Borner, 125-32.

Braun, Ronald K., und Ryan Kaneshiro. 2003. "Exploiting topic pragmatics for new event detection in TDT-2003."

Brenner, Merrill. 2005. "Technology Intelligence at Air Products. Leveraging Analysis and Collection Techniques." *Competitive Intelligence Magazine* 8, no. 3: 6-19.

Bright, J. R. 1970. "Evaluating Signals of Technological Change." *Harvard Business Review* 48, no. 1: 62-70.

Bright, J. R. 1973. "Forecasting by Monitoring Signals of Technological Change." In *A Guide to Practical Technological Forecasting*, edited by J. R. Bright und M. E. F. Schoeman, 238-56. NJ, USA: Englewood Cliffs.

Brin, Sergey, und Lawrence Page. 1998. "The anatomy of a large-scale hypertextual web search engine." *Computer Networks and ISDN Systems* 30, no. 1-7: 107-17.

Brockhoff, Klaus. 1991. "Competitor technology intelligence in German companies." *Industrial Marketing Management* 20, no. 2: 91-98.

Brown, J. K. 1979. "This Business of Issues: Coping with the Company's Environment." Paper presented at the Conference Board Report No. 758, New York.

Brown, Marc H., und Robert Sedgewick. 1998. "Interesting Events." In *Software Visualization: Programming as a Multimedia Experience*, edited by John Stasko, John Domingue, Marc H. Brown und Blaine A. Price, 562: MIT Press.

Büchler, Marco. 2006. "Flexibles Berechnen von Kookkurrenzen auf strukturierten und unstrukturierten Daten." Diplomarbeit, Universität Leipzig.

Buntine, Wray, Sami Perttu, und Ville Tuulos. 2004. "Using discrete PCA on web pages." Paper presented at the Proceedings of the Workshop on Statistical Approaches for Web Mining at ECML/PKDD.

Burmeister, Klaus, Andreas Neef, Bernhard Albert, und Holger Glockner. 2002. *Zukunftsforschung und Unternehmen - Praxis, Methoden, Perspektiven*. Essen: Druck- und Verlagskooperative stattwerk e. G.

Canongia, Claudia. 2007. "Synergy between Competitive Intelligence (CI), Knowledge Management (KM) and Technological Foresight (TF) as a strategic model of prospecting - The use of biotechnology in the development of drugs against breast cancer." *Biotechnology Advances* 25: 57-74.

Capra, Fritjof. 1997. "The Web of Life." Vortrag 09.09.1997, University of Dublin, Trinity College.

Card, Stuart K., Jock D. Mackinlay, und Ben Shneiderman, eds. 1999. *Reading in information visualization : using vision to think*. San Francisco: Morgan Kaufmann Publishers.

Carlis, John F., und Joseph A. Konstan. 1998. "Interactive Visualization of Serial Periodic Data." Paper presented at the Proceedings og the 11th annual ACM symposium on User Interface Software and Technology, San Francisco, CA, USA.

Carlson, L. W. 2004. "Using Technology Foresight to Create Business Value." *Research Technology Management* 47, no. 5: 51-60.

Carnap, Rudolf. 1991. "Logical Foundations of the Unity of Science." In *The Philosophy of Science*, edited by Richard Boyd, Philip Gasper und J. D. Trout, 393-404: MIT Press.

Carr, D. B., R. J. Littlefield, W. L. Nicholson, und J. S. Littlefield. 1987. "Scatterplot Matrix Techniques for Large N." *Journal of the American Statistical Association* 82, no. 398: 424-36.

Catanese, A. J., und A. W. Steiss. 1968. "Systemic planning - the challenge of the new generation of planners." *Journal of the Town Planning Institute* 54.

Chakrabarti, Soumen. 2003. *Mining the Web: Discovery Knowledge from Hypertext Data*. San Francisco, CA, USA: Morgan Kaufmann.

Chamoni, Peter, und Peter Gluchowski, eds. 2006. *Analytische Informationssysteme: Business Intelligence-Technologien und -Anwendungen*. 3 ed. Berlin, Heidelberg, New York: Springer.

Chan, K., und A. W. Fu. 1999. "Efficient time series matching by wavelets." Paper presented at the Proceedings of the 15th IEEE International Conference on Data Engineering, Sydney, Australia.

Chaudhuri, Surajit, und Umeshwar Dayal. 1997. "An overview of data warehousing and OLAP technology." *ACM SIGMOD Record* 26, no. 1: 65-74.

Checkland, Peter, und Jim Scholes. 1990. *Soft systems methodology in action*. Toronto: John Wiley & Sons.

Chen, Chaomei. 2005. "The Centrality of Pivotal Points in the Evolution of Scientific Networks." Paper presented at the Proceedings of the 10th International Conference on Intelligent User Interfaces, San Diego, California, USA.

Chen, Chaomei. 2005. "CiteSpace II: Detecting and Visualizing Emerging Trends and Transient Patterns in Scientific Literature." *Journal of the American Society for Information Science and Technology* 57, no. 3: 359-77.

Chen, Chaomei, Xia Lin, und Weizhong Zhu. 2006. "Trailblazing through a Knowledge Space of Science: Forward Citation Expansion in CiteSeer." Paper presented at the Proceedings of the 69th Annual Meeting of the American Society for Information Science and Technology (ASIST), Austin, Texas, USA.

Chen, Lei, und Mohamed S. Kamel. 2005. "Design of Multiple Classifier Systems for Time Series Data." In *Multiple Classifier Systems*. Berlin, Heidelberg: Springer.

Chen, X., und I. Petrounias. 1998. "A framework for temporal data mining." Paper presented at the 9h International Conference on Database and Expert Systems Applications (DEXA'98).

Chen, Xiadong, und Ilias Petrounias. 1999. "Mining Temporal Features in Association Rules." In *Principles of Data Mining and Knowledge Discovery*, edited by Jan M. Zytkow und Jan Rauch, 295-300. Berlin, Heidelberg: Springer.

Chengzhi, Qin, Zhou Chenghu, und Pei Tao. 2003. "Taxonomy of Visualization Techniques and Systems – Concerns between Users and Developers are Different." Paper presented at the Asia Geographic Information System Conference 2003, Wuhan, China.

Chernoff, Herman. 1973. "The Use of Faces to Represent Points in k-dimensional Space Graphically." *Journal of the American Statistical Association* 68, no. 342: 361-68.

Cheung, D. W., J. Han, V. T. Ng, und C. Y. Wong. 1996. "Maintenance of Discovered Association Rules in Large Databases: An Incremental Updating Technique." Paper presented at the Proceedings of the 12th ICDE, New Orleans.

Cheung, D. W., S. D. Lee, und B. Kao. 1997. "A General Incremental Technique for Maintaining Discovered Association Rules." Paper presented at the Proceedings of the International Conference on Database Systems for Advanced Applications (DASFAA), Melbourne, Australia.

Chi, Ed H. 2000. "A taxonomy of visualization techniques using the data state reference model." Paper presented at the Proceedings of the IEEE Symposium in Information Visualization 2000 (InfoVis 2000), Salt Lake City, Utah, USA.

Chi, Ed H. 2002. "Expressiveness of the data flow and data state models in visualization systems." Paper presented at the Proceedings of the 6th International Working Conference on Advanced Visual Interfaces 2002, Trento, Italien.

Chi, Ed H., James Pitkow, Jock Mackinlay, Peter Pirolli, Rich Gossweiler, und Stuart K. Card. 1998. "Visualizing the Evolution of Web Ecologies." Paper presented at the Proceedings of the SIGCHI conference on Human Factors in Computing Systems, Los Angeles, CA, USA.

Chittaro, Luca, Carlo Combi, und Giampaolo Trapasso. 2003. "Data Mining on Temporal Data: a viusal Approach and its Clinical Application to Hemodialysis." *Journal of Visual Languages and Computing* 14, no. 6: 591-620.

Choi, Freddy Y. Y. 2000. "Advances in domain independent linear text segmentation." Paper presented at the Proceedings of the 1st conference on North American chapter of the Association for Computer Linguistics, Seattle, WA, USA.

Chomicki, J. 1994. "Temporal Query Languages: A Survey." Paper presented at the Proceedings of the 1st International Conference on Temporal Logic.

Chomsky, Noam. 1998. *On Language: Chomsky's Classic Works "Language and Responsibility" and "Reflections on Language" in One Volume*. New York: The New Press.

Chu, K., und M. Wong. 1999. "Fast time-series searching with scaling and shifting." Paper presented at the Proceedings of the 18th ACM Symposium on Principles of Database Systems, Philadelphia, PA, USA.

Chuah, M., und S. Roth. 1996. "On the semantics of interactive visualization." Paper presented at the Proceedings of the IEEE Visualization 1996.

Church, Kenneth Ward, und Patrick Hanks. 1990. "Word association norms, mutual information and lexicography." *Computational Linguistics* 16, no. 1: 22-29.

Cieri, Christopher. 2000. "Multiple Annotations of Reusable Data Resources: Corpora for Topic Detection and Tracking." Paper presented at the Proceedings 5es Journées Internationales d'Analyse Statistique des Données Textuelles (JADT 2000).

Cieri, Christopher, David Graff, Mark Liberman, Nii Martey, und Stephanie Strassel. 2000. "Large, Multilingual, Broadcast News Corpora For Cooperative Research in Topic Detection And Tracking: The TDT-2 and TDT-3 Corpus Efforts." Paper presented at the Proceedings of Language Resources and Evaluation Conference, Athens, Greece.

Clifton, Chris, und Robert Cooley. 1999. "TopCat: Data Mining for Topic Identication in a Text Corpus." Paper presented at the Proceedings of the 3rd European Conference on Principles and Practice of Knowledge Discovery in Databases, Prague, Czech Republic.

Codd, Edgar F., S.B. Codd, C.T. Salley, und Inc. Codd & Date. 1993. *Providing OLAP to user-analysts: an IT mandate*. Ann Arbor, Michigan, USA: Codd & Associates.

Cohen, P., R. Schrag, E. Jones, A. Pease, A. Lin, B. Starr, D. Gunning, und M. Burke. 1998. "The DARPA High-Performance Knowledge Bases Project." *AI Magazine* 4, no. 19: 25-49.

Collberg, Christian, Stephen Kobourov, Jasvir Nagra, Jacob Pitts, und Kevin Wampler. 2003. "A System for Graph-Based Visualization of the Evolution of Software." Paper presented at the Proceedings of the 2003 ACM symposium on Software visualization, San Diego, CA, USA.

Compieta, P., S. Di Martino, M. Bertolotto, F. Ferrucci, und T. Kechadi. 2007. "Exploratory spatio-temporal data mining and visualization." *Journal of Visual Languages and Computing* 18, no. 3: 255-79.

Cooley, R. 2000. "Web Usage Mining: Discovery and Application of Interesting Patterns from Web Data." Ph. D. thesis, University of Minnesota.

Cooley, R., B. Mobasher, und J. Srivastava. 1997. "Web Mining: Information and Pattern Discovery on the World Wide Web." Paper presented at the Proceedings of the 9th IEEE International Conference on Tools with Artificial Intelligence (ICTAI'97).

Cooley, R., B. Mobasher, und J. Srivastava. 1999. "Data preparation for mining world wide web browsing patterns." *Journal of Knowledge and Information Systems* 1, no. 1: 5-32.

Cotofrei, Paul, und Kilian Stoffel. 2003. "Higher Order Temporal Rules." In *Computational Science - ICCS 2003*, edited by G. Goos, J. Hartmanis und J. van Leeuwen, 656. Berlin, Heidelberg: Springer.

Coupaye, Thierry, Cladia L. Roncancio, und Christophe Bruley. 1999. "A Visualization Service for Event-Based Systems." Paper presented at the Proc. 15emes Journees Bases de Donnees Avancees (BDA).

Courseault, Cherie R. 2004. "A Text Mining Framework Linking Technical Intelligence from Publication Databases to Strategic Technology Decisions." Doctoral Theses for the Degree of Philosophy in Industrial and Systems Engineering.

Courtney, Hugh G., Jane Kirkland, S. Patrick, und Viguerie. 1997. "Strategy under Uncertainty." *Harvard Business Review* 75, no. 6: 66-79.

Current_Contents_Connect®. Available from http://thomsonreuters.com/products_services/science/science_products/a-z/current_contents_connect, 21.01.2010.

Cyriaks, Haiko, Steffen Lohmann, Horst Stolz, Veli Velioglu, und Jürgen Ziegler. 2007. "Semantische Aufbereitung von Dokumentenbeständen zur Gewinnung anforderungsrelevanter Informationen." In *The Social Semantic Web 2007 - Proceedings of the 1st Conference on Social Semantic Web (CSSW)*, edited by Sören Auer, Christian Bizer, Claudia Müller und Anna V. Zhdanova, 139-46. Bonn: Köllen.

Dale, Robert, Hermann Moisl, und Harold L. Somers, eds. 2000. *Handbook of Natural Language Processing*. New York, NY, USA: Marcel Dekker, Inc.

Das, G., D. Gonopulos, und H. Mannila. 1997. "Finding Similar Time Series." Paper presented at the PKDD (1997).

Das, G., H. Mannila, und P. Smyth. 1998. "Rule Discovery from Time Series." Paper presented at the KDD (1998).

Davenport, Thomas H., und Laurence Prusak. 1999. *Wenn Ihr Unternehmen wüßte, was es alles weiß . . .* Landsberg: Moderne Industrie.

Davis, Mills. 2008. "Project10X's Semantic Wave 2008 Report: Industry Roadmap to Web 3.0 & Multibillion Dollar Market Opportunities."

de Miranda Santo, Marcio, Gilda Massari Coelho, Dalci Maria dos Santos, und Lélio Fellows Filho. 2006. "Text mining as a valuable tool in foresight exercises: A study on nanotechnology." *Technological Forecasting & Social Change* 73: 1013-27.

de Sousa Guimarães, Gabriela Dick. 1998. "Eine Methode zur Entdeckung von komplexen Mustern in Zeitreihen mit Neuronalen Netzen und deren Überführung in eine symbolische Wissensrepräsentation." Doktor der Naturwissenschaften (Dr. rer. nat.), Philipps-Universität Marburg.

Deerwester, Scott C., Susan T. Dumais, George W. Furnas, Thomas K. Landauer, und Richard A. Harshman. 1990. "Indexing by latent semantic analysis." *Journal of the American Society for Information Science* 41, no. 6: 391-407.

del Rio, J. A., Ronald N. Kostoff, E. O. Garcia, A. M. Ramirez, und J. A. Humenik. 2001. "Phenomenological approach to profile impact of scientific research: Citation Mining." 37.

Derwent_World_Patents_Index®. Available from http://thomsonreuters.com/products_services/legal/legal_products/intellectual_property/DWPI, 21.01.2010.

Desikan, Prasanna, und Jaideep Srivastava. 2003. "Time Series Analysis and Forecasting Methods for Temporal Mining of Interlinked Documents." Technical Report, Army High Performance Computing and Research Center.

Desikan, Prasanna, und Jaideep Srivastava. 2004. "Mining Temporally Evolving Graphs." Paper presented at the Proceedings of WebKDD 2004: KDD Workshop on Web Mining and Web Usage Analysis, in conjunction with the 10th ACM SIGKDD International Conference on Knowledge Discovery and Data Mining (KDD 2004), Seattle, Washington, USA.

Dialog. Available from http://www.dialog.com, 01.01.2010.

Diehl, Stephan, und Carsten Görg. 2002. "Graphs, They are Changing: Dynamic Graph Drawing for a Sequence of Graphs." Paper presented at the Proceedings of the 10th International Symposium on Graph Drawing, Irvine, CA, USA.

Diehl, Stephan, Carsten Görg, und Andreas Kerren. 2001. "Preserving the Mental Map using Foresighted Layout." Paper presented at the Proceedings of Joint Eurographics - IEEE TCVG Symposium on Visualization (VisSym 2001), Ascona, Schweiz.

Doleisch, Helmut, Michael Mayer, Martin Gasser, Roland Wanker, und Helwig Hauser. 2004. "Case Study: Visual Analysis of Complex, Time-Dependent Simulation Results of a Diesel Exhaust System." Paper presented at the Joint EUROGRAPHICS - IEEE TCVG Symposium of Visualization, Konstanz.

Doreian, Patrick. 2006. "Actor network utilities and network evolution." *Social Networks* 28, no. 2: 137-64.

Doreian, Patrick, und Francs N. Stokman. 1997. "The dynamics and evolution of social networks." In *Evolution of Social Networks*, edited by Patrick Doreian und Francs N. Stokman, 1-17. New York: Gordon and Breach.

Dörner, Dietrich. 2002. *Die Logik des Misslingens : Strategisches Denken in komplexen Situationen*. 15 ed. Hamburg: Rowohlt Taschenbücher.

Dotzler, Bernhard, und Friedrich Kittler, eds. 1987. *Intelligence Service : Schriften*. Berlin: Brinkmann & Bose.

Duchêne, Florence, Catherine Garbay, und Vincent Rialle. 2006. "Learning recurrent behaviors from heterogeneous multivariate time-series." *Artificial Intelligence in Medicine* 2007, no. 39: 25-47.

Dunning, Ted. 1993. "Accurate Methods for the Statistics of Surprise and Coincidence." *Computational Linguistics* 19, no. 1: 61-74.

Dürr, Hans-Peter, und Rolf Kreibich, eds. 2004. *Zukunftsforschung im Spannungsfeld von Visionen und Alltagshandeln*. Berlin: IZT.

Elmasri, Ramez, Gene T. J. Wuu, und Yeong-Joon Kim. 1990. "The Time Index: An Access Structure for Temporal Data." Paper presented at the Proceedings of the 16th International Conference on Very Large Data Bases, Brisbane, Queensland, Australia.

Ensthaler, Jürgen, und Kai Strübbe. 2006. *Patentbewertung: Ein Praxisleitfaden zum Patentmanagement.* Berlin, Heidelberg: Springer.

Erbacher, Robert F., Kenneth L. Walker, und Deborah A. Frincke. 2002. "Intrusion and Misuse Detection in Large-Scale Systems." *Computer Graphics and Applications* 22, no. 1: 38-48.

Ernst, Holger. 1996. *Patentinformationen für die strategische Planung von Forschung und Entwicklung.* Wiesbaden: Deutscher Universitäts-Verlag | GWV Fachverlage GmbH.

Ernst, Holger. 2003. "Patent Information for Strategic Technology Management." *World Patent Information* 25, no. 3.

Ernst, Holger. 2003. "Strategisches IP-Management in schnell wachsenden Technologieunternehmen."

Erten, Cesim, Philip J. Harding, Stephen G. Kobourov, Kevin Wampler, und Gary Yee. 2004. "Exploring the Computing Literature Using Temporal Graph Visualization." Paper presented at the Proceedings of the 16th Annual Symposium on Electronic Imaging Conference, Visualization and Data Analysis, San Jose, CA, USA.

Erten, Cesim, Philip J. Harding, Stephen G. Kobourov, Kevin Wampler, und Gary Yee. 2004. "GraphAEL: Graph Animations with Evolving Layouts." In *Graph Drawing*, 98-110. Berlin, Heidelberg: Springer.

Ertöz, Levent, Michael Steinbach, und Vipin Kumar. 2003. "Finding Clusters of Different Sizes, Shapes, and Densities in Noisy, High Dimensional Data." Paper presented at the Proceedings of the 2003 SIAM International Conference on Data Mining.

Etzion, Opher, Sushil Jajodia, und Suryanarayana M. Sripada. 1998. *Temporal Databases: Research and Practice.* Vol. 1399, *Lecture Notes in Computer Science*: Springer.

Fails, J., A. Karlson, L. Shahamat, und Ben Shneiderman. 2006. "A Visual Interface for Multivariate Temporal Data: Finding Patterns of Events over Time." Paper presented at the Proceedings of IEEE Symposium on Visual Analytics Science and Technology (VAST 2006).

Faloutsos, C., H. Jagadish, A. Mendelzon, und T. Milo. 1997. "A signature technique for similarity-based queries." Paper presented at the Proceedings of the International Conference on Compression and Complexity of Sequences, Positano-Salerno, Italy.

Fan, Weiguo, Linda Wallace, Stephanie Rich, und Zhongju Zhang. 2005. "Tapping into the Power of Text Mining." *Communications of the ACM* 49, no. 2: 76-82.

Fattori, Michele, Giorgio Pedrazzi, und Roberta Turra. 2003. "Text mining applied to patent mapping: a practical business case." *World Patent Information* 25: 335-42.

Fayyad, Usama M., Georges G. Grinstein, und Andreas Wierse. 2001. *Information Visualization in Data Mining and Knowledge Discovery.* San Francisco, CA, USA: Morgan Kaufmann Publishers Inc.

Fayyad, Usama M., G. Piatetsky-Shapiro, und P. Smyth. 1996. "From Data Mining to Knowledge Discovery: An Overview." In *Advances in Knowledge Discovery and Data Mining"*, edited by Usama M Fayyad, G. Piatetsky-Shapiro, P. Smyth und R. Uthurusamy, 1-34. Menlo Park, USA: American Association for Artificial Intelligence.

Feiner, Steven K., und Clifford Beshers. 1990. "Worlds within worlds: Metaphors for exploring n-dimensional virtual worlds." Paper presented at the Proceedings of the 3rd Annual ACM SIGGRAPH Symposium on User Interface Software and Technology, Snowbird, Utah, USA.

Feldman, R., A. Amir, Y. Aumann, und A. Zilberstein. 1996. "Incremental Algorithms for Association Generation." Paper presented at the Proceedings of the First Pacific Conference on Knowledge Discovery, Singapore.

Feldman, R., Y. Aumann, A. Zilberstein, und Y. Ben-Yehuda. 1997. "Trend Graphs: Visualizing the Evolution of Concept Relationships in Large Document Collections." Paper presented at the Proceedings of the 2nd European Symposium of Principles of Data Mining and Knowledge Discovery, Nantes, France.

Feldman, R., I. Dagan, und H. Hirsh. 1998. "Mining Text Using Keyword Distributions." *Journal of Intelligent Information Systems* 10, no. 3: 281-300.

Feldman, Ronen, und Ido Dagan. 1995. "Knowledge Discovery in Textual Databases (KDT)." Paper presented at the Proceedings of the First International Conference on Knowledge Discovery and Data Mining (KDD'95), Montreal, Canada.

Feldman, Ronen, und James Sanger. 2007. *THE TEXT MINING HANDBOOK: Advanced Approaches in Analyzing Unstructured Data*. New York: Cambridge University Press.

Fenn, Jackie. 1995. "The Microsoft System Software Hype Cycle Strikes Again."

Fensel, D. 2000. *Ontologies. Silver Bullet for Knowledge Management and Electronic Commerce*. Berlin: Springer.

Fisher, Danyel, und Paul Dourish. 2004. "Social and temporal structures in everyday collaboration." Paper presented at the Proceedings of the SIGCHI conference on Human factors in computing systems, Wien, Österreich.

Fishkin, Kenneth P., und Maureen C. Stone. 1995. "Enhanced dynamic queries via movable filters." Paper presented at the Proceedings of the Special Interest Group on Computer-Human Interaction Conference on Human Factors in Computing Systems, Denver, CO, USA.

Foerster, Heinz von. 1984. *Observing Systems*. 2 ed, *Sammlung seiner bedeutsamsten Schriften; Systems inquiry series*. Salinas: Intersystems Publications.

Forrester, Jay Wright. 1990. *Principles of systems*. Cambridge, Massachusetts: Productivity Press.

François, Charles. 1999. "Systemics and cybernetics in a historical perspective"." *Systems Research and Behavioral Science* 16, no. 3.

Franke, Jürgen, Gholamreza Nakhaeizadeh, und Ingrid Renz, eds. 2003. *Text Mining, Theoretical Aspects and Applications*. Heidelberg: Physica-Verlag.

Freeman, Eric, und David Gelernter. 1996. "Lifestreams: A Storage Model for Personal Data." *ACM Sigmod Bulletin* 25, no. 1: 80-86.

Friedli, Thomas. 2006. *Modelle zur Sicherung der Wettbewerbsfähigkeit*. Berlin, Heidelberg, New York: Springer.

Fry, Benjamin Jotham. 1997. "Organic Information Design." Master of Science in Media Arts and Sciences, Massachusetts Institute of Technology.

Fu, Tak-Chung, Fu-Lai Chung, Robert Luk, und Chak-Man Ng. 2004. "Financial Time Series Indexing Based on Low Resolution Clustering." Paper presented at the Proceedings of the 4th IEEE International Conference on Data Mining (ICDM'04); Workshop: Temporal Data Mining: Algorithms, Theory and Applications, Brighton, England.

Fung, Gabriel Pui Cheong, Jeffrey Xu Yu, und Wai Lam. 2003. "Stock Prediction: Integrating Text Mining Approach using Real-Time News." *CIFEr'03 Hong Kong*: 395-402.

Furnas, George W. 1981. "The FISHEYE view: a new look at structured files." Bell Laboratories.

Furnas, George W., und Andreas Buja. 1994. "Prosection Views: Dimensional Inference through Sections and Projections." *Journal of Computational and Graphical Statistics* 3, no. 4: 323-53.

Gadia, Shashi K., und Jay H. Vaishnav. 1985. "A Query Language for a Homogeneous Temporal Database." Paper presented at the Proceedings of the Fourth ACM SIGACT-SIGMOD Symposium on Principles of Database Systems, Portland, Oregon, USA.

Gardarin, Georges, Huaizhong Kou, Karine Zetourni, Xiaofeng Meng, und Haiyuan Wang. 2003. "SEWISE: An Ontology-based Web Information Search Engine." Paper presented at the Natural Language Processing and Information Systems, 8th International Conference on Applications of Natural Language to Information Systems, Burg, Germany.

Gardner, Howard. 1983. *Frames of mind: The theory of multiple intelligences*. New York: Basic Books.

Gardner, Martin. Available from http://ddi.cs.uni-potsdam.de/HyFISCH/Produzieren/lis_projekt/proj_gamelife/ConwayScientificAmerican.htm, 20.07.2004 2004.

Gardner, Stephen P. 2005. "Ontologies and semantic data integration." *Drug Discovery Today: Biosilico* 10, no. 14: 1001-07.

Gardner, Stephen P. 2005. "Ontologies in drug discovery." *Drug Discovery Today: Technologies* 2, no. 3: 235-40.

Garfield, E. 2003. "The Meaning of the Impact Factor." *International Journal of Clinical and Health Psychology* 3, no. 2: 363-69.

Garshol, Lars Marius. 2004. "Metadata? Thesauri? Taxonomies? Topic Maps! Making Sense of it all." *Journal of Information Science* 30, no. 4: 378-91.

Gartner. 2008. "Magic Quadrant for Information Access Technology."

Gartner, ed. 2008. *Hype Cycle for Web and User Interaction Technologies, 2008*: Gartner.

Gartner, ed. 2009. *Magic Quadrant for Business Intelligence Platforms*.

GDI. 2006. "Das Ende der Zukunft. Wie Trendforschung heute Prognosen zu Wissen macht." *GDI IMPULS. Wissensmagazin für Wirtschaft, Gesellschaft, Handel*.

Gebser, Jean. 1975-1980. *Ursprung und Gegenwart. 2. Teil: Die Manifestationen der aperspektivischen Welt. Versuch einer Konkretion des Geistigen*. 3 ed. Vol. 3, *Ursprung und Gegenwart*. Schaffhausen: Novalis-Verlag.

Geilenbrügge, Margit. 2004. "Der integrale Ansatz nach Ken Wilber und seine Umsetzung im Bereich Organisations- und Personalentwicklung." Diplomarbeit, Universität Dortmund.

Gemünden, Hans Georg, und Franka Birke. 2007. "Patentbasierte Messung von technologischer Kompetenz junger technologieorientierter Unternehmen." In *Unternehmertum und Ausgründung: Wissenschaftliche Konzepte und praktische Erfahrungen*, edited by Harald Pechlaner, Hans H. Hinterhuber, Wolf von Holzschuher und Eva-Maria Hammann, 107-24. Wiesbaden: Deutscher Universitäts-Verlag | GWV Fachverlage GmbH.

Gentsch, Peter, und Martin Grothe. 2000. *Business Intelligence. Aus Informationen Wettbewerbsvorteile gewinnen*. Bonn, München: Addison-Wesley.

Gerpott, Torsten J. 1999. *Strategisches Technologie- und Innovationsmanagement*. Stuttgart.

Gerybadze, A. 1994. "Technology forecasting as a process of organisational intelligence." *R&D Management* 24, no. 2: 131-40.

Ghoshal, Sumantra, und Seok Ki Kim. 1986. "Building effective intelligence systems for competitive advantage." *Sloan Management Review* 28, no. 1: 49-58.

Ghoshal, Sumantra, und D. Eleanor Westney. 1991. "Organizing competitor analysis systems." *Strategic Management Journal* 12, no. 1: 17-31.

Glendinning, R. H., und S. L. Fleet. 2007. "Classifying functional time series." *Signal Processing* 87, no. 1: 79-100.

Gluchowski, Peter. 2001. "Business Intelligence. Konzepte, Technologien und Einsatzbereiche." *HMD - Theorie und Praxis der Wirtschaftsinformatik* 38, no. 222: 5-15.

Gluchowski, Peter, Roland Gabriel, und Peter Chamoni. 1997. *Management Support Systeme. Computergestützte Informationssysteme für Führungskräfte und Entscheidungsträger*. Berlin.

Goldstein, Jade, und Steven F. Roth. 1994. "Using aggregation and dynamic queries for exploring largedata sets." Paper presented at the Proceedings of the Special Interest Group on Computer-Human Interaction Conference on Human Factors in Computing Systems, Boston, MA, USA.

Gómez-Pérez, A., und V. R. Benjamins. 1999. "Overview of Knowledge Sharing and Reuse Components. Ontologies and Problem Solving Methods." Paper presented at the Proceedings of the IJCAI-99 Workshop on Ontologies and Problem-Solving Methods (KRR5), Stockholm, Schweden.

Goralwalla, Iqbal A., M. Tamer Özsu, und Duane Szafron. 1998. "An Object-Oriented Framework for Temporal Data Models." In *Temporal Databases: Research and Practice, Lecture Notes in Computer Science*, edited by O. Etzion, S. Jajodia und S. M. Sripada, 1-35. Berlin/Heidelberg, Germany: Springer-Verlag, Berlin/Heidelberg, Germany.

Gordon, Theodore J., Jerome C. Glenn, und Ana Jakil. 2005. "Frontiers of futures research: What's next?" *Technological Forecasting & Social Change* 72, no. 9: 1064-69.

Görz, Günther, und Ipke Wachsmuth. 2000. "Kapitel 1: Einleitung." In *Handbuch der Künstlichen Intelligenz*, edited by Günther Görz, C.-R. Rollinger und J. Schneeberger, 1-15. München: Oldenburg Verlag.

Götte, Benedict, und Rupprecht von Pfeil. 1997. "Competitive Intelligence - denn Wissen ist Macht : Strategisches Wissen systematisch erarbeiten und wirkungsvoll einsetzen." *iomanagement*, no. 12: 40-46.

Gottwald, S., M. Richter, G. Heyer, und G. Scheuermann. 2008. "Tapping Huge Temporally Indexed Textual Resources with WCTAnalyze." Paper presented at the Proceedings of the LREC 2008, Marrakech, Morroco.

Gottwald, Sebastian. 2007. "Strategien, Konzepte und prototypische Entwicklung einer Software für die semiautomatische Analyse chronologischer Textmuster in Zeitscheibenkorpora." Diplomarbeit, Universität Leipzig.

Gottwald, Sebastian, Gerhard Heyer, Matthias Richter, und Peter Walde. 2007. "WCTAnalyzer - Collecting, Indexing, Accessing and Visualizing Temporally Indexed Textual Resources." Paper presented at the 14th International Symposium on Temporal Representation and Reasoning (TIME 2007), Alicante, Spanien.

Graff, David, und Steven Bird. 2000. "Many Uses, Many Annotations for Large Speech Corpora: Switchboard and TDT as Case Studies." Paper presented at the Proceedings of the Second International Conference on Language Resources and Evaluation, Paris, France.

Griffiths, T., und M. Steyvers. 2004. "Finding scientific topics." *Proceedings of the National Academy of Sciences* 101: 5228–35.

Groys, Boris. 1992. *Über das Neue - Versuch einer Kulturökonomie*. München, Wien: Carl Hanser Verlag.

Gruber, T. R. 1993. "Towards Principles for the Design of Ontologies used for Knowledge Sharing." Stanford University, Knowledge Systems Laboratory.

Gruber, Tom. 1993. "A translation approach to portable ontologies." *Knowledge Acquisition* 5, no. 2: 199-220.

Gruhl, Daniel, R. Guha, Ravi Kumar, Jasmine Novak, und Andrew Tomkins. 2005. "The predictive power of online chatter." Paper presented at the Proceedings of the 11th ACM SIGKDD International Conference on Knowledge Discovery in Data Mining, Chicago, Illinois, USA.

Gruhl, Daniel, R. Guha, Daniel Liben-Nowell, und Andrew Tomkins. 2004. "Information diffusion through blogspace." Paper presented at the Proceedings of the 13th International Conference on World Wide Web, New York, NY, USA.

Gudehus, Timm. 2005. *Logistik: Grundlage - Strategien - Anwendungen*. 3 ed. Berlin, Heidelberg: Springer.

Guralnik, Valery, und Jaideep Srivastava. 1999. "Event Detection from Time Series Data." In *KDD '99: Proceedings of the fifth ACM SIGKDD international conference on Knowledge discovery and data mining*, 33-42. New York, NY, USA: ACM Press.

Haber, Robert B., und DAvid A. McNabb. 1990. "Visualization idioms: A conceptual model for scientific visualization systems." In *Visualization in scientific computing*, edited by Gregory M. Nielson, Bruce D. Shriver und Lawrence J. Rosenblum, 74-93: IEEE Computer Society Press.

Hahn, Udo, und Klemens Schnattinger. 1998. "Towards text knowledge engineering." *AAAI / IAAI: Proceedings of the 15th National Conference on Artificial Intelligence*: 524-31.

Hajnicz, Elzbieta. 1996. *Time Structures : Formal Description and Algorithmic Representation*. Edited by Jaime G. Carbonell und Jörg Siekmann. 1 ed, *Lecture notes in artificial intelligence*. Berlin, Heidelberg, New York: Springer-Verlag.

Hall, Stuart. 1973. *Encoding and Decoding in the Television Discourse*. Birmingham: University of Birmingham, Centre for Cultural Studies.

Hansen, Hans Robert. 1996. *Wirtschaftsinformatik I: Grundlagen betrieblicher Informationsverarbeitung*. 7 ed. Stuttgart: Lucius & Lucius Verlagsgesellschaft.

Härtel, W. 2002. "Issueorientierte Frühaufklärung – Eine Methode der strategischen Produkt- und Technologieplanung." Dissertation, Universität Paderborn.

Hatch, Paula, Nicola Stokes, und Joe Carthy. 2000. "Topic Detection, a new application for Lexical Chaining?" Paper presented at the 22nd Annual Colloquium on Information Retrieval Research, Cambridge.

Haupt, Reinhard, Martin Kloyer, und Marcus Lange. 2007. "Patentstatistische Indikatoren für den Verlauf von Technologielebenszyklen." In *Gewerbliche Schutzrechte im Innovationsprozess*, edited by Thomas Tiefel, 51-69: Gabler.

Havre, Susan, Elizabeth Hetzler, Paul Whitney, und Lucy Nowell. 2002. "ThemeRiver: Visualizing Thematic Changes in Large Document Collections." *IEEE Transactions on Visualization and Computer Graphics* 8, no. 1: 9-20.

Hearst, Marti A. 1995. "Tilebars: Visualization of term distribution information in full text informationaccess." Paper presented at the Proceedings of the Special Interest Group on Computer-Human Interaction Conference on Human Factors in Computing Systems, Denver, CO, USA.

Hearst, Marti A. 1999. "Untangling Text Data Mining." Paper presented at the Proceedings of the 37th Annual Meeting of the Association for Computational Linguistics on Computational Linguistics, University of Maryland.

Heino, Jaana, und Hannu Toivonen. 2003. "Automated detection of epidemics from the usage logs of a physicians' reference database." Paper presented at the Proceedings of the 7th European Conference on Principles and Practice of Knowledge Discovery in Databases (PKDD 2003), Berlin, Heidelberg.

Henard, D. H., und D. M. Szymanski. 2001. "Why some new products are more successful than others." *Journal of Marketing Research* 38, no. 3: 362-75.

Herman, Ivan, Guy Melancon, und M. Scott Marshall. 2000. "Graph Visualization and Navigation in Information Visualization: A Survey." *IEEE Transactions on Visualization and Computer Graphics* 6, no. 1: 24-43.

Herring, Jan P. 1988. "Building a business intelligence system." *The Journal of Business Strategy* 9, no. 3: 4-9.

Hetland, Magnus Lie. 2003. "Evolving Sequence Rules." Norwegian University of Science and Technology (NTNU).

Hettich, Stefanie, und Hajo Hippner. 2001. "Assoziationsanalyse." In *Handbuch Data Mining im Marketing – Knowledge Discovery in Marketing Databases*, edited by Hajo Hippner, Ulrich Küsters, Matthias Meyer und Klaus D. Wilde, 459-93. Wiesbaden: Vieweg.

Heyer, Gerhard, Florian Holz, und Sven Teresniak. 2009. "Change of Topics over Time and Tracking Topics by Their Change of Meaning." Paper presented at the Proceedings of the International Conference on Knowledge Discovery and Information Retrieval (KDIR '09), Madeira, Portugal, 6-8.10.2009.

Heyer, Gerhard, M. Läuter, Uwe Quasthoff, und C. Wolff. 2001. "Wissensextraktion durch linguistisches Postprocessing bei der Corpusanalyse." In *Sprach- und Texttechnologie in digitalen Medien*, edited by H. Lobin, 71-83.

Heyer, Gerhard, Uwe Quasthoff, und Thomas Wittig. 2005. *Wissensrohstoff Text. Text Mining: Konzepte, Algorithmen, Ergebnisse*. Herdecke, Bochum: W3L-Verlag.

Heylighen, Francis. 1992. "Principles of Systems and Cybernetics: an evolutionary perspective." In *Cybernetics and Systems*, edited by R. Trappl. Singapore: World Science.

Hidalgo, J. M. G. 2002. "Text Mining and Internet Content Filtering." *http://www.esi.uem.es/~jmgomez/tutorials/ecm*.

Hobbs, Jerry R., und Feng Pan. 2004. "An ontology of time for the semantic web." *ACM Transactions on Asian Language Information Processing (TALIP) archive; Special Issue on Temporal Information Processing* 3, no. 1: 66-85.

Hochheiser, Harry, und Ben Shneiderman. 2001. "Interactive Exploration of Time Series Data." Paper presented at the Proceedings of the 4th International Conference on Discovery Science, Washington, DC, USA.

Hoffman, Patrick, Georges Grinstein, Kenneth Marx, Ivo Grosse, und Eugene Stanley. 1997. "DNA Visual And Analytic Data Mining." Paper presented at the Proceedings of the 8th IEEE Conference on Visualization '97 Conference, Phoenix, AZ, USA.

Holt, J. D., und S. M. Chung. 1999. "Efficient mining of association rules in text databases." Paper presented at the Proceedings of CIKM'99.

Holtmannspötter, D., und A. Zweck. 2001. "Monitoring of Technology Forecasting Activities. European Science and Technology Observation."

Holz, Florian, und Chris Biemann. 2008. "Unsupervised and knowledge-free learning of compound splits and periphrases." In *Proceedings of the CICLing 2008*, edited by A. Gelbukh, 117–27: Springer.

Hotho, Andreas, Alexander Mädche, Steffen Staab, und Valentin Zacharias. 2003. "On Knowledgeable Unsupervised Text Mining." In *Text Mining. Theoretical Aspects and Applications*, edited by J. Franke, G. Nakhaeizadeh und I. Renz, 131-52: Physica-Verlag / Springer.

Huber, Peter J. 1985. "Projection Pursuit." *The Annals of Statistics* 13, no. 2: 435-75.

IDC. 2007. "The Expanding Digital Univers: A Forecast of Worldwide Information Growth Through 2010." White Paper, IDC.

Inmon, William H., und Richard D. Hackathorn. 1994. *Using the Data Warehouse*. New York: John Wiley & Sons.

Inselberg, Alfred, und Bernard Dimsdale. 1990. "Parallel Coordinates: A Tool for Visualizing Multi-Dimensional Geometry." Paper presented at the Proceedings of the 1st IEEE Conference on Visualization '90, San Francisco, CA, USA.

Inspec®. Available from http://www.theiet.org/publishing/inspec/, 21.01.2010.

ISA_GmbH. 2006. "Benutzerhandbuch ConceptComposer." 18. Stuttgart: ISA GmbH.

ISA_GmbH. 2006. "Benutzerhandbuch SemanticTalk." 26. Stuttgart: ISA GmbH.

ISO. Available from www.iso.org/iso/en/Standards_Search.StandardQueryForm, 10.09.2007.

Jackson, Matthew O. 2002. "The Evolution of Social and Economic Networks." *Journal of Economic Theory* 106, no. 2: 265-95.

Janetzko, D., H. Cherfi, R. Kennke, A. Napoli, und Y. Toussaint. 2004. "Knowledge-based selection of association rules for text mining." Paper presented at the Proceedings of ECAI '2004.

Janev, Valentina, und Sanja Vraneš. 2005. "Comparative analysis of Knowledge Management software tools and their use in enterprises." *Journal of Information and Knowledge Management (JIKM)* 4, no. 2: 71-81.

Jin, X., Y. Zhou, und B. Mobasher. 2004. "Web usage mining based on probabilistic latent semantic analysis." Paper presented at the Proceedings of the 10th ACM SIGKDD International Conference on Knowledge Discovery and Data Mining 2004, pp. .

Jokic, Maja, und Rafael Ball. 2006. *Qualität und Quantität wissenschaftlicher Veröffentlichungen: Bibliometrische Aspekte der Wissenschaftskommunikation*. Edited by Forschungszentrum Jülich GmbH. Vol. 15, *Schriften des Forschungszentrums Jülich*. Zagreb, Jülich.

Joshi, Karuna P., Anupam Joshi, Yelena Yesha, und Raghu Krishnapuram. 1999. "Warehousing and mining Web logs." Paper presented at the Proceedings of the 2nd international workhop on Web Information And Data Management, Kansas City, Missouri, USA.

Kahveci, T., und A. Singh. 2001. "Variable length queries for time series data." Paper presented at the Proceedings of the 17th International Conference on Data Engineering, Heidelberg, Deutschland.

Kahveci, T., A. Singh, und A. Gurel. 2002. "An efficient index structure for shift and scale invariant search of multi-attribute time sequences." Paper presented at the Proceedings of the 18th International Conference on Data Engineering, San Jose, CA, USA.

Kalledat, Tobias. 2004. "Automatic Trend Detection and Visualization using the Trend Mining Framework (TMF)." Paper presented at the CaSTA (Canadian Symposium on Text Analysis) conference, McMaster University.

Kamphusmann, Thomas, ed. 2002. *Text-Mining : Eine praktische Marktübersicht.* 1 ed: Symposion Publishing GmbH.

Karanikas, Haralampos, und Babis Theodoulidis. 2002. "Knowledge Discovery in Text and Text Mining Software." Technical report, UMIST-CRIM.

Kato, H., T. Nakayama, und Y. Yamane. 2000. "Navigation analysis tool based on the correlation between contents distribution and access patterns." Paper presented at the Working Notes of the Workshop on Web Mining for E-Commerce-Challenges and Opportunities (WebKDD 2000) at KDD 2000, Boston, MA, USA.

Keim, Daniel A. 2002. "Datenvisualisierung und Data Mining." In *Datenbank-Spektrum*, 30-39: dpunkt.verlag.

Keim, Daniel A. 2002. "Information Visualization and Visual Data Mining." *IEEE Transactions on Visualization and Computer Graphics* 8, no. 1: 1-8.

Keim, Daniel A., Mihael Ankerst, und Hans-Peter Kriegel. 1995. "Recursive Pattern: A Technique for Visualizing Very Large Amounts of Data." Paper presented at the Proceedings of the 6th IEEE Visualization Conference 1995, Atlanta, GA, USA.

Keim, Daniel A., Ming C. Hao, Julain Ladisch, Meichun Hsu, und Umesh Dayal. 2001. "Pixel bar charts: a new technique for visualizing large multi-attribute data sets without aggregation." Paper presented at the Proceedings of IEEE Symposium on Information Visualization 2001, San Diego, CA, USA.

Keim, Daniel A., und Hans-Peter Kriegel. 1994. "VisDB: Database exploration using multidimensional visualization." *Computer Graphics & Applications* 14, no. 5: 40–49.

Keller, G. 1997. "Erstellung eines Informationsquellenmix zur Beschaffung von strategischen Informationen für die Technologiefrühaufklärung." Projektarbeit, ETH Zürich, Betriebswirtschaftliches Institut.

Kemper, Hans-Georg, Walid Mehanna, und Carsten Unger. 2004. *Business Intelligence - Grundlagen und praktische Anwendungen*. Wiesbaden.

Keogh, Eamonn, und Shruti Kasetty. 2003. "On the Need for Time Series Data Mining Benchmarks: A Survey and Empirical Demonstration." *Data Mining and Knowledge Discovery* 7, no. 4: 349-71.

Keogh, Eamonn, und Jessica Lin. 2005. "Clustering of time-series subsequences is meaningless: implications for previous and future research." *Knowledge and Information Systems* 8, no. 2: 154-77.

Keogh, Eamonn, Stefano Lonardi, und Chotirat Ann Ratanamahatana. 2004. "Towards parameter-free data mining." Paper presented at the Proceedings of the 10th ACM SIGKDD International Conference on Knowledge Discovery and Data Mining (KDD'04),, Seattle, Washington, USA.

Keogh, Eamonn, und P. Smyth. 1997. "A probabilistic Approach to Fast Pattern Matching in Time Series Databases." Paper presented at the Proceedings of the 3rd International Conference on Knowledge Discovery and Data Mining (KDD'97).

Kinsinger, Paul. 2008. "Repositioning Competitive Intelligence: From Serving the Few to Empowering the Many." *Competitive Intelligence Magazine* 11, no. 5: 8-15.

Klawitter, Jana. 2005. "Semantic Web: Ontologien als Mittel zur Wissensrepräsentation im World Wide Web." TU Berlin.

Kleinberg, Jon. 1999. "Authoritative Sources in a Hyperlinked Environment." *Journal of the ACM* 46, no. 5: 604–32.

Kleinberg, Jon. 2002. "Bursty and Hierarchical Structure in Streams." Paper presented at the Proceedings of the 8th ACM SIGKDD International Conference on Knowledge Discovery and Data Mining.

Kleinberg, Jon. 2004. "Temporal Dynamics of On-Line Information Streams." *Data Stream Management*.

Klir, George J. 1991. *Facets of Systems Science (Critical Issues in Neuropsychology)*. New York: Plenum Publishing Corporation.

Knorr, E., R. Ng, und V. Tucatov. 2000. "Distance Based Outliers: Algorithims and Applications." *The VLDB Journal* 8, no. 3: 237-53.

Kobayashi, Mei, und Koichi Takeda. 2000. "Information retrieval on the web." *ACM Computing Surveys* 32, no. 2: 144-73.

Kodratoff, Yves. 1999. "Knowledge Discovery in Texts: A Definition, and Applications." Paper presented at the Proceedings of the 11th International Symposium on the Foundations of Intelligent Systems, Warschau, Polen.

Kohavi, Ron, Brij M. Masand, Myra Spiliopoulou, und Jaideep Srivastava, eds. 2002. *WEBKDD 2001 - Mining Web Log Data Across All Customer Touch Points*. Vol. 2356, *Lecture Notes in Artificial Intelligence*. Berlin, Heidelberg: Springer.

Köhler, Jacob, Stephan Philippi, Michael Specht, und Alexander Rüegg. 2006. "Ontology based text indexing and querying for the semantic web." *Knowledge Based Systems* 19: 744-54.

Kolenda, T., L. K. Hansen, und J. Larsen. 2001. "Signal Detection using ICA: Application to Chat Room Topic Spotting." Paper presented at the Proceedings of the 3rd International Conference on Independent Component Analysis and Signal Separation (ICA2001), San Diego, CA, USA.

Kongthon, Alisa. 2004. "A Text Mining Framework for Discovering Technological Intelligence to Support Science and Technology Management." Doctoral Theses for the Degree of Philosophy in Industrial Engineering.

Konrad, Lothar. 1991. *Strategische Frühaufklärung: eine kritische Analyse des "Weak signals"-Konzeptes*: Bochum.

Kontostathis, April, L. Galitsky, W. M. Pottenger, S. Roy, und D. J. Phelps. 2003. "A survey of emerging trend detection in textual data mining." In *A comprehensive survey of text mining*, edited by M. Berry. Heidelberg: Springer-Verlag.

Kosala, Raymond, und Hendrik Blockeel. 2000. "Web mining research: A survey." *SIGKDD Explorations: Newsletter of the Special Interest Group (SIG) on Knowledge Discovery & Data Mining* 2, no. 1: 1-15.

Koskela, T., M. Varsta, J. Heikkonen, und K. Kaski. 1998. "Temporal sequence processing using recurrent SOM." Paper presented at the 2nd International Conference on Knowledge-Based Intelligent Engineering Systems, Adelaide, Australia.

Koskela, Timo. 2003. "Neural Network Methods in Analysing and Modelling Time Varying Processes." Dissertation for the degree of Doctor of Science in Technology, Helsinki University of Technology.

Kostoff, Ronald N. 1993. "Co-word Analysis." In *Evaluating R&D Impacts: Methods and Practice*, edited by B. Bozeman und J. Melkers, 63-78. Boston: Kluwer Academic Publishers.

Kostoff, Ronald N. 1993. "Methods for Research Impact Assessment." *Technological Forecasting and Social Change* 44, no. 3: 231-44.

Kostoff, Ronald N. 1994. "Database Tomography: Origins and Applications." *Competitive Intelligence Review* 5, no. 1: 48-55.

Kostoff, Ronald N. 1994. "Research Impact Quantification." *R&D Management* 24, no. 3: 207-18.

Kostoff, Ronald N., Robert Boylan, und Gene R. Simons. 2004. "Disruptive technology roadmaps." *Technological Forecasting & Social Change* 71: 141-59.

Kostoff, Ronald N., John T. Rigsby, und Ryan B. Barth. 2006. "Adjacency and Proximity Searching in the Science Citation Index and Google." *Journal of Information Science*: 9.

Kreibich, Rolf. 1995. "Zukunftsforschung." In *Handwörterbuch des Marketing*, edited by B. Tietz, R. Köhler und J. Zentres, 2814-34. Stuttgart.

Kreibich, Rolf. 2000. "Herausforderungen und Aufgaben für die Zukunftsforschung in Europa." In *Zukunftsforschung in Europa*, edited by Karlheinz Steinmüller, Rolf Kreibich und Christoph Zöpel, 9-35. Baden-Baden: Nomos.

Kreitel, Willhild Angelika. 2002. *Data Warehousing - Less data and more business information*. Edited by Karl-Heinz Brodbeck. Vol. 5, *praxis-perspektiven*. Würzburg: Verlag BWT.

Kroeze, Jan H., Machdel C. Matthee, und Theo J.D. Bothma. 2003. "Differentiating data- and text-mining terminology." Paper presented at the Proceedings of the 2003 annual research conference of the South African Institute of computer scientists and information technologists on Enablement through technology.

Kromesch, Sándor, und Sándor Juhász. 2005. "High Dimensional Data Visualization." Paper presented at the 6th International Symposium of Hungarian Researchers on Computational Intelligence, Budapest, Hungary.

Krömker, Detlef. Available.

Krömker, Detlef. Available.

Krömker, Detlef. Available.

Krömker, Detlef. Available.

Krömker, Detlef. Available.

Krystek, Ulrich, und Günter Müller-Stewens. 1993. "Frühaufklärung für Unternehmen: Identifikation und Handhabung zukünftiger Chancen und Bedrohungen." 284. Stuttgart: Schäffer-Poeschel.

Kullberg, Robin L. 1995. "Dynamic Timelines: Visualizing Historical Information in Three Dimensions." Master of Science in Media Arts and Sciences, Massachusetts Institute of Technology.

Kumaran, Giridhar, James Allan, und Andrew McCallum. 2004. "Classification Models for New Event Detection." IR, Department of Computer Science, University of Massachusetts.

Kunze, C. W. 2000. *Competitive Intelligence. Ein ressourcenorientierter Ansatz strategischer Frühaufklärung*. Aachen: Shaker Verlag.

Lægreid, Tarjei, und Paul Christian Sandal. 2006. "Financial News Mining: Extracting useful Information from Continuous Streams of Text." Master of Science in Computer Science, Norwegian University of Science and Technology.

Lagus, Krista, Timo Honkela, Samuel Kaski, und Teuvo Kohonen. 1999. "Websom for Textual Data Mining." *Artificial Intelligence Review* 13, no. 5-6: 345-64.

Lampinen, J., und E. Oja. 1989. "Self-Organizing Maps for spatial and temporal AR models." Paper presented at the 6th Scandinavian Conference on Image Analysis, Oulu, Finland.

Lamping, John, Ramana Rao, und Peter Pirolli. 1995. "A focus + context technique based on hyperbolic geometry for visualizing large hierarchies." Paper presented at the Proceedings of the Special Interest Group on Computer-Human Interaction Conference on Human Factors in Computing Systems, Denver, CO, USA.

Lau, Kin-nam, Kam-hon Lee, Ying Ho, und Pong-yuen Lam. 2004. "Mining the web for business intelligence: Homepage analysis in the internet era." *Database Marketing & Customer Strategy Management* 12, no. 1: 32-54.

Laxman, Srivatsan, und P. S. Sastry. 2006. "A survey of temporal data mining." *Sadhana* 31, no. 2: 173-98.

LeBlanc, Jeffrey, Matthew O. Ward, und Norman Wittels. 1990. "Exploring N-Dimensional Databases." Paper presented at the Proceedings of the 1st IEEE Conference on Visualization 1990, San Francisco, CA, USA.

Lee, C.-H., C.-R. Lin, und M.-S. Chen. 2001. "On mining general temporal association rules in a publication database." Paper presented at the Proceedings of ICDM '2001.

Lee, Sungjoo, Seonghoon Lee, Hyeonju Seol, und Yongtae Park. 2008. "Using patent information for designing new product and technology: keyword based technology roadmapping." *R&D Management* 38, no. 2: 169-88.

Lengler, Ralph, und Martin J. Eppler. 2007. "Towards A Periodic Table of Visualization Methods for Management." Paper presented at the IASTED Proceedings of the Conference on Graphics and Visualization in Engineering (GVE 2007), Clearwater, Florida, USA.

Lenk, Hans, und Günter Ropohl, eds. 1978. *Systemtheorie als Wissenschaftsprogramm*. Königstein: Athenäum-Verlag.

Lent, Brian, Rakesh Agrawal, und Ramakrishnan Srikant. 1997. "Discovering Trends in Text Databases." Paper presented at the Proceedings of the 3rd Annual Conference on Knowledge Discovery and Data Mining (KDD-97), Newport Beach, CA.

Leung, Y. K., und Mark D. Apperley. 1994. "A review and taxonomy of distortion-oriented presentation techniques." *ACM Transactions on Computer-Human Interaction (TOCHI)* 1, no. 2: 126–60.

Levkowitz, Haim. 1991. "Color Icons: Merging Color and Texture Perception for Integrated Visualization of Multiple Parameters." Paper presented at the Proceedings of the IEEE Conference on Visualization 1991, San Diego, CA, USA.

LexisNexis. Available from http://www.lexisnexis.com, 01.01.2010.

Lichtenthaler, Eckhard. 2004. "Technology intelligence processes in leading European and North American multinationals." *R&D Management* 34, no. 2: 121-35.

Lichtenthaler, Eckhard. 2008. "Methoden der Technologie-Früherkennung und Kriterien zu ihrer Auswahl." In *Technologie-Roadmapping: Zukunftsstrategien für Technologieunternehmen*, edited by Martin G. Möhrle und Ralf Isenmann, 59-84. Berlin, Heidelberg: Springer.

Liddy, E. 2000. "Text Mining." *Bulletin of the American Society for Information Science* 27, no. 1.

Liebl, Franz. 1994. "Issue Management. Bestandsaufnahme und Perspektiven." *Zeitschrift für Betriebswirtschaft* 64, no. 3: 359-83.

Liebl, Franz. 1996. *Strategische Frühaufklärung : Trends - Issues - Stakeholders*. München, Wien: R. Oldenbourg Verlag.

Liebl, Franz. 2000. *Der Schock des Neuen. Enstehung und Management von Issues und Trends*. München: Gerling Akademie Verlag.

Liebl, Franz. 2003. "Erkennen, abschätzen, Maßnahmen ergreifen: Issues Management auf dem Weg zum integrierten Strategiekonzept." In *Chefsache Issues Management: Ein Instrument zur strategischen Unternehmensführung - Grundlagen, Praxis, Trends*, edited by M. Kuhn, G. Kalt und A. Kinter, 62-73. Frankfurt am Main: FAZ Institut.

Liebl, Franz. 2004. "Woher kommt der Trend?" *brand eins* 5, no. 10: 172-73.

Liebl, Franz. 2005. "Technologie-Frühaufklärung: Bestandsaufnahme und Perspektiven." In *Handbuch Technologie- und Innovationsmanagement*, edited by Sönke Albers und Oliver Gassmann, 849. Wiesbaden: Gabler Verlag.

Liebscher, R., und R. Belew. 2003. "Lexical dynamics and conceptual change: Analyses and implications for information retrieval." *Cognitive Science Online* 1.

Lin, L., und T. Risch. 1998. "Querying Continuous Time Sequences." Paper presented at the VLDB (1998).

Lin, W., S.A. Alvarez, und C. Ruiz. 2002. "Efficient adaptive-support association rule mining for recommender systems." *Data Mining Knowledge Discovery* 6, no. 1: 83-105.

Lin, W., M. Orgun, und G. Williams. 2001. "Temporal data mining using Hidden Markov-local polynomial models." Paper presented at the 5th Pacific-Asia Conference on Knowledge Discovery and Data Mining (PAKDD'01).

Linde, Hansjürgen, und Bernd Hill. 1993. *Erfolgreich erfinden. Widerspruchsorientierte Innovationsstrategie für Entwickler und Konstrukteure*. Darmstadt: Hoppenstedt TTV.

Liu, Rey-Long, und Wan-Jung Lin. 2003. "Mining for interactive identification of users' information needs." *Infomation Systems* 28: 815-33.

Liu, Shuhua. 1996. "Strategic Scanning and Interpretation: the Organization, Strategic Management and Information Processing Context." TUCS Technical Report No. 84, Åbo Akademi University, Turku Centre for Computer Science, Institute for Advanced Management Systems Research.

Loh, S., L. K. Wives, und J. P. M. de Oliveira. 2000. "Concept-based knowledge discovery in texts extracted from the web." *ACM SIGKDD Explorations Newsletter* 2, no. 1: 29-39.

Losiewicz, Paul, Douglas W. Oard, und Ronald N. Kostoff. 2000. "Textual Data Mining to Support Science and Technology Management." *Journal of Intelligent Information Systems* 15, no. 2: 99-119.

Lucas, M. 1999/2000. "Mining in textual mountains, an interview with Marti Hearst." *Mappa Mundi Magazine, Trip-M 5:1-3*.

Luger, G. F. 2001. *Künstliche Intelligenz. Strategien zum Lösen komplexer Probleme*. München: Pearson Studien.

Luhmann, Niklas. 1991. *Soziale Systeme: Grundriss einer allgemeinen Theorie*. 3 ed. Frankfurt am Main: Suhrkamp.

Luhn, H. P. 1958. "The Automatic Creation of Literature Abstracts." *IBM Journal of Research and Development* 2, no. 2: 159-65.

Ma, Sheng, Tao Li, und Chang-shing Perng. 2004. "Temporal Data Mining: Algorithms, Theory and Applications." Paper presented at the The Fourth IEEE International Conference on Data Mining (ICDM'04), Brighton, UK.

Machlup, Fritz. 1962. *The Production and Distribution of Knowledge in the United States*. New Jersey: Princeton University Press.

Mackinlay, Jock D., George G. Robertson, und Stuart K. Card. 1991. "The perspective wall: Detail and context smoothly integrated." Paper presented at the Proceedings of the Special Interest Group on Computer-Human Interaction Conference on Human Factors in Computing Systems, New Orleans, LA, USA.

Mackinlay, Jock D., George G. Robertson, und R. DeLine. 1994. "Developing Calendar Visualizers for the Information Visualizer." Paper presented at the Proceedings of the ACM UIST'94.

Malik, Fredmund. 2003. *Strategie des Managements komplexer Systeme. Ein Beitrag zur Management Kybernetik evolutionärer Systeme*. Bern: Paul Haupt Verlag.

Mandelbrot, Benoit B. 1977. *Fractals : form, chance & dimension*. San Francisco: W. H. Freeman.

Mannila, H., und C. Meek. 2000. "Global Partial Orders from Sequential Data." Paper presented at the KDD (2000).

Mannila, H., und H. Toivonen. 1996. "Discovering Generalized episodes using minimal occurrences." Paper presented at the KDD (1996).

Mannila, H., H. Toivonen, und A. Verkamo. 1995. "Discovering Frequent Episodes in Sequences." Paper presented at the Proceedings of the 1st International Conference of Knowledge Discovery and Data Mining. Montreal, Montreal, Canada.

Mannila, H., H. Toivonen, und A. Verkamo. 1997. "Discovery of Frequent Episodes in Event Sequences." *Data Mining and Knowledge Discovery* 1, no. 3: 259-89.

Manning, Christopher D., und Hinrich Schütze. 1999. *Foundations of Statistical Natural Language Processing*. Cambridge, Massachusetts: The MIT Press.

Martin, B. R. 1995. "Foresight in Science and Technology." *Technology Analysis & Strategic Management* 7, no. 2: 139-68.

Martin, Edwin. Available from http://www.bitstorm.org/gameoflife, 20.07.2004 2004.

Martino, Joseph Paul. 1983. *Technological Forecasting for Decistion Making*. 2 ed. New York: McGraw-Hill.

Martino, Joseph Paul. 1992. "Probabilistic Technological Forecasts Using Precursor Events." *Technological Forecasting and Social Change* 42, no. 2: 121-31.

Martino, Joseph Paul. 2003. "A review of selected recent advances in technological forecasting." *Technological Forecasting & Social Change* 70, no. 8: 719-33.

Maruyama, Magoroh. Available from http://www.mountainman.com.au/chaos_05.htm.

Mathews, R., und W. Wacker. 2003. *Bunte Hunde. Mit abseitigen Ideen zum Erfolg - Bunte Hunde und graue Mäuse*. New York, 2002.: Crown Business.

Matkovic, Kresimir, Helwig Hauser, Reinhard Sainitzer, und M. Eduard Groller. 2002. "Process Visualization with Levels of Detail." Paper presented at the Proceedings of the IEEE Symposium on Information Visualization (InfoVis 2002).

Maturana, Humberto R., und Francisco J. Varela. 1980. *Autopoiesis and cognition : the realization of the living*. Vol. 42, *Boston studies in the philosophy of science*. Boston: D. Reidel Publishing Company.

Maurer, Harald, Wolfgang Rosenstiel, und Martin Bogdan. 2008. "Architecture Types of T. Kohonen's Self-Organizing (Feature) Map (SO(F)M)."

MAYA. Available from http://www.maya.com/visage.

McGovern, A., L. Friedland, M. Hay, B. Gallagher, A. Fast, J. Neville, und D. Jensen. 2003. "Exploiting Relational Structure to Understand Publication Patterns in High-Energy Physics." Paper presented at the Proceedings of the KDD'2003, Washington, DC, USA.

Mehler, Alexander, und Christian Wolff. 2005. "Einleitung: Perspektiven und Positionen des Text Mining." *Zeitschrift für Computerlinguistik und Sprachtechnologie* 20, no. 1: 1-18.

Mei, Qiaozhu, Chao Liu, Hand Su, und ChengXiang Zhai. 2006. "A probabilistic approach to spatiotemporal theme pattern mining on weblogs." Paper presented at the Proceedings of the 15th international conference on World Wide Web, Edinburgh, Scotland.

Mei, Qiaozhu, und ChengXiang Zhai. 2005. "Discovering Evolutionary Theme Patterns from Text - An Exploration of Temporal Text Mining." Paper presented at the Eleventh ACM SIGKDD international conference on Knowledge Discovery in Data Mining, Chicago, Illinois, USA.

Meister, Jan Christoph. Available from http://www.rrz.uni-hamburg.de/JC.Meister/texte/Narrativitaet_Ereignis.html.

Mennicken, Claudia. 2000. *Interkulturelles Marketing. Wirkungszusammenhänge zwischen Kultur, Konsumverhalten und Marketing*. Wiesbaden: Deutscher Universitäts-Verlag.

Merkl, Dieter. 1998. "Text data mining." In *A Handbook of Natural Language Processing: Techniques and Applications for the Process of Language as Text*, edited by R. Dale, H. Moisl und H. Somers, 889–903. New York: Marcel Dekker.

Mertens, Peter. 2002. "Business Intelligence – ein Überblick." Bereich Wirtschaftsinformatik I, Universität Erlangen-Nürnberg.

Michaeli, Rainer. 2006. *Competitive Intelligence: Strategische Wettbewerbsvorteile erzielen durch systematische Konkurrenz-, Markt- und Technologieanalysen*. Berlin, Heidelberg, New York: Springer.

Micic, Pero. 2006. "Phenomenology of Future Management in Top-Management-Teams." PhD Theses, Leeds Metropolitan University.

Miksch, Silvia. Available.

Miksch, Silvia, Monika Lanzenberger, und Wolfgang Aigner. Available from http://www.ifs.tuwien.ac.at/~silvia/wien/vu-infovis/.

Milgram, Stanley. 1967. "The small world problem." *Psychology Today* 61: 60-67.

Miller, James Grier. 1978. *Living Systems*. New York: McCraw Hill.

Mintzberg, H. 1987. "Crafting Strategy." *Harvard Business Review* 65, no. 4: 66-75.

Mizuuchi, Yoshiaki, und Keishi Tajima. 1999. "Finding context paths for web pages." Paper presented at the Proceedings of the 10th ACM Conference on Hypertext and hypermedia, Darmstadt, Deutschland.

Mobasher, B., Robert Cooley, und Jaideep Srivastava. 2000. "Automatic personalization based on Web usage mining." *Communications of the ACM* 43, no. 8: 142-51.

Mockler, Robert J. 1992. "Strategic intelligence systems: Competitive intelligence systems to support strategic management decision making." *S.A.M. Advanced Management Journal* 57, no. 1: 4-9.

Moere, A. V. 2004. "Time-Varying Data Visualization Using Information Flocking Boids." Paper presented at the Proceedings of IEEE Symposium on Information Visualization, Austin, USA.

Montes-y-Gomez, M, A. Gelbukh, und A. Lopez-Lopez. 2001. "Mining the News: Trends, Associations and Deviations." *Computacíon y Sistemas* 5, no. 1: 14-25.

Mörchen, Fabian. 2006. "Time Series Knowledge Mining." Philipps-Universität Marburg.

Morik, K. 2000. "The representation race - preprocessing for handling time phenomena." Paper presented at the 11th European Conference on Machine Learning (ECML'00).

Morrison, Andrew, John Punin, und Mukkai S. Krishnamoorthy. 2004. "Real-Time Monitoring and Alerting of Web Usage." Paper presented at the Proceedings of the 4th IEEE International Conference on Data Mining (ICDM'04); Workshop: Temporal Data Mining: Algorithms, Theory and Applications, Brighton, England.

Müller, Wolfgang, und Heidrun Schumann. 2003. "Visualization methods for time-dependent data - an overview." Paper presented at the Proceeding of the 2003 Winter Simulation Conference.

Müller-Stewens, Günter. 2007. "Früherkennungssysteme." In *Handwörterbuch der Betriebswirtschaft*, edited by Richard Köhler und Hans Ulrich Küpper, 558-70. Stuttgart: Schäffer-Poeschel Verlag.

Mummert Consulting AG. 2004. "Business Intelligence Studie biMA 2004 - Wie gut sind die BI-Lösungen der Unternehmen in Deutschland?" BI-Benchmarking-Studie, Mummert Consulting AG.

Mutius, Bernhard von, ed. 2004. *Die andere Intelligenz : Wie wir morgen denken werden : Ein Almanach neuer Denksätze aus Wissenschaft, Gesellschaft und Kultur*. Stuttgart: Klett-Cotta.

Nacke, Otto. 1979. "Informetrie: ein neuer Name für eine neue Disziplin." *Nachrichten für Dokumentation* 30, no. 6: 212-26.

Naisbitt, John. 1984. *Megatrends - Ten New Directions Transforming Our Lives*: Warner Books Inc.

Nakhaeizadeh, Gholamreza. 2006. "Is Consideration of Background Knowledge in Data Driven Solutions Possible at All?" In *Advances in Case-Based Reasoning*, 30. Berlin / Heidelberg: Springer.

Nanopoulos, Alex, Rob Alcock, und Yannis Manolopoulos. 2001. "Feature-based classification of time-series data." *Information Processing and Technology*: 49-61.

Narin, F., D. Loivastro, und K. A. Stevens. 1994. "Bibliometrics – Theory, Practice and Problems." *Evaluation Research* 18, no. 1: 65-76.

Nasukawa, T., und T. Nagano. 2001. "Text analysis and knowledge mining system." *IBM Systems Journal* 40, no. 4: 967-84.

NATO. Available.

Nédellec, C., und D. Faure. 1998. "A Corpus-based Conceptual Clustering Method for Verb Freames and Ontology Acquisition." In *LREC workshop*, edited by P. Velardi, 5-12. Granada, Spain.

NEMIS. 2003. "State of the Art, Evaluation and Recommendations regarding "Document Processing and Visualization Techniques"." Network of Excellence in Text Mining & Its applications in Statistics.

NEMIS. 2004. "State of the Art, Evaluation and Recommendations regarding "Web Mining"." Network of Excellence in Text Mining & Its applications in Statistics.

Neumann, John von, und Oskar Morgenstern. 1944. *Theory of games and economic behavior*. Princeton: Princeton University Press.

Noirhomme-Fraiture, Monique. 2002. "Visualization of Large Data Sets: The Zoom Star Solution." *International Electronic Journal of Symbolic Data Analysis* 0: 26-39.

Nørvag, Kjetil, Trond Øivind Eriksen, und Kjell-Inge Skogstad. 2006. "Mining Association Rules in Temporal Document Collections." In *Foundations of Intelligent Systems*, 745-54. Berlin, Heidelberg: Springer.

Oates, T. 1999. "Identifying Distinctive Subsequences in Multivariate Time Series by Clustering." Paper presented at the KDD (1999).

Oellien, Frank. 2003. "Algorithmen und Applikationen zur interaktiven Visualisierung und Analyse chemiespezifischer Datensätze." Doktorarbeit, Friedrich-Alexander-Universität Erlangen-Nürnberg.

Ossimitz, Günther. 1995. "Systemisches Denken und Modellbilden." Konzeptpapier, Universität Klagenfurt; Institut für Mathematik, Statistik und Didaktik der Mathematik.

Ossimitz, Günther. 1997. "Qualitatives und Quantitatives Systemdynamisches Modellieren." Institut für Mathematik, Statistik und Didaktik der Mathematik; Universität Klagenfurt.

Owsnicki-Klewe, B., K. von Luck, und B. Nebel. 2000. "Kapitel 5: Wissensrepräsentation und Logik – Eine Einführung." In *Handbuch der Künstlichen Intelligenz*, edited by Günther Görz, C.-R. Rollinger und J. Schneeberger, 153-97. München: Oldenburg Verlag.

Ozsoyoglu, G., und R. Snodgrass. 1995. "Temporal and Real-time Databases: A Survey." *IEEE TKDE* 4, no. 7: 513-32.

Page, Lawrence, Sergey Brin, R. Motwani, und T. Wingrad. 1999. "The PageRank Citation Ranking: Bringing Order to the Web." Technical report, Stanford University.

Pan, Feng. 2005. "A Temporal Aggregates Ontology in OWL for the Semantic Web." Paper presented at the Proceedings of the AAAI Fall Symposium on Agents and the Semantic Web, Arlington, Virginia, USA.

Papka, Ron, und James Allan. 1998. "On-Line New Event Detection using Single Pass Clustering." Intelligent Information Retrieval Department of Computer Science, University of Massachusetts.

Pask, Gordon. 1975. *The cybernetics of human learning and performance*. London: Hutchinson Educational.

Peterson, J. W. 2002. "Leveraging technology foresight to create temporal advantage." *Technological Forecasting and Social Change* 69, no. 5: 485-94.

Pfadenhauer, M. 2004. "Wie forschen Trendforscher? Zur Wissensproduktion in einer umstrittenen Branche." *Forum Qualitative Sozialforschung* 5, no. 2: Online Journal.

Pfeiffer, Stephan. 1992. *Technologie-Frühaufklärung : Identifikation und Bewertung zukünftiger Technologien in der strategischen Unternehmensplanung, Duisburger Betriebswirtschaftliche Schriften.* Hamburg: S + W, Steuer- und Wirtschaftsverlag.

Pfitzner, D., V. Hobbs, und D. Powers. 2003. "A unified taxonomy framework for information visualization." Paper presented at the Proceedings of Australian Symposium on Information Visualisation 2003.

Pflüglmayer, Martin. 2001. "Informations- und Kommunikationstechnologien zur Qualitätsverbesserung im Krankenhaus." Dissertation (Dr. rer. soc. oec.), Johannes Kepler Universität Linz.

Pickett, R. M., und G. G. Grinstein. 1988. "Iconographic Displays for Visualizing Multidimensional Data." Paper presented at the Proceedings of the 1988 IEEE International Conference on Systems, Man, and Cybernetics, Beijing and Shenyang, China.

Pilone, Dan, und Neil Pitman. 2005. *UML 2.0 in a Nutshell.* Edited by Jonathan Gennick. Sebastopol, CA 95472: O'Reilly Media, Inc.

Plaisant, Catherine, Richard Mushlin, Aaron Snyder, Jia Li, Dan Heller, und Ben Shneiderman. 1998. "LifeLines: Using Visualization to Enhance Navigation and Analysis of Patient Records." Paper presented at the roceedings of the 1998 American Medical Informatic Association Annual Fall Symposium, Orlando, USA.

Plaisant, Catherine, Ben Shneiderman, und Rich Mushlin. 1998. "An information architecture to support the visualization of personal histories." *Information Processing and Management* 34, no. 5: 581-97.

Pleuß, Peter Olav. 2006. *Konzept zur Internetnutzung bei der Technologiefrüherkennung.* Vol. 67, *Zukünftige Technologien.* Düsseldorf: ZTC der VDI-Technologiezentrum-GmbH.

Polanyi, Michael. 1966. *The Tacit Dimension.* New York: Doubleday & Co. Inc.

Ponte, Jay M., und W. Bruce Croft. 1997. "Text Segmentation by Topic." In *Research and Advanced Technology for Digital Libraries,* edited by Carol Peters und Costantino Thanos, 113-26: Springer.

Popescul, Alexandrin, Gary William Flake, Steve Lawrence, Lyle H. Ungar, und C. Lee Giles. 2000. "Clustering and Identifying Temporal Trends in Document Databases." Paper presented at the Proceedings of the IEEE Advances in Digital Libraries 2000, Washington DC, USA.

Popivanov, I., und R. J. Miller. 2002. "Similarity search over time series data using wavelets." Paper presented at the Proceedings of the 18th International Conference on Data Engineering, San Jose, CA, USA.

Porter, A. L., A. T. Roper, T. W. Watson, F. A. Rossini, J. Banks, und B. J. Wiederholt. 1991. *Forecasting and Management of Technology.* New York.

Porter, Alan L. 2005. "QTIP: Quick technology intelligence processes." *Technological Forecasting & Social Change* 72: 1070-81.

Porter, Alan L. 2005. "TECH Mining." *Competitive Intelligence Magazine* 8, no. 1: 30-36.

Porter, Alan L., W. B. Ashton, G. Clar, J. F. Coates, und K. Cuhls. 2004. "Technology futures analysis: Toward integration of the field and new methods." *Technological Forecasting and Social Change* 71, no. 3: 287-303.

Porter, Alan L., und Scott W. Cunningham. 2005. *Tech Mining. Exploiting New Technologies for Competitive Advantage.* Edited by Andrew P. Sage. 1 ed: Wiley & Sons.

Porter, Alan L., und M. J. Detampel. 1995. "Technology Opportunities Analysis." *Technological Forecasting & Social Change* 49, no. 3: 237 ff.

Porter, M. F. 1980. "An algorithm for suffix stripping." *Program* 14, no. 3: 130-37.

Porter, Michael E. 1980. *Competitive Strategy: Techniques for Analyzing Industries and Competitors.* New York, London: The Free Press.

Pottenger, William M., Yong-Bin Kim, und Daryl D. Meling. 2001. "HDDI^{TM}: Hierarchical Distributed Dynamic Indexing." In *Data Mining for Scientific Engineering Applications*, edited by Robert L. Grossman, Chandrika Kamath, Philip Kegelmeyer, Vipin Kumar und Raju R. Namburu, 319-34. Dordrecht, Netherlands: Kluwer Academic Publishers.

Pottenger, William M., und Ting-Hao Yang. 2001. "Detecting Emerging Concepts in Textual Data Mining." In *Computational information retrieval*, edited by Michael W. Berry, 89-105. Philadelphia, PA, USA: Society for Industrial and Applied Mathematics.

Pretschuh, Jürgen, und Barbara Heller-Schuh. 2005. "Identification and representation of topics in the field of alternative propulsion systems." Paper presented at the Proceedings of the 14th International Conference on Management of Technology (IAMOT 2005), Vienna, Austria.

Price, Derek J. de Solla. 1963. *Big Science, Little Science,* . New York: Columbia University Press.

Prigogine, Ilya. 1980. *From being to becoming : time and complexity in the physical sciences.* San Francisco: W. H. Freeman.

Prigogine, Ilya, und Gregoire Nicolis. 1977. *Self-organization in nonequilibrium systems : from dissipative structures to order through fluctuations.* New York, London: John Wiley & Sons.

Pritchard, Alan. 1969. "Statistical bibliography or bibliometrics?" *Journal of Documentation* 25, no. 4: 348-49.

Probst, Gilbert, Steffen Raub, und Kai Romhardt. 1999. *Wissen managen. Wie Unternehmen ihre wertvollste Ressource optimal nutzen.* 3 ed. Frankfurt/Main: FAZ, Gabler.

Probst, Gilbert, und Kai Romhardt. Available from http://wwwai.wu-wien.ac.at/~kaiser/seiw/Probst-Artikel.pdf, 10.05.2008 2008.

Qiaozhu Mei, ChengXiang Zhai. 2005. "Discovering Evolutionary Theme Patterns from Text - An Exploration of Temporal Text Mining." Paper presented at the Eleventh ACM SIGKDD international conference on Knowledge discovery in data mining, Chicago, Illinois, USA.

Qu, Y., C. Wang, und S.X. Wang. 1998. "Supporting Fast Search in Time Series for Movement Patterns in Multiple Scales." Paper presented at the Seventh International Conference on Information and Knowledge Management (CIKM).

Quasthoff, Uwe, ed. 2007. *Deutsches Neologismenwörterbuch. Neue Wörter und Wortbedeutungen in der Gegenwartssprache.* Berlin: De Gruyter.

Quasthoff, Uwe, Matthias Richter, und Chris Biemann. 2006. "Corpus portal for search in monolingual corpora." Paper presented at the Proceedings of the LREC.

Quasthoff, Uwe, Matthias Richter, und Christian Wolff. 2003. "Medienanalyse und Visualisierung: Auswertung von Online-Pressetexten durch Text Mining." *LDV Forum* 18, no. 1/2: 442-59.

Quasthoff, Uwe, und Christian Wolff. 2002. "The Poisson Collocation Measure and its Applications." Paper presented at the Proceedings of the International Workshop on Computational Approaches to Collocations, Wien, Österreich.

Raan, Anthony F. J. van. 2003. "The use of bibliometric analysis in research performance assessment and monitoring of interdisciplinary scientific developments." *Technology Assessment - Theory and Practice* 1, no. 12: 20-29.

Raan, Anthony F. J. van. 2004. "Measuring Science." In *Handbook of Quantitative Science and Technology Research: The Use of Publication and Patent Statistics in Studies of S&T Systems*, edited by H. F. Moed, Wolfgang Glänzel und Ulrich Schmoch, 19-50. New York: Springer-Verlag.

Raan, Anthony F. J. van. 2006. "Statistical properties of bibliometric indicators: Research group indicator distributions and correlations." *Journal of the American Society for Information Science and Technology* 57, no. 3: 408-30.

Rafiei, D. 1999. "On similarity-based queries for time series data." Paper presented at the Proceedings of the 15th IEEE International Conference on Data Engineering, Sydney, Australia.

Rafiei, D., und A. O. Mendelzon. 1998. "Efficient retrieval of similar time sequences using DFT." Paper presented at the Proceedings of the 5th International Conference on Foundations of Data Organization and Algorithms, Kobe, Japan.

Rai, L. P., und Naresh Kumar. 2003. "Development and Application of Mathematical Models for Technology Substitution." *Pranjana: The Journal of Management Awareness* 6, no. 2: 49-60.

Rainsford, Chris P., und John F. Roddick. 1999. "Adding Temporal Semantics to Association Rules." In *Principles of Data Mining and Knowledge Discovery*, edited by Jan M. Zytkow und Jan Rauch, 504-09. Berlin, Heidelberg: Springer.

Rao, Ramana, und S. K. Card. 1994. "The table lens: Merging graphical and symbolic representation in an interactive focus+context visualization for tabular information." Paper presented at the Proceedings of the Special Interest Group on Computer-Human Interaction Conference on Human Factors in Computing Systems, Boston, MA, USA.

Rapoport, Anatol, und Werner Krabs, eds. 1988. *Allgemeine Systemtheorie : Wesentliche Begriffe und Anwendungen, Darmstädter Blätter.* Darmstadt.

Rapp, J. 1999. "Eine erweiterte Definition des Begriffes "Trend" in der Klimadiagnose."

Reger, Guido. 2001. "Technology Foresight in Companies: From an Indicator to a Network and Process Perspective." *Technology Analysis & Strategic Management* 13, no. 4: 533-53.

Reichel, Rudolf. 1984. *Dialektisch-materialistische Gesetzmäßigkeiten der Technikevolution*: Urania.

Reinders, Freek, Frits H. Post, und Hans J. W. Spoelder. 2001. "Visualization of time-dependent data with feature tracking and event detection." *The Visual Computer* 17, no. 1: 55-71.

Rekimoto, Jun. 1999. "TimeScape: A Time-Machine for the Desktop Environment." Proceedings of the ACM CHI'99: Extended Abstracts.

Rekimoto, Jun, und Mark Green. 1993. "The Information Cube: Using Transparency in 3d Information Visualization." Paper presented at the Proceeding of the 3rd Annual Workshop on Information Technologies & Systems.

Renieris, Manos, und Steven P. Reiss. 1999. "Almost: exploring program traces." Paper presented at the Proceedings of the 1999 workshop on new paradigms in information visualization and manipulation (NPIVM) in conjunction with the eighth ACM international conference on Information and knowledge management, Kansas City, Missouri, USA.

Reynar, Jeffrey, und Adwait Ratnaparkhi. 1997. "A maximum entropy approach to identifying sentence boundaries." Paper presented at the Proceedings of th 5th conference on Applied Natural Language Processing, Washington D.C., USA.

Robertson, George G., und Jock D. Mackinlay. 1993. "The document lens." Paper presented at the Proceedings of the 6th annual ACM Symposium on User Interface Software and Technology, Atlanta, Georgia, USA.

Robertson, George G., Jock D. Mackinlay, und Stuart K. Card. 1991. "Cone Trees: animated 3D visualizations of hierarchical information." Paper presented at the Proceedings of the Special Interest Group on Computer-Human Interaction Conference on Human Factors in Computing Systems: Reaching through technology, New Orleans, LA, USA.

Roddick, John F., und Myra Spiliopoulou. 1999. "A Bibliography of Temporal, Spatial and Spatio-Temporal Data Mining Research." *ACM SIGKDD Explorations Newsletter* 1, no. 1: 34-38.

Roddick, John F., und Myra Spiliopoulou. 2002. "A Survey of Temporal Knowledge Discovery Paradigms and Methods." *IEEE TRANSACTIONS ON KNOWLEDGE AND DATA ENGINEERING* 14, no. 4: 750-67.

Rodrigues, Pedro, Joao Gama, und Joao Pedro Pedroso. 2004. "Hierarchical Time-Series Clustering for Data Streams." Paper presented at the Proceedings of the 1st International Workshop on Knowledge Discovery in DataStreams.

Rogers, E. M. 1976. "New Product Adoption and Diffusion." *Journal of Consumer Research*, no. 2: 290-301.

Rogers, E. M. 1995. *Diffusion of innovations*. 4 ed. New York: The Free Press.

Rohrbeck, René, Heinrich Arnold, und Jörg Heuer. 2007. "Strategic Foresight in multinational enterprises. A case study on the Deutsche Telekom Laboratories." Paper presented at the ISPIM-Asia Conference, New Delphi, India.

Rohrbeck, René, und H. G. Gemuenden. 2006. "Strategische Frühaufklärung - Modell zur Integration von markt- und technologieseitiger Frühaufklärung." In *Vorausschau und Technologieplanung*, edited by J. Gausemeier, 159-76. Paderborn: Heinz Nixdorf Institut.

Romppel, A. 2006. *Competitive Intelligence. Konkurrenzanalyse als Navigationssystem im Wettbewerb*. Berlin: Cornelsen Verlag.

Rosenstein, Allison. 2005. "Our Relationship with Information." Final Paper for Writing for Digital Media.

Rosenstiel, Lutz von. 2007. "Organisationsanalyse." In *Qualitative Forschung. Ein Handbuch*, edited by U. Flick, E. Kardorff und I. Steinke: Rowohlt Verlag.

Ruff, Frank. 2003. "Beiträge der Zukunftsforschung zum Issue Management." In *Chefsache Issues Management: Ein Instrument zur strategischen Unternehmensführung - Grundlagen, Praxis, Trends*, edited by M. Kuhn, G. Kalt und A. Kinter, 40-61. Frankfurt am Main: FAZ Institut.

Rust, H. 1996. *Trend-Forschung: Das Geschäft mit der Zukunft*: Rowohlt.

Rust, H. 1997. *Das Anti-Trendbuch - Klares Denken statt Trendgemunkel*. Wien, Frankfurt: Ueberreuter.

Sadri, Reza, Carlo Zaniolo, Amir Zarkesh, und Jafar Adibi. 2004. "Expressing and optimizing sequence queries in database systems." *ACM Transactions on Database Systems (TODS)* 29, no. 2: 282 - 318.

Sage, Andrew P., und William B. Rouse, eds. 1999. *Handbook of Systems Engineering and Management*. Hoboken, NJ: John Wiley and Sons.

Salo, A., T. Gustafsson, und R. Ramanathan. 2003. "Multicriteria methods for technology foresight." *Journal of Forecasting* 22, no. 2-3: 235-55.

Salvador, Stan, und Philip Chan. 2004. "FastDTW: Toward Accurate Dynamic Time Warping in Linear Time and Space." Paper presented at the 10th ACM SIGKDD International Conference on Knowledge Discovery and Data Mining: 3rd Workshop on Mining Temporal and Sequential Data, Seattle, WA, USA.

Samia, Mireille, und Stefan Conrad. 2007. "A Time Series Representation for Temporal Web Mining." In *Databases and Information Systems IV - Selected Papers from the Seventh International Baltic Conference DB&IS 2006*, edited by Ologas Vasilecas, Johann Eder und Albertas Caplinskas, 161-74: IOS Press.

SanJuan, Eric, und Fidelia Ibekwe-SanJuan. 2006. "Text mining without document context." *Information Processing and Management* 42: 1532-52.

Santos, Selan Rodrigues dos. 2004. "A Framework for the Visualization of Multidimensional and Multivariate Data." PhD-Theses, The University of Leeds.

Saussure, Ferdinand de. 2001. *Grundfragen der Allgemeinen Sprachwissenschaft*. 3 ed. Berlin, New York: Walter de Gruyter.

Schamanek, Andreas. Available from http://www.ams.smc.univie.ac.at/~schamane/kds/, 20.07.2004 2004.

Schirm, Rolf W., und Juergen Schoemen. 2003. *Evolution der Persönlichkeit : Die Grundlagen der Biostruktur-Analyse.* 10 ed. Luzern: IBSA Institut für Biostruktur-Analysen AG.

Schmidt, Fabian. 1999. "Automatische Ermittlung semantischer Zusammenhänge lexikalischer Einheiten und deren graphische Darstellung." Diplomarbeit, Universität Leipzig.

Schmitt, Ingo. 2002. "Retrieval in Multimedia-Datenbanksystemen." *Datenbank-Spektrum* 2, no. 4: 28-35.

Schumpeter, Joseph Alois. 1997. *Theorie der wirtschaftlichen Entwicklung: Eine Untersuchung über Unternehmensgewinn, Kapital, Kredit, Zins und den Konjunkturzyklus.* 9 ed. Berlin: Duncker & Humblot.

Sebastiani, F. 2002. "Machine learning in automated text categorization." *ACM Computing Surveys* 34, no. 1: 1-47.

Seshadri, Praveen, Miron Livny, und Raghu Ramakrishnan. 1994. "Sequence query processing." Paper presented at the Proceedings of the 1994 ACM SIGMOD international conference on Management of data, Minneapolis, Minnesota, USA.

Shahabi, C., X. Tian, und W. Zhao. 2000. "TSA-tree: A wavelet based approach to improve the efficiency of multi-level surprise and trend queries." Paper presented at the Proceedings of the 12th International Conference on Scientific and Statistical Database Management, Berlin, Deutschland.

Shahar, Yuval, Dina Goren-Bar, David Boaz, und Gil Tahan. 2006. "Distributed, intelligent, interactive visualization and exploration of time-oriented clinical data and their abstractions." *Arificial Intelligence in Medicine* 38, no. 2: 115-35.

Shakar, Alex. 2002. *The Savage Girl*: Harper Perennial.

Shannon, Claude E., und Warren Weaver. 1949. *The mathematical theory of communication.* Urbana: University of Illinois Press.

Shaparenko, Benyah, Rich Caruana, Johannes Gehrke, und Thorsten Joachims. 2005. "Identifying Temporal Patterns and Key Players in Document Collections." Paper presented at the Proceedings of the IEEE ICDM Workshop on Temporal Data Mining: Algorithms, Theory and Applications (TDM-05).

Shenk, David. 1997. *Data Smog: Surviving the information glut.* London: Little, Brown and Company.

Shirazi, Mohsen Akbarpour, und Javad Soroor. 2006. "An intelligent agent-based architecture for strategic information system applications." *Knowledge Based Systems* in press !!!

Shneiderman, Ben. 1992. "Tree Visualization with Treemaps: A 2D Space-Filling Approach." *ACM Transactions on Graphics* 11, no. 1: 92-99.

Shneiderman, Ben. 1996. "The Eyes Have It: A Task by Data Type Taxonomy for Information Visualizations." University of Maryland, Department of Computer Science.

Silva, Sônia Fernandes, und Tiziana Catarci. 2002. "Visualization of Linear Time-Oriented Data: a Survey." *Journal of Applied Systems Studies* 3, no. 2: 454-78.

Simoff, Simeon J., und Osmar R. Zaïane. 2000. "Variations on multimedia data mining." *ACM SIGKDD Explorations Newsletter* 2, no. 2: 103-05.

Singer, Wolf. 2004. "Die Erforschung organisierter Systeme oder: Die Notwendigkeit einer theoretischen Fundierung der Lebenswissenschaften." In *Die andere Intelligenz : Wie wir morgen denken werden : Ein Almanach neuer Denksätze aus Wissenschaft, Gesellschaft und Kultur*, edited by Bernhard von Mutius, 110-17. Stuttgart: Klett-Cotta.

Sirida, Dalia, und Dan Amitai. Available.

Smuts, Jan Christiaan. 1973. *Holism and evolution*. Wiederabdruck der 1926 veröffentlichten Auflage ed. Westport: Greenwood Press.

Snodgrass, Richard T. 1999. *Developing Time-Oriented Database Applications in SQL*. San Francisco, California, USA: Morgan Kaufmann Publishers, Inc.

Snodgrass, Richard T. 2000. *Developing Time-Oriented Database Applications in SQL*. Edited by Jim Gray, *THE MORGAN KAUFMANN SERIES IN DATA MANAGEMENT SYSTEMS*. San Francisco, California, USA: Morgan Kaufmann Publishers.

Snodgrass, Richard T., und Ilsoo Ahn. 1985. "A taxonomy of time databases." Paper presented at the Proceedings of the 1985 ACM SIGMOD international conference on Management of data, Austin, Texas, USA.

Soukup, Tom, und Ian Davidson. 2002. *Visual Data Mining: Techniques and Tools for Data Visualization and Mining*. New York, USA: Wiley Publishing Inc.

Specht, Dieter, und Martin G. Möhrle, eds. 2002. *GABLER LEXIKON TECHNOLOGIE MANAGEMENT. Management von Innovationen und neuen Technologien im Unternehmen*. 1 ed. Wiesbaden: Betriebswirtschaftlicher Verlag Dr. Th. Gabler GmbH.

Spence, Robert, und Mark D. Apperley. 1982. "Data base navigation: An office environment for the professional." *Behaviour and Information Technology* 1, no. 1: 43–54.

Spiliopoulou, Myra, und R. M. Müller. 2003. "PARMENIDES: Ontology Driven Temporal Text Mining on Organisational Data for Extracting Temporal Valid Knowledge." Paper presented at the Proceedings of the 7th Conference on Principles and Practice of Knowledge Discovery in Databases, Cavtat, Croatia.

Spiliopoulou, Myra, und John F. Roddick. 2000. "Higher Order Mining: Modelling and Mining the Results of Knowledge Discovery." Paper presented at the Proceedings of the 2nd International Conference on Data Mining Methods and Databases, Cambridge, UK.

Spoerri, Anselm. 1993. "Infocrystal: A visual tool for information retrieval." Paper presented at the Proceedings of 4th IEEE Conference on Visualization 1993; Session: Visualizing databases and parallel programs, San Jose, CA, USA.

Srivastava, Jaideep, Robert Cooley, Mukund Deshpande, und Pang-Ning Tan. 2000. "Web Usage Mining: Discovery and Applications of Usage Patterns from Web Data." *SIGKDD Explorations* 1, no. 2: 12-23.

Srivastava, Jaideep, Prasanna Desikan, und Vipin Kumar. 2004. "Web mining - concepts, applications & research directions." In *Data Mining: Next Generation Challenges and Future Directions*, edited by H. Kargupta, A. Joshi, K. Sivakumar und Y. Yesha. Menlo Park, CA, USA: AAAI / MIT Press.

Steiner, Andreas. 1998. "A Generalisation Approach to Temporal Data Models and their Implementations." Doctor of Technical Sciences, Swiss Federal Institute of Technology.

Steinmüller, Karlheinz. 1997. "Grundlagen und Methoden der Zukunftsforschung: Szenarien, Delphi, Technikvorausschau." Sekretariat für Zukunftsforschung.

Stokes, Nicola, und Joe Carthy. 2001. "Combining Semantic and Syntactic Document Classifiers to improve First Story Detection." Paper presented at the Proceedings of SIGIR '01, New Orleans, Louisiana, USA.

Stollberg, Michael. 2002. "Ontologiebasierte Wissensmodellierung: Verwendung als semantischer Grundbaustein des Semantic Web." Dissertation, FU Berlin.

Stolte, C., D. Tang, und P. Hanrahan. 2002. "Polaris: A system for query, analysis and visualizationof multidimensional relational databases." *Transactions on Visualization and ComputerGraphics*.

Stumme, Gerd, Andreas Hotho, und Bettina Berendt. 2006. "Semantic Web Mining: State of the art and future directions." *Web Semantics: Science, Services and Agents on the World Wide Web* 4, no. 2: 124-43.

Subramanian, Ram, und Samir T. IsHak. 1998. "Competitor analysis practices of US companies: An empirical investigation." *MIR: Management International Review* 38, no. 1: 7-23.

Sullivan, Dan. 2000. "The Need for Text Mining in Business Intelligence." *DM Review* 10, no. 12.

Sullivan, Dan. 2001. *Document Warehousing and Text Mining*. New York: John Wiley & Sons Inc.

Swan, Russell, und James Allan. 2000. "TimeMine (demonstration session): visualizing automatically constructed timelines." Paper presented at the Proceedings of the 23rd annual international ACM SIGIR conference on Research and Development in Information Retrieval, Athen, Griechenland.

Tan, A. H. 1999. "Text mining: the state of the art and the challenges." *Proceedings of the PAKDD 1999 Workshop on Knowledge Discovery from Advanced Databases*: 65-70.

Technorati. Available from http://www.technorati.com, 01.01.2010.

Teresniak, Sven. 2005. "Statistikbasierte Sprachenidentifikation auf Satzbasis." Bachelor, Universität Leipzig.

Teresniak, Sven, Gerhard Heyer, Gerik Scheuermann, und Florian Holz. 2009. "Visualisierung von Bedeutungsverschiebungen in großen diachronen Dokumentkollektionen." *Datenbank-Spektrum* 31, no. December.

ThemeScape. Available from http://science.thomsonreuters.com/winningmove/secure/TI_Themescape_QT.html, 21.01.2010.

Theodoulidis, B. 1995. "Interactive Querying and Visualization in Temporal databases." Paper presented at the Proceedings of the Reasoning Workshop of the 4th DOOD Conference.

Thom, René. 1975. "Catastrophe theory : its present state and future perspectives." University of Warwick, Mathematics Institute.

ThomsonReuters. Available from http://thomsonreuters.com, 01.01.2010.

Thuraisingham, B. 1999. *Data mining: technologies, techniques, tools, and trends*. Boca Raton, Florida: CRC Press.

Tiefel, Thomas, und Rainer Schuster. 2006. "Ansätze der Patentportfolio-Analyse: Eine vergleichende Uber-sicht aus der Perspektive des strategischen Technologic- und Innovationsmanagements." In *Strategische Aktionsfelder des Patentmanagements*, edited by Thomas Tiefel, 21-54. Wiesbaden: Deutscher Universitäts-Verlag | GWV Fachverlage GmbH.

Tominski, C., P. Schulze-Wollgast, und H. Schumann. 2005. "3D Information Visualization for Time Dependent Data on Maps." Paper presented at the Proceedings of the International Conference on Information Visualisation, London, UK.

Tominski, Christian. 2006. "Event-Based Visualization for User-Centered Visual Analysis." Dr.-Ing., Universität Rostock.

Tominski, Christian, James Abello, und Heidrun Schumann. 2004. "Axes-Based Visualizations with Radial Layouts." Paper presented at the Proceedings of the 2004 ACM Symposium on Applied Computing, Nicosia, Zypern.

Tominski, Christian, und Heidrun Schumann. 2004. "An Event-Based Approach to Visualization." Paper presented at the Proceedings of the 8th International Conference on Information Visualization.

Tory, Melanie, und Torsten Möller. 2004. "Rethinking Visualization: A High-Level Taxonomy." *InfoVis* 0: 151-58.

Toyoda, Masashi, und Masaru Kitsuregawa. 2005. "A System for Visualizing and Analyzing the Evolution of the Web with a Time Series of Graphs." Paper presented at the Proceedings of the 16th ACM Conference on Hypertext and Hypermedia, Salzburg, Austria.

Trippe, Anthony J. 2003. "Patinformatics: Task to tools." *World Patent Information* 25: 211-21.

Tschirky, Hugo, und Stefan Koruna, eds. 1998. *Technologie-Management. Idee und Praxis*. Zürich: Verlag Industrielle Organisation.

Tukey, John Wilder. 1977. *Exploratory Data Analysis*: Addison-Wesley.

Turner, W.A. 1994. "What is an R: Informetrics or Infometrics." *Scientometrics* 30, no. 2-3: 471-80.

Tweedie, Lisa. 1997. "Characterizing interactive externalization." Paper presented at the Proceedings of the Special Interest Group on Computer-Human Interaction Conference on Human Factors in Computing Systems, Atlanta, Georgia, USA.

Ullrich, Mike, Andreas Maier, und Jürgen Angele. 2003. "Taxonomie, Thesaurus, Topic Map, Ontologie - ein Vergleich." Whitepaper, ontoprise.

Vachon, Thérèse. 2004. "Applications of text mining in the pharmaceutical industry." Geneva.

Vanston, John H. 1995. "Technology Forecasting: An Aid to Effective Technology Management." Technology Futures Inc.

Vasilakopoulos, Argyrios, Michele Bersani, und William J. Black. 2004. "A Suite of Tools for Making Up Textual Data for Temporal Text Mining Scenarios." Paper presented at the Proceedings of the 4th International Conference on Language Resources and Evaluation, Lisbon, Portugal.

Vedder, Richard G., Michael T. Vanecek, C. Stephen Guynes, und James J. Cappel. 1999. "CEO and CIO perspectives on competitive intelligence." *Communications of the ACM* 42, no. 8: 108-16.

Vester, Frederic. 1990. *Ausfahrt Zukunft : Strategien für den Verkehr von morgen : eine Systemuntersuchung.* 2 ed. München: Heyne.

Vester, Frederic. 1999. *Die Kunst vernetzt zu denken : Ideen und Werkzeuge für einen neuen Umgang mit Komplexität.* Stuttgart: Deutsche Verlags-Anstalt.

Vester, Frederic, und Alexander von Hesler. 1980. "Sensitivitätsmodell = Sensitivity Model." Bundesministers des Innern, Regionale Planungsgemeinschaft.

Viégas, Fernanda B., Martin Wattenberg, und Kushal Dave. 2004. "Studying cooperation and conflict between authors with history flow visualizations." Paper presented at the Proceedings of the SIGCHI conference on Human factors in computing systems, Wien, Österreich.

Voros, Joseph. 2001. "Reframing Environmental Scanning: An Integral Approach." *Foresight - The journal of future studies, strategic thinking and policy* 3, no. 6: 533-52.

Voros, Joseph. 2005. "A generalised 'layered methodology' framework." *Foresight - The journal of future studies, strategic thinking and policy* 7, no. 2: 28-40.

Walde, Peter. 2003. "Roadmap to the Future. Die Zukunft des Autofahrens aus Sicht der IKT-Diffusion in der Fahrgastzelle." Diplomarbeit, Hochschule für Technik, Wirtschaft und Kultur.

Walde, Peter. 2003. "Roadmap to the Future. Die zunehmende IKT-Diffusion in der Fahrgastzelle." *Z_paper* 09: 83.

Walde, Peter. 2004. "Wissenschaftliche Grundlage: Innovation und systemisches Denken." Interner Forschungsbericht, Volkswagen AG, Konzernforschung.

Walde, Peter. 2006. "Competitive Intelligence in F&E, Marktforschung und Medienanalyse mit Text-Mining. Anwendungsbericht aus der VW Zukunftsforschung." Paper presented at the 4. Volkswagen BI-Konferenz "Innovation durch BI erhöhen", Wolfsburg, 22.11.2006.

Walde, Peter. 2007. "Competitive Intelligence mit Text-Mining in Forschung & Entwicklung, Marktforschung und Medienanalyse." In *Technologien und Werkzeuge für ein rollen- und aufgabenbasiertes Wissensmanagement. Zusammenfassender Bericht aus dem Forschungsprojekt Pre BIS*, edited by C. P. Fähnrich, J. Härtwig, D.-O. Kiehne und A. Weisbecker, 33-56. Leipzig.

Walde, Peter. 2007. "Wissensvorsprung mit Text-Mining." Interner Forschungsbericht, Volkswagen AG.

Walde, Peter. 2008. "Competitive Intelligence für F&E, MaFo und Medienanalyse auf Basis digitaler Textmengen." Interner Forschungsbericht, Volkswagen AG.

Walde, Peter. 2008. "Competitive Intelligence für F&E, MaFo und Medienanalyse auf Basis digitaler Textmengen." Interner Forschungsbericht, Audi AG.

Walde, Peter. 2009. "DI.ANA: A digital intelligence service to support strategic decisions based on textual data - a report on 5 years of development and application experience at a global OEM." In *Text Mining Services – Building and applying text mining based service infrastructures in research and industry. Proceedings of the conference on Text Minng Services*, edited by Gerhard Heyer, 81-91. Leipzig: Universität Leipzig.

Walde, Peter. 2009. "DI.ANA: Dienstleistung zur Unterstützung strategischer Entscheidungen auf Basis digitaler Textdaten." Interner Forschungsbericht, Audi AG.

Walde, Peter. 2009. "DI.ANA: Dienstleistung zur Unterstützung strategischer Entscheidungen auf Basis digitaler Textdaten." Interner Forschungsbericht, Volkswagen AG.

Walde, Peter. 2009. "Eine Digital-Intelligence-Dienstleistung zur Unterstützung strategischer Entscheidungen auf Basis einer komplexen Informationslogistik." In *Geteiltes Wissen ist doppeltes Wissen!: Kongressband zur KnowTech 2009: 11. Kongress zum IT-gestützten Wissensmanagement in Unternehmen und Organisation*, edited by Markus Bentele, Rolf Hochreiter, Helmut Krcmar, Peter Schütt und Mathias Weber, 141-46. Bad Homburg: BITKOM.

Walde, Peter. 2009. "Patent- und Literaturanalyse am Beispiel der äußeren und inneren Schaltung für Elektrofahrzeuge." Interner Forschungsbericht, Volkswagen AG, VW Komponente.

Walde, Peter. 2009. "Zukunftsforschung für Fahrzeugkonzepte von morgen." Paper presented at the 11. Jahreskongress "Zulieferer Innovativ", Audi Forum Ingolstadt, 24. Juni 2009.

Walde, Peter, und Christoph Stehncken. 2006. "Trendanalyse neuer Technologien am Beispiel der Adaptronik zur strategischen Frühaufklärung." Interner Forschungsbericht, Volkswagen AG, Bugatti Engineering GmbH.

Walker, Peter M. B., ed. 1988. *The Wordsworth Dictionary of Science & Technology*: Wordsworth Editions Ltd., Cambridge University Press.

Wang, C., und X. S. Wang. 2000. "Supporting content-based searches on time series via approximation." Paper presented at the Proceedings of the 12th International Conference on Scientific and Statistical Database Management, Berlin, Deutschland.

Wang, Jason T. L., Bruce A. Shapiro, und Dennis Elliott Shasha, eds. 1999. *Pattern Discovery in Biomolecular Data: Tools, Techniques, and Applications*: Oxford University Press.

Wang, Richard Y., und Diane M. Strong. 1996. "Beyond Accuracy: What Data Quality Means to Data Consumers." *Journal of Management Information Systems* 12, no. 4: 5-33.

Wang, Xuerui, und Andrew McCallum. 2006. "Topics over Time: A Non-Markov Continuous-Time Model of Topical Trends." Paper presented at the Proceedings of KDD'06, Philadelphia, Pennsylvania, USA.

Wang, Xuerui, Natasha Mohanty, und Andrew McCallum. 2005. "Group and topic discovery from relations and text." Paper presented at the Proceedings of the 3rd International Workshop on Link Discovery, Chicago, Illinois, USA.

Wartburg, Iwan von. 2000. "Wissensbasiertes Management technologischer Innovationen." Dissertation, Universität Zürich.

Watts, Robert J., und Alan L. Porter. 1997. "Innovation Forecasting." *Technological Forecasting and Social Change* 56, no. 1: 25-47.

Wayne, Charles L. 2000. "Multilingual Topic Detection and Tracking: Successful Research Enabled by Corpora and Evaluation." Paper presented at the Language Resources and Evaluation Conference (LREC) 2000.

Web_of_Science®. Available from http://thomsonreuters.com/products_services/science/science_products/a-z/web_of_science, 21.01.2010.

Weber, Marc, Marc Alexa, und Wolfgang Müller. 2001. "Visualizing Time-Series on Spirals." Paper presented at the Proceedings of the IEEE InfoVis Symposium, Los Alamitos, CA, USA.

Wehrend, Stephen, und Clayton Lewis. 1990. "A problem-oriented classification of visualization techniques." Paper presented at the Processings of the 1st IEEE Conference on Visualization; Session: Techniques and methodologies, San Francisco, CA, USA.

Wei, Li, und Eamonn Keogh. 2006. "Semi-supervised time series classification." Paper presented at the Proceedings of the 12th ACM SIGKDD international conference on Knowledge discovery and data mining, Philadelphia, PA, USA.

Weigend, Andreas S., und Neff A. Gershenfeld. 1993. "Time Series Prediction: Forecasting the Future and Understanding the Past." Paper presented at the NATO Advanced Research Workshop on Comparative Time Series Analysis, Santa Fe, New Mexico, May 1993.

Weiss, Sholom M., und Nitin Indurkhya. 1998. *Predictive Data Mining: A practical Guide*: Morgan-Kaufman.

Wertheimer, Max. 1925. *Drei Abhandlungen zur Gestalttheorie*. Erlangen: Verlag der Philosophischen Akademie.

West, Chris. 1999. "Competitive intelligence in Europe." *Business Information Review* 16, no. 3: 143-50.

Westner, M. 2003. *IT-based tools for competitive intelligence*. Hamburg: Diplomica GmbH.

Wiener, Norbert. 1965. *Cybernetics, or the Control & Communication in the Animal & the Machine*. 2 ed: MIT Press.

Wijk, J. J. van. 2002. "Image Based Flow Visualization." Paper presented at the Proceedings of the SIGGRAPH, San Antonio, USA.

Wijk, J. J. van, und E. R. van Selow. 1999. "Cluster and Calendar Based Visualization of Time Series Data." Paper presented at the Proceedings of IEEE Symposium on Information Visualization, San Francisco, USA.

Wijk, Jarke J. van, und Robert van Liere. 1993. "HyperSlice: visualization of scalar functions of many variables." Paper presented at the Proceedings of the 4th conference on Visualization '93: Visualization techniques and algorithms, San Jose, California.

wikipedia. Available from http://www.wikipedia.de, 01.01.2010.

Wilber, Ken. 2001. *A Theory of Everything: An Integral Vision for Business, Politics, Science and Spirituality*. Boston, USA: Shambala.

Wilbers, Wiebe, Till Albert, und Peter Walde. 2010. "Upscaling the technology intelligence process." Paper presented at the Proceedings of Portland International Conference on Management of Engineering and Technology (PICMET) 2010, Bangkok, Thailand, 18-22.07.2010.

Wilson, James M. 2003. "Gantt charts: A centenary appreciation." *European Journal of Operational Research* 149, no. 2: 430-37.

Winkler, Karsten. 2003. "Wettbewerbsinformationssysteme: Begriff, An- und Herausforderungen." Arbeitspapier, Lehrstuhl für Wirtschaftsinformatik des E-Business, Handelshochschule Leipzig (HHL).

Witschel, H. F. 2004. *Terminologie-Extraktion - Möglichkeiten der Kombination statistischer und musterbasierter Verfahren, Content and Communication - Terminology, Language Resources and Semantic Interoperability*. Würzburg: Ergon Verlag.

Witten, Ian H., und Eibe Frank. 2005. *Data Mining: Practical Machine Learning Tools and Techniques*. Edited by Jim Gray. 2 ed, *The Morgan Kaufmann Series in Data Management Systems*. San Francisco: Morgan Kaufmann Publishers.

Wong, Pak Chung, und R. Daniel Bergeron. 1994. "30 Years of Multidimensional Multivariate Visualization." Paper presented at the Dagstuhl Seminar Scientific Visualization 1994.

Wong, Pak Chung, Wendy Cowley, Harlan Foote, Elizabeth Jurrus, und Jim Thomas. 2000. "Visualizing Sequential Patterns for Text Mining." Paper presented at the Proceedings of the IEEE Symposium on Information Vizualization 2000.

Wright, William. 1995. "Research report: Information animation applications in the capital markets." Paper presented at the INFOVIS '95: Proceedings of the 1995 IEEE Symposium on Information Visualization, Atlanta, Georgia.

Wu, Y., D. Agrawal, und A. El Abbadi. 2000. "A comparison of DFT and DWT based similarity search in time-series databases." Paper presented at the Proceedings of the 9th ACM CIKM International Conference on Information and Knowledge Management, McLean, VA, USA.

Wu, Y., S. Jajodia, und X. Wang. 1998. *Temporal Database Bibliography Update. Temporal Databases: Research and Practice*. Berlin: Springer-Verlag.

Wurman, R. S. 1989. *Information Anxiety*. New York, NY: Doubleday Books.

Xiong, Rebecca, und Judith Donath. 1999. "PeopleGarden: creating data portraits for users." Paper presented at the Proceedings of the 12th annual ACM symposium on User interface software and technology, Asheville, North Carolina, USA.

Xiong, Yimin, und Dit-Yan Yeung. 2004. "Time series clustering with ARMA mixtures." *Pattern Recognition* 37, no. 8: 1675.89.

XmdvTool. Available from http://davis.wpi.edu/xmdv/.

Xu, Wei, Peter Bodík, und David Patterson. 2004. "A Flexible Architecutre for Statistical Learning and Data Mining from System Log Streams." Paper presented at the Proceedings of the Fourth IEEE International Conference on Data Mining (ICDM'04), Workshop on Temporal Data Mining: Algorithms, Theory and Applications, Brighton, UK.

Yamron, J. P., I. Carp, L. Gillick, S. Lowe, und P. van Mulbregt. 1998. "A hidden Markov model approach to text segmentation and eventtracking." Paper presented at the Proceedings of the 1998 IEEE International Conference on Acoustics, Speech and Signal Processing, Seattle, WA, USA.

Yang, Yiming, Tom Pierce, und Jaime Carbonell. 1998. "A study of retrospective and on-line event detection." Paper presented at the Proceedings of the 21st annual international ACM SIGIR Conference on Research and Development in Information Retrieval, Melbourne, Australia.

Yetisgen-Yildiz, Meliha, und Wanda Pratt. 2006. "Using statistical and knowledge-based approaches for literature-based discovery." *Journal of Biomedical Informatics* 39: 600-11.

Yoon, Byungun, und Yongtae Park. 2004. "A text-mining-based patent network: Analytical tool for high-technology trend." *Journal of High Technology Management Research* 15: 37-50.

Young, Murray A. 1989. "Research notes and communications sources of competitive data for the management strategist." *Strategic Management Journal* 10, no. 3: 285-93.

Zadeh, Lotfi A. 1965. "Fuzzy sets." *Information and Control* 8, no. 3.

Zeller, A. 2003. *Technologiefrühaufklärung mit Data Mining. Informationsprozessorientierter Ansatz zur Identifikation schwacher Signale.* Wiesbaden: Deutscher Universitäts-Verlag / GWV Fachverlage GmbH.

Zhou, Lina. 2007. "Ontology learning: state of the art and open issues." *Information Technology and Management* 8, no. 3: 241-52.

Zhou, Michelle X., und Steven K. Feiner. 1998. "Visual task characterization for automated visual discourse synthesis." Paper presented at the Proceedings of the Special Interest Group on Computer-Human Interaction Conference on Human Factors in Computing Systems, Los Angeles, CA, USA.

Zhu, Donghua, und Alan L. Porter. 2002. "Automated extraction and visualization of information for technological intelligence and forecasting." *Technological Forecasting & Social Change* 69: 495-506.

Zins, Chaim. 2007. "Knowledge map of information science : Research Articles." *Journal of the American Society for Information Science and Technology* 58, no. 4: 526-35.

Zipf, George Kingsley. 1949. *Human Behavior and the Principle of Least Effort. An Introduction to Human Ecology.* Cambridge, Massachusetts, USA: Addison-Wesley Press.

Zorn, P., M. Emanoil, L. Marshall, und M. Panek. 1999. "Mining meets the Web." *Online* 23, no. 5: 17-28.

Z-Punkt, ed. 2002. *Zukunftsforschung und Unternehmen - Praxis, Methoden, Perspektiven.* Essen: Büro für Zukunftsgestaltung.

Veröffentlichungen

Walde, Peter. 2003a. "Roadmap to the Future. Die Zukunft des Autofahrens aus Sicht der IKT-Diffusion in der Fahrgastzelle." Diplomarbeit, Hochschule für Technik, Wirtschaft und Kultur.

Walde, Peter. 2003b. "Roadmap to the Future. Die zunehmende IKT-Diffusion in der Fahrgastzelle." Z_paper 09: 83.

Walde, Peter. 2006. "Competitive Intelligence in F&E, Marktforschung und Medienanalyse mit Text-Mining. Anwendungsbericht aus der VW Zukunftsforschung." Paper presented at the 4. Volkswagen BI-Konferenz "Innovation durch BI erhöhen", Wolfsburg, 22.11.2006.

Gottwald, Sebastian, Gerhard Heyer; Matthias Richter und Peter Walde. 2007a. "WCTAnalyzer - Collecting, Indexing, Accessing and Visualizing Temporally Indexed Textual Resources." Paper presented at the 14th International Symposium on Temporal Representation and Reasoning (TIME 2007), Alicante, Spanien.

Walde, Peter. 2007b. "Competitive Intelligence mit Text-Mining in Forschung & Entwicklung, Marktforschung und Medienanalyse." In Technologien und Werkzeuge für ein rollen- und aufgabenbasiertes Wissensmanagement. Zusammenfassender Bericht aus dem Forschungsprojekt Pre BIS, edited by C. P. Fähnrich, J. Härtwig, D.-O. Kiehne und A. Weisbecker, 33-56. Leipzig.

Walde, Peter. 2009a. "DI.ANA: A digital intelligence service to support strategic decisions based on textual data - a report on 5 years of development and application experience at a global OEM." In Text Mining Services – Building and applying text mining based service infrastructures in research and industry. Proceedings of the conference on Text Mining Services, edited by Gerhard Heyer, 81-91. Leipzig: Universität Leipzig.

Walde, Peter. 2009d. "Eine Digital-Intelligence-Dienstleistung zur Unterstützung strategischer Entscheidungen auf Basis einer komplexen Informationslogistik." In Geteiltes Wissen ist doppeltes Wissen!: Kongressband zur KnowTech 2009: 11. Kongress zum IT-gestützten Wissensmanagement in Unternehmen und Organisation, edited by Markus Bentele, Rolf Hochreiter, Helmut Krcmar, Peter Schütt und Mathias Weber, 141-46. Bad Homburg: BITKOM.

Walde, Peter. 2009f. "Zukunftsforschung für Fahrzeugkonzepte von morgen." Paper presented at the 11. Jahreskongress "Zulieferer Innovativ", Audi Forum Ingolstadt, 24. Juni 2009.

Wilbers, W., Albert, T. und Walde, P. 2010. "Upscaling the Technology Intelligence Process. " International Journal of Technology Intelligence and Planning, 6, 2, 185-203.

Albert, Moehrle, Walde. 2011. "Towards a Standardized Technology Intelligence Report – Technology Maturity Estimation Based on Blog Analysis", TBP at R&D Management Conference 2011, Sweden.

Printed by Books on Demand GmbH, Norderstedt / Germany